"十三五"职业教育国家规划教材
"互联网+"新形态教材

线务工程

（第3版）

主　编　曾庆珠
副主编　黄先栋　曹　雪　杜庆波
　　　　朱　彬　沈　敏　展银洪
　　　　郭培虎　吴　旌

北京理工大学出版社
BEIJING INSTITUTE OF TECHNOLOGY PRESS

内容简介

本书的编写按照以电缆通信工程、光缆通信工程、楼宇或机房综合布线等通信工程施工为主线，以理论与实践相结合为原则，融合线务员、机务员和宽带装维员等职业技能考试内容，以通信工程岗位职业技能培养为重点，按照通信工程规划、设计、施工、验收的工作流程设计企业典型工作任务，开展基于工作过程的技能训练或竞赛，使学生的知识、技能、职业素质更贴近通信工程职业岗位的要求。通过进行团队合作，让学生参与整个工作过程，形成"教、学、做一体化"的课程教材。本书可供高职高专通信类专业学生使用，也可供工程技术人员作为参考资料使用。

版权专有　侵权必究

图书在版编目（CIP）数据

线务工程 / 曾庆珠主编 . —3 版 . —北京：北京理工大学出版社，2019.8（2021.10 重印）
ISBN 978-7-5682-7549-1

Ⅰ.①线…　Ⅱ.①曾…　Ⅲ.①通信线路—线路工程　Ⅳ.①TN913.3

中国版本图书馆 CIP 数据核字（2019）第 190728 号

出版发行 / 北京理工大学出版社有限责任公司
社　　址 / 北京市海淀区中关村南大街 5 号
邮　　编 / 100081
电　　话 /（010）68914775（总编室）
　　　　　（010）82562903（教材售后服务热线）
　　　　　（010）68944723（其他图书服务热线）
网　　址 / http：//www.bitpress.com.cn
经　　销 / 全国各地新华书店
印　　刷 / 三河市天利华印刷装订有限公司
开　　本 / 787 毫米 × 1092 毫米　1/16
印　　张 / 24
字　　数 / 566 千字
版　　次 / 2019 年 8 月第 3 版　2021 年 10 月第 3 次印刷
定　　价 / 55.00 元

责任编辑 / 王艳丽
文案编辑 / 王艳丽
责任校对 / 周瑞红
责任印制 / 李志强

图书出现印装质量问题，请拨打售后服务热线，本社负责调换

前言

《线务工程（第 3 版）》的编写旨在坚持"以服务为宗旨，以就业为导向"的办学方针，采用"工学结合"的培养模式，培养德智体美劳全面发展的面向技术、生产、管理和服务第一线的复合型技术技能型人才。本书紧扣职业岗位对人才及学生未来职业生涯发展的要求，充分体现课程的实践性特点，能满足培养学生综合能力的要求。

伴随 5G 的推广应用，南京信息职业技术学院与苏通服、中通服、中兴通讯开展合作，服务电子信息大类人才培养和定向直招士官人才培养（通信技术专业士官生培养），服务"一带一路"沿线国家。《线务工程（第 3 版）》是深度校企合作的成果，教材采用模块、项目式和任务驱动设计，采用活页式工单设计教材。

本书从通信工程施工时间顺序、光进铜退等技术的发展和先电缆后光缆的认识角度出发，采用层级递进、课内外相结合的教学组织形式，坚持"以应用为核心"，立足于"理论够用，重在实践"，以学到实用技能、提高职业能力为出发点，培养学生综合的通信工程能力，开展课程思政融合，利用二维码展示课件、视频、动画、微课、习题、工单等数字教学资源，激励并引导学生自主学习和创新学习，锻炼学生后续自我学习的能力。

本书的编写分工如下：第二章、第三章、第九章、第十章、第十一章、第十二章、第十四章、第十五章由曾庆珠（南京信息职业技术学院）编写；第四章由郭培虎（中邮建技术有限公司）编写；第五章、第六章、第八章、第十三章由沈敏（网盈南京分公司）、曾庆珠和黄先栋（南京信息职业技术学院）编写；第十七章由吴雄（中邮建技术有限公司）、杜庆波（南京信息职业技术学院）和曾庆珠编写；第十六章由展银洪（中邮建技术有限公司）和曹雪（南京信息职业技术学院）编写；第一章和第七章由曾波涛（中兴通讯）编写；全书由曾庆珠负责统稿。本书在编写过程中得到了中邮建技术有限公司、中兴通讯、苏通服的工程师和南京信息职业技术学院老师的帮助和支持，在此表示最真挚的谢意。

由于编者水平有限，书中错误之处在所难免，恳请广大读者批评指正。

编 者

目录

第一部分 通信工程基础知识

第一章 通信工程概述 ································· 3
- 1.1 通信网 ································· 3
- 1.2 通信工程 ································· 6

第二章 全塑电缆 ································· 9
- 2.1 全塑电缆的结构及分类 ································· 9
- 2.2 全塑电缆的型号 ································· 12
- 2.3 电缆色谱 ································· 15
- 2.4 全塑电缆的端别 ································· 19
- 2.5 全塑电缆的标识 ································· 19
- 2.6 全塑电缆的电气特性 ································· 20

第三章 光纤光缆 ································· 22
- 3.1 光学 ································· 22
- 3.2 光纤光缆的结构及型号 ································· 24

第四章 通信网项目 ································· 36
- 任务1 通信网络 ································· 36
- 任务2 电缆 ································· 40
- 任务3 光缆 ································· 42
- 任务4 损耗及功率 ································· 43
- 任务5 光纤参数测量 ································· 44

第一部分习题 ································· 46

第二部分 通信工程基础建设

第五章 架空杆路 ································· 51
- 5.1 杆路材料 ································· 51
- 5.2 架空杆路标准 ································· 54
- 5.3 杆路建筑 ································· 56

1

第六章 管道工程 ... 61
6.1 通信管道及器材 ... 61
6.2 管道路由及位置的选择 ... 65
6.3 管道建筑施工 ... 68
6.4 管道的防护设计 ... 79

第七章 工程基础建设 ... 82
7.1 概述 ... 82
7.2 通信设备防雷 ... 83
7.3 通信设备静电防护 ... 86
7.4 接地技术 ... 89
7.5 工程环境可靠性 ... 95

第八章 通信工程基础建设项目 ... 97
任务1 管道工程和杆路工程 ... 97
任务2 接地 ... 98
任务3 接地电阻测试 ... 101
任务4 河宽测量 ... 103
任务5 角深测量 ... 106

第二部分习题 ... 108

第三部分 通信工程施工

第九章 光缆施工准备 ... 113
9.1 光缆线路施工概述 ... 113
9.2 光缆线路施工流程 ... 120
9.3 光缆单盘检验 ... 123
9.4 光缆配盘 ... 128

第十章 光缆的敷设 ... 132
10.1 光缆的分屯运输及敷设规定 ... 132
10.2 架空光缆的敷设 ... 134
10.3 直埋光缆的敷设 ... 144
10.4 管道光缆的敷设 ... 150
10.5 水底光缆的敷设 ... 156
10.6 进局光缆的敷设 ... 160
10.7 顶管技术 ... 162

第十一章 电缆工程 ... 164
11.1 电缆接续 ... 165

	11.2	电缆接头封装	170
	11.3	电缆成端	179
	11.4	电缆交接箱	185
	11.5	电缆分线盒	193
	11.6	电缆配线	196
	11.7	电缆芯线障碍检修	199
	11.8	电缆线路设备的维护	201

第十二章　光缆工程　205

- 12.1　光缆接续　205
- 12.2　光缆接头盒制作　210
- 12.3　光缆成端　212

第十三章　通信工程施工项目　222

13.1　电缆工程　223

- 任务1　架空电缆敷设　223
- 任务2　扣式电缆接续　225
- 任务3　模块式电缆接续　227
- 任务4　电缆卡接与成端　228
- 任务5　电缆绝缘电阻测试　231
- 任务6　电缆环阻和屏蔽层连通电阻测试　233
- 项目1　电缆工程项目　235

13.2　光缆工程　239

- 任务1　管道光缆敷设　239
- 任务2　光纤熔接　240
- 任务3　光缆接头盒制作　242
- 任务4　ODF　246
- 任务5　光缆交接箱和分线盒　248
- 任务6　光缆测试（OTDR）　253
- 项目2　光缆工程项目　254
- 项目3　通信线务工程项目　256

13.3　接入工程　257

- 任务1　网线制作　257
- 任务2　同轴电缆制作　261
- 任务3　TV线制作　264
- 任务4　SC冷接头制作　266
- 项目4　FTTH工程　268
- 项目5　宽带接入工程项目　275

第三部分习题 ………………………………………………………………………… 278

第四部分　工程验收、维护及仪器仪表

▶ **第十四章　通信线路工程验收** ……………………………………………… 285
 14.1　光缆线路工程检测 ……………………………………………………… 285
 14.2　工程竣工资料编制 ……………………………………………………… 288
 14.3　工程验收 ………………………………………………………………… 289

▶ **第十五章　通信线路工程维护** ……………………………………………… 294
 15.1　通信线路维护的内容 …………………………………………………… 294
 15.2　光缆线路障碍 …………………………………………………………… 297

▶ **第十六章　安全生产技术** …………………………………………………… 303
 16.1　影响安全生产的因素 …………………………………………………… 303
 16.2　安全生产的内容 ………………………………………………………… 304

▶ **第十七章　仪器与仪表** ……………………………………………………… 313
 17.1　光时域反射仪（OTDR）………………………………………………… 313
 17.2　光熔接机 ………………………………………………………………… 322
 17.3　其他光仪表 ……………………………………………………………… 328
 第四部分习题 ………………………………………………………………… 335

参考答案 ………………………………………………………………………… 339

参考文献 ………………………………………………………………………… 342

第一部分 通信工程基础知识

第一章

通信工程概述

教学内容

1. 通信网的基本概念
2. 通信网的分类
3. 通信网的基本结构
4. 通信网的拓扑结构
5. 通信工程分类
6. 通信工程的岗位
7. 通信工程的施工业务流程

技能要求

掌握项目组组成及分工

1.1 通 信 网

随着经济水平与生活需求的不断提高，通信技术逐渐成为金融、信息、交流，甚至商业的基础工具。不断扩大的通信需求以及不断要求提高通信质量、拓宽通信业务范围，已经对通信网络提出了更为严格的要求。当庞大的金融业、商业、服务业都建设在通信系统基础上的时候，建设高质量的通信网络，确保规范、严谨、无差错的通信工程施工，就成为通信网络中必不可少的一环。

在世界各国，通信与邮政业务经常是密不可分的，都可以看作是以不同的技术来完成长距离交流。因而，普通意义上的通信技术分类如图1-1

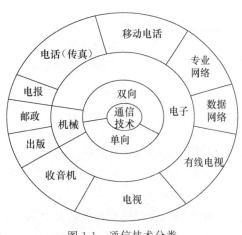

图1-1 通信技术分类

所示。

我们可以看出，通信技术根据不同的通信方式，分为单向与双向两种方式；根据通信设备特性的不同，分为电子与机械两种方式；根据业务的不同，通信可以分为电报、电话（传真）移动电话、数据网络、专业网络、有线电视、电视、收音机、出版、邮政等各种不同的业务。每一种业务在初期的通信网络中，都使用着不同的通信技术。而现在，这些业务已经开始逐渐融合。例如，电视业务与网络业务之间正在向着网络电视的方向融合，而出版业务与网络业务的融合也在逐渐加速。

电信宣传

1.1.1 通信网的基本概念

通信网（telecommunication network）是构成多个用户相互通信的多个电信系统互联的通信体系，是人类实现远距离通信的重要基础设施，利用电缆、无线、光纤或者其他电磁系统，传送、发射和接收标识、文字、图像、声音或其他信号。电信网由终端设备、传输链路和交换设备三要素构成，运行时还应辅之以信令系统、通信协议以及相应的运行支撑系统。现在世界各国的通信体系正向数字化的电信网发展，将逐步代替模拟通信的传输和交换，并且也正向智能化、综合化的方向发展，但是由于电信网具有全程全网互通的性质，已有的电信网不能同时更新，因此，电信网的发展是一个逐步的过程。

通信线务工程概述

1.1.2 通信网的分类

通信网按不同的分类体系可以划分如下。

从网络的使用上，通信网络可以分为行业专用网和商业公众网两种。

按通信业务的种类可分为电话网、电报网、用户电报网、数据通信网、传真通信网、图像通信网、有线电视网等。

按服务区域范围可分为本地电信网、农村电信网、长途电信网、移动通信网、国际电信网等。

按传输媒介种类可分为架空明线网、电缆通信网、光缆通信网、卫星通信网、用户光纤网、低轨道卫星移动通信网等。

按交换方式可分为电路交换网、报文交换网、分组交换网、宽带交换网等。

按结构形式可分为网状网、星状网、环状网、复合型网、总线型网等。

按信息信号形式可分为模拟通信网、数字通信网、数字模拟混合网等。

按信息传递方式可分为同步转移模式（STM）的综合业务数字网（ISDN）和异地转移模式（ATM）的宽带综合业务数字网（B-ISDN）等。

线务工程概述

1.1.3 通信网的基本结构

任何通信网都具有信息传送、信息处理、信令机制、网络管理功能。一个完整的通信网，尤其是面对普通用户运营的大型通信网络，一般可以分为业务网、传输网和支撑网三个部分。

1. 业务网

业务网负责向用户提供话音、数据、多媒体、租线路等通信业务，例如提供固定电话、移动电话、图像通信、数据通信等业务的网络。构成业务网的要素包括网络拓扑结构、交节点设备、编号计划、信令计划、路由选择、业务类型、计费方式等。

2. 传输网

传输网是指为业务网络提供模拟信号、数字信号、光信号以及进行无线信号传输的网络，相对于建设中的不同级别，又分为骨干传输网和接入网络两个部分。传输网由传输线路、传输设备组成。

传输网为业务网和支撑网提供业务信息传送手段，负责将节点连接起来，并提供任意两点之间信息的透明传输。传输网具有线路调度、网络性能监视、故障自动切换等功能。

3. 支撑网

支撑网是指对通信网的正常运营起到支撑作用的网络，其还可以增强网络功能。支撑网负责提供业务网正常运行所必需的信令、同步、网络管理、业务管理、运营管理等。一般来说，支撑网包括信令网、数字同步网、电信管理网络以及计时计费系统等。

1.1.4 通信网的拓扑结构

通信网的拓扑结构有网状网、星状网、环状网、总线型网、复合型网等。

1. 网状网

多个节点或用户之间互连而成的通信网称为网状网，也叫直接互联网（完全或部分互联网），如图 1-2（a）所示。具有 N 个节点的完全互联网需要有 $N(N-1)/2$ 条传输链路。网状网具有线路冗余度大，网络可靠性高，任意两点间可直接通信的优点。同时也具有线路利用率低，成本高，扩容不方便等不足。通常在节点数目少、有很高可靠性要求的场合使用。

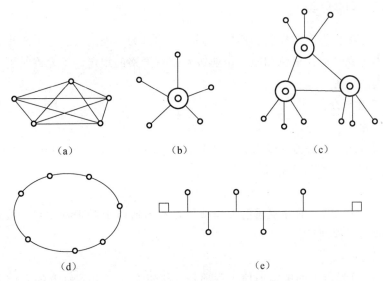

图 1-2　通信网络拓扑结构
(a) 网状网；(b) 星状网；(c) 复合型网；(d) 环状网；(e) 总线型网

2. 星状网

星状网拓扑结构是一种以中央节点为中心，把若干外围节点（或终端）连接起来的辐射式互连结构，如图 1-2（b）所示。与网状网相比，星状网降低了传输链路的成本，提高了线路的利用率。但其网络可靠性差，中心节点发生故障或转接不利，会使全网的通信都受到影响。本网适合在传输链路费用高于转接设备，对可靠性要求又不高的场合下使用。

3. 复合型网

复合型网是由网状网和星状网复合而成的网络，如图 1-2（c）所示。本网络兼有网状网和星状网的优点，整个网络结构比较经济，且稳定性较好。本网在规模较大的局域网和电信骨干网中被广泛采用。

4. 环状网

如果通信网各节点被连接成闭合的环路，则这种通信网被称为环状网，如图 1-2（d）所示。N 个节点的环形网需要 N 条传输链路。环型网可以是单向环，也可以是双向环。本网具有结构简单，容易实现，双向自愈环结构可以对网络进行自动保护的优点，同时具有若节点数较多时转接时延无法控制，不好扩容等缺点。主要使用于计算机局域网、光纤接入网、城域网、光传输网等网络。

5. 总线型网

总线型网把所有的节点连接在同一总线上，是一种通路共享的结构，如图 1-2（e）所示。本网具有需要的传输链路少、节点间通信无须转接节点、控制方式简单、增减节点也很方便等优点，但是也具有网络服务性能和稳定性差、节点数目不宜过多、覆盖范围较小的缺点。主要应用于计算机局域网、电信接入网等网络。

1.2　通信工程

1.2.1　通信工程的分类

通信工程根据项目类型或投资金额的不同，可划分为一类工程、二类工程、三类工程和四类工程。每类工程对设计单位和施工企业级别都有严格的规定，不允许级别低的单位或者企业承建高级别的工程。

1. 按建设项目划分

（1）一类工程

大、中型项目或投资在 5 000 万元以上的通信工程项目，省际通信工程项目；投资在 2 000 万元以上的部级通信工程项目。

（2）二类工程

投资在 2 000 万元以下的部定通信工程项目，省内通信干线工程项目；投资在 2 000 万元以上的省定通信工程项目。

（3）三类工程

投资在 2 000 万元以下的省定通信工程项目；投资在 500 万元以上的通信工程项目、地市局工程项目。

（4）四类工程

县局工程项目，其他小型项目。

2. 按项目建设范围划分

（1）一般施工项目

一般施工项目是指按照单独的设计文件，单独进行施工的通信项目建设工程。一般施工项目通常是雇主与施工队伍相互配合、协作，施工团队根据雇主的设计文件进行施工。

（2）TURNKEY项目工程

TURNKEY项目工程又被称为交钥匙工程，一般指包括规划、设计、生产、线缆建设、基础建设（机房、环境建设）、配套建设、系统集成等通信施工中所有工作的工程。在工程施工过程中，雇主基本上不参与工作，建设方在施工结束之后，"交钥匙"时，提供一个配套完整、可以运行的设施。

TURNKEY项目一般在非洲、阿拉伯地区、南亚等技术落后地区较为流行。

1.2.2 通信工程的岗位

整个通信工程需要不同的岗位技术人员共同配合，才能够顺利完成。因此，我们需要了解一下，与通信工程施工相关的工作岗位。

1. 线缆施工技术人员

线缆施工技术人员是从事建设、连接、维护通信系统中的各种线缆的工作人员，其工作范围包括用户电缆、光缆、同轴电缆，以及在通信工程中使用到的其他电缆的连接铺设等工作。

线缆施工是通信工程中的基础部分，通过线缆才能够让各个通信系统从设备（局方）到终端（用户）侧，也才能让各个单独的局点成为通信网络，否则通信网络将变成断点。因此，线缆施工技术人员的岗位十分重要。

2. 通信工程监理

监理是一种有偿的工程咨询服务，是受项目法人委托对工程质量、进度、施工材料等进行监督的一种工作。通信工程监理则主要是在通信工程的线缆、管道等施工中根据法律、法规、技术标准、相关合同及文件对通信工程中的施工材料、施工质量、施工进度进行监控的工作岗位。

3. 通信工程师

通信工程师是从事工程中主要工作的技术人员，根据不同的工作内容，可以分为勘测工程师、设计工程师、安装工程师、调测工程师、开通工程师等。

4. 工程督导

工程督导是在工程中负责所有工程现场技术方面的指导以及管理工作的工程技术管理人员。

5. 工程项目经理

工程项目经理是指计划、指导和协调与工程相关的活动以及进行相关领域的研究及开发的管理人员。

1.2.3 通信工程的施工业务流程

通信工程的施工业务流程即在整个通信工程项目运作中，一个工程师或者一个工程项目组所需要完成的工作的流程、环节。通过掌握施工业务流程，我们可以清楚地了解到在通信工程项目之中包含的各个工作环节以及各个工作环节的主要内容，如图1-3所示。

1. 工前准备

（1）成立项目组

只有合格的团队，才能建设合格的工程项目。在工程开始初期，任命项目经理、工程经

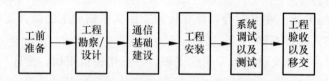

图 1-3 通信工程的施工业务流程

理以及项目组内的项目工作人员，是工程前期一项必要的准备工作。

（2）工前准备

工程前期准备是一个工程师或一个项目组，在工程项目开始前需要进行的技术、资料、人员、配合等各个方面的准备。

2．工程勘察/设计

工程勘察/设计包括工程勘察以及第一次环境检查和工程设计。

3．通信基础建设

通信基础建设流程包括防雷接地工程、机房环境建设和第二次环境检查。

4．工程安装

工程安装流程包括设备到场、开工协调会、开箱验货、硬件安装、硬件质量检查和上电检查等环节。

5．系统调试以及测试

系统调试以及测试包括软件调试和系统测试。

6．工程验收以及移交

工程验收以及移交包括验收申请、初验、现场培训、移交、开通及试运行、终验。

第二章 全塑电缆

教学内容

1. 全塑电缆的结构及分类
2. 全塑电缆的型号
3. 电缆色谱（重点、难点）
4. 全塑电缆的端别
5. 全塑电缆的标识
6. 全塑电缆的电气特性

技能要求

1. 会开剥电缆
2. 会识别电缆型号、线序及端别

2.1 全塑电缆的结构及分类

2.1.1 全塑电缆及其结构

凡是电缆的芯线绝缘层、缆芯包带层、扎带和护套均采用高分子聚合物塑料制成的电缆均称为全塑电缆。

全塑电缆具有电气性能优良、传输质量好、重量轻、故障少、维护方便、造价低、经济实用、效率高和寿命长等特点。

电缆的结构

全塑电缆由导线（芯线）、绝缘层、扎带、包带层、屏蔽层和内外护层组成，如图2-1所示。

1. 导线

导线是用来传输电信号的。导线要具有良好的导电性能、足够的柔软性和机械强度，同时还要便于加工、敷设和使用。导线的线质为电解软铜，铜线的线径主要有 0.32 mm、0.4 mm、0.5 mm、0.6 mm、0.8 mm 五种。导线的表面应均匀光滑，没有毛刺、裂纹、伤痕和锈蚀

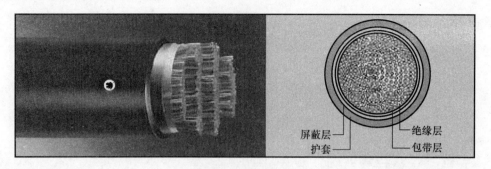

图 2-1　电缆结构

等缺陷。

2. 绝缘层

芯线绝缘层简称绝缘，芯线绝缘的优劣对于信号传输及使用是十分重要的。理想的电缆芯线绝缘应具有介电常数低、介质损耗小和绝缘强度高等特点；并具有一定的机械强度、耐老化和性能稳定等特点。

全塑电缆芯线绝缘主要有实心聚烯烃绝缘（如图 2-2（1）所示）、泡沫聚烯烃绝缘（如图 2-2（2）所示）、泡沫/实心皮聚烯烃绝缘（如图 2-2（3）所示）。其中，泡沫/实心皮聚烯烃绝缘内层为泡沫，外层为实心聚烯烃绝缘，或内层与外层为实心，中间层为泡沫聚烯烃绝缘。采用泡沫或泡沫皮聚烯烃绝缘时，由发泡工艺产生的气泡应沿圆周均匀分布，且气泡间应互不连通。填充式电缆一般不宜采用低密度聚乙烯。泡沫、泡沫皮聚烯烃绝缘电缆一般不宜采用低密度聚乙烯或聚丙烯。

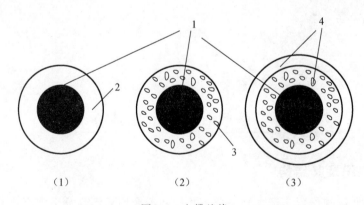

图 2-2　电缆绝缘

(1) 实心绝缘；(2) 泡沫绝缘；(3) 泡沫/实心皮绝缘

1—金属导线；2—实心聚烯烃绝缘层；3—泡沫聚烯烃绝缘层；4—泡沫/实心皮聚烯烃绝缘层

绝缘应连续地挤包在导线上，表面光滑平整，其厚度应能使成品电缆满足标准规定的电气性能。绝缘应经受挤塑生产线上的高压火花试验，对于实心聚烯烃绝缘导线，所用试验电压应为 DC 2～6 kV；对于泡沫或泡沫皮聚烯烃绝缘导线，应为 DC 1～3 kV。各种直径导线的绝缘每 12 km 允许有一个针孔或类似的缺陷。

3. 扭矩

芯线扭绞常用对绞和星绞两种方式，如图 2-3 所示。

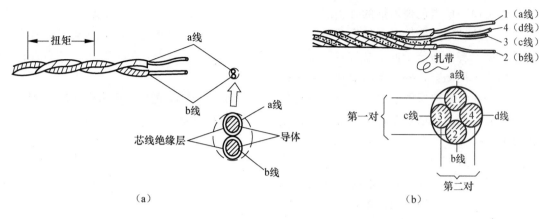

图 2-3　电缆扭矩
(a) 对绞式；(b) 星绞式

全塑电缆线路为双线回路，因此必须构成线对（组）。为了减少线对之间的电磁耦合，提高线对之间的抗干扰能力，便于电缆弯曲和增加电缆结构的稳定性，线对（或四线组）应当进行扭绞。扭绞是将一对线的两根导线或一个四线组的四根导线均匀地绕着同一轴线旋转。电缆芯线沿轴线旋转一周的纵向长度称为扭绞节矩。要求对绞式的扭绞节矩（简称扭矩）在任意一段 3 m 长的线对上均不超过 155 mm，相邻线对的扭矩均不相等，制作电缆时要适当搭配，使线对间串音最小。星绞式的扭绞节矩平均长度一般不大于 200 mm，星绞组组内的两对线处于互为对角线的位置，由分布电容构成的电桥接近于平衡，所以串音较小，一般多用于长途通信电缆。线对是传输信号的回路，为了保证导电可靠、绝缘良好、串音最小，扭绞时应使芯线张力松紧一致而且平衡，便于成缆。

4．扎带

扎带的主要作用为区分不同重复线对的线序。其主要成分是高分子聚合物塑料。

5．包带层

在绞缆完成后，为保证缆芯结构的稳定性，必须在缆芯外部重叠绕包或纵包一两层缆芯包带作为缆芯包层，然后再用非吸湿性的扎带绑扎牢固。缆芯包层的作用是保证缆芯在加屏蔽层和挤压塑料护套时，以及在搬运过程和使用过程中，不会遭到损伤、变形或粘接。

6．屏蔽层

屏蔽层的主要作用是防止外界电磁场的干扰。电缆缆芯的外层包覆金属屏蔽层，使缆芯和外界隔离，发挥屏蔽功能。用轧纹（或不轧纹）双面涂塑铝带纵包于缆芯包带之外，两边搭接黏合。涂塑铝带的标称厚度为 0.15～0.2 mm，涂塑层的标称厚度为 0.04～0.05 mm。屏蔽层具有抗潮、增强机械强度的特点。

7．内外护层

内护套包在屏蔽层的外面，其主要材料采用高分子聚合物塑料，主要有单层护套、双层护套、综合护套、粘接护套和特殊护套。

全塑电缆由内衬层、铠装层和外护层组成。内衬层是铠装层的沉淀，防止塑料护套直接受铠装层的强大压力而受损；铠装层有钢带铠装和钢丝铠装，钢带铠装在塑料护套或内衬层纵包一层钢带，钢丝铠装电缆一般敷设在水底，分单钢丝和双钢丝；外护层保护铠装层，在金属铠装层加一层黑色聚乙烯的外护层。具有屏蔽、防雷和抗压及抗拉机械强度。

电缆的外护层能保持电缆的缆芯不受潮气、水分的侵害，起到密封和机械保护的作用，电缆的外护层多为高分子低密度的聚乙烯。外护层密封性要好，不能有裂纹、气泡等缺陷。根据不同的应用场合，外护层需要加铠装保护。

例如：在缆芯包层的外表面，有的电缆还附加纵向标志带，带上印有执行标准（YD/T 322—1996）、产品规格、制造长度、制造厂名和制造年月日等（有的电缆印在外护套上），如图2-4所示。

8. 自承式电缆

图2-5所示为自承电缆，电缆和钢绞线合为一体，架设时不需要另装吊线和电缆挂钩。自承电缆重量轻，适用于架空敷设。

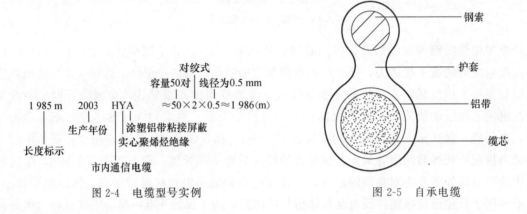

图2-4 电缆型号实例　　　　　图2-5 自承电缆

2.1.2 电缆分类

电缆的常见类型为：

① 按电缆结构类型分——非填充型电缆和填充型电缆。
② 按导线材料分——铜导线电缆和铝导线电缆。
③ 按芯线绝缘结构分——实心绝缘电缆、泡沫绝缘电缆、泡沫/实心皮绝缘电缆。
④ 按线对绞合方式分——对绞式电缆和星绞式电缆。
⑤ 按芯线绝缘颜色分——全色谱电缆和普通色谱电缆。
⑥ 按缆芯结构分——同心式（层绞式）电缆、单位式电缆、束绞式电缆、SZ绞电缆。
⑦ 按屏蔽方式分——单层涂塑铝带屏蔽电缆、多层铝及钢金属带复合屏蔽电缆。
⑧ 按护套分——单层塑料护套电缆、双层塑料护套电缆、综合护套电缆、粘接护套电缆、密封金属/塑料护套电缆和特种护套电缆。
⑨ 按外护层分——单层电缆、双层钢带铠装电缆和钢丝铠装塑料护层电缆。
⑩ 按用途分——传输模拟信号电缆和传输数字信号电缆。
⑪ 按敷设方式分——架空、管道、直埋、水底电缆等。

2.2 全塑电缆的型号

电缆型号是识别电缆规格程式和用途的代号。其中，分类代号（用途）、导体代号、绝缘代号、内护层代号、特征代号（派生）和外护层代号等，分别用不同的汉语拼音字母和数字来表示，如图2-6所示。

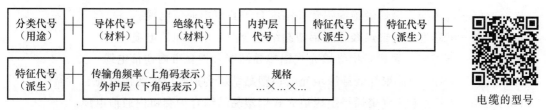

电缆的型号

图2-6　电缆型号

1．电缆型号

（1）分类代号

H——市内通信电缆。

HP——配线电缆。

HJ——局用电缆。

（2）导体代号

T——铜（可省略不标）。

G——钢。

L——铝。

（3）绝缘代号

Y——实心聚烯烃绝缘。

YF——泡沫聚烯烃绝缘。

YP——泡沫/实心皮聚烯烃绝缘。

（4）内护层代号

A——涂塑铝带粘接屏蔽聚乙烯护套。

S——铝、钢双层金属带屏蔽聚乙烯护套。

V——聚氯乙烯护套。

（5）特征（派生）代号

T——石油膏填充。

G——高频隔离。

C——自承式。

B——扁平。

P——屏蔽。

电缆同时有几种特征存在时，型号字母顺序依次为T、G、C。

（6）外护层代号

23——双层防腐钢带绕包铠装聚乙烯外护层。

32——单层细钢丝铠装聚乙烯外护层。

43——单层粗钢丝铠装聚乙烯外护层。

53——单层钢带皱纹纵包铠装聚乙烯外护层。

553——双层钢带皱纹纵包铠装聚乙烯外护层。

(7) 电缆型号举例

HYA——铜芯实心聚烯烃绝缘铝塑黏结综合护套市内通信电缆。

HYFA——铜芯泡沫聚烯烃绝缘铝塑黏结综合护套市内通信电缆。

HYPA——铜芯泡沫皮聚烯烃绝缘铝塑黏结综合护套市内通信电缆。

HYAT——铜芯实心聚烯烃绝缘填充式铝塑黏结综合护套市内通信电缆。

HYFAT——铜芯泡沫聚烯烃绝缘填充式铝塑黏结综合护套市内通信电缆。

HYPAT——铜芯泡沫皮聚烯烃绝缘填充式铝塑黏结综合护套市内通信电缆。

2. 电缆规格

电缆型号后面排列的一组数字用来表示具体的电缆规格，主要有以下两种：

(1) 星绞式电缆规格

星绞组数×每组芯线数×导线直径 (mm)

(2) 对绞式电缆规格

对绞组数×每组芯线数×导线直径 (mm)

电缆规格举例：

① HYA—100×2×0.5 表示铜芯实心聚烯烃绝缘、涂塑铝带粘接屏蔽、容量 100 对、对绞式、线径为 0.5 mm 的市内通信全塑电缆。

② HYA—100×2×0.40 YD/T 322—1996 表示铜芯实心聚烯烃绝缘铝塑黏结综合护套市内通信电缆，标称对线组数 100，导线标称直径 0.40 mm。

3. 标志、包装

(1) 标志

电缆护套外表面上应印有制造厂名或其代号、制造年份及电缆型号。成品电缆标志应符合 GB—6995.3 规定。

(2) 长度标志

电缆护套外表面上应印有白色、能永久辨认的清晰长度标志，长度标志以 m 为单位，标志间距应不大于 1 m，长度标志误差应不超过±10%，若第一次标志不符合上述要求，允许在电缆另一侧用黄色重新标志，重新标志的数序与原标志的数序应相差 5 000 以上，以示区别。

(3) 包装

电缆应整齐地绕在电缆盘上，电缆盘应符合 GB—4005.1 及 GB—4005.2 规定，电缆盘的筒体直径应不小于电缆外径的 15 倍。

电缆两端头应加端帽进行密封。电缆 A 端应用红色标志，电缆 B 端应用绿色标志。两端头应固定在侧板上，以便于对电缆电气性能进行测试。

装盘的非填充式电缆，应充有 30~50 kPa 的干燥空气或氮气，并在一端装有气门嘴。

电缆盘上应标明：制造厂名称；电缆型号、本标准编号；电缆长度 (m)；毛重 (kg)；出厂盘号；制造日期；表示电缆盘正确旋转方向的箭头。

电缆自出厂之日起三年内，由于制造上的原因而损坏时，制造厂应负责包修、包退、包换。国家近期规定，为了防止电缆在火灾中产生有害气体，国家现在禁止使用聚乙烯材料。

2.3 电缆色谱

全色谱的含义是指电缆中的任何一对芯线,都可以通过各级单位的扎带颜色以及线对的颜色来识别,换句话说,给出线号就可以找出线对,拿出线对就可以说出线号。

1. 线对色谱

(1) 对绞线对色谱

采用十种颜色(领示色表示 a 线、循环色表示 b 线)

a 线:白、红、黑、黄、紫。

b 线:蓝、橘、绿、棕、灰。

电缆的色谱

绞线对中各包含一根 a 线和一根 b 线,循环成 25 对为一个基本单位。色谱依次如表 2-1 所示。

表 2-1 电缆线对色谱

线对编号		1	2	3	4	5	6	7	8	9	10	11	12	13
色谱	a 线	白	白	白	白	白	红	红	红	红	红	黑	黑	黑
	b 线	蓝	橘	绿	棕	灰	蓝	橘	绿	棕	灰	蓝	橘	绿
线对编号		14	15	16	17	18	19	20	21	22	23	24	25	
色谱	a 线	黑	黑	黄	黄	黄	黄	黄	紫	紫	紫	紫	紫	
	b 线	棕	灰	蓝	橘	绿	棕	灰	蓝	橘	绿	棕	灰	

(2) 星绞线对色谱(25 对为一个基本单位)

a 线:白、红、黑、黄、粉红。

b 线:蓝、橘、绿、棕、灰。

c 线:青绿。

d 线:紫色。

25 对基本单位结构如图 2-7 所示。

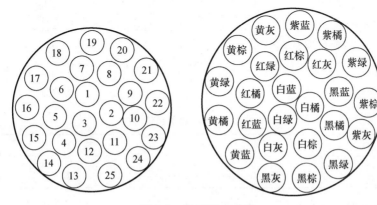

图 2-7 25 对基本单位

2. 扎带色谱

全塑电缆单位扎带色谱,有基本单位的单位扎带、半单位的单位扎带、子单位的单位扎带、复式单位的单位扎带、星式单位的单位扎带的色谱,基本上由蓝、橘、绿、棕、灰、白、红、黑、黄、紫为基础；特点是10个单位以下采用单色谱，11个单位以上的采用双色谱，具体有基本单位的全色谱、复式单位的色谱、星式单位的色谱，另外还有红头、绿尾的单位扎带色谱等。电缆用色谱带的单色宽度为 4.0 mm，厚度为 0.07 mm；双色宽度为 4.0 mm，厚度为 0.07 mm。

(1) 基本单位扎带的全色谱

基本单位的扎带由蓝、橘、绿、棕、灰、白、红、黑、黄、紫 10 种颜色，组成 24 种以 600 对为一个循环、1 200 对为两个循环、1 800 对为三个循环，依次类推，如表 2-2 所示。

表 2-2　电缆扎带色谱

线对编号		1	2	3	4	5	6	7	8	9	10	11	12	13
色谱	a线	白	白	白	白	白	红	红	红	红	红	黑	黑	黑
	b线	蓝	橘	绿	棕	灰	蓝	橘	绿	棕	灰	蓝	橘	绿
线对编号		14	15	16	17	18	19	20	21	22	23	24		
色谱	a线	黑	黑	黄	黄	黄	黄	黄	紫	紫	紫	紫		
	b线	棕	灰	蓝	橘	绿	棕	灰	蓝	橘	绿	棕		

(2) 红头、绿尾的电缆扎带色谱

红头、绿尾电缆扎带色谱是 100 对的单位扎带色谱，100 对由 4 个基本单位组成的色谱同全色谱的基本单位一样，即白蓝～紫棕。4 个基本单位的扎带由蓝、橘、绿、棕色分别扎在 4 个单位上。

1 200 对红头、绿尾的电缆分中心层和外层两层，中心层由 3 个单位组成，第一个单位为红色扎带，第二个单位为白色扎带，第三个单位为绿色扎带，外层扎红色扎带的为第四个单位，第五至第十一个单位扎白色扎带，第十二个单位扎绿色扎带。1 800 对红头、绿尾的电缆分三层，共 18 个单位。第一层 1 个单位为红色扎带；第二层 6 个单位，第二个单位为第二层的红色扎带，第三个单位至第六个单位均为白色扎带，第七个单位为绿色扎带；第三层 11 个单位，第八个单位为第三层的红色扎带，第九个单位至第十七个单位均为白色扎带，第十八个单位为绿色扎带。

(3) 备用线对及其色谱

为了保证成品电缆具有完好的标称对数，100 对及以上的全色谱单位式电缆中设置备用线对（又叫作预备线对），其数量均为标称对数的 1%，最多不超过 6 对（其中 0.32 及以下线径最多不超过 10 对），备用线对作为一个预备单位或单独线对置于缆芯的间隙中。其线序和色谱如表 2-3 所示。

表 2-3　备用线对色谱

线序	1	2	3	4	5	6	7	8	9	10
色谱	白红	白黑	白黄	白紫	红黑	红黄	红紫	黑黄	黑紫	黄紫

3. 市话全塑电缆的单位组合

(1) 基本单位

市话全塑电缆由若干个单位组成，以 25 对不同色谱线对组成基本单位，超过 25 对以上的电缆按单位组合，每个单位间采用规定颜色的扎带包扎，以便识别不同单位。基本单位以白、红、黑、黄、紫；蓝、橘、绿、棕、灰的颜色组合，25对不同色谱线对组成的基本单位见表2-1。

（2）子单位

把基本单位的25对线对分为两个子单位，即第一个子单位为12对，芯线色谱由白蓝至黑橘。第二个子单位为13对，芯线色谱由黑绿至紫灰。以上两个子单位都采用普通型方式，分两层绞缆。

（3）复式单位

两个子单位组成一个基本单位。由两个基本单位组成一个复式单位称"S单位"，第一个基本单位，线序是1～25号，两个子单位的扎带色谱均为蓝色；第二个基本单位，线序是26～50号，两个子单位的扎带色谱均为橘色。

（4）星式单位

星式单位也称"SD单位"，由四个基本单位组成100对线对，扭绞在一起为一个星式单位，四个基本单位外的扎带色谱为蓝、橘、绿、棕。蓝色扎带为第一个基本单位，线序为1～25号，橘色扎带为第二个基本单位，线序为26～51号，绿色扎带为第三个基本单位，线序为51～75号，棕色扎带为第四个基本单位，线序为76～100号。

全色谱单位式缆芯的单位束可根据单位束内线对的多少，将这些单位束分为子单位（12对和13对）、基本单位（10对或25对，代号为U）和超单位（50对，代号为S、SI或SJ；100对，代号为SD；150对，代号为SC；200对，代号为SB）。全色谱电缆是先把单位束分为基本单位或子单位，再由基本单位或子单位绞合成超单位。

50对的单位称超单位，它是由2个25对基本单位［或含有2个12对和2个13对的子单位，即2×(12+13)对组成］或5个10对基本单位组成。

100对超单位是由4个25对的基本单位［(4×25)对］或10个10对的基本单位［(10×10)对］组成。全色谱单位式电缆线对序号与扎带色谱如表2-4所示。

表2-4 全色谱单位式电缆线对序号与扎带色谱

基本单位	100对超单位序号	1～6	7～12	13～18	19～24	25～30
	50对超单位序号	1～12	13～24	25～36	37～48	49～60
序号	超单位扎带颜色 / 基本单位扎带颜色 / 线对序号	白	红	黑	黄	紫
1	白/蓝	1～25	601～625	1 201～1 225	1 801～1 825	2 401～2 425
2	白/橘	26～50	626～650	1 226～1 250	1 826～1 850	2 426～2 450
3	白/绿	51～75	651～675	1 251～1 275	1 851～1 875	2 451～2 475
4	白/棕	76～100	676～700	1 276～1 300	1 876～1 900	2 476～2 500
5	白/灰	101～125	701～725	1 301～1 325	1 901～1 925	2 501～2 525
6	红/蓝	126～150	726～750	1 326～1 350	1 926～1 950	2 526～2 550
7	红/橘	151～175	751～775	1 351～1 375	1 951～1 975	2 551～2 575
8	红/绿	176～200	776～800	1 376～1 400	1 976～2 000	2 576～2 600
9	红/棕	201～225	801～825	1 401～1 425	2 001～2 025	2 601～2 625
10	红/灰	226～250	826～850	1 426～1 450	2 026～2 050	2 626～2 650
11	黑/蓝	251～275	851～875	1 451～1 475	2 051～2 075	2 651～2 675
12	黑/橘	276～300	876～900	1 476～1 500	2 076～2 100	2 676～2 700
13	黑/绿	301～325	901～925	1 501～1 525	2 101～2 125	2 701～2 725

续表

基本单位	100 对超单位序号	1～6	7～12	13～18	19～24	25～30
	50 对超单位序号	1～12	13～24	25～36	37～48	49～60
序号	超单位扎带颜色 / 线对序号 / 基本单位扎带颜色	白	红	黑	黄	紫
14	黑/棕	326～350	926～950	1 526～1 550	2 126～2 150	2 726～2 750
15	黑/灰	351～375	951～975	1 551～1 575	2 151～2 175	2 751～2 775
16	黄/蓝	376～400	976～1 000	1 576～1 600	2 176～2 200	2 776～2 800
17	黄/橘	401～425	1 001～1 025	1 601～1 625	2 201～2 225	2 801～2 825
18	黄/绿	426～450	1 026～1 050	1 626～1 650	2 226～2 250	2 826～2 850
19	黄/棕	451～475	1 051～1 075	1 651～1 675	2 251～2 275	2 851～2 875
20	黄/灰	476～500	1 076～1 100	1 676～1 700	2 276～2 300	2 876～2 900
21	紫/蓝	501～525	1 101～1 125	1 701～1 725	2 301～2 325	2 901～2 925
22	紫/橘	526～550	1 126～1 150	1 726～1 750	2 326～2 350	2 926～2 950
23	紫/绿	551～575	1 151～1 175	1 751～1 775	2 351～2 375	2 951～2 975
24	紫/棕	576～600	1 176～1 200	1 776～1 800	2 376～2 400	2 976～3 000

（5）缆芯的形成原则

缆芯按圆形原则成缆，对于100对以上电缆先内后外，同一层中单位序号在A端是顺时针方向排列的，且单位序号按顺时针方向依次增大，序号彼此衔接；各层排列的起始单位应对齐；缆芯由两种以上单位形成时，单位序号按"替代等价"的原则来编。

$$W = 600(x-1) + 25(y-1) + z \text{（3 000 对以内电缆使用公式）}$$

其中，x 表示超单位扎带颜色，y 表示基本单位扎带颜色，z 表示线对色谱。

$x \in [1,5]$ 分别是白、红、黑、黄、紫，$y \in [1,24]$ 分别是白蓝～紫棕，$z \in [1,25]$ 分别是白蓝～紫灰。

* 全色谱对绞同心式缆芯每层均疏扎特定的扎带，扎带的色谱如表2-5所示。

表2-5 全色谱对绞同心式缆芯扎带色谱

层的位置	中心及偶数层	奇数层
扎带颜色	蓝	橘

全色谱星绞同心式或单位式缆芯，每个四线组的色谱如表2-6所示。

表2-6 星绞四线组组号和色谱排列

星绞四线组组号	星绞四线组色谱			
	a 线	b 线	c 线	d 线
1	白	蓝	天蓝	紫
2	白	橘	天蓝	紫
3	白	绿	天蓝	紫
4	白	棕	天蓝	紫
5	白	灰	天蓝	紫
6	红	蓝	天蓝	紫
7	红	橘	天蓝	紫
8	红	绿	天蓝	紫
9	红	棕	天蓝	紫

续表

星绞四线组组号	星绞四线组色谱			
	a 线	b 线	c 线	d 线
10	红	灰	天蓝	紫
11	黑	蓝	天蓝	紫
12	黑	橘	天蓝	紫
13	黑	绿	天蓝	紫
14	黑	棕	天蓝	紫
15	黑	灰	天蓝	紫
16	黄	蓝	天蓝	紫
17	黄	橘	天蓝	紫
18	黄	绿	天蓝	紫
19	黄	棕	天蓝	紫
20	黄	灰	天蓝	紫
21	紫	蓝	天蓝	紫
22	紫	橘	天蓝	紫
23	紫	绿	天蓝	紫
24	紫	棕	天蓝	紫
25	紫	灰	天蓝	紫

2.4 全塑电缆的端别

普通色谱对绞式市话电缆一般不做 A、B 端规定。为了保证电缆布放和接续质量，全塑全色谱市内通信电缆规定了 A、B 端。

全色谱对绞单位式全塑市话电缆 A、B 端的区分为：面向电缆端面，按单位序号由小到大顺时针方向依次排列，则该端为 A 端；按单位序号由小到大逆时针方向依次排列，这一端为 B 端。

电缆的端别

全塑市内通信电缆 A 端用红色标志，又叫内端伸出电缆盘外，常用红色端帽封合或用红色胶带包扎，规定 A 端面向局方。B 端用绿色标志，一般又叫外端，常用绿色端帽封合或用绿色胶带包扎，紧固在电缆盘内，绞缆方向为逆时针，规定外端面向用户。另外，还可以根据电缆扎带色谱的排列分辨 A、B 端。

① 以星式单位扎带色谱来说，白、红、黑、黄、紫，顺时针方向旋转为 A 端，逆时针方向旋转为 B 端。

② 以基本单位扎带色谱来说，白蓝、白橘、白黄、白紫、红橘、红黄……顺时针方向旋转为 A 端，逆时针方向旋转为 B 端。

③ 红头、绿尾色谱的电缆，红色扎带一单元为本线束的第一单元，绿色扎带一单元为本线束层的最末单位，顺时针方向旋转为 A 端，逆时针方向旋转为 B 端。

2.5 全塑电缆的标识

电缆的标识采用电缆段挂牌方式，标志牌采用背面有中国电信标记的白色塑料底牌，正面打印文字（宋体），内容格式为：

```
编码：HTA00/J4501/PX07/01
线序：226－275 起点：HTA00/J4501
终点：HTA00/J4501/DP0701
备注：御景翠轩东梯－御意轩西墙
```

说明：

编码——电缆段的资源编码，如：【HTA00/J4501/PX07/01】。

线序——电缆段上级成端序组，如：【226—275】。

起点——电缆段起始设施编码，如：【HTA00/J4501】。

终点——电缆段终止设施编码，如：【HTA00/J4501/DP0701】。

备注——电缆段的起始和终止的地址，如：【御景翠轩东梯—御意轩西墙】。

由于电缆标志牌的篇幅有限，所以地址要简单明确，内容要清晰，满足维护需要。

对悬挂的电缆标识的要求：

① 电缆段两端设施侧必须吊挂牌。

② 电缆段经过的进线室、人手井、引上点、路由分支点必须挂牌。

③ 架空或者墙壁路由较长的情况按照每500 m或者每10档电杆加挂1个标志牌；电缆段标志牌采用1.2 mm套塑扎线吊挂在电缆上（如表2-7所示）。

表2-7 电缆标识悬挂位置要求

安放位置	具体要求	备注
人手井	电缆段标志牌吊挂在电缆前进方向管群口30～50 cm位置	
MDF	电缆段标志牌吊挂在电缆成端护套开口20～30 cm位置	
电缆接头	电缆段标志牌吊挂在电缆离接头套管20～30 cm位置	
交接箱、分线盒	对于落地式交接箱，电缆段标志牌吊挂在交接箱内	交落设备
	对于架空和墙壁安装的交接箱和分线盒，电缆段标志牌挂牌吊挂在电缆引落离地面高度大于3 m处	悬挂设备

2.6 全塑电缆的电气特性

1. 全塑电缆的一次参数

全塑电缆的一次参数有回路有效电阻R、电感L、电容C、绝缘电导G。

2. 全塑电缆的二次参数

全塑电缆的二次参数由一次参数确定，它是一次参数的函数。二次参数有特性阻抗Z_C、传输常数γ（衰减常数α和相移常数β）。

（1）特性阻抗Z_C

电磁波在终端匹配的均匀回路中传播时，回路上电压波幅与电流波幅的比值叫作特性阻抗。特性阻抗可用式（2-1）表示：

$$Z_C = \sqrt{\frac{R+j\omega L}{G+j\omega C}} \tag{2-1}$$

可见，特性阻抗只与电缆回路的一次参数和传输信号的频率有关，而与回路的长度无关，也就是说，一定形式的电缆线路在某个频率下具有一定的特性阻抗。

由于市内通信电缆一般在音频范围内使用，800 Hz 时市内通信电缆回路的 $R \gg \omega L$、$\omega C \gg G$，因此式（2-1）中的 $j\omega L$ 和 G 两项可以省略，得：

$$Z_C = \sqrt{\frac{R}{j\omega C}} \tag{2-2}$$

（2）传输常数 γ（衰减常数 α 和相移常数 β）

由于回路上存在着回路电阻、电感、电容和电导，电磁能在回路上传播时，其能量逐渐减小，电压和电流的振幅逐步减小，相位也逐步滞后。电磁能沿着无反射均匀回路传播 1 km 时，其电压或电流振幅的衰减和相位的变化称为该回路的传输常数，可以用式（2-3）表示：

$$\gamma = (R + j\omega L)(G + j\omega C) = \alpha + j\beta \tag{2-3}$$

从式（2-3）中可以看出，传输常数是复数，它的实部 α 称为衰减常数，表示每千米回路对传输信号引起的衰耗，单位为 dB/km；它的虚部 β 称为相移常数，表示每千米回路对传输信号引起初相角的变化，单位是 rad/km。

第三章 光纤光缆

教学内容

1. 光的基础知识
2. 光纤的结构
3. 光缆的结构及分类
4. 光缆的型号（难点）
5. 光缆线序和色谱（重点、难点）
6. 光缆的端别

技能要求

1. 掌握光纤全反射的原理
2. 会识别光纤光缆型号、线序及端别

3.1 光　　学

把无线电波、红外线、可见光、紫外线、X 射线及 γ 射线按照波长或频率的顺序排列起来，就是电磁波谱。其中，无线电的波长最长，宇宙射线的波长最短。电磁波为横波，可用于探测、定位、通信等。目前，光纤通信的实用工作波长在近红外区，即 0.8～1.8 μm 的波长区，如图 3-1 所示，对应的频率为 167～375 THz。光纤通信有 850 nm、1 310 nm 和 1 550 nm 三个工作窗口。

光通常指可见光，即电磁波；发射（可见）光的物体叫作（可见）光源，例如太阳、萤火虫和白炽灯等都称为光源。光是有能量的，光可以在化学能、电能等其他形式的能之间相互转换。

1. 光的直线传播

光在同一种均匀物质中是沿直线传播的。日食、月食、人影、小孔成像、隧道掘进机的工作原理（激光准直）等就是光沿直线传播的应用。光（电磁波）在真空中的传播速度，目前

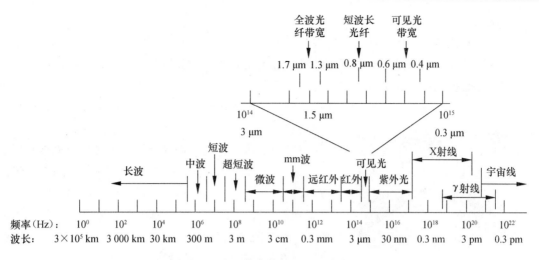

图 3-1 光通信中使用的电磁波范围

公认值为 $c=299\,792\,458$ m/s（精确值），一般情况下，光速多取 $c=3\times10^8$ m/s。除真空外，光能在水、玻璃等介质中传播，在介质中传播的速度小于在真空中传播的速度，在水中的传播速度为 2.25×10^8 m/s，在玻璃中的传播速度为 2.0×10^8 m/s，在冰中的传播速度为 2.30×10^8 m/s，在空气中的传播速度为 3.0×10^8 m/s，在酒精中的传播速度为 2.2×10^8 m/s。

2．光的传播规律

光的直线传播前面已介绍过，下面简要介绍一下光的反射、折射和全反射。

光线在均匀介质中传播时是以直线方向进行的，但在到达两种不同介质的分界面时，会发生反射与折射现象。光的反射与折射，如图 3-2 所示。

根据光的反射定律，反射角等于入射角。

根据光的折射定律：

$$n_1\sin\theta_1 = n_2\sin\theta_2$$

其中，n_1 为纤芯的折射率；n_2 为包层的折射率。

显然，若 $n_1 > n_2$，则会有 $\theta_2 > \theta_1$。如果 n_1 与 n_2 的比值增大到一定程度，就会使折射角 $\theta_2 \geq 90°$，此时的折射光线不再进入包层（光疏介质），而会在纤芯（光密介质）与包层的分界面上掠过（$\theta_2 = 90°$时），或者重返回纤芯中进行传播（$\theta_2 > 90°$时）。这种现象叫作光的全反射现象，如图 3-3 所示。可见，入射角不断增大，折射光的能量越来越少，反射光的能量逐渐增大，最后折射光消失。

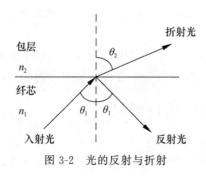

图 3-2　光的反射与折射

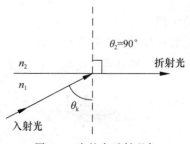

图 3-3　光的全反射现象

3. 光的色散及散射

（1）光的色散

在物理学中，色散是指不同颜色的光经过透明介质后被分散开的现象。一束白光经三棱镜后被分为七色光带。这是因为玻璃对不同颜色（不同频率或不同波长）的光具有不同的折射率，波长越长（或频率越低）玻璃呈现的折射率越小，波长越短（或频率越高）玻璃呈现的折射率越大。换句话说，玻璃的折射率是光波频率（或波长）的函数。当不同颜色组合而成的白光以相同的入射角 θ_1 入射时，根据折射定律 $n_1\sin\theta_1 = n_2\sin\theta_2$，不同颜色的光因 n_2 不同会有不同的折射角，这样不同颜色的光就会被分开，出现色散。如图 3-4 所示，紫色光折射率大，红色光折射率小。由于 $v=c/n$，很显然，不同颜色的光在玻璃中传播的速度也不相同。

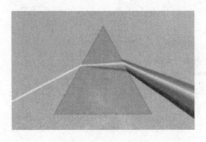

图 3-4 光的色散

在光纤传播理论中，拓宽了色散这个古老名词的含义，在光纤中，信号是由很多不同模式或频率的光波携带传输的，当信号达到终端时，不同模式或不同频率的光波出现了传输时延差，从而引起信号畸变，这种现象统称为色散。对于数字信号，经光纤传播一段距离后，色散会引起光脉冲展宽，严重时，前后脉冲将互相重叠，形成码间干扰。因此，色散决定了光纤的传输带宽，限制了系统的传输速率或中继距离。色散和带宽是从不同领域来描述光纤的同一特性的。

（2）光的散射

物质中存在的不均匀杂质或微粒使进入物质的光偏离入射方向而向四面八方散开，这种现象称为光的散射。由于媒质中存在着其他物质的微粒，或者由于媒质本身密度的不均匀性（即密度涨落），使通过物质的光的强度减弱，从而引起光的散射。光的散射根据光传播特性主要分为瑞利散射和分子散射两大类。

瑞利散射光强与 λ 的 4 次方成反比。当观察晴天的天空时，进入人眼的是阳光经过大气时的侧向散射光，主要包含着短波成分，所以天空呈蓝色；而落日时直视太阳所看到的是在大气层（包括微尘层）中经过较长路程的散射后的阳光，剩余的长波成分较强，所以落日呈红色。

物质中有杂质微粒（如细微的悬浮物、细微气泡等），或存在折射率分布的不均匀性，这些细微的不均匀性区域成为散射中心，它们的散射光是非相干的，各散射光束的光强直接相加，这时即可观察到散射光。当微粒线度远小于光的波长时，就得到瑞利散射。此外，通常的纯净物质中各处总有密度的起伏，这也构成折射率分布的不均匀性，M·斯莫卢霍夫斯基（1908）与 A·爱因斯坦（1910）的研究表明，这种密度起伏是一般纯净透明物质中产生瑞利散射的原因。这种由密度起伏导致的散射也称为分子散射。

光的散射现象在各个科学技术部门中有广泛应用。通过散射光的测量可以了解到散射粒子的浓度、大小、形状及取向等，在物理、化学、气象等许多方面的研究中得到应用。

3.2 光纤光缆的结构及型号

在光通信中，长距离传输光信号所需要的光波导是一种叫作光导纤维（简称光纤）的圆柱体介质波导。所谓"光纤"就是工作在光频下的一种介质波导，它引导光沿着轴线平行方向传输。

3.2.1 光纤的结构与分类

1. 光纤的结构

光纤（Optical Fiber，OF）就是用来导光的透明介质纤维。一根实用化的光纤是由多层透明介质构成的，一般光纤的结构如图 3-5 所示，可以分为三层：折射率较大的为纤芯，折射率较低的为包层和外涂覆层。纤芯和包层的结构满足导光要求，控制光波沿纤芯传播；涂覆层主要起保护作用（因不作导光用，故可染成各种颜色）。

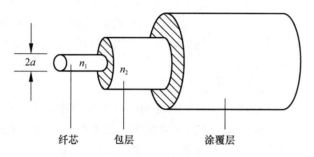

光纤的结构

图 3-5 一般光纤的结构

（1）纤芯

纤芯位于光纤的中心部位（直径 5~80 μm），其成分是高纯度的二氧化硅，此外还掺有极少量的掺杂剂，如二氧化锗、五氧化二磷等，掺有少量掺杂剂的目的是适当提高纤芯的光折射率（n_1）。通信用的光纤，其纤芯的直径为 5~10 μm（单模光纤）或 50~80 μm（多模光纤）。

（2）包层

包层位于纤芯的周围（其直径约 125 μm），其成分也是含有极少量掺杂剂的高纯度二氧化硅。而掺杂剂（如三氧化二硼）的作用则是适当降低包层的光折射率（n_2），使之略低于纤芯的折射率。为满足不同导光的要求，包层可做成单层，也可做成多层。

（3）涂覆层

光纤的最外层是由丙烯酸酯、硅橡胶和尼龙组成的涂覆层，其作用是增加光纤的机械强度与可弯曲性。涂覆层一般分为一次涂覆层和二次涂覆层。二次涂覆层是在一次涂覆层的外面再涂上一层热塑材料，故又称为套塑。一般涂覆后的光纤外径约 1.5 cm。

纤芯的粗细、纤芯材料的折射率分布和包层材料的折射率对光纤传输特性起着决定性的作用。包层材料通常为均匀材料，其折射率为常数；如为多层包层，则各包层的折射率不同。纤芯的折射率可以是均匀的，也可以是沿纤芯半径 r 而变化的。为此常用折射率沿半径的分布函数 $n_1(r)$ 来表示纤芯折射率的变化。

2. 光纤的分类

目前光纤的种类繁多，但就其分类方法而言大致有四种，即按光纤剖面折射率分布分类、按传播模式分类、按工作波长分类和按套塑类型分类。此外，按光纤的组成成分分类，除目前最常应用的石英光纤之外，还有含氟光纤与塑料光纤等。

光纤分类

（1）按光纤剖面折射率分布分类——阶跃型光纤与渐变型光纤

1）阶跃型光纤

阶跃型光纤是指在纤芯与包层区域内，其折射率分布都是均匀的，其值分别为 n_1 与 n_2，但在纤芯与包层的分界处，其折射率的变化是阶跃的。阶跃型光纤的折射率分布如图3-6所示。

其折射率分布的表达式为：

$$n(r) = \begin{cases} n_1 & (r \leqslant a_1) \\ n_2 & (a_1 < r \leqslant a_2) \end{cases}$$

阶跃型光纤是早期光纤的结构形式，后来在多模光纤中逐渐被渐变型光纤所取代（因渐变型光纤能大大降低多模光纤所特有的模式色散），但用它来解释光波在光纤中的传播还是比较形象的。而现在当单模光纤逐渐取代多模光纤成为当前光纤的主流产品时，阶跃型光纤结构又成为单模光纤的结构形式之一。

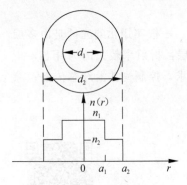

图3-6 阶跃型光纤的折射率分布

2）渐变型光纤

渐变型光纤是指光纤轴心处的折射率最大（n_1），而沿剖面径向的增加而逐渐变小，其变化规律一般符合抛物线规律，到了纤芯与包层的分界处，正好降到与包层区域的折射率 n_2 相等的数值；在包层区域中其折射率的分布是均匀的，即 n_2。渐变型光纤的折射率分布如图3-7所示。

其折射率分布的表达式为：

$$n(r) = \begin{cases} n_1 \left[1 - 2\Delta \left(\dfrac{r}{a_1} \right)^g \right]^{\frac{1}{2}} & (r \leqslant a_1) \\ n_2 & (a_1 < r \leqslant a_2) \end{cases}$$

式中，g 是折射率分布指数，它取不同的值，折射率分布就不同；n_1 为光纤轴心处的折射率；n_2 为包层区域内的折射率；a_1 为纤芯半径；$\Delta = \dfrac{n_1^2 - n_2^2}{2n_1^2} \approx \dfrac{n_1 - n_2}{n_1}$ 称为相对折射率差。

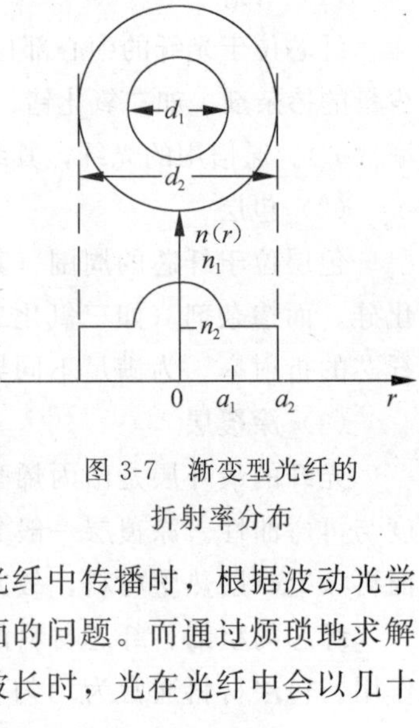

至于渐变光纤的剖面折射率为何做如此分布，其主要原因是为了降低多模光纤的模式色散，增加光纤的传输容量。

图3-7 渐变型光纤的折射率分布

（2）按传播模式分类——多模光纤与单模光纤

众所周知，光是一种频率极高的电磁波，当它在波导——光纤中传播时，根据波动光学理论和电磁场理论，需要用麦克斯韦式方程组来解决其传播方面的问题。而通过烦琐地求解麦氏方程组之后就会发现，当光纤纤芯的几何尺寸远大于光波波长时，光在光纤中会以几十种乃至几百种传播模式进行传播。

按传播的模式数量可分为多模光纤（Multi-Mode Fiber，MMF）和单模光纤（Single Mode Fiber，SMF）。

在工作波长一定的情况下，光纤中存在多个传输模式，这种光纤就称为多模光纤。多模光纤的横截面折射率分布有均匀和非均匀两种。前者也叫阶跃型多模光纤，后者被称为渐变型多模光纤。多模光纤的传输特性较差，带宽较窄，传输容量较小。

在工作波长一定的情况下，光纤中只有一种传输模式的光纤，这种光纤就称为单模光纤。单模光纤只能传输基模（最低阶模），不存在模间的传输时延差，具有比多模光纤大得多的带宽，这对于高速传输是非常重要的。

（3）按工作波长分类——短波长光纤与长波长光纤

1）短波长光纤

在光纤通信发展的初期，人们使用的光波的波长在 $0.6\sim0.9~\mu m$ 范围内（典型值为 $0.85~\mu m$），习惯上把在此波长范围内呈现低衰耗的光纤称作短波长光纤。短波长光纤属早期产品，目前已很少采用。

2）长波长光纤

后来随着研究工作的不断深入，人们发现在波长 $1.31~\mu m$ 和 $1.55~\mu m$ 附近，石英光纤的衰耗急剧下降。不仅如此，在此波长范围内石英光纤的材料色散也大大减小。因此，人们的研究工作又迅速转移，并研制出在此波长范围衰耗更低、带宽更宽的光纤，并把工作在 $1.0\sim2.0~\mu m$ 波长范围的光纤称为长波长光纤。

长波长光纤因具有衰耗低、带宽宽等优点，特别适用于长距离、大容量的光纤通信。

（4）按套塑类型分类——紧套光纤与松套光纤

1）紧套光纤

紧套光纤是指二次、三次涂覆层与一次涂覆层及光纤的纤芯、包层等紧密地结合在一起的光纤。目前此类光纤居多。

未经套塑的光纤，其衰耗——温度特性本是十分优良的，但经过套塑之后其温度特性下降。这是因为套塑材料的膨胀系数比石英高得多，在低温时收缩较厉害，压迫光纤发生微弯曲，增加了光纤的衰耗。

2）松套光纤

松套光纤是指经过涂覆后的光纤松散地放置在一塑料管之内，不再进行二次、三次涂覆。松套光纤的制造工艺简单，其衰耗——温度特性与机械性能也比紧套光纤好，因此越来越受到人们的重视。

3.2.2 光缆

通信光缆的结构是由其传输用途、运行环境、敷设方式等诸多因素决定的。从大的方面讲，常用通信光缆分为室内光缆和室外光缆两大类，这里主要介绍室外光缆。

光缆的结构及分类

由于光纤比较脆弱，极易受到外界的损伤，所以光纤需要进行成缆。光纤成缆具体的原因有：

① 如果不成缆，过大的张力会使光纤断裂。

② 与其他元件组合成光缆后，会具有良好的传输性能以及抗拉、抗冲击、抗弯曲等机械性能。

③ 可根据不同的使用情况，制成不同结构形式的光缆。

④ 可加入金属线，以传送电能。

1. 光缆的结构

光缆的基本结构一般由光纤、加强元件、绑带和外护层等几部分构成，如图3-8所示。另外，根据需要还有防水层、缓冲层、绝缘金属导线填充物等。

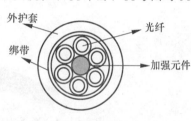

图3-8 光缆的截面图

光缆的分类如表 3-1 所示。

表 3-1 光缆的分类

分类方式	光缆种类
光纤传输模式	单模光缆、多模光缆（阶跃型多模光缆、渐变型多模光缆）
光纤状态	紧结构光缆、松结构光缆、半松半紧结构光缆
缆芯结构	层绞式光缆、骨架式光缆、束管式光缆（中心管式光缆）
外护套结构	无铠装光缆、钢带铠装光缆、钢丝铠装光缆
光缆材料有无金属	有金属光缆（包括缆芯内无金属光缆）、无金属光缆
光纤芯数	单芯光缆、多芯（带式）光缆
敷设方式	直埋光缆、水底光缆、海底光缆、架空光缆、管道光缆
特殊适用环境	高压输电线采用的光缆、室内光缆、应急光缆、野战光缆

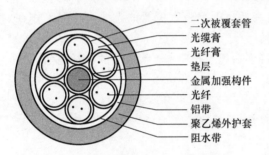

图 3-9 GYSTA 型层绞式光缆（金属加强构件松套层绞填充式铝—聚乙烯黏结护套通信用室外光缆）

室外光缆的基本结构有：层绞式、中心管式、骨架式。每种基本结构中既可放置分离光纤，亦可放置带状光纤。

（1）层绞式光缆

层绞式光缆端面如图 3-9 所示。层绞式光缆结构是由多根二次被覆光纤松套管（或部分填充绳）绕中心金属加强件绞合成圆形的缆芯，缆芯外先纵包复合铝带，并挤上聚乙烯内护套，再纵包阻水带和双面覆膜皱纹钢（铝）带，再加上一层聚乙烯外护层组成。

层绞式光缆的结构特点：光缆中容纳的光纤数量多；光缆中光纤余长易控制；光缆的机械、环境性能好；适宜于直埋、管道敷设，也可用于架空敷设。

（2）中心管式光缆

中心管式光缆如图 3-10 所示，是由一根二次光纤松套管或螺旋形光纤松套管，无绞合直接放在缆的中心位置，纵包阻水带和双面涂塑钢（铝）带，两根平行加强圆磷化碳钢丝或玻璃钢圆棒位于聚乙烯护层中组成的。按松套管中放入的是分离光纤、光纤束还是光纤带，中心管式光缆分为分离光纤的中心管式光缆或光纤带中心管式光缆等。

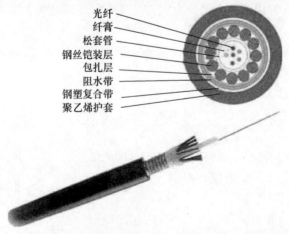

图 3-10 GYXTS 型中心束管式光缆［金属加强构件钢—聚乙烯黏结护套中心束管式全填充型通信用光缆（细钢丝铠装）］

中心管式光缆的优点：光缆结构简单、制造工艺简捷，光缆截面小、重量轻，适宜架空敷设，也可用于管道或直埋敷设。中心管式光缆的缺点：缆中光纤芯数不宜过多（如分离光纤为 12 芯、光纤束为 36 芯、光纤带为 216 芯），松套管挤塑工艺中松套管冷却不够，成品光缆中松套管会出现后缩，光缆中光纤余长不易控制等。

中心管式带状光缆结构为大芯数光缆提供了最经济有效的配置，以 4、6、8、12 光纤带为基带，可生产 48～216 芯各种芯数不同规格的带状光缆。光纤带号由 1～18 个数字字母喷印在光纤带上予以识别。

（3）骨架式光缆

目前，骨架式光缆在国内仅限于干式光纤带光缆，即将光纤带以矩阵形式置于 U 形螺旋骨架槽或 SZ 螺旋骨架槽中，阻水带以绕包方式缠绕在骨架上，使骨架与阻水带形成一个封闭的腔体（如图 3-11 所示）。当阻水带遇水后，吸水膨胀产生一种阻水凝胶屏障。阻水带外再纵包双面覆塑钢带，钢带外挤上聚乙烯外护层。

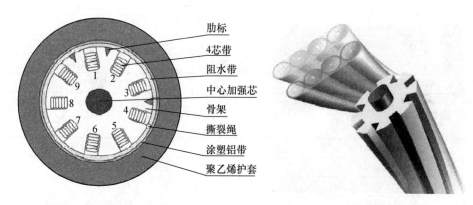

图 3-11　GYDGA-216Xn-4F（骨架式 9 槽 4 层 4 芯光纤带 A 护套光缆）

骨架式光纤带光缆的优点：结构紧凑、缆径小、纤芯密度大（上千芯至数千芯），接续时无须清除阻水油膏、接续效率高。缺点：制造设备复杂（需要专用的骨架生产线）、工艺环节多、生产技术难度大等。

2. 光缆型号及识别

光缆型号是识别光缆规格程式和用途的代号，如图 3-12 所示。

（1）光缆的型号

光缆的型号由分类、加强构件、派生、护套、外护套五个部分组成，如图 3-13 所示。

光缆的型号

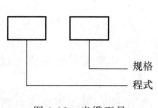

图 3-12　光缆型号

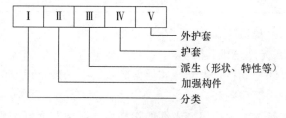

图 3-13　光缆规格程式

下面对各部分代号表示的内容做详细说明：

1）分类代号

GY：通信用室（野）外光缆	GR：通信用软光缆
GJ：通信用室（局）内光缆	GS：通信设备内光缆
GH：通信用海底光缆	GT：通信用特殊光缆
GW：通信用无金属光缆	GM：通信用移动式光缆

2）加强构件代号

| 无符号：金属加强构件 | F：非金属构件 |
| G：金属重型加强构件 | H：非金属重型加强构件 |

3）派生特征代号

B：扁平式结构	C：自承式结构
D：光纤带结构	E：椭圆结构
G：骨架槽结构	J：光纤紧套被覆结构
R：充气式结构	T：填充式结构
X：缆中心管（被覆）结构	Z：阻燃结构

4）护套代号

Y：聚乙烯护套	V：聚氯乙烯护套
U：聚氨酯护套	A：铝－聚乙烯黏结护套
L：铝护套	G：钢护套
Q：铅护套	S：钢－铝－聚乙烯综合护套
W：夹带平行钢丝的钢－聚乙烯黏结护套（称W护套）	

5）外护套代号

代号	铠装层（方式）	代号	被覆层（材料）
0	无	0	无
1	—	1	纤维层
2	双钢带	2	聚氯乙烯套
3	细圆钢丝	3	聚乙烯套
4	粗圆钢丝	4	聚乙烯套加覆尼龙套
5	单钢带皱纹纵包	5	聚乙烯保护管
33	双细圆钢丝	—	
44	双粗圆钢丝	—	

（2）规格

1）光纤规格（简单）

光缆的规格是由光纤和导电芯线的有关规格组成的。在光纤的规格与导电芯线的规格之间用"＋"号隔开。

光纤规格的构成：光纤的规格由光纤数和光纤类别组成。如果同一根光缆中含有两种或两种以上规格（光纤数和类别）的光纤时，中间应用"＋"号连接。

① 光纤数的代号用光缆中同类别光纤的实际有效数目的数字表示。

② 光纤类别的代号应采用光纤产品的分类代号表示，按 IEC 60793-2（1998）《光纤第 2 部分：产品规范》等标准规定用大写 A 表示多模光纤，大写 B 表示单模光纤，再以数字和小写字母表示不同种类光纤。多模光纤见表 3-2，单模光纤见表 3-3。

表 3-2 多模光纤

分类代号	特性	纤芯直径/μm	包层直径/μm	材料
A1a	渐变折射率	50	125	二氧化硅
A1b	渐变折射率	62.5	125	二氧化硅
A1c	渐变折射率	85	125	二氧化硅
A1d	渐变折射率	100	140	二氧化硅
A2a	突变折射率	100	140	二氧化硅

表 3-3 单模光纤

分类代号	名称	材料
B1.1	非色散位移型	
B1.2	截止波长位移型	二氧化硅
B2	色散位移型	
B4	非零色散位移型	二氧化硅

注："B1.1"可简化为"B1"。

2）光纤规格（复杂）

光缆规格由五部分七项内容组成，如图 3-14 所示。

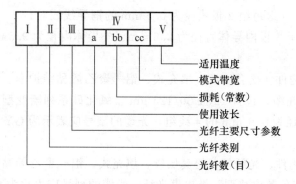

图 3-14 光缆的规格组成部分

Ⅰ——光纤数目用 1，2，…，表示光缆内光纤的实际数目。

Ⅱ——光纤类别的代号及其意义：

　　J——二氧化硅系多模渐变型光纤；

　　T——二氧化硅系多模突变型光纤；

　　Z——二氧化硅系多模准突变型光纤；

　　D——二氧化硅系单模光纤；

　　X——二氧化硅纤芯塑料包层光纤；

　　S——塑料光纤。

Ⅲ——光纤主要尺寸参数：

用阿拉伯数字（含小数点数）及以 μm 为单位表示多模光纤的芯径及包层直径，单模光纤的模场直径及包层直径。

Ⅳ——带宽、损耗、波长，表示光纤传输特性的代号由 a、bb 及 cc 三组数字代号构成。

  a——使用波长的代号，其数字代号规定如下：

    1——波长在 0.85 μm 区域；

    2——波长在 1.31 μm 区域；

    3——波长在 1.55 μm 区域。

注意，同一光缆适用于两种及以上波长，并具有不同传输特性时，应同时列出各波长上的规格代号，并用"/"隔开。

  bb——损耗常数的代号。两位数字依次为光缆中光纤损耗常数值（dB/km）的个位和十位数字。

  cc——模式带宽的代号。两位数字依次为光缆中光纤模式带宽分类数值（MHz·km）的千位和百位数字。单模光纤无此项。

Ⅴ——适用温度代号及其意义。

  A——适用于 -40℃~$+40$℃

  B——适用于 -30℃~$+50$℃

  C——适用于 -20℃~$+60$℃

  D——适用于 -5℃~$+60$℃

3）导电芯线的规格

导电芯线规格的构成应符合有关通信行业标准中铜芯线规格构成的规定。

2×1×0.9，表示 2 根线径为 0.9 mm 的铜导线单线。

3×2×0.5，表示 3 组每组 2 根线径为 0.5 mm 的铜导线线对。

4×2.6/9.5，表示 4 根内导体直径为 2.6 mm、外导体内径为 9.5 mm 的同轴对。

4）实例

例1：金属加强构件、松套层绞、填充式、铝—聚乙烯黏结护套、皱纹钢带铠装、聚乙烯护层的通信用室外光缆，包含 12 根 50/125 μm 二氧化硅系列渐变型多模光纤和 5 根用于远供电及监测的铜线径为 0.9 mm 的 4 线组，光缆的型号应表示为 GYTA53 12Ala+4×5×0.9。

例2：金属加强构件、光纤带、松套层绞、填充式、铝—聚乙烯黏结护套通信用室外光缆，包含 24 根"非零色散位移型"类单模光纤，光缆的型号应表示为 GYDTA24B4。

例3：非金属加强构件、光纤带、扁平型、无卤阻燃聚乙烯烃护层通信用室内光缆，包含 12 根常规或"非色散位移型"类单模光纤，光缆的型号应表示为 GJDBZY12B1。

例4：已知缆内某光纤的型号为 J50/125（12008）C，其意义：J 表示多模渐变型；50/125 表示芯径 50 μm，包层 125 μm；1 表示工作波长 0.85 μm；20 表示衰减常数 2.0 dB/km；08 表示带宽 800（MHz·km）；C 表示环境温度 -20℃~$+60$℃。

3.2.3 光缆端别及纤序识别

1. 光缆中的光纤色谱

光纤排列以 12 芯为一束，每束光纤按表 3-4 所列颜色顺序区分。

光缆的色谱及端别

表 3-4 光纤色谱表

光纤序号	光纤颜色	光纤序号	光纤颜色
1	蓝（BL）	7	红（RD）
2	橘（OR）	8	黑（BK）
3	绿（GR）	9	黄（YL）
4	棕（BR）	10	紫（VI）
5	灰（SL）	11	粉红（RS）
6	白（WH）	12	天蓝（AQ）

多芯光缆把不同颜色的光纤放在同一束管中成为一组，这样一根多芯光缆里就可能有好几个束管。正对光缆横截面，把红束管看作光缆的第一束管，顺时针依次为本色一、本色二、本色三……最后一根是绿束管（如图 3-15 所示）。

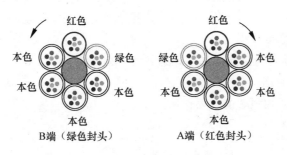

图 3-15 光缆端别

2. 光缆的端别

要正确地对光缆进行接续、测量和维护工作，必须首先掌握光缆的端别判别和缆内光纤纤序的排列方法，因为这是提高施工效率、方便日后维护所必需的。

光缆中的光纤单元、单元内光纤，均采用全色谱或领示色来标识光缆的端别与光纤序号。其色谱排列和所加标志色，在各国产品标准中有规定，因此各个国家的产品不完全一致。目前国产光缆已完全能满足工程需要，所以在这里只对目前使用最多的全色谱光缆的端别进行介绍。

通信光缆的端别判断和通信电缆有些类似。

（1）对于新光缆

红点端为 A 端，绿点端为 B 端；光缆外护套上的长度数字小的一端为 A 端，另外一端即为 B 端。

（2）对于旧光缆

因为是旧光缆，此时红、绿点及长度数字均有可能看不清楚了（施工过程中摩擦掉了），其判断方法是：面对光缆端面，若同一层中的松套管颜色按蓝、橘、绿、棕、灰、白顺时针排列，则为光缆的 A 端，反之则为 B 端。

3. 通信光缆中的纤序排定

光缆中的松套管单元光纤色谱分为两种，一种是 6 芯的，另一种是 12 芯的，前者的色谱排列顺序为蓝、橘、绿、棕、灰、白，后者的色谱排列顺序为蓝、橘、绿、棕、灰、白、红、黑、黄、紫、粉红、天蓝。

若为6芯单元松套管,则蓝色松套管中的蓝、橘、绿、棕、灰、白6根纤对应1~6号纤;紧扣蓝色松套管的橘色松套管中的蓝、橘、绿、棕、灰、白6根纤对应7~12号纤,依此类推,直至排完所有松套管中的光纤为止。

若为12芯单元松套管,则蓝色松套管中的蓝、橘、绿、棕、灰、白、红、黑、黄、紫、粉红、天蓝12根纤对应1~12号纤;紧扣蓝色松套管的橘色松套管中的蓝、橘、绿、棕、灰、白、红、黑、黄、紫、粉红、天蓝12根纤对应13~24号纤,依此类推,直至排完所有松套管中的光纤为止。

从这个过程中我们可以看到,光缆、电缆的色谱在走向上统一,均采用构成全色谱全塑电缆芯线绝缘层色谱的十种颜色:白、红、黑、黄、紫,蓝、橘、绿、棕、灰,但有一点不同的是:在全色谱全塑电缆中,颜色的最小循环周期是5种(组),如白/蓝、白/橘、白/绿、白/棕、白/灰,而在光缆里面是6种——蓝、橘、绿、棕、灰、白,它的每根松套管里的光纤数量也是6根,而不是5根,这一点是要特别提醒大家注意的。

4. 端别判断和纤序排定举例

例1:如图3-16所示为某光缆端面,请解答下列问题:

① 判断光缆的端别。

② 排定纤序并说明加强芯的主要作用。

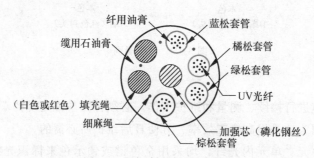

图3-16 端别判别与纤序排定

解:

① 端别判别:因松套管颜色在同一层中按照蓝、橘、绿、棕顺时针方向排列,故为光缆的A端。

② 排定纤序:这是一条以12芯为基本单元的层绞式光缆,所以其基本色谱为蓝、橘、绿、棕、灰、白、红、黑、黄、紫、粉红、天蓝,因此,蓝色套管中的蓝、橘、绿、棕、灰、白、红、黑、黄、紫、粉红、天蓝12纤对应1~12号纤;紧扣蓝松套管的白橘松套管中的蓝、橘、绿、棕、灰、白、红、黑、黄、紫、粉红、天蓝对应13~24号纤,依此类推,直至棕松套管中的天蓝色光纤为第48号光纤。为避免产生氢损,光缆中的加强芯一般采用磷化钢丝,其主要作用有两个:一是增强光缆的机械强度;二是在施工时承受施工拉力。

5. 光缆产品

光缆成品(2 km盘缆,根据客户定制)后送去检测房进行成品检测,厂检验员对出厂光缆进行项目测试并撰写检验报告,检测中心和审核人签字盖章,合格的出具合格证,不合格产品返回工厂。图3-17为×××公司单模光缆检验报告,图3-18为×××公司产品合格证。

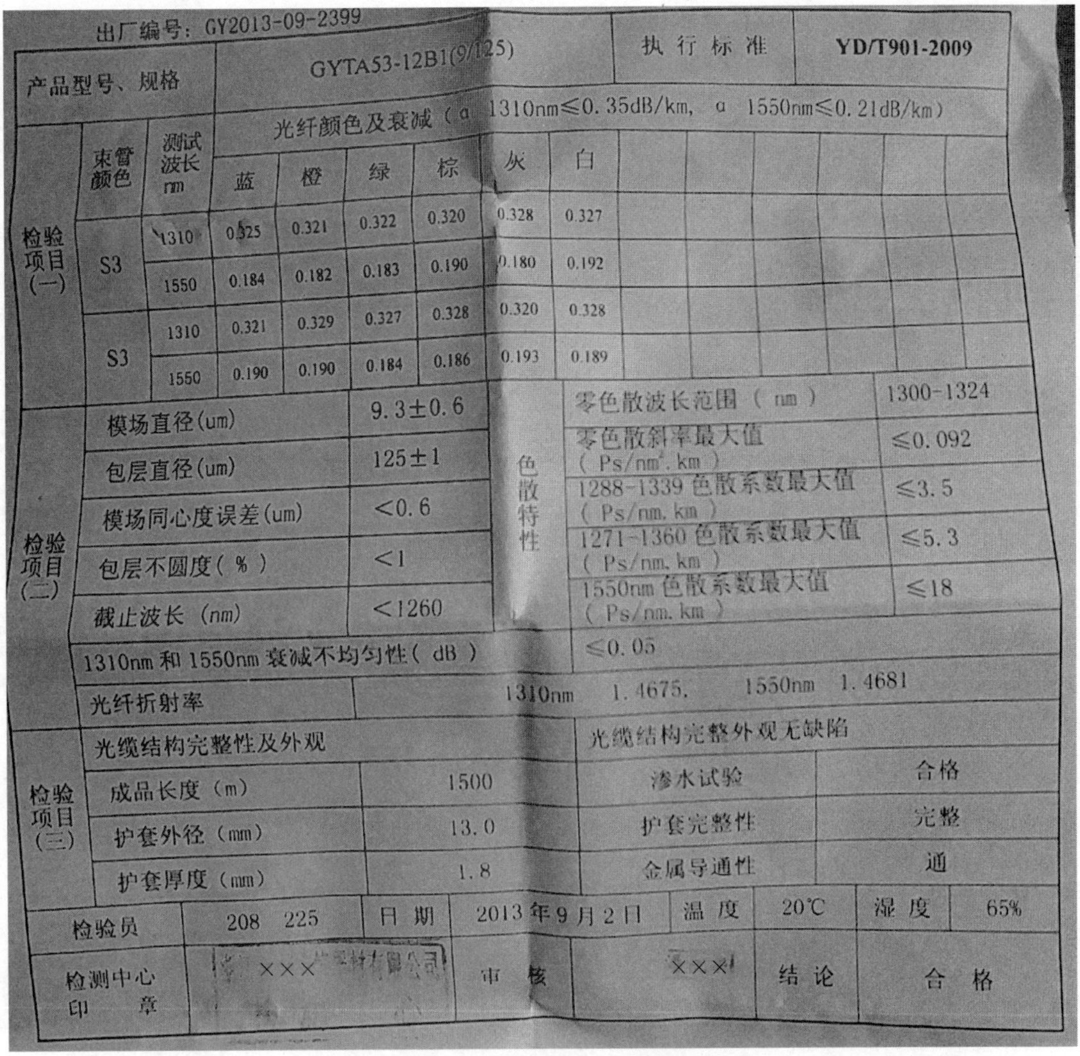

出厂编号：GY2013-09-2399

产品型号、规格	GYTA53-12B1(9/125)	执行标准	YD/T901-2009

检验项目（一）	光纤颜色及衰减（α 1310nm≤0.35dB/km，α 1550nm≤0.21dB/km）													
束管颜色	测试波长 nm	蓝	橙	绿	棕	灰	白							
S3	1310	0.325	0.321	0.322	0.320	0.328	0.327							
	1550	0.184	0.182	0.183	0.190	0.180	0.192							
S3	1310	0.321	0.329	0.327	0.328	0.320	0.328							
	1550	0.190	0.190	0.184	0.186	0.193	0.189							

检验项目（二）		色散特性		
模场直径(um)	9.3±0.6		零色散波长范围（nm）	1300-1324
包层直径(um)	125±1		零色散斜率最大值（Ps/nm².km）	≤0.092
模场同心度误差(um)	<0.6		1288-1339 色散系数最大值（Ps/nm.km）	≤3.5
包层不圆度（%）	<1		1271-1360 色散系数最大值（Ps/nm.km）	≤5.3
截止波长（nm）	<1260		1550nm 色散系数最大值（Ps/nm.km）	≤18
1310nm 和 1550nm 衰减不均匀性（dB）		≤0.05		
光纤折射率	1310nm　1.4675，　1550nm　1.4681			

检验项目（三）			
光缆结构完整性及外观		光缆结构完整外观无缺陷	
成品长度（m）	1500	渗水试验	合格
护套外径（mm）	13.0	护套完整性	完整
护套厚度（mm）	1.8	金属导通性	通

检验员	208　225	日期	2013年9月2日	温度	20℃	湿度	65%
检测中心印章	×××光器材有限公司	审核	×××	结论	合格		

图 3-17　×××公司单模光缆检验报告

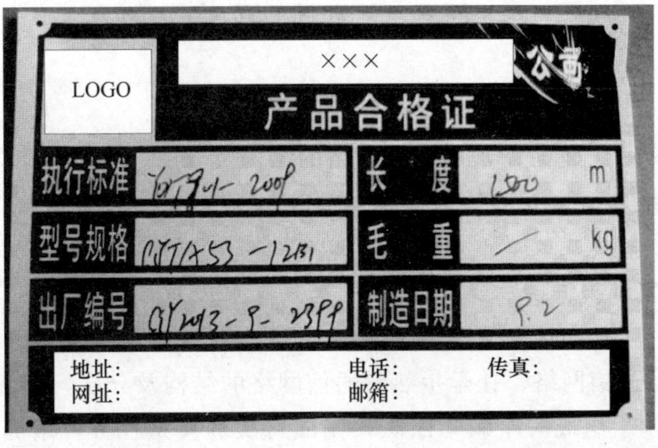

图 3-18　光缆产品合格证（订光缆盘外侧）

第四章 通信网项目

教学内容

1. 通信网的结构及分类
2. 电缆的结构及色谱
3. 光缆的结构及色谱
4. 光纤参数的测量原理
5. 通信网络

技能要求

1. 能识别电话通信网的结构及设备
2. 会开剥电缆和光缆
3. 能识别电缆和光缆的结构、色谱、端别及标识
4. 会使用光源和光功率计等仪器仪表

任务1 通信网络

1. 任务描述

学习团队（4~6人）能理解典型通信网络的结构及分层。

① 电话通信网络。
② 城域网络。
③ 分组教学和实训报告撰写要求。

2. 任务分析

本任务通过典型通信网络，让学生熟悉通信网络的结构及分层，了解教材讲授的主要内容和技能。4~6名学生组成一个教学团队，完成每次的典型任务，培养他们的团队合作和荣辱共享意识。

3. 任务实施

（1）撰写施工方案

教学团队撰写方案（原理、典型网络的结构及内容宣讲）。

（2）工具及仪表

计算机、投影仪、团队海报。

（3）电话通信网络

本地电话网是指在同一长途编号区范围内，由若干个端局（或者若干个端局和汇接局）及局间中继线、长市中继线、用户线、用户交换机、电话机等组成的电话网。用户呼叫本编号区内的其他用户时，只按照本地网的统一编号拨号，而不必拨长途字冠"0"和长途区号。

本地电话网有两种基本形式：一是城市及其郊区所组成的本地电话网；二是县城及其农村区域组成的本地电话网。本地电话网的城市市区部分即习惯上所称的"市内电话网"。本地电话网的各端局或通过汇接局与一个或几个长途交换中心相连接，以疏通长途电话业务。但长途交换中心及长途交换中心之间的长途电路属于长途网部分。

长—市中继线是连接长途电话局至市话端局或汇接局的线路。市话中继线是市话端局之间、端局与汇接局之间、汇接局与汇接局之间的中继线路。用户线路是从市话交换局的总配线架纵列起，经电缆进线室、管道（或电缆通道）、交换设备、引上电缆、分线设备、引入线或经过楼内暗配线至用户电话机的线路。如图4-1、图4-2所示。

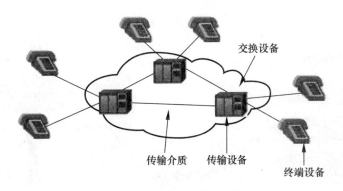

图4-1 电话通信网络示意图

图4-2 用户线路示意图

主干电缆是，采用交接配线时，从总配线架至交接箱的电缆；采用直接配线时，从总配线架至配线点或某配线区的第一个配线点的电缆。配线电缆是从交接箱或第一个配线点至分线设备的电缆。用户引入线（室外）是从分线设备至用户电话机的连线。

中继线传输方式分为以下四类。

① 数字局与数字局之间采用四线传输方式。

② 数字局（汇接局、端局）和模拟局之间亦采用四线传输方式（在某些网路比较简单，

中继电路段较少的情况下可采用实线传输）。

③ 模拟局到模拟局之间多采用实线传输。

④ 数字传输的载体一般为光缆、电缆、数字微波等。

当前，用户线采用铜芯实线电缆为主要传输手段。电缆以全塑全色谱电缆为主。用户室外引入线多为钢（铝）芯塑料绝缘平行线，也可采用多股双绞线及五类线。

（4）光网络

如图 4-3、图 4-4 所示，光网络围绕分组化、扁平化、组网模式、光进铜退、FTTX、用户宽带增加和运营商全入网竞争等迅速发展起来。

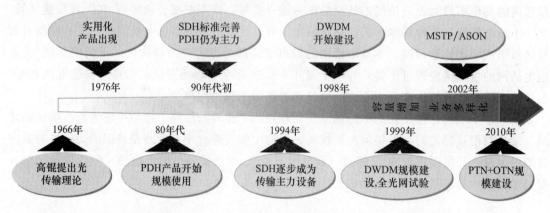

图 4-3　光传送网络的发展

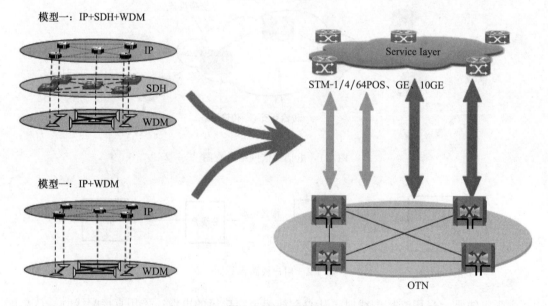

图 4-4　OTN 演进

1）PON 网络

PON 系统采用 WDM 技术，实现单纤双向传输（强制），如图 4-5、图 4-6 所示。为了分离同一根光纤上多个用户的来去方向的信号，使用下行数据流采用广播技术和上行数据流采用 TDMA 技术两种复用技术。

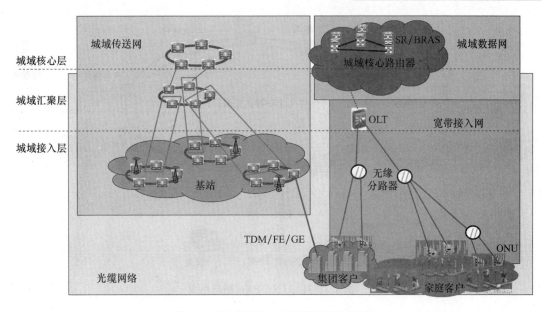

图 4-5 某运营商全业务城域网示意图

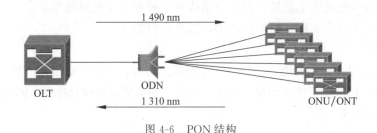

图 4-6 PON 结构

2) OTN+PTN

PTN（分组传送网，Packet Transport Network）是指一种光传送网络架构和具体技术：在 IP 业务和底层光传输媒质之间设置了一个层面，它针对分组业务流量的突发性和统计复用传送的要求而设计，以分组业务为核心并支持多业务提供，具有更低的总体使用成本（TCO），同时秉承了光传输的传统优势，包括高可用性和可靠性、高效的带宽管理机制和流量工程、便捷的 OAM 和网管、可扩展、较高的安全性等。

光传送网络是以波分复用技术为基础，在光层组织网络的传送网，是下一代的骨干传送网。OTN 通过 G.872、G.709、G.798 等一系列 ITU-T 的建议所规范的新一代"数字传送体系"和"光传送体系"。OTN 将解决传统 WDM 网络无波长/子波长业务调度能力、组网能力弱、保护能力弱等问题。

OTN 和 PTN 的应用如图 4-7 所示。

(5) 问题研讨

① 如果使用固定电话通信，从南京到上海的通信信号经过的设备有哪些？

画出固定电话系统框图，标明设备名称、线缆类型、业务类型、机柜类型及传输方向等信息。

② 光端机和交换机的输入线和输出线有哪些？传输什么信号？两种设备更替和技术发展有哪些变化？

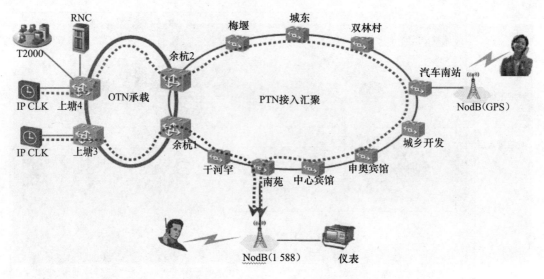

图 4-7 某 OTN+PTN 网络组成

③ 通信工程主要的工程分类有哪些？
④ 参观实训基地或施工现场，列举通信线务工程所使用耗材或设备。
⑤ 叙述自己在通信工程中的岗位职责，以及有何想法。

4. 学习团队

将全班学生分成 8 组，每组 4~6 人，由组员选出组长，团队完成 LOGO 和口号的设计及宣讲。之后的实训项目以学习团队为单位完成，对团队和组员根据项目进行不同的考核和评价。

5. 实训报告格式

① 任务描述及分析。
② 任务实施（施工方案、学习团队分工）。
③ 任务结果（任务现场照片，发现、分析和解决问题的措施、结果及数据分析）。

任务 2　电　　缆

1. 任务描述

学习团队（4~6 人）能完成 1~2 段电缆型号识别、开剥训练，以及掌握电缆的结构、色谱和端别。

① 电缆型号识别。
② 电缆开剥训练。
③ 掌握电缆的结构、色谱及端别。

2. 任务分析

本任务通过电缆型号的识别，让学生巩固电缆型号；通过开剥电缆及技能训练，进一步掌握电缆结构、端别及色谱。掌握电缆开剥需注意的安全事项。

3. 任务实施

(1) 撰写施工方案

学习团队撰写施工方案（施工流程及规范、施工安全、任务分工等）。

（2）工具及仪表

学习团队准备施工工具及仪表（2 段不同型号的 3 m 长电缆、开缆刀或裁纸刀、老虎钳、剪刀、纸、笔和手机）。

（3）识别电缆型号

依据电缆生产厂家的说明书、电缆盘标记或电缆外护层上的白色印记，将电缆型号写在实训报告上，并说明其含义。例如型号、容量、长度、时间等内容。

（4）电缆开剥

① 拗正、固定电缆；电缆一定要顺直，严禁造成扭绞，影响传输性能。

② 开剥电缆及识别电缆结构。正确使用开缆刀开剥电缆，注意开口长度（一定要谨慎，注意不要伤及芯线，不得造成芯线散把）。将电缆结构写在实训报告上。如图 4-8 所示。

图 4-8　电缆基本结构

③ 利用扎带区分各超单位（100 对或 50 对）并将其按规范要求扎紧。如图 4-9 所示。

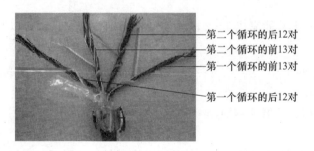

图 4-9　电缆单元

④ 电缆芯线线序编排。使用旧电缆绝缘芯线对刚开剥的电缆芯线进行编线，5 对一组、25 对一个循环，编线要紧、间隔均匀、工艺美观整齐，注意不得漏线、错线。编好后一定要注意检查。如图 4-10 所示。

⑤ 练习分辨和正确识别芯线色谱及线序，达到熟练程度。

⑥ 如何判断电缆两边线序编排的正确性？建议使用万用表环回测试，教师检查学生的编排质量并进行打分评判。

⑦ 各学习团队根据开剥电缆头（2 端），画出电缆端面及判断 A 端或 B 端，教师根据判别结果对学习团队进行考核。还有其他判别方法吗？课后查询其他的判别方法并写入实训报告。

⑧ 假定由 100 对超单位绞制成 2 400×2×0.4 对缆芯的全塑市内通信电缆，说明 1 111 对线在哪个超单位和基本单位，基本扎带、超单位扎带和线对颜色分别是什么？备用线对有

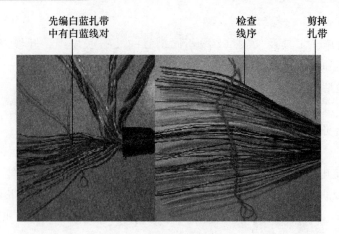

图 4-10 线序编排

多少？备用线对的色谱分别是什么？电缆实际容量是多少？教师根据计算结果对学习团队进行考核，写入实训报告。

4．撰写报告

通过开剥电缆，学生完成对电缆型号、结构、色谱及端别知识的巩固，撰写施工流程、施工步骤及验收结果（施工现场照片、施工标准及工艺照片）。

任务 3 光　　缆

1．任务描述

学习团队（4～6 人）能完成 1～2 段光缆型号识别、开剥训练，以及掌握光缆结构、色谱及端别。

① 光缆型号识别。

② 光缆开剥训练。

③ 掌握光缆结构、色谱及端别。

2．任务分析

本任务通过光缆型号的识别，让学生巩固光缆型号；通过开剥光缆及技能训练，进一步掌握光缆结构、端别及色谱。掌握光缆开剥需注意的安全事项。

3．任务实施

（1）撰写施工方案

学习团队撰写施工方案（施工流程及规范、施工安全、任务分工等）。

米勒钳　　松套管割刀　　管子割刀

图 4-11　开缆工具

（2）工具及仪表

学习团队准备施工工具及仪表（2 段不同型号的 3 m 长光缆、开缆刀或裁纸刀、老虎钳、剪刀、纸、笔、米勒钳、割刀和手机，部分工具如图 4-11 所示）。

（3）识别光缆型号

依据光缆生产厂家的说明书、光缆盘标

记或光缆外护层上的白色印记,将光缆型号写在实训报告上,并说明其含义。例如型号、容量、长度和时间等内容。

(4) 光缆开剥

① 正确使用开缆刀开剥光缆,注意开口长度(一定要谨慎,注意不要伤及芯线)。

② 剪断填充线,加强件留下光纤套管,用光纤剥线钳剥去套管,观察套管内光纤。

③ 正确识别套管顺序,芯线色谱及线序,达到熟练程度。并填写如表 4-1 所示的记录数据表。

表 4-1 记录数据

光纤线序	1	2	3	4	5	6	7	8	9	10	11	12	…	…	48
束管序号															
束管颜色															
束管内光纤线序															
光纤颜色															

注意:束管序号行填写数字,例如 1 号束管,2 号束管;束管内光纤线序填写数字,注意与束管的对应关系。本表设计 1~48 芯光缆,请根据实际光缆的对数设计表格填写数据。

④ 判断光缆的端别(A/B 端)

各学习团队根据开剥的光缆头(2 端),画出光缆端面及判断 A 端或 B 端,将光缆结构写入实训报告。教师根据判别结果对学习团队进行考核。思考有无其他判别方法,课后查询其他判别方法并写入实训报告。

4. 撰写报告

通过开剥光缆,学生完成对光缆型号、结构、色谱及端别知识的巩固,撰写施工流程、施工步骤及验收结果(施工现场照片、施工标准及工艺照片)。

任务 4 损耗及功率

1. 任务描述

学习团队(4~6 人)能简单计算光缆线路的损耗。

① dB。

② dBm、dBW。

2. 任务分析

本任务通过对光缆线路损耗的计算,让学生进一步明确 dB、dBm 和 dBW 的概念。

3. 任务实施

(1) dB

dB 是一个表征相对值的值、纯粹的比值,只表示两个量的相对大小关系,没有单位。在通信工程中表示功率比值,常用于损耗和增益的计算和表示。负号表示损耗或衰减,正号表示增益。定义两个功率比值以 10 为底取对数的 10 倍为 dB。如公式 4-1 所示。

$$\alpha = 10 \times \lg\left(\frac{p_1}{p_2}\right) (\text{dB}) \tag{4-1}$$

(2) dBm、dBW、mW

功率的对数值量纲单位为 dBm。如公式 4-2 所示。

$$p = 10 \times \lg\left(\frac{p_1}{1\,\text{mW}}\right)(\text{dBm}) \tag{4-2}$$

(3) 计算

dB 可以理解为一种科学计数法。在工程上数值可能很大或很小，例如光接收机的功率是 $0.001\,\text{mW}$，利用对数表示更为合理，$p = 10 \times \lg\left(\frac{p_1}{1\,\text{mW}}\right)(\text{dBm}) = -30\,\text{dBm}$。某放大器放大 1 000 倍，另一个表示方法是放大器的增益为 30 dB。

例 1 已知发射机发射功率为 10 mW，经过 10 km 光缆的传输，光接收机的接收功率为 1 mW，求光纤的衰减系数（K，dB/km）。

解：$p_{\text{in}} = 10\,\text{mW} = 10\,\text{dBm}$ $p_{\text{out}} = 1\,\text{mW} = 0\,\text{dBm}$

$$K = \frac{p_{\text{in}} - p_{\text{out}}}{10\,\text{km}} = \frac{10\,\text{dBm} - 0\,\text{dBm}}{10\,\text{km}} = 1\,\text{dB/km}$$

例 2 已知发射机第一次发射功率 $p_{\text{in1}} = 10\,\text{mW} = 10\,\text{dBm}$，经过 10 km 光纤的传输，光接收机的接收功率为 1 mW；发射机第二次发射功率仍为 $p_{\text{in2}} = 10\,\text{mW} = 10\,\text{dBm}$，经过 10 km 光纤的传输，光接收机的接收功率为 1 mW，求发射机的两次发射功率（分别用 mW 和 dBm 表示）。

解：

$$p_{\text{in}} = p_{\text{in1}} + p_{\text{in2}} = 10\,\text{mW} + 10\,\text{mW} = 10\,\text{mW} \times 2 = 20\,\text{mW}$$
$$= 10 \times \lg\left(\frac{20\,\text{mW}}{1\,\text{mW}}\right) = 13\,\text{dBm} = 10\,\text{dBm} + 3\,\text{dB} \neq 10\,\text{dBm} + 10\,\text{dBm} = 20\,\text{dBm}$$

dB 是两个量之间的比值，表示两个量间的相对大小，而 dBm 则表示功率绝对大小的值。计算中，10 dBm−5 dBm=5 dB，用一个 dBm 减另外一个 dBm 时，得到的结果是 dB。一般来讲，在工程中，dBm 和 dBm 之间只有加减，没有乘除关系。而用得最多的是减法：dBm 减 dBm 实际上是两个功率相除，信号功率和噪声功率相除就是信噪比（SNR）。dBm 加 dBm 实际上是两个功率相乘。

(4) 练习（写入实训报告）

某光纤通信系统中光源平均发送光功率为 −30 dBm，光纤线路传输距离为 10 km，损耗系数为 0.5 dB/km。试求接收端收到的光功率为多少？若接收机灵敏度为 −38 dBm，试问该信号能否被正常接收？

4. 撰写报告

各学习团队根据教师布置的作业完成实训报告。

任务 5　光纤参数测量

1. 任务描述

学习团队（4~6 人）能完成光纤参数测量。

① 光适配器损耗测量。
② 光纤损耗和衰减系数测量。

2. 任务分析

本任务通过光纤参数和适配器的测量，让学生熟悉功率计算和参数测量方法。注意仪器仪表使用安全。

3. 任务实施

(1) 光纤损耗

调整仪器仪表的参数（波长、单位），按照图 4-12 连接仪器仪表。将光功率计测试数据记录在表格 4-2 中。按照图 4-13、图 4-14 连接仪器仪表，将测试光纤接入测试链路。条件允许可以借助 ODF 架连接光路，最后扣除相应的增加接口损耗。将数据记录在表格 4-2 中。将待测光纤和光适配器转换连接端头测试 2 次并取平均值。

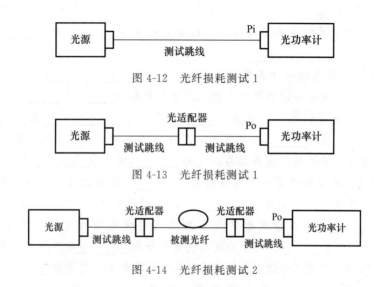

图 4-12　光纤损耗测试 1

图 4-13　光纤损耗测试 1

图 4-14　光纤损耗测试 2

表 4-2　测试数据

序号	测试 Pi	测试 Po	光适配器损耗	光纤长度	计算结果（单位）		备注
					损耗	衰减系数	
1							
2							
平均值							

(2) 光适配器的损耗

根据图 4-11、图 4-12 的测试数据，求光适配器的损耗并填入表 4-2。

(3) 光纤衰减测试

设置好光源和光功率计的参数（波长、单位），根据上面的实验结果计算光纤的衰减系数。

(4) 将计算结果与光纤的出厂参数进行比较，计算误差，找出产生误差的原因和实验改进措施。

4. 撰写报告

各学习团队根据测试框图将数据填入设计好的表格中，并将数据分析及计算结果写入实训报告。

第一部分习题

一、填空题

1. 通信网是由一定数量的_____和连接节点的_____组成的，以实现两个或多个规定点之间信息传输的通信体系；一个完整的通信网包括硬件和软件，通信网的硬件一般由_____、_____和_____三部分电信设备构成，是构成通信网的物理实体。一个完整的现代通信网，除了有传递各种用户信息的_____之外，还需要有若干_____；支撑网包括_____和_____。

2. 全塑市内通信电缆的常见类型按线对绞合方式分为_____和_____，按敷设方式分为_____、_____、_____、_____等。

3. 全塑市内通信电缆的一次参数有_____、_____、_____、_____；二次参数由一次参数确定，它是一次参数的函数。二次参数有_____、_____。

4. 全塑市内通信电缆的缆芯主要由_____、_____、_____及_____等组成。芯线扭绞常用_____和_____两种方式。芯线扭绞成对（或组）后，再将若干对（或组）按一定规律绞合（即绞缆）成为缆芯；常用_____缆芯和_____缆芯。

5. 为了保证成品电缆具有完好的标称对数，_____对及以上的全色谱单位式电缆中设置备用线对，其数量均为标称对数的_____，最多不超过_____，其中 0.32 及以下线径最多不超过_____，全塑电缆的规格程式（芯线总绞合方式）可分为_____、_____、_____、_____。电缆的缆芯色谱可分为_____和_____两大类。

6. 全色谱对绞单位式缆芯色谱在全塑市话电缆中使用最多。它是由_____、_____、_____、_____、_____作为领示色，代表_____线；_____、_____、_____、_____、_____作为循环色，代表_____线；十种颜色组成_____对全色谱线对。

7. 全色谱对绞单位式全塑市话电缆 A 端、B 端的区分方法为：面向电缆端面，单位序号由小到大_____方向依次排列则该端为_____端，另一端为_____端。全塑市内通信电缆 A 端用_____色标志，规定 A 端面向_____。另一端为 B 端用_____色标志，规定 B 端面向_____。

8. 光缆中光纤色谱一般有____、____、____、____、____、____、____、____、____、____、____、____12 种颜色。

9. 光速多取_____。

10. 光纤主要折射率较大的为_____、折射率较低的为_____和_____。

11. 光缆的基本结构一般由_____、_____、_____、_____等几部分构成，另外，根据需要还有防水层、缓冲层、绝缘金属导线等。

二、判断题

1. 凡是电缆的芯线绝缘层、缆芯包带层、扎带和护套均采用高分子聚合物塑料制成的

电缆称为全塑市内通信电缆,简称全塑电缆。(　　)

2. 全塑市内通信电缆导线的线质为电解软铜,线径主要有 0.32 mm、0.4 mm、0.5 mm、0.6 mm、0.8 mm 五种。最常用的是 0.4 mm、0.5 mm。(　　)

3. 全色谱的含义是指电缆中的任何一对芯线,都可以通过各级单位的扎带颜色以及线对的颜色来识别,换句话说给出线号就可以找出线对,拿出线对就可以说出线号。(　　)

4. 普通色谱对绞式市话电缆一般不作 A 端、B 端规定;为了保证在电缆布放、接续等过程中的质量,全塑全色谱市内通信电缆规定了 A 端、B 端。(　　)

5. 通信用光纤最大的优点是传输容量大和传输损耗低。(　　)

6. 全塑电缆充气维护可以直接充入空气。(　　)

三、选择题

1. 全塑电缆按敷设方式可分为(　　)式。
A. 架空　　　B. 直埋　　　C. 水底　　　D. 管道

2. 光纤的低损耗窗口有(　　)个。
A. 1　　　B. 2　　　C. 3　　　D. 4

3. 光缆的特性主要有:(　　)。
A. 传输损耗特性　B. 传输色散特性　C. 环境特性　D. 机械特性

4. 全塑光缆端别规定(　　)。
A. B 端朝向局方　　　　　　B. A 端朝向局方

四、简答题

1. 简述用户线路的内容。

2. 一条全塑全色谱单位式电缆 HYA—1800×2×0.4,以 100 对为超单位。试分析:①666 号线所属的超单位及其超单位扎带色谱、所属的基本单位及其基本单位扎带色谱、666 号线的线对色谱;②该电缆的标称容量、实际容量;③写出该电缆备用线的线序和色谱;④该电缆一字形接续需要多少个模块和扣式接线子?

第二部分　通信工程基础建设

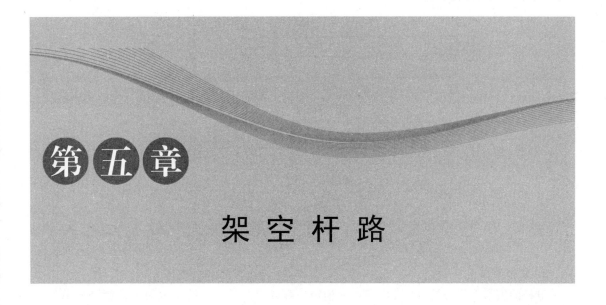

第五章 架空杆路

教学内容
1. 杆路材料
2. 架空杆路标准
3. 杆路建筑

技能要求
1. 会登杆,能完成一定的杆上作业
2. 掌握杆路的施工流程

5.1 杆路材料

5.1.1 电杆

电杆是架空杆路的主要材料。电杆分为木电杆和钢筋混凝土(水泥)电杆。

1. 水泥电杆

水泥电杆按外形分为锥形杆和等径杆两种(如图5-1所示);按电杆的强度和处理方式分为非预应力和预应力水泥电杆;按电杆断面分为离心式环形、工字形和双肢形等多种水泥电杆。

2. 木电杆

杆路建筑

通信用的木电杆一般均由长而直,具有较强的强度,纹理真、不开裂,耐久性好的原木制成。木电杆分为素材木电杆和防腐木电杆(油注杆)两种。木电杆梢径不允许有内部腐烂现象,木电杆的梢径和根部均不允许有外部腐烂、漏节和虫害的现象,木电杆的外表皮应全部剥除,杆身应无硬伤、无劈裂,表面无高出2 cm以上的残留节疤。木电杆弯曲度[电杆弯曲(偏离)的距离与电杆弯曲的长度比值]一等材不得超过2%,二等材不得超过4%。木电杆的裂纹长度不得与木电杆的长度相同,裂纹的宽度一般在3mm以上时计算,断面上的径裂或轮裂可不考虑。

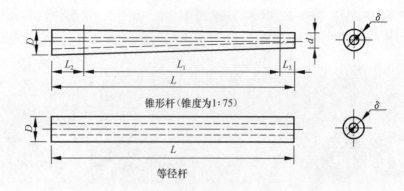

图 5-1 锥形杆和等径杆

L—杆长；L_1—荷载点高度；L_2—支持点高度；L_3—梢端至荷载点距离（为 0.25 m）；
D—根径或直径；d—梢径；δ—壁厚

3. 电杆的编号

电杆的编号表示方法为：YD 杆长—梢径—容许弯矩。杆长的单位为 m；梢径的单位为 cm；容许弯矩的单位为 t·m。

例如：YD—9.0—15—1.27 表示邮电使用电杆，杆长 9 m，梢径 15 cm，容许弯矩 1.27 t·m。

5.1.2 线材

根据市话线路的用途和使用场合不同，线材可分为绞线和单线两大类。

1. 绞线类

绞线类线材可分为镀锌钢绞线、裸绞线（市话线路常用的是镀锌钢绞线）。镀锌钢绞线是由多根单股钢丝组成（与多根单股钢丝绳相比，钢丝为普通碳素钢且镀锌，不能扭转，弯曲度性能指标较低，柔软性比钢丝绳差）。镀锌钢绞线适用于承受一般静荷载，如架空光电缆吊线和拉线等，但不能用于承受动荷载，如起重等场合，也不能用在经常捆扎的地方、弯曲较大和经常扭转的场所。

2. 单线类

在市话线路上常用的有镀锌低碳钢丝［即镀锌钢（铁）丝线］和硬圆铝线，在特殊情况下才采用硬圆铜线、铝镁合金线和铜包钢线。

5.1.3 线路铁件

市话架空线路的铁件主要有穿钉、螺母、方垫片和圆垫片、拉线调整螺丝、护杆铁板、叉梁装置、撑脚和攀条、市话线路角钢担、拉线衬环、拉线地锚、三沟弯铁板、卡盘 U 形抱箍、担夹、装担用 U 形抱箍、拉线钢箍、电缆吊线钢箍、固定分线设备的扁钢、分线箱用钢箍、电缆挂钩、钢绞线夹板、U 形钢绞线卡子、分线箱站台、电缆吊线钢担、撑杆用椭圆钢箍与撑杆用拉线条。如图 5-2 所示。

5.1.4 其他部件

1. 矩形钢筋混凝土接腿

在市话线路工程建设中如遇地形狭窄弯曲处，采用钢筋混凝土电杆有困难，或在整个原

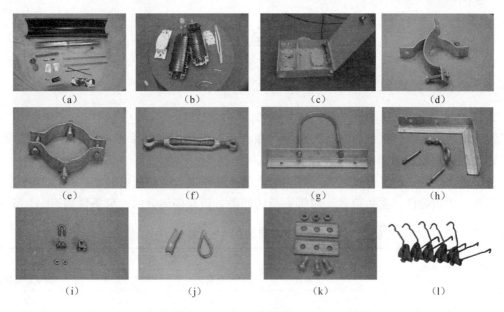

图 5-2 线路铁件

(a) 电缆接头盒；(b) 光缆接头盒；(c) 光纤分纤盒；(d) 拉线抱箍；(e) 吊线抱箍；
(f) 拉线调整螺丝；(g) 担夹；(h) 墙铁；(i) U 形卡子；
(j) 衬环；(k) 夹板；(l) 挂钩

木电杆线路时，可采用钢筋混凝土接腿上加接木电杆的方法来解决。

2. 底盘

在钢筋混凝土电杆杆路中，如遇土质松软地区或装有拉线的终端杆和角杆，应在电杆根部垫以底盘。底盘分为方形和圆形两种。如图 5-3（a）所示。

3. 拉线盘

拉线盘用作拉线地锚，以节约木材。拉线盘分为甲型和乙型两种。如图 5-3（b）所示。

4. 卡盘

在钢筋混凝土电杆杆路中，当发生角深很小、负载很轻且无法装设拉线的个别情况下，可采用加装卡盘的方法。卡盘中间有个洞夹住电线杆，也埋在地下，大概位置在电线杆地下一半的位置，用于防止电线杆上拔与下陷。如图 5-3（c）所示。

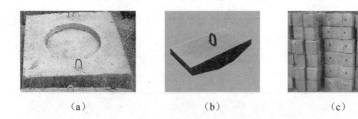

图 5-3 钢筋混凝土实物图片

(a) 底盘；(b) 拉线盘；(c) 卡盘

5.2 架空杆路标准

5.2.1 负荷区的划分和安全系数的取定

1. 负荷区的划分

线路应根据所在地区的自然条件包括气象、地形等的不同，采用不同的建筑强度要求，以保证线路安全、稳固和经济合理。

依所经地区的风速、吊线或光（电）缆上的冰凌厚度，通信线路气象负荷区可被划分为轻负荷区、中负荷区、重负荷区、超重负荷区四类。负荷区划分的气象条件如表5-1所示。

表5-1 负荷区划分的气象条件

气象条件	负荷区别			
	负荷区	中负荷区	重负荷区	超重负荷区
线缆上冰凌等效厚度/mm	≤5	≤10	≤15	≤20
结冰时温度/℃	−5	−5	−5	−5
结冰时最大风速/(m·s^{-1})	10	10	10	10
无冰时最大风速/(m·s^{-1})	25	—	—	—

2. 安全系数的取定

安全系数是按气象负荷条件和对杆线设备在建筑上安全程度的要求来取定的，在取定安全系数时要考虑到杆线设备的使用年限及腐蚀的因素，以及杆线设备本身材料的特性。通信杆路主要器材的安全系数应小于表5-2所规定的值。

表5-2 主要器材的安全系数

主要器材		安全系数		备注
		一般杆距	长杆距	
钢筋混凝土电杆		1.0	1.5	考虑木电杆纵弯曲时，木电杆均为3～4（包括钢绞线和钢线）
木电杆	注油防腐杆	1.2	1.5	
	素材杆	1.8	3.3	
导线	铜线	1.8	1.0	
	钢线	1.0	1.0	
拉线	明线线路	1.0	1.5	
	电缆线路	3.0	4.0	
钢制器材		2.0	2.0	
电缆吊线		2.0	2.0	

5.2.2 架空杆路与其他线路和建筑物的隔距

1. 水平净距

电杆与其他线路和建筑物的最小水平净距如表5-3所示。

表 5-3　电杆与其他设施的距离

其他设施名称	最小水平净距/m	备注
自来水水龙头/消火栓	1.0	消火栓与电杆间距离
地下管线	1.0	包括通信管线与电杆间距离
火车铁轨	地面杆高的 4/3	
公路	$1H$	H 为电杆在地面上的杆高
人行道边石	0.5	
市区树木	1.25	
郊区树木	1.0	
房屋建筑	1.0	裸线线条到房屋建筑的水平距离
通信线路	$1H$	同上，因地理条件限制可以缩减
霓虹灯及其铁架	1.6	

2. 垂直净距

架空线路最低线条与线路水平方向地面的最小垂直距离如表 5-4 所示，架空线路与跨越其他建筑物时的最小垂直距离如表 5-4 所示，架空线路与供电线路交叉跨越或平行时的最小净距如表 5-5 所示。

表 5-4　架空线路与其他线路和建筑物的垂直距离

名称	与本地网线路平行时		与本地网线路交越时	
	垂直净距/m	备注	垂直净距/m	备注
市内街道	4.5	最低缆线到地面	5.5	最低缆线到地面
胡同、里弄	4.0	最低缆线到地面	5.0	最低缆线到地面
铁路	3.0	最低缆线到地面	7.0	最低缆线到地面
公路	3.0	最低缆线到地面	5.5	最低缆线到地面
土路	3.0	最低缆线到地面	4.5	最低缆线到地面
房屋建筑			距脊 0.6 距顶 1.5	最低缆线距屋脊或平顶
河流			1.0	最低缆线距最高水位时的最高桅杆顶
市区树木			1.0	最低缆线到树枝顶
郊区树木			1.0	最低缆线到树枝顶
其他通信线路			0.6	一方最低缆线与另一方最高缆线

表 5-5　架空线路与供电线路交叉跨越或平行时的最小净距

其他电气设施名称	最小垂直净距/m		备注
	架空电力线路有防雷保护设备	架空电力线路无防雷保护设备	
1 kV 以下电力线	1.25	1.25	最高线条到供电线条
1～10 kV	1.0	4.0	最高线条到供电线条
20 kV	3.0	5.0	最高线条到供电线条
35～110 kV	3.0	5.0	最高线条到供电线条
154～220 kV	4.0	6.0	最高线条到供电线条
供电线接户线	0.6		
霓虹灯及其铁架	1.6		带绝缘层
有轨电车及无轨电车滑接线			通信线路不允许架空交越

架空线路利用桥梁通信支架通过时，最低电缆或导线应不低于桥梁最小边沿的高度。最内侧电缆或导线与桥梁上最突出部分的最小水平距离为 0.5 m。

5.2.3 电杆编号的规定

1. 长途光缆通信线路工程电杆的编号规定

电杆宜由北向南或由东向西进行编号。杆路宜以起讫点地点名称独立编号。同一段落有两趟及两趟以上的杆路时，可将各路分别编号。中途分支的线路宜单独编号，编号从分线点开始。

单局制：电杆编号由街道系统代号（街号或路号）和电杆顺序号（杆号）两部分组成。

多局制：电杆编号原则上由局号（分局号）、街道系统代号（街号或路号）和电杆顺序号（杆号）三部分组成。

2. 本地光（电）缆通信线路工程电杆的编号规定

市区电杆宜以街道及道路名称顺序编号；同一街道两端都有杆路而中间尚无杆路衔接时，应视中间段距离长短和街道情况预留杆号。里弄、小街、小巷及用户院内杆号，以分线杆分线方向编排副号。市郊及郊区的电杆宜以杆路起讫点地点名称独立编号。

杆号应面向道路的一侧，如果电杆两侧均有道路，宜以该杆路所沿着的道路为准，如果某段杆路离所沿道路较远而线路改沿小路时，则杆号宜面向小路一侧。水泥电杆可用喷涂或直接书写号杆的方式，木杆用钉杆号牌的方式。

光（电）缆通信线路工程电杆杆号编写的主要内容应符合的规定：业主或资产归属单位；电杆的建设年份；中继段或线路段名称的简称或汉语拼音；市区线路的道路及街道的名称。电杆的编号形式，应根据实际情况而定，但必须醒目、字体统一、大小统一。书写必须采用油漆，一般采用白底黑字、黑底白字或红底白字，其高约为 15 cm，宽为 20 cm。采用书写杆号方式时，电杆编号处的电杆表面要求干净；采用钉挂牌方式时要求电杆表面平整，使号牌紧贴表面，并钉置拴挂牢固。每一条街道不论长短在一个维护局域内只编一个街道编号。每一根电杆应只有一个物理代码（电杆顺序）号。

杆号编写应符合的规定：电杆序号应按整个号码填写，不得增添虚零。在维护管理时，应建立新设杆路给号、拆除杆路消号、换杆时编号及必要的改号制度。在原有线路上增设电杆时，在增设的电杆上采用前一位电杆的杆号，并在它的下面加上分号。原有杆路减少个别电杆时，一般可保留空号，不另重新编杆号。水泥杆上编号的最后一个字或号杆牌钉在木杆上的最下沿，宜距地面 2 m，市区宜为 1.5 m，特殊地段可酌情提高或降低。高桩拉线和撑杆都不应编列号码，但要填写业主或资产归属单位及建设年份。

5.3 杆路建筑

杆路线路路由选择原则：通信线路路由应沿靠稳定的公路和尚未规划的农田，线路距公路的距离一般为 20～150 m，若公路转弯应顺路取直，距公路中心线不小于 25 m。如沿途遇到其他杆路时，应尽量采取避让措施，使之满足倒杆距离。沿途经过乡镇、自然村时，居民区与公路之间能满足 20 m

电杆间距及建筑

的，杆路可以不绕居民区，否则宜绕开。

5.3.1 电杆的类型及用途

1. 根据电杆在杆路中的地位、建筑规格和用途来分

① 中间杆：直线杆路中的电杆。

② 角杆：杆路转角处的电杆。

③ 终端杆：杆路终端处的电杆。

④ 其他受力不平衡的电杆：如过河或跨越障碍物的跨越杆，地形坡度变化圈套处的电杆等。

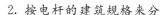
电杆的类型

2. 按电杆的建筑规格来分

① 普通杆：一般情况下使用的电杆。

② 单接杆：当要求电杆的高度较高且所承受张力不大时采用，采取单根电杆接高。

③ 双接杆：又称品接杆，要求电杆的高度较高且所承受张力较大时采用，在电杆下部采用两根电杆接高。

④ A形杆：简称A杆，在线路转变，其角深在3 m左右，有时不能设置拉线或撑杆时采用。

⑤ H形杆：简称H杆，在跨越河流等长杆档，且张力较大的地点采用。或用以代替双方拉线的单杆，或角深不大的角杆的拉线有困难时使用。

⑥ L形杆：又称三角形杆，在架空明线线路作直角分歧处或在转弯的地点采用。

⑦ 井字杆：在十字路口有四路分歧而线条较多、负荷特重时采用的电杆。

5.3.2 电杆安装

1. 测量

测量的目的和要求：测定路由，丈量杆距；确定杆位、杆高、杆型及杆上装置；测定角深、拉线位置，确定拉线程式；逐杆绘制并填写施工详图等资料。

架空线路的测量，一般都使用标杆测量，个别地点用仪器测量；地下管道的测量以仪器为主，但也少不了标杆测量。因此，标杆测量是线路测量的基本方法。

2. 打洞、立杆和加固

(1) 打洞

水泥杆杆洞的挖掘深度根据标准和规范进行。电杆洞分为圆形洞、梯形洞、方形洞等几种。如采用人工立杆，可在洞口顺线方向挖出30～50 cm长的斜槽（马道），宽度约为一个杆径。如图5-4所示。

架空电杆立杆

(2) 立杆方法

在不能使用机器吊装的条件下，立水泥杆的方法有杆叉法、扳网法等。

(3) 电杆加固

立杆后要进行回土夯实，回土最好

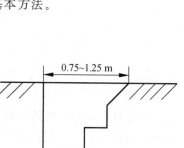
图5-4 梯形洞形状

分 2~3 次进行，每次回土后，均应进行夯实。在市区，回土要高出地面，夯打后与地面平齐；在郊区，回土时应高出地面 10~15 cm。

(4) 撑杆装置

因地形限制无法装置拉线时，改设撑杆装置。撑杆应装设在线路合成张力的同侧。撑杆的距离比为 0.6，不小于 0.5，埋深不小于 60 cm，杆根加装横木。撑杆均装设在末层电杆吊线下约 10 cm 处，电缆线路终端杆装设撑杆时，必须在终端杆前 2~5 根电杆上装设泄力拉线。

3. 电杆一般要求

(1) 电杆的埋深

一般电杆的埋深，主要根据线路负荷、土壤性质、电杆品种和长度等情况来确定（如表 5-6 所示）。

表 5-6 电杆埋深

m

土质＼杆长	6.0	6.5	7.0	7.5	8.0	8.5	9.0	9.5	10	11	12 及以上
硬土	1.0	1.1	1.2	1.3	1.3	1.4	1.4	1.5	1.5	1.6	1.6
普通土	1.2	1.3	1.4	1.5	1.5	1.6	1.6	1.7	1.7	1.7	1.8
松土	1.3	1.4	1.5	1.6	1.6	1.7	1.7	1.8	1.8	1.8	1.0
石洞	0.8	0.8	0.9	0.9	1.0	1.1	1.1	1.1	1.1	1.2	1.2

撑杆洞的埋深，在松土及普通土时为 1 m；硬土和石质土壤时为 0.6 m。

高拉桩杆的埋深，如高拉桩杆装有付拉线时，一般为 1.2 m；在石质土时为 0.8 m。如高拉桩杆不装有付拉线时，高拉桩杆的埋深与被拉电杆的埋深相同。

(2) 电杆杆距

按设计规定的杆距立杆。一般情况下，市区杆距为 35~40 m，郊区杆距为 45~50 m，长途杆距为 50 m。

(3) 避雷针

避雷线的地下延伸部分埋深应大于 700 mm，延伸线采用 4.0 mm 铁线。

4. 电杆的加固和防护

对电杆应采取加固措施，以保证架空杆路的稳定和安全。

根据不同电杆要采取不同的加固措施：转角杆、终端杆、引上杆及其他受力不平衡的电杆，一般采取拉线或撑杆等加固方法；角杆等处的加固方法，一般采用落地拉线。当拉线跨越马路或受到其他障碍物的限制时应设高拉桩拉线或撑杆等；如受到地形限制，设置拉线或撑杆有困难时可采用 A 形杆或 H 形杆以及其他加固措施。

木电杆的防护：市话杆路如因条件限制采用素材木电杆时，为提高其使用年限，应对木电杆进行防腐处理（包扎法和涂油法）。钢筋混凝土电杆的防腐，遇含有盐、碱或酸性土壤地带时，电杆埋入土中部分及地面以上 50 cm 处采用涂抹熔化沥青的方法进行防腐。

5.3.3 拉线安装

1. 拉线的结构和种类

拉线由"上部拉线"和"地锚拉线"两部分组成。

拉线的种类分为：角杆拉线、双方拉线（抗风拉线）、三方拉线、防凌拉线、终端拉线、顺线拉线、特殊拉线等。

2. 拉线的安装

（1）拉线上把

拉线与水泥杆采用拉线抱箍结合方法。

钢绞线拉线上把有三种做法：另缠法、夹板法、U形抱箍法。

（2）拉线地锚

拉线地锚分为铁柄地锚、镀锌绞线地锚和 4.0 mm 镀锌钢线地锚三种程式，一般采用前两种。

（3）收紧拉线做中把

收紧钢绞线拉线时，先将拉线穿过地锚把上端圆孔（地锚鼻子）中已放入的拉线衬环槽内，然后将端部穿入紧线钳转轮内，用紧线钳收紧，待拉线收紧后，将折回的拉线端与拉线并合，按另缠法或夹板法，按规定尺寸进行缠扎或夹固。做拉线中把，通常可采用另缠法、夹板法和 U 形钢卡法三种。

5.3.4　拉线和撑杆

由于导线或电缆产生不平衡张力而引起额外负荷（角杆、终端杆、跨接杆）时，同时中间杆只能承受线路设备重量和风力对杆线设备的负荷，因此必须采取额外的加固措施来承受。这时，通常采用固根装置，以增加与土壤接触的面积，或采取拉线、撑杆等装置给以反作用力来达到力的平衡。拉线是以张力来达到平衡，而撑杆是以抵抗压力来达到平衡。

拉线和撑杆的程式主要由以下几点来决定：杆路的负荷；电杆所能承受的线路负荷；角深的大小；拉线和撑杆的距高比。

5.3.5　吊线

电缆吊线一般为 7/2.2、7/2.6 和 7/3.0 的镀锌钢绞线。吊线的敷设包括吊线的选用、安装吊线夹板、布放吊线、吊线接续、收紧吊线、吊线连接等，如图 5-5 所示。

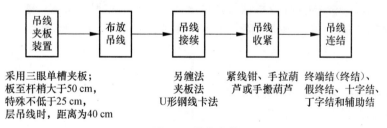

图 5-5　吊线安装

5.3.6　杆路维护

杆路维护工作必须贯彻"预防为主"的方针，事先做好预防工作，把故障消灭在发生之前，可以防止杆路障碍带来的损失。

1. 杆路维护工作的主要内容

更换或扭紧帮桩、接腿上的箍线，增设或更换不良的护杆桩；扶正或更换个别电杆，夯实培固杆根及除草培土；修补水泥杆、水泥帮桩的孔洞，堵抹杆顶等。

检修锈蚀、损坏的拉线、地锚、横木，收紧松弛的拉线；修剪沿线树枝叶，砍伐妨碍线路安全的树木，保持规定隔距；扶正线担，更换少数损坏、变形、腐朽严重的线担，旋紧螺丝帽；调整个别线档的吊线垂。

2. 电杆部分的质量标准

(1) 正直、牢固、防腐

直线段电杆正直，杆根左右偏差不超过 5 cm，杆梢偏斜不超过半个梢径。培土紧实牢固，成馒头形，高 10～15 cm，宽 15～25 cm（从杆边算起）。杆身、杆根腐朽部分刮除干净，不伤良材，表面光滑并涂油防腐，刮除的朽木等要妥善处理。

(2) 换杆

新杆与邻杆成直线；新杆应立在原杆位，顺线方向移动距离不超过 50 cm；新杆的杆面保持原杆面方向；新杆应保持原杆的高度，但如原杆路坡度不合适时，则应适当调整新换电杆的高度。

(3) 角杆

角杆根部内移一个根径距离，杆梢向外角保持一定倾斜度（但不得向角内有倾斜），水泥杆内移不大于 15 cm。用撑杆加固的角杆不必内移。终端杆、飞线杆不得向内侧倾斜。

(4) 绑桩

绑桩无腐朽，水泥绑桩无断裂及严重破裂。方位正确，结合紧密，留根式桩出土约 1.2 m，埋深与原杆相同。箍线圈数、道数符合规定，无严重锈蚀。桩各部分尺寸符合规定，偏差不超过 2 cm。截根式桩应加穿钉，无下沉现象，穿钉螺母不丢失、不松动，原杆根都应在距地面约 30 cm 处截断，并拔出腐朽的杆根。冻土沼泽地区电杆上凸（或上长）30 cm 以上的应及时下座。

(5) 配件完整

电杆编号齐全、清楚、正确，杆帽完整不丢失，避雷线用卡钉或箍线固牢，顶端下直，高出杆顶 10 cm，接地电阻符合规定。

(6) 护杆装置

在易受车撞、水冲、牲口咬或经常堆积杂物之处，应设护杆桩或水围桩等护杆装置。护杆桩埋深 1 m，出土 30～50 cm 或根据具体情况而定。水围桩埋深 1 m，露出 1 m，成圆形，直径 1.5 m，箍线 2 道，每道缠绕 4 圈，上箍线离桩顶 15 cm，下箍线离地面 30 cm，偏差不超过 2 cm。

(7) 除草

杆根周围无杂草，线路附近无堆积易燃、易爆等危及线路安全的物品；森林、草原、丘陵地带打草面积和范围可根据有关规定结合具体情况而定。

3. 拉线部分的质量标准

拉线隔装及拉线程式、股数、距高比等符合规定。普通杆拉线位置偏差不超过 5 cm，接线与线条间距离一般应在 8 cm 以上，最小不小于 7.5 cm。拉线各股绞合良好，受力均匀。拉线收紧，无松弛、跳股等（飞线杆、H 杆内侧拉线允许稍有松弛，但摇动拉线不得碰触线条）。拉线上无攀藤植物。拉线螺旋用 4.0 mm 铁线封固。拉线上、中、下把缠绕紧密，各部尺寸符合规定。地锚无锈蚀，培土紧实。水泥杆拉线抱箍配套适宜，吻合紧牢。撑杆、高桩拉线装设符合规定。在易锈蚀地带或盐碱地区的拉线要用浸过防腐油的麻片缠扎，缠扎部位自地面上 20 cm 至地下 40 cm。

第六章 管道工程

教学内容
1. 通信管道及器材
2. 管道路由及位置的选择
3. 管道建筑施工
4. 管道的防护设计

技能要求
1. 掌握管道施工的流程
2. 掌握管道的容量计算及路由选择

通信管道是敷设光、电缆的一种方式。通信管道是光、电缆的主要载体,为光、电缆的敷设提供路由通道,是现代通信网络基础设施的重要组成部分,是现代化城市主要的地下市政管网之一。通信管道具有光、电缆敷设方便,能够对布放于通信管道的光、电缆提供有效保护,隐蔽安全,有利于市容环境美化等特点。但通信管道的修建、扩容和维护都受到一定限制。因此,通信管道设计、施工和维护对保证通信网络的安全运行起着极为重要的作用。

6.1 通信管道及器材

6.1.1 通信管道组成

通信管道是由相互联通的地下管孔、通道、槽道、人孔、手孔等组成的地下通信管网建筑,管道使用寿命一般在 20 年以上。通信管道主要为电缆和光缆提供路由通道,环境稳定,隐蔽安全,为光缆提供了较好的保护。

通信管道

通信管道由人孔、手孔和管路三部分组成,如图 6-1 所示。
通信管道根据使用功能可分为隧道、管道和渠道三大类。如图 6-2 和表 6-1 所示。
通信管道工程所用的器材规格、程式及质量,应由施工单位在使用之前进行检验,发现问题应及时处理。凡有出厂证明的器材,经检验发现问题时,应做质量技术鉴定后处理;凡

 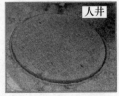  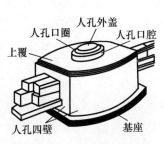

图 6-1 通信管道结构

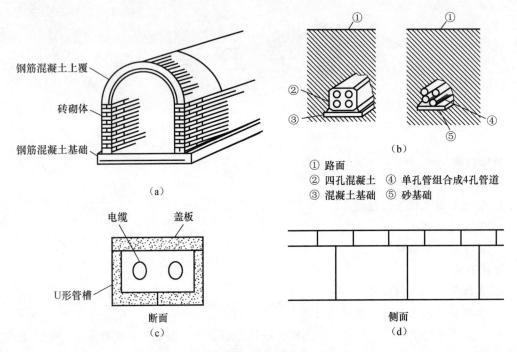

图 6-2 通信管道
(a) 隧道；(b) 管道；(c) 渠道断面；(d) 渠道侧面

表 6-1 通信管道

管道	建筑方式	优点	缺点	敷设线缆
隧道	钢筋混凝土为基础，两侧墙体使用砖砌	容量大、布放线缆多，维护方便，可进行电缆接续	投资大、地下断面大，防水要求高，水位较高城市不宜使用	电缆为主
管道	塑料管、混凝土管、金属管、石棉水泥管组成管线，井盖、托架、混凝土组成如图 6-1 所示	敷设方便、永久性建筑，安全性高	不宜接续，维护不方便、维修困难	光缆、电缆
渠道	混凝土 U 形槽，上盖混凝土盖板，150 m 设置砖砌手孔	投资少、施工方便	半永久性的管线设备，易受水侵入	光缆、电缆

无出厂证明的器材，应按规定进行检验。通信管道工程施工，严禁使用质量不合格的器材。

由于通信管道的管材埋在土壤中，或在施工和运输过程中，都会受到各种应力的影响，必须有较好的使用性能；由于通信电、光缆穿放于地下的管材中，因此也要求管材必须具有较好的使用性能。

① 管口和管孔内壁要光滑，管口（特别是钢管）不能有毛刺，因为管口的毛刺很容易

在电缆施工时损坏缆线;管孔内壁的光滑程度越好,越利于电、光缆的穿放和更换,可减轻施工劳动强度。

② 管材密闭性能要好,不透气不进水。

③ 经济、实用、耐久。通信管道施工难度大,工程投资高,维护成本高,因此对于管材要求具有经济、实用、耐久的特点。

④ 使用寿命要长,一般要求能达到 30 年以上。

⑤ 管道管材易于施工,易于接续和弯曲。

6.1.2 管道分类

通信管道根据使用材料的不同,可分为混凝土管、塑料管、钢管、铸铁管、石棉水泥管、陶管等。一般根据工程造价和现场使用环境来选用管块。

管路及基础

1. 混凝土管

混凝土管有以下 3 种形状,如图 6-3 所示。

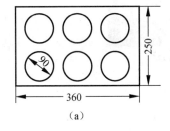 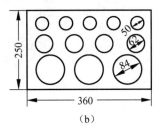 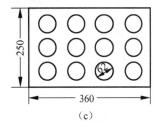

(a)　　　　　　　　　　　(b)　　　　　　　　　　　(c)

图 6-3　混凝土管形状
(a) 标准 6 孔;(b) 综合 12 孔;(c) 标准 12 孔

混凝土管容易制造、造价较低,使用普遍,根据制作方法可分为干打管和湿打管两种。干打管制作简单,混凝土管制造多选用此法;湿打管制作复杂,但节约水泥。

混凝土管块的质量应符合下列规定:管块的标称孔径允许最大负偏差应不大于 1 mm、管孔无形变;管块长度允许偏差应不大于±10 mm,宽、高允许偏差不大于±5 mm;一孔以上的多孔管块,其各管孔中心相对位置,允许偏差应不大于 0.5 mm(如表 6-2 所示)。混凝土管块强度有问题应进行抽样试验。抽样的数量应以工程用管总量的 3‰(或大分屯点数量的 3‰)为基数,试验的管块有 90‰达到标准即为合格;否则可再试 3‰,其 90‰(数量)达到标准仍算合格;如试验 10‰以上达不到标准,则全部管块表面强度应按不合格处理。水泥管块的管身应完整,不缺棱短角,管孔的喇叭口必须圆滑,管孔内壁应光滑,无凹凸起伏等缺陷,其摩擦系数应不大于 0.8。管体表面的裂缝(指纵、横向)长度应小于 50 mm,超过 50 mm 的不宜整块使用。管块的管孔外缘缺边应小于 20 mm,但外缘缺角的其边长小于 50 mm 的,允许修补后使用。

表 6-2　水泥管参考重量表

孔数(个)×孔径(mm)	标称	外形尺寸长(mm)×宽(mm)×高(mm)	重量/(千克·根$^{-1}$)
2×90	二孔管块	600×250×140	27
3×90	三孔管块	600×360×140	37
4×90	四孔管块	600×250×250	45
6×90	六孔管块	600×360×250	62

2. 塑料管

由于混凝土管块施工周期长，管块接续复杂，孔内摩擦系数大，其已逐步被塑料管取代。塑料管是目前主要采用的管道建筑材料，主要有梅花管、蜂窝管、栅格管、波纹管和PVC管等，如图6-4所示。塑料管适用于暗管敷设。常用的塑料管材有硬聚氯乙烯PVC、聚乙烯PE、聚丙烯PP等几种。

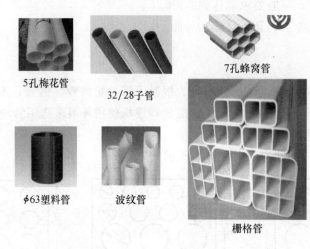

图6-4 塑料管

3. 钢管和铸铁管

钢管强度大、易腐蚀，管材一般使用镀锌钢管。钢管主要用于管道建设的特殊地段，如横穿铁路、公路，跨越桥梁，引上管或埋深不足易受损坏等地方。其缺点是质量重、价格高、运输不方便，优点是管壁光滑，抗压、抗冲击、耐振动等机械性能高。为了控制成本，对于部分过路需要敷设钢管保护段落，可采用复合材料管材替代钢管，既保证路由安全，又可降低成本。

4. 其他新型管材

其他新型管材包括HDPE硅芯塑料管、新型纺织管和微型硅芯管。市话管道中，一般路段选用$\phi110$ mm PVC塑料管（壁厚3.5 mm），当在桥上架设或穿越河沟、涵洞以及过街道时PVC管外加的保护管为$\phi125$ mm 热镀锌钢管（壁厚3.5 mm）。长途管道一般采用硅芯高密度聚乙烯塑料管和气流法相结合，一般可一次穿放光缆1 000 m左右，最长可一次穿放2 000 m，较普通HDPE塑料管的穿放距离可提高1.5~2倍，因而在长途通信光缆塑料管道工程中较为广泛使用。如图6-5所示。

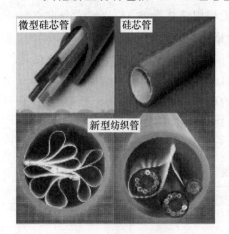

图6-5 新型塑料管

5. 建材

人（手）孔铁件有人孔铁盖、口圈、盖板（手孔）、拉力环、托架、托板、积水罐等。如图6-6所示。

图 6-6 建材

6.2 管道路由及位置的选择

6.2.1 管道路由选择

1. 市话管道路由选择

在局所规划明确了线路网中心和交换区域界线以后，为了确保线路网规划更好地落到实处，必须对某些道路管道的建设方案进行调查。如果在某些道路中，由于种种原因，不适于建设管道，有时可能要重新修订线路网的规划方案。

在管道路由选择过程中，一方面要对用户预测及通信网发展的动向和全面规划有充分的了解；另一方面要处理城市道路建设和环境保护方面与管网安全的关系。

市话管道路由选择要符合地下管线长远规划，并考虑充分利用已有的管道设备。应选在电话线路较集中的街道，以适应电缆发展的要求。尽量不在沿交换区域界线、铁道、河流等地域铺设管道。选择供线最短，尚未铺设管道的路由。选择地上及地下障碍最少，施工方便的道路（例如：没有沼泽、水田、盐渍土壤和没有流沙或滑坡可能的道路）建设管道。尽可能避免在化学腐蚀，或电气干扰严重的地带铺设管道，必要时应采取防腐措施。避免在路面狭窄的道路中建管道。在交通繁忙的街道铺设管道时应考虑在施工过程中，有临时疏通行人及车辆的可能。一般情况下，在现有的道路中建筑地下管道，总会碰到这样或那样的情况。故在路由择定过程中，应深入做好技术经济比较工作。

2. 长途管道路由选择

通信管道是当地城建和长、市地下通信管线网的组成部分，应与现有的管线网及其发展规划相配合。管道应建在光（电）缆发展条数较多、距离较短、转弯和故障较少的定型道路上。不宜在规划未定，道路土壤尚未夯实、流沙及其他土质尚不稳定的地方建筑管道，必要时，可改建防护槽道。尽量选择在地下水位较低的地段；尽量避开有严重腐蚀性的地段。一般应选择在人行道下，也可以建在慢车道下，而不应建在快车道下。

6.2.2 管道埋设位置的确定

在已经拟定的管道路由上确定管道的具体位置时，应和城建部门密切配合。

① 管道埋设位置应尽可能选择在市话杆路的同一侧。这样便于将地下电缆引出配线，减少穿越马路和与其他地下管线交叉穿越的可能。

② 应尽可能选择在人行道下建筑，由于人行道中的交通量小，对交通的影响也较小，施工管理较方便，不需破坏路面，管道埋设的深度较小，可以减省土方量，节省施工费用，还能缩短工期；同时在人行道中，管道承载的荷重较小，同样的建筑结构，管道有较高的质量保证。如不能在人行道下建筑时，则尽可能选在人行道与车行道间的绿化地带。但此时应注意避开并保护绿化林木花草。

③ 如地区环境要求，管道必须在车行道下埋设时，应尽可能选择离中心线较远的一侧，或在慢车道中建设，并应尽量避开街道的雨水管线。

④ 管道的中心线，原则上应与房屋建筑红线通道路的中心线平行。遇道路有弯曲时，可在弯曲线上适当的地点设置拐弯人孔，使其两端的管道取直；也可以考虑将管道顺着路牙的形状建筑弯管道。

⑤ 管道位置不宜紧靠房屋的基础。应尽可能远离对电缆有腐蚀作用及有电气干扰的地带，如必须靠近或穿过这些地段时，应考虑采取适当的保护措施。

⑥ 避免在城市规划将来要改建或废除的道路中埋设管道。有些道路规划和目前道路情况有较大的出入，如按规划要求建筑管道，沼泽地穿过较多的旧房、湖沼或洼地等障碍物，从而增加额外的工程费用，又导致施工的复杂性；如无法和相关单位协商解决时，可以采取临时性的过渡措施。例如使用直埋电缆穿越或选择迂回的管道路由，待条件成熟时再做永久性的管道建设。采用迂回路由虽然会增加工程的建设费用，但建成后增加了网路调度的安全性和灵活性。

6.2.3 管道容量

管孔数量的计算，原则上应按一条电缆占用一个管孔进行计算，一般管道建筑，都是按终局容量一次建成，因而管孔数量的计算，也必须按终局容量来考虑。对于光缆，可参考同等线径的电缆进行配置。

1. 用户管孔

计算用户管孔，除本期工程所需用户管孔数量外，对于第二期工程、第三期（终局期）工程的用户管孔数，应依据各期业务预测累计数字，并按下列原则进行计算。当终局容量在5 000门以下时（包括5 000门在内），平均每400对电缆占用一个管孔，不足一孔者，按一孔计算。

2. 中继线管孔

市话中继线，原则上按每300对电缆占用一个管孔进行计算。对于长途中继线，5 000门以下（包括5 000门在内）占用两个管孔，5 000门以上时占用三个管孔。在考虑长途中继线管孔数量时，可根据长话局所在地的性质以及长途话务量今后增长的情况灵活掌握，必要时，可适当增加管孔，以满足今后长途业务发展的需要。

3. 专用管孔

对于长途专用电缆和遥控线所需管孔，一般按照实际需要考虑。对于外单位租用管孔，如有申请者，可按申请数量考虑。以上如均无计划，应依据发展趋势，适当估算管孔数量，以备将来需要。

4. 备用管孔

所谓备用管孔，就是将来预备使用的管孔。一般备用管孔数量为1～2孔即可。它是作为电缆发生故障，无法修理或工程上更换电缆时使用的。比如一条六孔管道，最多穿放电缆五条，占用五个管孔，剩余的一个管孔，就是备用管孔。如果五条电缆中的一条电缆发生故障，无法修理时，则可利用备用管孔穿放电缆，通过割接后，再将故障电缆抽出，这样仍有一个管孔可作为备用管孔。

5. 局前管孔

局前管道管孔数，等于各方向进入局前人孔的管孔数量的总和（不进局的电缆所占用的管孔除外）。

将以上用户管孔、中继线管孔、专用管孔、备用管孔加起来，就是各段管道终期管孔数量。若工程一次建成，就按照这个终局期管孔数量进行管道建筑。对于小型电话局所（如县局、郊区局及较大型厂矿等），管孔计算一般按下列原则考虑：终局容量在1 000门以下（包括1 000门）的局所，以每200～300对电缆占用一个管孔计算。终局容量在2 000门以下的局所，以每300对电缆占用一个管孔计算；终局容量在2 000门以上时，以每400对电缆占用一个管孔计算。中继电缆，以一条电缆占用一个管孔为原则。

6.2.4 管控组合原则

单管孔断面排列组合遵照高大于宽（高不宜超过宽度的1倍）或成长方形的原则。尽量减少管道基础宽度，同时可缩小管道上顶的承压面积。由于自来水管、下水道、煤气管道和电力电缆等穿越距离受限时又无法改迁的特殊情况，管控组合可以根据当地实际情况采取宽大于高，但这种方法尽量少用或不用。

对于多孔径管道组合需遵照高大于宽（高不宜超过宽度的1倍）或成长方形的原则。为了便于管道施工、线缆布放及维护，同时将大孔径管放在下面，小孔径管放在上面；大孔径管放在外侧，小孔径管放在中间。

管道管孔选用遵照先下后上（先使用管道下面的管孔，再使用管道上面的管孔），先两边后中间的原则。这主要是方便管道敷设和维护。

6.3 管道建筑施工

6.3.1 通信管道建设流程

通信管道建设流程主要包括路由复测、开挖沟槽及人井、砌筑人井、铺设管道、回填和试通，如图6-7所示。通信管道施工工序流程，如图6-8所示。

通信管道建设

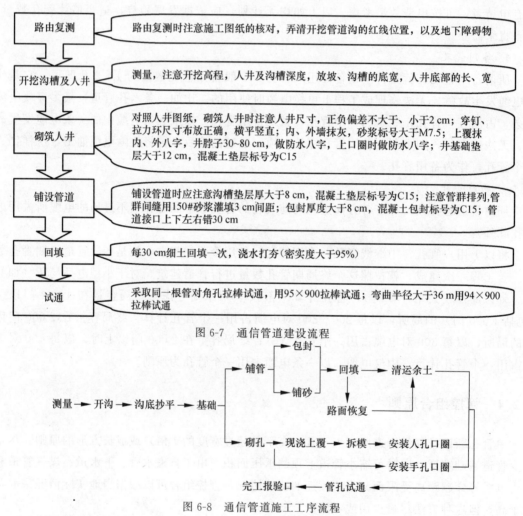

图6-7 通信管道建设流程

图6-8 通信管道施工工序流程

6.3.2 通信管道建设

1. 路由复测

（1）路由复测的任务

路由复测时注意施工图纸的核对，搞清开挖管道沟的红线位置、地下障碍物。光缆线路路由复测的主要任务包括：

① 按设计要求核定光缆路由走向、敷设方式、环境条件以及中继站址。

② 丈量、核定中继段间的地面距离，管道路由要测出各人孔间距离。

③ 核定穿越铁道、公路、河流、水渠以及其他障碍物的技术措施及地段，并核定设计中各具体措施的可能性。

④ 核定"三防"（防机械损伤、防雷、防白蚁）地段的长度、措施，以及实施可行性。

⑤ 核定、修改施工图设计。

⑥ 核定关于青苗、园林等赔补地段、范围以及困难地段绕行的可能性。

⑦ 注意观察地形地貌，初步确定接头位置的环境条件。

⑧ 为光缆配盘、光缆分屯及敷设提供必要的数据资料。

⑨ 修改或补充施工图。

（2）路由复测方法

线路路由复测是以施工图为依据进行复核。通过复测，确定线缆敷设的具体路由位置、丈量地面的准确距离，为线缆配盘、敷设和明确保护地段等提供必要的依据。

1）定线

根据工程设计施工图纸，在起始点、三角定标桩或拐角桩位置插大标旗，标示出线缆路由的走向。大标旗间隔一般为1~2 km，大标旗中间应立若干根标杆，测量人员调整各标杆使之成直线。

2）测距

测距的一般方法：采用校验过的100 m地链（山区用50 m地链），由两个人负责丈量（沿大标旗）。后链人员持地链始端，前链人员持地链末端，大标旗中间的标杆插在地链的始末端，沿前边大标旗方向以每100 m（或50 m）为单位不断推进。一般由3根标杆配合进行：当A、B两杆间测完第一个100 m后，B杆不动取代A杆位置，C杆取代B杆位置，测第二个100 m，原有A杆往前变为第二个100 m的B杆位置（C杆取代A杆）。这样不断地变换位置，就可以不断向前测量，标杆与大杆旗间应不断调整，使之在直线状态下完成测距工作。

3）打标桩

路由确定并测量后，在测量路由上打标桩，以便画线、挖沟和敷设光缆。一般每100 m打一个计数桩，每1 km打一个重点桩，穿越障碍物、拐角点应打上标记桩。对于改变光缆敷设方式、光缆程序的起止点等重要标桩应进行三角定标。

为了便于复查和核对敷设光缆长度，标桩上应标有长度标记。如从中继站至某一标桩的距离为8.512 km，标桩上应写"8+512"。标桩上标数字的一面应朝向公路一侧或前进方向的背面。

4）画线

画线：用白灰粉顺地链（或绳子）在前后桩间拉紧画成直线。画线工作一般与路由复测同时进行。

画线可以采用单线或双线方式：一般地形采用竹线法。要求阳灰均匀清晰；对于地形复杂地段，可用双线画法，双线间隔一般为沟的宽度，即60 cm间隔。对于拐角点应画成弧线，要求弧形半径大于光缆的允许弯曲半径。对于光缆穿越河流、跨度较大的公路以及大坡度等地段，光缆要求做"S"敷设，"S"弯大小视光缆预留量的设计而定，一般河流两侧的"S"弯预留5 m。"S"弯的弯曲半径应考虑光缆允许弯曲半径的要求。

5）绘图

绘图一般可按下列步骤进行。

① 核定复测的路由、中继站（光放站）位置与施工图设计有无变动。对于变动不大的

可利用施工图进行部分修改。

② 路由因路面变化等原因变动较大时，应重新绘图。要求绘出中继站址及光缆路由 50 m 内的地形、地物和主要建筑物，绘出"三防"设施位置、保护措施、具体长度等。市区要求按 1∶500 或 1∶1 000，郊外按 1∶2 000 的比例绘制。对于某塘有特殊要求的地段，应按规定的较大比例绘制。

③ 对于水底光缆，应标明光缆位置、长度、埋深、两岸登陆点、"S"弯预留点、岸滩固定、保护方法、水线标志牌等，同时还应标明河水流向、河床断面和土质。平面图一般按 1∶（500～5 000）绘制，断面图按 1∶（50～100）比例绘制。

6）登记

登记工作主要包括：沿路由统计各测定点累计长度、无人站位置、沿线土质、河流、渠塘、公路、铁路、树林、经济作物、通信设施和沟坎加固等范围、长度及累计数量。

登记人员应每天与绘图人员核对，发现差错及时补测、复查，以确保统计数据的正确性，这些数据是工作量统计、材料筹供、青苗赔补等施工中重要环节的依据。

通信管道工程的测量，应按照设计文件及城市规划部门已批准的位置、坐标和高程进行。

2．开挖沟槽及人井

（1）挖掘沟（坑）施工要求

① 在通信管道施工中，遇到不稳定土壤或有腐蚀性的土壤时，施工单位应及时提出，待有关单位处理后方可继续施工。

② 管道沟开挖时，与其他管线的隔距应符合设计要求。同时注意地下原有管线安全，如煤气管道、自来水管、电力线等。

③ 挖掘沟（坑）如发现埋藏物，特别是文物、古墓等必须立即停止施工，并负责保护现场，与有关部门联系。在未得到妥善解决之前，施工单位等严禁在该地段内继续工作。

④ 施工现场条件允许，土层坚实及地下水位低于沟（坑），且挖深在 3 m 以内时，可采用放坡法施工。放坡挖沟（坑）的坡与深度关系可参照表 6-3 的要求。

表 6-3　放坡挖沟（坑）参考表

土壤类别	$H∶D$	
	$H<2\text{ m}$	$2\text{ m}<H<3\text{ m}$
黏土	1∶0.10	1∶0.15
夹砂黏土	1∶0.15	1∶0.25
砂质土	1∶0.25	1∶0.5
瓦砾、卵石	1∶0.50	1∶0.75
炉渣、回壤土	1∶0.75	1∶1.00

注：H 为深度；D 为放坡（一侧的）宽度

注：单位为 m。

⑤ 挖不支撑护土板的人（手）孔坑，其坑的平面形状可基本与人（手）孔形状相同，坑的侧壁与人（手）孔外壁的外测间距应不小于 0.4 m，其放坡应按表 6-3 执行。挖掘需支撑护土板的人（手）孔，宜挖矩形坑。人（手）孔坑的长边与人（手）孔壁长边的外测（指最大宽处）间距应不小于 0.3 m，宽不小于 0.4 m。

⑥ 通信管道工程的沟（坑）挖成后，凡遇到水冲泡的，必须重新进行人工地基处理。否则，严禁进行下一道工序的施工。

⑦ 凡设计图纸标明需支撑护土板的地段，均应按照设计文件规定进行施工；设计文件中没有具体规定是否支撑护土板，遇下列地段应支撑护土板：横穿车行道的管道沟；沟（坑）的土壤是松软的回壤土、瓦砾、砂土、级配砂石层等；沟（坑）土质松软且其深度低于地下水位的；由于施工现场条件所限无法采用放坡法施工而需要支撑护土板的地段，或与其他管线平行较长且相距较小的地段等。

⑧ 挖沟（坑）接近设计的底部高程时，应避免挖掘过深破坏土壤结构；如挖深超过设计标高 100 mm，应填铺细土或级配砂石并应夯实。

⑨ 通信管道工程施工现场堆土，应符合下列要求：开凿的路面及挖出的石块等应与泥土分别堆置；堆土不应紧靠碎砖墙、土坯墙，并应留有行人通道；城镇内的堆土高度不宜超过 1.5 m；堆置土不应压埋消火栓、闸门井及热力、煤气、雨（污）水等管线的检查井、雨水口及测量标志等设施；土堆的坡强边应距沟（坑）边 40 cm 以上；堆土的范围应符合市政、市容、公安等部门的要求。

⑩ 挖掘通信管道沟（坑）时，严禁在有积水的情况下作业，必须将水排放后进行挖掘工作。施工中，室外最低气温在 −5℃时，对所挖的沟（坑）底部，应采取有效的防冻措施。

（2）挖掘管道沟槽的方法

管道沟槽挖掘，可以采用人工挖掘方式，也可采用机械挖掘的方法。机械挖掘沟槽有两种方式：一是跨越式挖沟方式，即小型挖掘机两轮跨越在管道沟槽上，边行驶边挖掘；二是侧面式挖沟方式，即小型挖掘机在沟槽的一边行驶，边行驶边挖掘。

按管道沟槽形状可分为垂直式挖沟（直槽挖沟）、斜坡式挖沟（放坡挖沟）和混合式挖沟三种。垂直式挖沟：沟槽的上下尺寸基本一致，通常与基础或人工加固垫层的尺寸相同。斜坡式挖沟：沟槽上部尺寸大于沟槽底部尺寸，沟槽壁部有适当斜度的倾斜。斜坡式挖沟斜度是以坡度比计算，即沟槽深度（H）与放坡一侧的沟槽放宽（D）的比例，如表 6-3 所示。斜坡式挖沟一般不需支撑保护措施。在施工现场若条件允许，土层坚实及地下水位低于沟底，且挖深超过 3 m 时，可采用放坡法施工。当沟槽深度超过各种土质允许的深度，或当地下水位较高、地质条件不好，或地面上有建筑物不允许采用斜坡挖沟或采用斜坡挖沟不经济时，则可采用加支撑保护措施的垂直式挖沟方法。当地质条件较好，无地下水影响，沟槽深度在各种土质允许的深度内时，可采用无支撑保护的垂直式挖沟。混合式挖沟通常用于沟槽深度较大、下层土壤较好的情况。

（3）坑槽宽度和深度

如图 6-9 所示，管道基础的深度小于 63 cm 时，其沟底宽度为基础宽度加 30 cm（即每侧各加 15 cm）；管道基础的深度大于 63 cm 时，其沟底宽度为基础宽度加 60 cm（即每侧各加 30 cm）；当设计规定管道沟槽需要支撑、挡土板时，沟底宽度应另加 10 cm；坑槽深度应当按设计给定的高程进行施工，管道顶部距地面不小于 0.8 m。小于上述标准的应有技术加固措施。

(4) 管道基础

① 基础宽度、厚度：根据铺设管底的宽度，两侧各加 8 cm，基础厚度不小于 8 cm。

② 基础位置偏移：基础位置要求距管道中心线左、右不得偏移 3 cm。

③ 养护时间、强度：管道基础在常温情况下的养护时间为 24 小时，冬季施工应采取保温措施。

④ 灰、砂、石的配比：配制 150♯ 混凝土，使用 325♯ 水泥时灰、砂、石的配比为 1∶2∶4，使用 425♯ 水泥时灰、砂、石的配比为 1∶3∶5。

3. 砌筑人井

图 6-9 管道基础

对照人井图纸，砌筑人井时注意人井尺寸，不应小于 1.8 m±2 cm，穿钉、拉力环尺寸布放正确，横平竖直；内、外墙抹灰，砂浆标号大于 M7.5；上覆抹内、外八字，做防水八字；上口圈时做防水八字；井基础垫层大于 12 cm，混凝土垫层标号为 C15。

(1) 人（手）孔结构

人（手）孔结构如图 6-10～图 6-12 所示。主要由上覆、四壁、基础以及相关的附属配件，人孔口圈、铁盖、铁架、托板、拉力环及积水罐等组成。人孔铁架穿钉安装如图 6-10 所示。

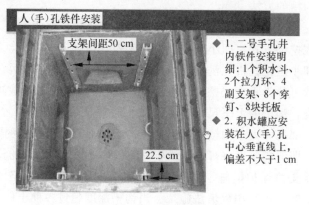

图 6-10 铁件安装

(2) 一般规定

砖、混凝土（以下简称砌块）砌体墙面应平整、美观，不应出现竖向通缝。砖砌体砂浆饱满程度应不低于 80%；砖缝宽度应为 8～12 mm，同一砖缝的宽度应一致。砌块砌体横缝应为 15～20 mm，竖缝应为 10～15 mm；横缝砂浆饱满程度应不低于 80%，竖缝灌浆必须饱满、严实，不得出现跑漏现象。砌体必须垂直，砌体顶部四角应水平一致；砌体的形状、尺寸应符合图纸要求。设计规定抹面的砌体，应将墙面清扫干净，抹面应平整、压光、不空鼓、墙角不得歪斜。抹厚厚度、砂浆配比应符合设计规定。勾缝的砌体，勾缝应整齐均

管道基础

匀，不得空鼓、不应脱落或遗漏。通信管道的弯管道，当曲率半径小于 36 m 时，宜改为通道。

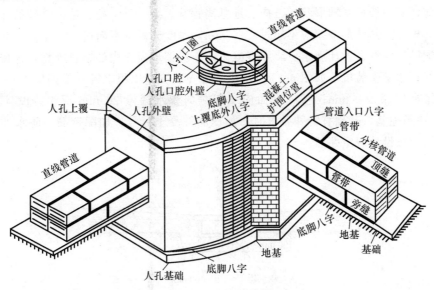

图 6-11 人孔的结构

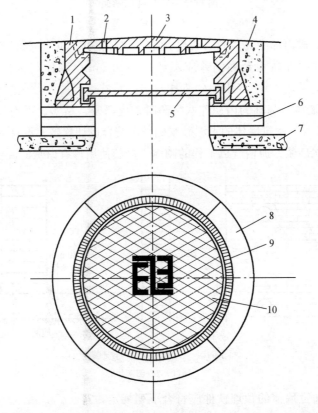

图 6-12 人孔铁口圈及铁盖安装

1—铁口圈；2—钥匙孔；3—外铁盖；4—混凝土缘石；5—内铁盖；6—砖缘；
7—上覆；8—混凝土缘石；9—铁口圈；10—外铁盖

(3) 人（手）孔基础

人（手）孔、通道的地基应按设计规定处理，如系天然地基则必须按设计规定的高程进行夯、抄平。人（手）孔、通道采用人工地基，则必须按设计规定处理。人（手）孔、通道基础支撑前，必须校核基础形状、方向、地基高程等。人（手）孔、通道基础的外形、尺寸应符合设计规定，其外形偏差应不超过±20 mm，厚度偏差应不超过±10 mm。基础的混凝土标号、配筋等应符合设计规定。浇灌混凝土前，应清理模板内的杂草等物，并按设计规定的位置挖好积水罐安装坑，如图6-13所示积水罐安装坑应比积水罐外形四周大100 mm，坑深比积水罐高度深100 mm；基础表面应从四方向积水罐做20 mm泛水。设计文件对人（手）孔、通道地基、基础有特殊要求时，如提高混凝土标号、加配钢筋、防水处理及安装地线等，均应按设计规定办理。

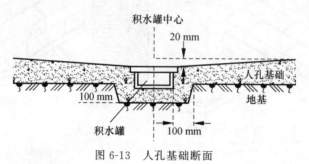

图6-13 人孔基础断面

（4）墙体

人（手）孔、通道内部净高应符合设计规定，墙体的垂直度（全部净高）允许偏差应不超过±10 mm，墙体顶部高程允许偏差应不超过±20 mm。墙体与基础应结合严密、不漏水，结合部的内外侧应用1:2.5水泥砂浆抹八字，基础进行抹面处理的可不抹内侧八字角，如图6-14所示。抹墙体与基础的内、外八字角时，应严密、贴实、不空鼓、表面光滑、无欠茬、无飞刺、无断裂等。砌筑墙体的水泥砂浆标号应符合设计规定，设计无明确要求时，应使用不低于75#的水泥砂浆。通信管道工程的砌体，严禁使用掺有白灰的混合砂浆进行砌筑。

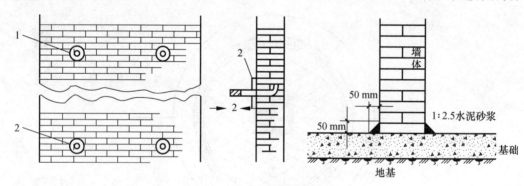

图6-14 人孔铁架穿钉安装
1—穿钉；2—圆灰块

人（手）孔、通道墙体的预埋铁件应符合下列规定：

1）电缆支架穿钉的预埋

穿钉的规格、位置应符合设计规定，穿钉与墙体应保持垂直。上、下穿钉应在同一垂直线上，允许垂直偏差不大于5 mm。间距偏差应小于10 mm。相邻两组穿钉间距应符合设计规定，偏差应小于20 mm。穿钉露出墙面应适度，应为50～70 mm；露出部分应无砂浆等附着物，穿钉螺母应齐全有效。穿钉安装必须牢固。

2）拉力（拉缆）环的预埋

拉力（拉缆）环的安装位置应符合设计规定，一般情况下应与管道底保持 200 mm 以上的间距。露出墙面部分应为 80～100 mm。安装必须牢固。

管道进入人（手）孔、通道的窗口位置，应符合设计规定，允许偏差应不超过 10 mm；管道端边至墙体面应呈圆弧状的喇叭口；人（手）孔、通道内的窗口应堵抹严密，不得浮塞，外观整齐、表面平光。管道窗口外侧应填充密实、不得浮塞，平面整齐。窗口处，应按设计规定加过梁或窗套。

（5）人（手）孔上覆及通道沟盖

上覆、沟盖外形尺寸、设置的高程应符合设计图纸的规定，出入口的上口直径为 66 cm，下口直径为 70 cm。外形尺寸偏差应不超过 20 mm，厚度允许最大负偏差不超过 5 mm。预留孔洞的位置及形状，应符合设计图纸的规定。预制的上覆、沟盖两板之间缝隙应尽量缩小，其拼缝必须用 1：2.5 砂浆堵抹严密，不空鼓、不浮塞，外表平光、无欠茬、无飞刺、无断裂等。人（手）孔、通道内顶部不应有漏浆等现象。人孔口圈与上覆之间宜砌不小于 200 mm 的口腔（俗称井脖子）；人（手）孔口圈应完整无损。车行道人孔必须安装车行道的口圈。通信管道工程在正式验收前，所有装置必须安装完毕、齐全有效。

（6）人（手）孔附属设备

人孔的附属设备有人孔铁口圈、人孔铁盖、电缆托架等，如图 6-10 所示。人孔铁口圈安装在人孔上覆圆形出入口，内径为 65 cm，一般配有双层盖，即外盖与内盖。内盖用于锁住铁口圈，防止杂物进入人孔。外盖厚实、机械强度大，用于封口和保护人孔。电缆铁架和托板是安装在人（手）孔侧壁上面用以承托电缆的设备，其安装数量和位置根据人孔形状和大小决定。

电缆支架（横竖）安装：电缆支架的规格应符合技术标准，安装要求平直牢固。

人孔口圈安装：要求人孔口圈完整、无损伤，圈、盖吻合，口圈顶部高程应符合设计要求，允许正偏差应不大于 2 cm，位置正确。稳固口圈的混凝土（或缘石）应符合设计规定，自口圈外缘应向地表做相应的泛水。

支架穿钉安装：电缆支架穿钉的规格、位置应符合设计规定，穿钉与墙体应保持垂直。上、下穿钉应在同一垂直线上，允许垂直偏差不超过 5 mm，间距偏差应小于 1 cm。相邻两组穿钉间距偏差应小于 2 cm。穿钉露出墙应适度，为 5～7 cm，穿钉螺母应齐全、有效。

拉力环安装：拉力环的安装位置应符合设计规定，一般情况下应与管道底保持 20 cm 以上的间距，露出墙面部分应为 8～10 cm，安装必须牢固。

积水罐安装：积水罐安装位置为，直通型人孔应在井口中心垂直线上，偏差不大于 1 cm；有角度的人孔应安装在管道中心线上，偏差不大于 1 cm。积水罐安装坑应比积水罐外形四周大 10 cm，坑深比积水罐高度深 10 cm。基础表面应从四方向积水罐做 2 cm 泛水。

（7）人（手）孔的位置不宜选择的地点

重要的公共场所（如车站、娱乐场所等）或交通繁忙的房屋建筑门口（如汽车库、消防队、厂矿企业、重要机关等）；影响交通的路口；极不坚固的房屋或其他建筑物附近；有可能堆放器材或其他有覆盖可能的地点；消火栓、污水井、自来水井等地点附近。

（8）人（手）孔类型

人孔按形状分为：直通型人孔、三通型人孔、四通型人孔、斜通型人孔和特殊型人孔等。人孔按大小分为：大号、中号、小号。手孔一般为长方形。人孔类型的选择一般是根据街道形状和终期管孔数量进行选择。

4. 铺设管道

(1) 管道长度

两个相邻人孔中心线间的距离，叫作管道段长。管道段长越长，建筑费用就越经济。但由于电缆在管孔中穿放时所承受的张力随着段长而增加，电缆本身将受到一定的损害，为了减少或避免这种损害，电缆不论穿在直线管道中还是弯曲管道中，承受的终端张力以不超过 1 500 kg 为准。直线管道允许段长一般应限制在 150 m 内。在实际工作中通常按 120～130 m 为一个段长，具体设计时最好不要大于 120 m。弯曲管道应比直线管道相应缩短。采用弯曲管道时，它的曲率半径一般应不小于 36 m，在一段弯曲管道内不应有反向弯曲即"S"弯曲，在任何情况下也不得有 U 形弯曲出现。

(2) 管道铺设方式

为了避免污水渗入管道内淤塞管孔、腐蚀线缆，铺设管道时要保持一定的坡度，使管道内的污水能够流入人孔内以便清除。规定的管道坡度为 0.3%～0.4%，最小不得低于 0.25%。管道坡度一般采用人字坡、一字坡和斜度坡三种形式，如图 6-15 所示。

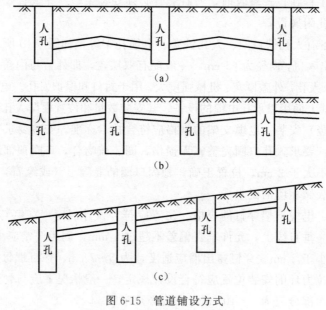

图 6-15　管道铺设方式
(a) 人字坡；(b) 一字坡；(c) 斜度坡

1) 人字坡

人字坡是以相邻两个人孔间管道的适当地点作为顶点，以一定的坡度分别向两边倾斜铺设，采用人字坡的优点是可以减少土方量，但施工铺设较为困难，同时在布放电缆时也容易损伤电缆护套。如采用混凝土管，两个混凝土管端面的接口间隙一般不得大于 0.5 cm，通常管道段长超过 130 m 时，多采用人字坡。

2) 一字坡

一字坡是在两个人孔间铺设一条直线管道，施工铺设一字坡较人字坡便利，同时可减少损伤电缆护套的可能性，但采用一字坡时两个人孔间的管道两端的沟槽高度相差较大，平均埋深及土方量较大。

3）斜度坡

斜度坡管道是随着路面的坡度而铺设的，一般在道路本身有0.3‰以上的坡度情况下采用。为了减少土方量，会将管道坡度向一方倾斜。

(3) 管道铺设方法

通信管道所用管材的材质、规格、程式和断面的组合必须符合设计的规定。改、扩建管道工程，不应在原有管道两侧加扩管孔；在特殊情况下非在原有管道的一侧扩孔时，必须对原有的人（手）孔及原有电缆等做妥善的处理。

1）水泥管块的铺设

水泥管道铺设的质量要求：

① 铺管工艺平直：要求铺设水泥管块的顺向连接间隙不得大于5 mm，上下两层管块间及管块与基础间隙应为15 mm，允许偏差不超过5 mm。管群的两层管及两行管的接续缝应错开。水泥管块接缝无论行间、层间均宜错开1/2管长。

② 纱布规格摆放位置：两管块接缝处应用80 mm宽纱布。允许±10 mm的误差，长为管块周长加80～120 mm，均匀地包在管块接缝上（接缝中间）。

③ 管带管缝处理：纱布上抹的1∶2.5水泥砂浆厚度为12～15 mm，其下宽应为100 mm，上宽应为80 mm，允许偏差不超过5 mm。

④ 底角八字抹灰：用1∶2.5水泥砂浆抹管顶缝、管边缝及管底八字灰，要求方5 cm、斜7 cm，应黏结牢固、平整光滑、不空鼓、无欠茬、不断裂。

⑤ 铺管灰砂配比中水泥与中粗砂的比例为1∶5。

⑥ 养护时间、强度：管带、管缝、八字灰在常温情况下的养护时间为24小时，冬季施工应采取保温措施。

采用抹浆法接续管块，其所衬垫的纱布不应露在砂浆以外，水泥砂浆与管身黏结牢固，应质地坚实、表面光滑、不空鼓、无飞刺、无飞茬、不断裂。用1∶2.5水泥砂浆抹管顶缝、管边缘、管底八字，应黏结牢固、平整光滑、不空鼓、无欠茬、不断裂。

2）钢管铺设

钢管铺设质量要求：

① 钢管基础质量要求：普通原土时可超平（找平）铺管，如果是回填土应夯实超平铺管。

② 钢管铺设质量要求。a. 钢管排列要求：根据设计要求排列组合群管（一般在4孔以上每层基数为双数）。b. 钢管定位架采用ϕ10 mm钢筋制作，其间隔尺寸一致，钢管管道每隔2～3 m装一处定位架。c. 钢管接口处理要求：钢管接口套箍长度应符合设计要求，接口处必须加焊（满焊），焊接处加防腐措施，接续部位相邻两管之间应错开不小于30 cm。管口处应打磨圆滑。d. 管间缝填充要求：应用铺管灰填满填实。e. 钢管进入人（手）孔排列要求：其管群组合排列断面应平齐，间隔一致，空隙部位用1∶2.5水泥砂浆填实、抹严。

3）塑料管铺设

塑料管铺设的质量要求。a. 塑料管排列要求：根据设计要求排列组合管群（一般在4孔以上每层基数为双数）。b. 塑料管定位架采用金属的，使用ϕ10 mm钢筋制作时其间隔尺寸要求一致，塑料管管道每隔2 m装设一处定位架。c. 塑料管接口处理要求：塑料管接口不论是套箍式或是插口式,均要求安放防水胶圈,插入到位,接口部位相邻两管之间应错开不小于30 cm。d. 塑料管间缝填充要求:应填充水泥砂浆,填满填实。e. 塑料管进入人(手)孔排列要求:塑料管进入人(手)孔窗口要求在窗口外安装一定位架,其管群组合排列断面应平齐,间隔一致,空隙部位用1:2.5水泥砂浆填实、抹严。

通信管道的包封规格、段落、混凝土标号,应符合设计规定。通信管道的防水、防蚀、防强电干扰等防护措施,必须按设计要求处理。

(4) 管道埋深

管道埋入地下深度,人(手)孔的深度,应结合人孔两侧管道进入人孔内的高度而定。管道进入人孔时两侧的相对高度要一致或接近,高度差一般不宜大于0.5 m。在一般情况下,管道顶距人孔上覆净距为0.3 m(注意:从电缆或光缆接头到管道孔口的线缆长度一般不低于0.4 m,以方便今后的维护或抢修改接),管道底部距人孔基础面不应小于0.4 m。通信管道埋设深度一般为0.8 m左右。允许管道最小埋深(管顶到路面)见表6-4的规定。当达不到要求时,应采用混凝土包封或者套钢管保护。

表6-4 通信管道最小埋深表

管道类别	管道距地表最小深度/m			
	人行道	车行道	电车轨道	铁路
水泥管、石棉水泥管、玻璃钢管等	0.5	0.7	1.0	1.5
钢管	0.2	0.4	0.7	1.2 |// 注:1. 具体应与铁道部门协商。
2. 钢管最小埋深在某些地方有冰冻的范围以内时,施工时应注意管内不能有进水和存水的可能。

通信管道与其他各种管线平行或交越的最小净距,应符合表6-5的规定。

表6-5 通信管道与其他管线最小净距表

其他管线类别		最小平行净距/m	最小交越净距/m
给水管	直径≤300 mm	0.5	0.15
	直径300~500 mm	1.0	
	直径>500 mm	1.5	
排水管		1.0	0.15
热力管		1.0	0.25
煤气管	压力<294.20 kPa(3 kgf/cm²)	1.0	0.3
	压力=294.20~784.55 kPa(3~8 kgf/cm²)	2.0	
电力电缆	35 kV 以下	0.5	0.5
	35 kV 以上	2.0	

5. 回填

管道工程的回填土,应在管道或人(手)孔按施工顺序完成施工内容,并经24小时养护和隐蔽工程检验合格后进行。

回填土前,应清除沟(坑)内的遗留木料、草帘、纸袋等杂物。沟(坑)内如有泥水和淤泥,必须排除后方可进行回填土。

(1) 对通信管道工程的回填土的要求

除设计文件有特殊要求外,应符合下列要求:

① 管道顶部 30 cm 以内及靠近管道两侧的回填土内,不应含有直径大于 5 cm 的砾石、碎砖等坚硬物。

② 管道两侧应同时进行回填土,每回填土 15 cm 厚,用木夯排夯两遍。

③ 管道顶部 30 cm 以上,每回填土 30 cm,应用木夯排夯三遍或用蛤蟆夯排夯两遍,直至回填、夯实与原地表平齐。

(2) 对通信管道工程挖明沟穿越道路的回填土的要求

① 市内主干道路的回土夯实,应与路面平齐。

② 市内一般道路的回土夯实,应高出路面 5～10 cm。在郊区土地上回填土,可高出地表 15～20 cm。

(3) 对人(手)孔坑的回填土的要求

① 在路上的人(手)孔两端管道回填土。

② 靠近人(手)孔壁四周的回填土内,不应有直径大于 10 cm 的砾石、碎砖等坚硬物。

③ 人(手)孔每回土 30 cm,应用蛤蟆夯排夯两遍或木夯排夯三遍。

④ 人(手)孔坑的回填土,严禁高出人(手)孔口圈的高程。

在修复通信管道施工挖掘的路面之前,如回填土出现明显的坑、洼,通信管道的施工单位应按照市政部门的要求及时处理。通信管道工程回土完毕,应及时清理现场的碎砖、破管等杂物。

6. 管道管孔试通

直线管道管孔试通,应用被试管孔直径小 5 mm、长 900 mm 的拉棒进行。两孔以上的水泥管块管道,每块管块任意抽试两孔(四孔、六孔管块以选择对角管孔为宜),两孔以下的管块应试全部管孔。钢管等单孔组群的通信管道每五孔抽试一孔,五孔以下抽试二分之一,二孔试一孔,一孔全试。六孔以上的水泥管块管道,每块管块任意抽试两孔。塑料管道、钢管管道均是孔孔试通。弯管道在曲率半径小于 36 m 时,应用比被试管孔标称直径小 6 mm,长 600～900 mm 的拉棒试通,其试通孔数按上款处理。

为了保证塑料管管道的施工质量和使用安全,塑料管管道均采用包封加固的措施。双壁波纹管管道试通,应按照"通信管道工程施工及验收技术规范"的规定条款试通外,为了确保管道的质量,应将靠包封加固的管孔全部试通,防止由于打包封加固出现的塑料管变形,而影响质量。

6.4 管道的防护设计

6.4.1 标石防护设计

1. 标石设置要求

在直线段和大长度弯道段,原则上按照每 100 m 左右设置 1 根,标石必须埋在硅芯管道的正上方。

线路拐弯处必须设置标石,且应埋设在转角两侧直线段延长线的交点,而不应在圆弧顶点上。硅芯管道接头处必须埋设标石。管道与其他线路交越点必须埋设标石。管道穿越河流、公路、村庄等障碍点必须设置标石。每个人（手）孔处必须埋设标石。标石统一采用 1.5 m 高水泥丁字标石，埋深 0.6 m，出土 0.9 m。

2. 标石编号要求

标石出土部分靠顶部 15 cm 应刷水泥漆，下部 75 cm 一般刷白底色，并用水泥漆正楷书写表示标号，顶部以水泥漆的箭头表示管道路由方向。标石编号以中继段为单位，由 A 端向 B 端依次逐个编写。标石类型可分为直线标、拐弯标、交越标，并用不同符号标记，直线标石用"—"表示，拐弯标石用"<"表示，交越标石用"×"表示。标石正面用水泥漆书写"××管道"字样。

3. 宣传牌、水线牌设置要求

宣传牌采用常规铁质搪瓷牌；水线牌采用木制牌，水线牌架立采用 8 m 水泥杆。

宣传牌原则上每 1 000 m 设置 1 处，具体设置可视实地情形自行调整。一般在村庄、道路口、远离公路及有可能动土的地方均应设置水线牌，仅在穿越通航河流时设置，一般每处河道设置 2 块。

6.4.2 管道的维护

当管道建成以后，为了使其顺利运营，需经常进行维护。维护目的主要是保证管道经常处于完好状态，从而保证通信畅通。

因为电信线缆管道属于城市地下管线的一部分，与其他部门管线相互之间平行交越较多，在各自建筑施工或维修作业过程中，往往由于施工联合配合不够，容易发生损坏管道事件，造成一定的经济损失。另外，由于管道建筑质量较差，建成运营时间较久，也有可能发生地基不均匀沉陷，造成管道错口折裂等现象；还有地震、水灾等自然灾害造成管道的损坏；又由于地下水位较高、降雨量较大，以及下水道漏雨，使管道人孔内部聚积污水，既可能腐蚀电缆，又可能使沉淀淤泥堵塞管孔，导致日后穿放线缆产生困难。

鉴于以上种种原因，对管道进行经常性维护就是一件非常重要的工作。管道维护一般是企业外包给服务外包企业进行维护和抢修。

1. 沿线巡查的目的

沿线巡查是管道维护中的首要工作，它能确保管道安全，防止外界对管道的损坏。城市中，经常会进行扩建道路、翻修路面、建设下水道和自来水管等工作；园林部门年年进行植树；电力部门埋设电缆发展电力业务；地铁的建设与运行等；这些均与管道息息相关，往往由于各部门相互之间联系配合不够，从而造成管道损坏。为了尽可能减少损坏管道的事故发生，沿线巡查就很有必要。

2. 沿线巡查的任务

管道的沿线巡查，就是由专人负责沿着管道路由，进行定期的查看。查看自来水公司、市政建设局、电力局、园林局、地铁公司以及其他单位等在管道附件的施工或零星作业。如果发现某些施工作业可能危及管道安全，应及时与该现场施工负责人取得联系，研究防护办法或注意事项。

如果在巡查过程中，发现管道已被损坏，又查不到责任人，则应报告领导，组织人力及时修复。在巡查过程中，如果发现有单位在人孔上覆铁盖上堆放大批物资时，应立即洽商请该单位及时迁移，以免一旦线缆发生故障，影响及时检修电缆；在管道巡查过程中，如果发现园林部门未按规定间距或在管道上面栽植树木，应及时与该部门洽商，请其移走树木。

一般来说，各单位为保证各自的管线安全运行，往往建立相互联系配合制度，任何施工部门，均应按制度行事，必要时还须派人在施工期间协助配合。但由于城市较大，各单位组织机构较多，各单位基础资料不健全；或由于某些人一时粗心大意，往往未做到事前联系，致使管道损坏，也是常有的事情，因此，沿线巡查的任务是很重要的。

沿线巡查，不论局大小、管道路由多少，都要按周期或定期进行，都要有专人负责进行。在每次巡查过后，不管遇到问题与否，均应做好记录，以备查用。

3. 做好修复计划

根据巡查记录做好修复计划，编制设计预算，编制实施方案和技术要求，以便保证修复工作的质量。

第七章 工程基础建设

教学内容
1. 工程基础建设概述
2. 通信设备防雷
3. 通信设备静电防护
4. 接电技术
5. 工程环境可靠性

技能要求
1. 接地网络的设计及施工
2. 接地关（铜鼻子）制作

7.1 概 述

通信工程的基础准备包含了通信设备的防雷、防静电、接地，以及设备使用环境准备四个方面，这四个方面将对整个通信设备的安全稳定运行产生十分重要的影响。

防雷是指采用一定的工程方式，避免雷电对通信设备的正常使用产生损害的工程。防静电是指在通信设备建设以及使用过程中，减少因静电而导致的设备损害而采取的措施。接地是指为了使相互连接的通信网络设备正常运行，确保通信设备不存在电压差而引起设备损害的工程。设备使用环境是设备能够正常稳定运行的环境要求（如图 7-1 所示）。

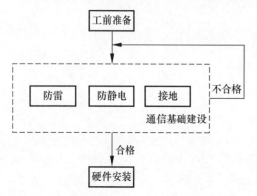

图 7-1 通信基础建设在整体工程中的地位

7.2 通信设备防雷

7.2.1 雷电对通信设备的危害

当通信设备附近有雷电产生时，雷电波可以通过各种途径进入到设备内，产生过电压。过电压是指工频下交流电压均方根值升高，超过额定值的10%，并且持续时间大于1分钟的长时间电压变动现象。如果设备没有相应的保护措施，设备将会被雷电引起的过电压过电流损坏。图7-2为雷电入侵途径示意图。

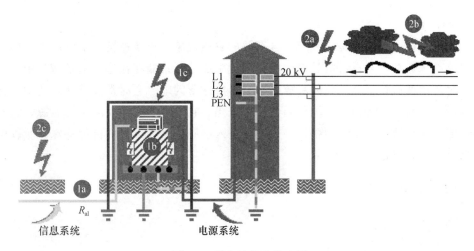

图7-2 雷电波侵入的途径

雷电击中建筑物引起的过电压，主要有雷电击中建筑物外部时在接地电阻上会引起电压差和雷电击中建筑物外部时建筑物内部环路会感应过电压两个入侵途径。

远处雷电引起的过电压主要有雷电击中远处电源架空电缆上引起过电压、云层之间的雷电感应到电源架空电缆形成过电压和雷电击中远处地面和地下的通信电缆由于地电位上升或感应所引起的过电压三种入侵途径。

按雷电击的破坏形式，通常分为直击雷、感应雷、球形闪电，其中较为常见的是直击雷与感应雷。

1. 直击雷

直击雷是带电的云层与大地上某一点之间发生迅猛的放电现象。当雷电直接击在建筑物上，强大的雷电流使建（构）筑物水分受热汽化膨胀，从而产生很大的机械力，导致建筑物燃烧或爆炸。另外，当雷电击中避雷针，电流沿引下线向大地泄放时，这时对地电位升高，有可能向邻近的物体跳击，称为雷电"反击"，从而造成火灾或人身伤亡。

通常认为，雷电流必从接地极进入地下深处，沿半径辐射方向均匀流向无限远。但是实际的闪电有高频成分，而高频电流必有趋肤效应。大地若被认定为导体，则雷电流就必沿地表面流动，特别是在雷雨时刻，地面被雨水覆盖，雷电流不是均匀地流入土壤深处，而是不均匀地分布在地表面。

当雷电接近架空管线时，高压冲击波会沿架空管线侵入室内，造成高电流引入，这样可能引起设备损坏或人身伤亡事故。如果附近有可燃物,容易酿成火灾。

2. 感应雷

感应雷是当直击雷发生以后,云层带电迅速消失,地面某些范围由于散流电阻大,出现局部高电压,或在直击雷放电过程中,强大的脉冲电流对周围的导线或金属物发生电磁感应产生高电压,而发生闪击现象的二次雷。

感应雷破坏也称为二次破坏。它分为静电感应雷和电磁感应雷两种。由于雷电流会产生强大的交变磁场,使周围的金属构件产生感应电流,这种电流可能向周围物体放电,如附近有可燃物就会引发火灾和爆炸,而感应到正在联机的导线上就会对设备产生强烈的破坏性。

3. 球形闪电

球形闪电也称电火球,是一种与雷电有关的自然现象。土壤被雷电击中后,会向大气释放含有硅的纳米微粒,来自雷电袭击的能量以化学能的形式储存在这些纳米微粒中,当达到一定高温时,这些微粒就会氧化并释放能量,形成球形闪电。它时常漂浮在半空中,与地面接触后会反弹,与之接触的物质顷刻间便会被烧焦。它并不具有显而易见的能源,它不辐射热量,但能穿透玻璃窗、干燥的木板、土墙等进入房间。因为形成的机理特殊,所以球形闪电发生概率很低,但是很难防范。

7.2.2 防雷的基本方法

1. 室外防雷

(1) 防雷保护区配置

处在防雷系统外部的设备,即室外设备,必须处于保护区 LPZ 0_B 内,以防止遭受直接雷击的危险。对于室外设备的金属外壳、金属线槽、金属架等金属构件必须多点与外部防雷系统良好搭接。

图 7-3 是某室外基站的保护示意图,天线架、金属线槽、设备的金属外壳与建筑物的外部防雷系统多点良好搭接,天线、线槽和设备均处在保护区 LPZ 0_B 内,设备的外壳是保护区 LPZ 1 的界面,设备的关键部件处在保护区 LPZ 1 内。

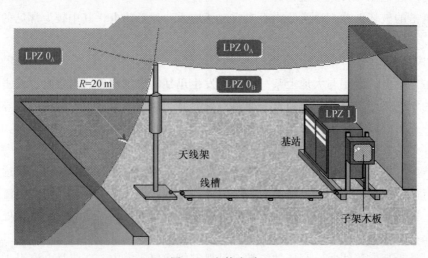

图 7-3 室外防雷

(2) 直击雷防护系统要求

① 当基站（包括天线）位于 LPZ 0_A 区时（如基站位于楼顶），基站遭受直击雷的概率很大，必须设置直击雷防护系统使基站位于 LPZ 0_B 区。直击雷防护系统一般由避雷针、接地引下线和接地系统组成。基站系统（包括天线、天馈线、基站设备等）必须处于直击雷防护系统的保护范围内，以免遭受直接雷击。

② 当基站（包括天线）位于 LPZ 0_B 区时（如基站位于楼侧），基站遭受直击雷的概率较小。在年雷暴日不小于 40 天的地区，推荐设置直击雷防护系统。在年雷暴日小于 40 天的地区，可以不设置直击雷防护系统。

(3) 接闪

接闪就是让在一定范围内出现的闪电能量按照人们设计的信道泄放到大地中去。地面通信台站的安全在很大程度上取决于能不能利用有效的接闪装置，把一定保护范围的闪电放电捕获到，纳入预先设计的对地泄放的合理途径之中。

避雷针（Lightning Conductor）是一种主动式接闪装置，其功能就是把闪电电流引导入大地。采用避雷针是首要、最基本的防雷措施。避雷线和避雷带是在避雷针基础上发展起来的。

(4) 分流

分流就是指导线（包括电力电源线、电话线、信号线、天线的馈线等）在从室外进入室内的界面处与大地之间并联适当的避雷器，当直接雷或感应雷在线路上产生的过电压波沿着这些导线进入室内或设备时，避雷器的电阻突然降到低值，近于短路状态，将闪电电流分流入地，从而将雷击的大部分电流阻隔在室外。

采用分流这一防雷措施时，应特别注意避雷器性能参数的选择，因为附加设施的安装或多或少地会影响系统的性能。比如信号避雷器的接入应不影响系统的传输速率，天馈避雷器在通带内的损耗要尽量小。

2. 室内防雷

(1) 屏蔽

屏蔽就是对两个空间区域之间进行金属的隔离，以控制电场、磁场和电磁波由一个区域对另一个区域的感应和辐射。

(2) 等电位防雷保护

接闪装置在捕获雷电时，引下线立即升至高电位，会对防雷系统周围尚处于低电位的导体产生旁侧闪络，并使其电位升高，进而对人员和设备构成危害。为了彻底消除雷电引起的毁坏性的电位差，就特别需要进行等电位连接，电源线、信号线、金属管道等都要通过避雷器进行等电位连接。这样在闪电电流通过时，所有设施立即形成一个"等电位岛"，保证导电部件之间不产生有害的电位差，不发生旁侧闪络放电。完善的等电位连接还可以防止闪电流入地造成的地电位升高所产生的反击。

(3) 多级保护原则

从 LPZ 0 级保护区到最内层保护区，必须实行分级保护，从而将过电压逐步降到设备能承受的水平。

(4) 接地

防雷设备与接地设备息息相关，对每一环节的防雷都要做好接地工作。没有接地措施，一旦遇到雷击，会严重影响到设备的安全性，轻则使设备瘫痪，重则会使全部设备烧毁。

7.3 通信设备静电防护

7.3.1 ESD 概念以及特点

ESD（Electro-Static Discharge）即"静电放电"的意思。图7-4为防静电标识。随着现代高科技的发展，静电早已闯入了工业生产的许多部门和国民的生活之中并制造了种种事端，给人类带来了巨大经济和财产损失，有时甚至酿成社会灾难。例如在通信行业中，静电不仅可损坏（或损伤）电子器件，而且可导致电子设备误动作；在火箭发射中，静电放电可导致计算机误动作，导致发射失败；在易燃易爆场所，静电放电将引起燃烧或爆炸事件等。所以，在现代电子、通信、宇航、军工、石化等行业及许多科技领域中，控制静电已是不容忽视的重要问题，也是科技和生产高速发展的需要。

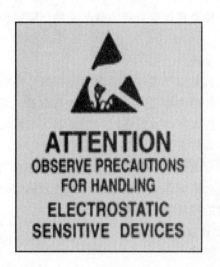

图7-4　防静电标识

7.3.2 静电控制

控制静电的基本方法是"泄漏""中和"和"屏蔽"。为了使静电能及时"泄漏"走，必须为静电提供泄漏通路；为了能"中和"掉静电，必须提供相反符号的带电粒子；为了能"屏蔽"静电，必须提供具有屏蔽功能的环境。为实现上述要求，可选用功能不同的防静电产品并用它们组合成完整的防静电系统。对静电敏感度不同的产品和场所，静电控制的要求也有差异，控制方案需视具体情况选择合适的静电防护用品，静电控制方案的科学性是静电控制有效性的保证。

从原子学的角度来说，塑料、纸张和其他材料通常都是中性的。每一原子中带正电的原子核与其周围带负电的电子云中和。当两种材料，不论是通过压力还是通过摩擦接触分开后，电子就会游离于材料的表面，从而产生静电区。电子减少的材料表面呈正电性，而带多余电子的材料表面呈负电性，这两种带电材料会吸引周围带相反电荷的材料以使电性中和，如果带电材料是导电性的,则静电荷很快会通过材料转移到地面上,如果材料在印刷中带电,则静电荷会转移到机器表面。如果材料是绝缘体,则静电荷会在几个小时、几周甚至几个月以后逐渐漏掉。

从前面的分析可知静电是由于物体接触分离,甚至没有接触的感应等方式产生的,就连我们周围的空气也是由原子组成的,当这些空气流动时也会产生静电,可以说,在任何时间、任何地点都可能产生静电。要完全消除静电几乎不可能,但可以采取一些措施使静电被控制在不产生危害的程度之内。控制静电的基本原则:将静电的产生源减至最少;为导电物体提供一条受控的放电通路;采取适当的屏蔽措施,防止产生静电的物体对其他设备造成危害,保护静电敏感器件。

7.3.3 常用 ESD 控制方法

1. 静电源控制

典型的静电源有人体、头发、油漆或浸漆表面、普通塑料贴面、普通乙烯及树脂表面、塑料及普通地板革、抛光打蜡木地板、普通涤纶面料、合成纤维及尼龙面料、塑料及普通胶底鞋、普通塑料容器、椅子、传送带及纸制品、普通泡沫、一般电动工具、压缩机、喷射设备和蒸发设备。

在条件允许的情况下,尽量避免使用或直接接触易产生静电的材料与设备。在接触的过程中应避免相互之间产生摩擦、挤压等可能产生静电的动作。

2. 环境控制

(1) 湿度控制

一般将环境湿度控制在 55% 左右,可大大减少静电的产生。

(2) 流体控制

尽量不让物体表面直接暴露在持续风下,尤其在空气相对干燥的环境中。在管道内流动的非导电流体在与管道壁接触摩擦过程中有可能在管壁上累积静电。这种情况下需要给管壁以适当的接地从而将累积的静电泄放掉。

3. 静电释放与接地

接地的作用就是提供一条静电泄放的通路,保证所有的物体都与大地相连,使其相互之间可能产生的电位差最小。

(1) 软接地

地线串接阻值较高的电阻器后再与大地相连。软接地的目的在于将对地电流限制在安全范围之内 (5 mA)。

(2) 硬接地

将地线直接接地或通过一低电阻接地。硬接地用于静电屏蔽或仪器设备、金属体的接地。

4. 常用防护手段

(1) 个体防护

穿着防静电服装、工帽、工鞋。如图 7-5 所示。

(2) 操作面防护

使用防静电地板、台垫;操作员佩戴防静电腕带。如图 7-6 所示。

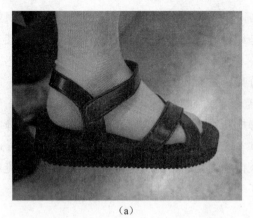 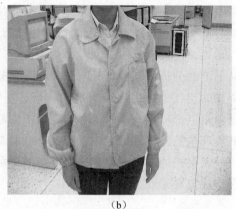

(a) （b）

图 7-5　个体防护

(a) 防静电鞋；(b) 防静电服

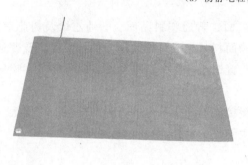 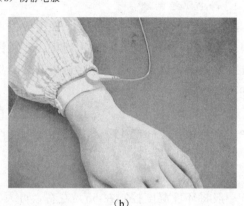

(a) （b）

图 7-6　操作面防护

(a) 防静电地板；(b) 防静电腕带

(3) 屏蔽包装防护

在保存、运输过程中使用低静电耗散容器；器件包装使用防静电包装。防静电包装由具有导静电的塑料材料制成。防静电屏蔽材料（袋）由基材、金属镀膜层和热封层多层复合而成，通常是半透明的。这种材料（袋）价格低廉，被广泛使用。还有一种具有防静电和屏蔽电磁双重功能的包装袋。这种包装袋通常是不透明的，价格较前种高，可应用在有静电和电磁防护的场所。

5．防静电腕带与防静电鞋在使用中的注意问题

腕带应用专门的带插座的接地线与地连接，不能夹在桌面或桌边的金属体上，因为这些金属体对地的电阻可能很大。使用腕带操作时不允许断开，否则会失去接地作用。要定期检查腕带的电阻。

腕带应直接与人体皮肤紧密接触，扣得不紧会造成皮肤与腕带的接触电阻变大。

有些腕带的电阻就是带子本身的，当带触及地时使其电阻大大减小，有可能因此对人体造成危险。

在穿防静电鞋时应先穿防静电袜，垫好防静电鞋垫，并在防静电地面上工作才能使人体所带的静电导入大地，任何一部分电阻过大或断开都会使人体带上有危害的静电。所以在重要的部门应有人体电阻测试仪随时检测静电。

7.4 接地技术

地与电（信号）是一对形影不离的"双胞胎"。接地，通常是指用导体与大地相连。在通信设备中，接地既简单，又复杂，而且还必不可少。机房接地系统是涉及多方面的综合性信息处理工程，是机房建设中的一项重要内容。接地系统是否良好是衡量一个机房建设质量的关键性问题之一。机房一般具有交流工作地、安全保护地、直流工作地和防雷保护地四种接地方式。

交流工作地（GND）是在供电系统中，供供电运行需要的交流工作地。

安全保护地（PGND）是机柜及机柜内各种设备金属外壳的保护接地，一般表示为设备内部的地，为了抗干扰进行接地处理，则称为屏蔽接地。

直流工作地（BGND）也叫电源地或工作接地，是机柜直流供电电源地接地，一般是 $-48V$ DC 的正极在电源柜处进行接地，也可采用 RTN 表示。

防雷保护地（PE）是在电源系统中的保护接地，其主要用来进行防雷接地或安全接地。

7.4.1 设备的接地

1. 一般原则

通信局点的接地设计应按均压、等电位的原理设计，即工作接地、保护接地（包括屏蔽接地和配线架防雷接地）共同合用一组接地体的联合接地方式；交换设备以及配套设备的正常不带电的金属部件均应做保护接地。

保护地线应选用黄绿双色相间的塑料绝缘导线；接地导线必须采用同心导线以降低高频阻抗，接地线要尽量粗、短，不得使用铝材；接地线两端的连接点应牢固，当采用螺栓连接时，应设防松螺帽或防松垫圈，并应做防腐蚀、防锈处理。

不得利用其他设备作为接地线电气连通的组成部分，接地引线不宜与信号线平行走线或相互缠绕；同轴电缆的外导体和屏蔽层两端，均应尽量和所连接设备的金属机壳的外表面保持良好的电气接触；接地线严禁从户外架空引入，必须全程埋地或室内走线；保护地线上严禁接头，严禁加装开关或熔断器；保护地线的长度不应超过 30 m；当超过 30 m 时，应就近重新设置地排。

2. 机柜内的互连

三地短接要求：为保证机柜内 GND、BGND（在早期的焊接机柜中存在，目前的拼装机柜中已经取消）、PGND 间等电位，在机柜入口处的接线端子上用短接处理，其目的是保证整个机柜成为一个等电势体。

机架体接地：机架体通过一根截面积为 6 mm^2 的导线与 PGND 接线端子连接，导线一端拧紧 PGND 接线端子上，另一端通过紧固螺钉拧紧在机架体上。

机框接地：机柜内插框的金属构件应与机架体之间保证电气的良好连接。在连接处（螺钉孔、滑道及挂耳）不应喷涂绝缘漆或进行非导电氧化处理以造成导电不良。

机柜门接地：机柜前门、后门和侧门的下方有接地端子和接地标志，应分别通过截面积不小于 16 mm^2 的连接电缆接到机柜结构体的接地端子上。

3. 机柜间的互连

相邻机架相连：现场进行工程安装时，应将同一行机柜的机架体通过紧固螺栓及垫片相互紧密连接。机架体侧面紧固螺栓连接孔周围直径为 50 mm，圆形表面内不应喷漆，必须做防锈、防腐蚀处理，垫片和螺母也应镀锡以保证电气上的良好接触。

机柜顶部的柜间地互连：为保证同一交换模块内各机柜低电位相等，应在机柜顶部用铜导线将同一交换模块各机柜地 GND 进行互连。在工程安装时，同一交换模块的机柜不在相邻位置或不在同一排位置，也应进行等电位互连，互连线截面积为 10 mm^2，长度按照实际工程的需要并尽可能短。

柜间汇流条地互连：同一交换模块的各机柜的地通过汇流条短接线互连，短接线截面积应不小于 2 mm^2，长度为 200 mm，两端分别插接到相邻机柜汇流条的 GND 上。短接线的数量至少为 6 根，从机顶到机柜均匀分布。对于同一交换模块不在相邻位置或不在同一排位置的机柜，由于无法用短接线进行汇流条的互连，因此只要求采用电缆进行机柜顶部的 GND 互连。

4. 机柜外部接地

有直流电源配电柜（分线盒）时电缆连接情况。机柜侧，蓝色－48 V 电缆一端接至机柜配电盒上标有"－48 V"的接线端子，黑色 BGND (RTN) 电缆一端接至机柜配电盒上标有"GND"的接线端子，黄绿双色的保护接地电缆一端接至机柜配电盒上标有"PGND"的连接端子，拧紧固定螺钉；电源侧，蓝色－48 V 电缆另一端接至机房直流电源配电柜（或分线盒）的－48 V 负极排上，黑色 BGND (RTN) 电缆另一端接至直流电源配电柜（或分线盒）的－48 V 正极排上。连接电缆截面积应根据整个机柜最大工作电流值计算，不宜小于 16 mm^2，工程施工时连接线尽量短，黄绿双色的保护接地电缆另一端连到直流电源配电柜（或分线盒）的 PGND 地排上。直流电源配电柜（或分线盒）的 PGND 地排通过电缆连到机房保护接地排上，该连接电缆的截面积宜不小于 35 mm^2。交换设备机柜到直流电源配电柜（或分线盒）的保护接地电缆截面积要求与－48 V 电源电缆的截面积等同，工程施工时该电缆尽量短，不能盘绕。

无直流电源配电柜（分线盒）时电缆连接情况。机柜侧，蓝色－48 V 电缆一端接至机柜配电盒上标有"－48 V"的接线端子，黑色 BGND (RTN) 电缆一端接至机柜配电盒上标有"GND"的接线端子，黄绿双色的保护接地电缆一端接至机柜配电盒上标有"PGND"的连接端子，拧紧固定螺钉；电源侧，蓝色－48 V 电缆另一端接至机房直流电源柜的－48 V 负极排上，黑色 BGND (RTN) 电缆另一端接至直流电源柜的－48 V 正极排上。连接电缆截面积应根据整个机柜最大工作电流值计算，不宜小于 16 mm^2，工程施工时连接线尽量短，黄绿双色的保护接地电缆另一端连到机房保护接地排上。交换设备到机房保护接地排的保护接地电缆截面积要求与－48 V 电源电缆的截面积等同，工程施工时该电缆尽量短，不能盘绕。

5. 附属设备接地

告警箱接地：直流供电告警箱的供电电源应直接从交换设备－48 V、GND 汇流排上引入，并以此方式实现与交换设备的共地。交流供电告警箱的金属外壳应做保护接地，通过一根不小于 4 mm^2 的电缆就近接到机房的保护接地排上。

MDF 接地：用户外线电缆金属外护套应进入机房的入口处接保护地或在 MDF 上与 MDF 的接地汇流条相连。MDF 上的保安单元要求有过压、过流保护，失效告警功能，保安单元的泄流地应与 MDF 的接地汇流条有良好的电连接。用户需为 MDF 提供一根单独的接地电缆,将 MDF 的接地汇流条接至机房的保护地排。设备远端模块 MDF 接地线径应不小于 16 mm²,中心局(万门以上用户线)应不小于 50 mm²。根据工信部标准要求,通信局点采用联合接地方式。因此,交换设备盒 MDF 的接地线应接到同一个接地体上。按照就近接地的原则,设备盒 MDF 应与房内最近的接地铜排相连,以降低导线阻抗的影响。

DDF 接地:DDF 的金属外壳宜做保护接地,通过不小于 6 mm² 的电缆就近接到机房的保护接地排。DDF 上同轴电缆的屏蔽层宜与 DDF 的金属外壳有良好的电气连接。

ODF 接地:ODF 的金属外壳宜做保护接地,光缆内用于增强的金属线也宜做保护接地,通过不小于 6 mm² 的电缆就近接到机房的保护接地排。

7.4.2 接地方式及测量

1. 接地网络

接地就是让已经纳入防雷系统的闪电能量泄放入大地,良好的接地才能有效地降低引下线上的电压,避免发生反击。接地是防雷系统中最基础的环节。接地不好,所有防雷措施的防雷效果都不能发挥出来。防雷接地是地面通信台站安装验收规范中最基本的安全要求。

接地是防雷工程建设中施工难度最大也是最重要的一个分项,由于环境的不同接地网的设计也存在较大差异。系统的接地工程主要由接地体、连接线组成接地网络,如图 7-7 所示,其中影响接地效果的因素包括土壤电阻率、接地体的选择、接地材料的防腐和合理的布划接地网络。

图 7-7 接地网络施工现场

不同的行业、不同的地域使用的接地材料也不尽相同,目前使用率最高的接地材料还是金属材料,主要有铜板、角钢和扁钢等。但是在高腐蚀性土壤中,金属接地材料在很短的时间就被腐蚀而丧失接地的功能,因而需要使用非金属接地材料,目前多用石墨。石墨的基本结构是碳,它对环境没有任何污染,属于环保型产品。

接地分联合接地和分散接地。联合接地由接地体、接地网络、接地引入线、接地配线和地线排五部分组成。

为达到与地连接的目的,一根或一组与土壤(大地)密切接触并提供与土壤(大地)之间的电气连接的导体,称为接地体。接地网是由一组或多组接地体在地下互通构成的。机房接地网由环形或 L 形接地体及建筑物基础地网两网多点焊接连通构成机房接地网。

接地体埋深不小于 0.8 m 或冻土层以下,垂直接地体材料及规格通常采用长度为 2.5 m 的、不小于 50 mm×50 mm×5 mm 的热镀锌角钢,或直径不小于 50 mm、壁厚不小于 3.5 mm 的热镀锌钢管。垂直接地体的间距为垂直接地体长度的 2~5 倍。水平接地体的材料及规格:规格不小于 40 mm ×4 mm 的热镀锌扁钢(或铜材)。

接地网与接地总汇集线(或总汇流排)之间相连的导电体称为接地引入线。接地引入线的材料规格为采用 40 mm ×4 mm 或 50 mm ×5 mm 的热镀锌扁钢,长度不宜超过 30 m。接点要求是接地引入线与接地体的连接必须采用焊接。接地引入线在地下应做三层防腐处理:先涂沥青,然后绕一层麻布,再涂沥青,其出土部位应有防机械损伤和绝缘防腐的措施。

接地汇流线(接地汇流排)作为接地导体的条状铜排(热镀锌扁钢),在通信(站)内通常作为接地系统的主干(母线),可以敷设成环形或线形。不同金属的连接点应防止电化学腐蚀。一般采用截面积不小于 160 mm^2 的铜排。接地汇流排为截面积不小于 300 mm^2 的铜排。

各类设备的接地端与接地汇流线(或接地汇流排)之间的连接导线,称为接地线。材料采用多股铜芯绝缘导线布放,线芯的截面积应根据最大故障电流和机械强度选择。材料规格应使用截面积不小于 16 mm^2 的多股铜线;当相线截面积 S 大于 35 mm^2 时,保护地线截面积应不小于 $S/2$。

注意:接地线应尽量短、直,多余的线缆应切断,严禁盘绕;多股接地线与接地汇流排及设备连接时,必须加装接线端子(铜鼻),接线端子尺寸应与线径相吻合,压(焊)接牢固。接地线宜采用外护套为黄绿相间的电缆,大截面积电缆应保证接地线与汇流线(排)的连接处有清晰的标识牌。

2. 接地电阻

良好接地是设备正常运行的重要保证,设备的接地电阻应尽可能地小。影响接地电阻的因素很多:地网的大小(长度、粗细)、形状、数量、埋设深度、周围地理环境(如平地、沟渠、坡地是不同的)、土壤湿度、质地等。接地的状况可用仪表——地阻仪测试。地阻仪是用于电力、通信、铁路及工矿企业等部门各种装置接地电阻值的测量。同时,可测量土壤电阻率及地电压。如图 7-8 所示。

图 7-8 接地系统部分材料

7.4.3 中心机房的接地要求

中心机房的接地方式，应严格按照联合接地的原则设计，即通信设备的工作地、保护地及建筑物的防雷地共用一个地网；联合接地方式由地网、接地引入线、接地汇集线以及接地线四部分组成。接地汇集线、接地线以逐层辐射方式相连。联合接地方式如图 7-9 所示。

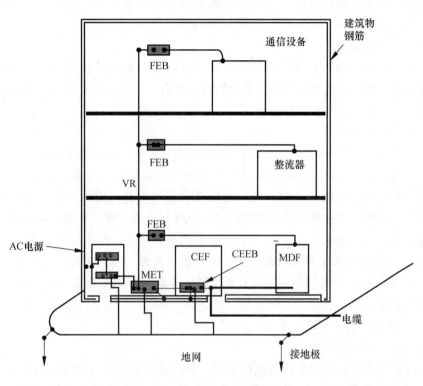

图 7-9 联合接地方式

7.4.4 通信设备接地要求

1. 室内设备

（1）接地电阻要求

地网应在适当位置留出测试端，方便检测接地电阻。表 7-1 为各类机房联合接地装置的接地电阻值。

表 7-1 各类机房联合接地装置的接地电阻值

接地电阻值/Ω	适用范围
<1	中心机房
<5	远端机房
<10	室外设备

有些特殊情况接地电阻无法满足要求时，需获得局方认可，并在验收纪要中注明。

(2) 接地引下线要求

接地引下线采用横截面积不小于 25 mm² 的多股铜线或 4 mm×30 mm 的镀锌扁钢或 10～12 mm 的镀锌圆钢；接地铜线端子应采用铜鼻子，用螺母紧固搭接；镀锌扁钢应采用焊接方式连接，焊接长度不小于 10 cm；地线各连接处应实行可靠搭接和防锈、防腐蚀处理；PCS 基站可以利用其金属安装支架作为接地引下线的一部分。避雷针与金属支架间应保证良好的电气接触，搭接可靠，从接闪器顶端至支架底座引下线连接处的总阻值不大于 0.5 Ω。

(3) 接地系统要求

地网的接地阻值不大于 10 Ω；基站防雷接地系统可以利用基站安装位置处已有的接地系统，如房顶的避雷网、避雷均压带、建筑物内接地良好的钢筋等；如果基站附近没有可以利用的接地系统，则必须单独设计地网。

(4) 室外设备接地要求

室外基站的保护地应与附近防雷接地系统就近相连，形成单点等电位连接；必要时可设置接地铜排。基站、防雷箱和天馈避雷器接至接地铜排，然后通过截面面积不小于 25 mm² 的多股铜线将铜排与附近防雷接地系统就近连接；接地铜排应就近安装于基站附近；PCS 基站接地铜排一般应置于金属安装支架的底部，铜排与金属支架应实现良好的电接触；基站的保护地采用截面积不小于 6 mm² 的多股铜线接到接地铜排；防雷箱的保护地采用截面积不小于 6 mm² 的多股铜线接到接地铜排；防雷箱的保护地与基站的保护地应通过尽可能短且截面积不小于 4 mm² 的多股铜线连接；天馈避雷器的保护地采用截面积不小于 6 mm² 的多股铜线接到接地铜排。

2. 远端机房内通信设备的接地

(1) 远端机房的联合接地系统

远端机房的联合接地网的接地电阻应小于 5 Ω。对于少雷区（年雷暴日小于 20 日的地区），移动通信基站的联合接地网的接地电阻可小于 10 Ω；远端机房内应分别设有从机房地网引接的保护地汇集线（一般为水平接地分汇集线 FEB）和工作地分汇集线，若条件所限保护地汇集线和工作地汇集线也可合二为一。接地汇集线推荐采用截面积不小于 120 mm² 的铜排，也可采用不小于 40 mm×4 mm 的镀锌扁钢。各设备接地线与接地汇集线连接时，均要用铜线鼻、螺栓及弹簧垫片紧固。一个螺栓只能接一根地线。接地汇集线的大小和螺柱孔的数目应根据机房内设备的接地线数目而定；用于天馈等进出机房的信号防雷接地的防雷地排应从机房地网引接，并设置在远端机房外。

(2) 天馈系统的接地

移动通信基站的天线应在接闪器的保护范围内，接闪器应设计专用的雷电流引下线，材料宜采用 40 mm×4 mm 的镀锌扁钢；天线同轴电缆金属外层应在其上部、下部和机房入口等三处就近与接地引下线上部、下部和机房入口处的防雷地排连接。对于铁塔基站，当铁塔高度大于或等于 60 m 时，天线同轴电缆金属外层还应在铁塔中部增加一处接地；地处中雷区以上（年雷暴日超过 20 日）的基站，应在天线同轴电缆引进机房入口处安装标称放电电流不小于 5 kA 的天馈同轴 SPD，天馈同轴 SPD 接地端子应通过接地引线与机房外的防雷地排搭接，如图 7-10 所示。

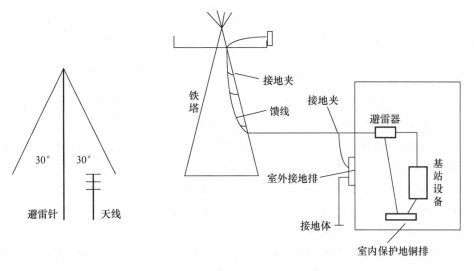

图 7-10 天馈系统外部接地

（3）端机房通信设备的接地防雷处理

移动通信基站等大型无线设备保护地与工作地短接后应采用截面面积不小于 35 mm^2 的多股铜线与机房保护地汇集线搭接；光传输设备等大型通信设备（额度电流小于 50 A）保护地与工作地（−48 V 地）短接后应采用截面面积不小于 16 mm^2 的多股铜线与机房保护地汇集线搭接；监控设备等小型通信设备（额度电流小于 16 A）保护地与工作地（−48 V 地）短接后应采用截面面积不小于 4 mm^2 的多股铜线与机房保护地汇集线搭接；当监控设备与直流电源柜监控箱互连通信时，若设备（包括监控设备及直流电源柜监控箱）通信端口的浪涌防护能力小于 2 kV（1.2/50 μs），则应对该设备外加适配于通信接口的 SPD，SPD 保护地应与被保护设备的机壳良好搭接。

（4）电源的接地防雷处理

远端机房的交流供电系统最好采用三相五线制供电方式；采用远程市电供电地处孤零郊外的移动通信基站，交流电缆应埋地进入机房，埋地长度不小于 50 m，埋地深度不小于 0.7 m；直流电源柜保护地应采用截面面积不小于 35 mm^2 的多股铜线与机房保护地汇集排搭接，直流电源柜工作地（−48 V 地）应采用截面面积不小于 35 mm^2 的多股铜线与机房工作地汇集排搭接。

7.5 工程环境可靠性

1. 设备机房环境要求

机房的土建工程已全部竣工，门窗完好，过线孔密封良好，干燥无积水并能防止水从孔洞浸入室内。无明显的灰尘；机房必须采取防静电措施；对于有活动地板的机房，安装设备时应有钢质底座，非镀层底座应涂防锈漆；机房主要的门的高度≥2.2 m，宽≥1.8 m，不妨碍设备的搬运。室内净高≥3 m；楼板的承载能力必须大于 500 kg/m^2；机房必须安装空调、通风设备，调节范围：湿度为 40%～65%，温度为 15 ℃～30 ℃；机房内照明设置应配备三种：常用照明、保证照明、事故照明；机房内部不应有给水、排水、煤气及消防管道通过；机房内严禁存放易燃、易爆等危险物品，必须配备有效的消防器材；机房内不同电压的电源插座，应有明显标志；机房配有感烟、感温等告警装置，性能应良好。

2. 工程电气环境

采用联合接地方式，中心局机房接地电阻小于 1 Ω，远端模块机房的接地电阻在条件无法达到的时候可以放宽到 3 Ω，但是必须获得用户认可并在验收纪要中注明；设备的工作地接线端子和保护地的接线端子均接入地网，不存在悬空现象。

保护地线必须采用铜质护套线，其线径必须符合工程可靠性要求：额定电流大于 50 A 的大型设备地线截面积不得小于 35 mm^2，额定电流大于 16 A 小于 50 A 的大型设备地线截面积不得小于 16 mm^2，额定电流小于 16 A 的小型设备地线截面积不得小于 4 mm^2；地线两端的连接必须使用铜线鼻、螺栓及弹簧垫片紧固，室外地线连接必须有防腐处理；设备或机房独立用电，设备或机房有单独的空气开关；通信机房与配电室距离小于 100 m；交流电缆应埋地进入机房，埋地长度不小于 50 m，埋地深度不小于 0.7 m；室外信号电缆宜全线采用带有金属护套的埋地敷设，电缆金属护套的两端均应有良好的接地，而且进入机房时需安装避雷器；电源电压范围符合要求，电源电压在产品的额定电压范围内。设备采用 －48 V 电源供电，波动范围 －57～－40 V。

第八章 通信工程基础建设项目

教学内容

1. 管道和杆路工程的组成、功能及施工流程
2. 通信工程接地原理及测量
3. 通信工程测量的原理及方法
4. 登杆原理

技能要求

1. 能描述管道和杆路工程的功能及施工过程
2. 会使用工具进行接地电阻、河宽、角深和拉线定位的测量
3. 会使用激光测距仪、地阻仪

任务 1 管道工程和杆路工程

1. 任务描述

学习团队（4~6 人）能完成管道和杆路工程施工流程。

① 掌握工程施工流程、组成及功能。

② 能绘制室外实训基地管道和杆路工程 CAD 图。

2. 任务分析

本任务通过管道工程和杆路工程建设施工流程，让学生熟悉工程组成、流程及功能。为以后的工程敷设打下基础。

3. 任务实施

（1）撰写施工方案

教学团队撰写施工方案（施工流程及规范、工程组成、任务分工等）。

（2）工具及仪表

学习团队准备施工工具及仪表、卷尺、安全帽、纸、笔等。

(3) 参观杆路工程和管道工程

教师讲解杆路和管道的组成及功能。通过实例讲解通信工程安全规范。

(4) 通信管道工程全套施工流程

复标→施工测量→开挖路面→开挖土方→做基础→加筋→铺设管道→填砂浆→管道包封→砌砖→抹面→开天窗→做人（手）孔上覆→铁盖安装

(5) 架空杆路工程全套施工流程

复标→施工测量→打洞立杆→电杆加固→拉线安装→吊线安装→地线安装→电杆标号

(6) 通信管道和通信杆路施工视频（30分钟左右）

4．撰写实训报告

画出参观杆路工程和管道工程的示意图（CAD图），列出室外管道和杆路工程的设备、耗材及其功能。叙述杆路和管道工程标准规范和安全规范。

任务2　接　　地

1．任务描述

学习团队（4~6人）能完成机房接地设计。

① 机房接地原理。

② 机房接地系统。

③ 制作铜鼻子。

2．任务分析

本任务通过参观机房接地，让学生掌握接地的作用及其重要性，为以后通信工程和设备安装做好知识铺垫。

3．任务实施

(1) 撰写施工方案

学习团队撰写施工方案（接地系统组成、施工流程及规范、任务分工等）。

(2) 工具及仪表

学习团队准备施工工具及仪表、卷尺、安全帽、铜鼻子、镀锌角铁、镀锌扁铁、电焊机、防锈漆、纸、笔、手机、铁锹、铁锤、计算机、接地线（双色）等。

(3) 接地分类

常用的有保护接地、工作接地、防雷接地、屏蔽接地、防静电接地等。

防雷接地是受到雷电袭击（直击、感应或线路引入）时，为防止造成损害的接地系统。常有信号（弱电）防雷地和电源（强电）防雷地之分，区分的原因不仅仅是因为要求接地电阻不同，而且在工程实践中信号防雷地常附在信号独立地上，和电源防雷地分开建设。

安全接地是将系统中平时不带电的金属部分（机柜外壳、操作台外壳等）与地之间形成良好的导电连接，以保护设备和人身安全。原因是系统的供电是强电供电（380 V、220 V或110 V），通常情况下机壳等是不带电的，当故障发生（如主机电源故障或其他故障）造成电源的供电火线与外壳等导电金属部件短路时，这些金属部件或外壳就形成了带电体，如果没有很好地接地，那么这带电体和地之间就有很高的电位差，如果人不小心触到这些带电体，那么就会通过人身形成通路，发生危险。因此，必须将金属外壳和地之间做很好的连接，使机壳和地等电位。此外，保护接地还可以防止静电的积聚。

工作接地是为了使系统以及与之相连的仪表均能可靠运行并保证测量和控制精度而设的接地。它分为机器逻辑地、信号回路接地、屏蔽接地，在石化和其他防爆系统中还有本安接地。

机器逻辑地，也叫主机电源地，是计算机内部的逻辑电平负端公共地，也是＋5 V等电源的输出地。信号回路接地，如各变送器的负端接地，开关量信号的负端接地等。屏蔽接地，如模拟信号的屏蔽层的接地等。

防雷接地组成防雷措施的一部分。其作用是把雷电流引入大地。建筑物和电气设备的防雷主要是用避雷器（包括避雷针、避雷带、避雷网和消雷装置等）。避雷器的一端与被保护设备相接，另一端连接地装置。当发生直击雷时，避雷器将雷电引向自身，雷电流经过其引下线和接地装置进入大地。此外，由于雷电引起静电感应副效应，为了防止造成间接损害，如房屋起火或触电等，通常也要将建筑物内的金属设备、金属管道和钢筋结构等接地；雷电波会沿着低压架空线、电视天线侵入房屋，引起屋内电工设备的绝缘击穿，从而造成火灾或人身触电伤亡事故，所以还要将线路上和进屋前的绝缘瓷瓶铁脚接地。

屏蔽接地是消除电磁场对人体危害的有效措施，也是防止电磁干扰的有效措施。高频技术在电热、医疗、无线电广播、通信、电视台和导航、雷达等方面得到了广泛应用。人体在电磁场作用下，吸收的辐射能量将发生生物学作用，对人体造成伤害，如手指轻微颤抖、皮肤划痕、视力减退等。对产生磁场的设备外壳设屏蔽装置，并将屏蔽体接地，不仅可以降低屏蔽体以外的电磁场强度，达到减轻或消除电磁场对人体危害的目的，也可以保护屏蔽接地体内的设备免受外界电磁场的干扰影响。

防静电接地可以防止静电危害影响并将其泄放，是静电防护最重要的一环。

（4）接地方式

接地方式分为分散接地和联合接地。分散接地就是将通信大楼的防雷接地、电源系统接地、通信设备的各类接地以及其他设备的接地分别接入相互分离的接地系统，由于地线系统不断增多，地线间潜在的耦合影响往往难以避免，分散接地反而容易引起干扰。同时，主体建筑物的高度不断增加，其接地方式所带的不安全因素也越来越大。当某一设施被雷击中，容易形成地下反击，损坏其他设备。

联合接地方式也称单点接地方式，即所有接地系统共用一个共同的"地"。联合接地有以下特点：整个大楼的接地系统组成一个笼式均压体，对于直击雷，楼内同一层各点位比较均匀；对于感应雷，笼式均压体和大楼的框架式结构对外来电磁场干扰也可提供10～40 dB的屏蔽效果；一般联合接地方式接地电阻非常小，不存在各种接地体之间的耦合影响，有利于减少干扰；可以节省金属材料，占地少。

（5）参观机房

学生分组参观大型实训机房，参看机房接地、防静电和防雷网络或系统。画出机房的接地、防雷、防静电网络或系统。

（6）设计接地系统

设计传输机房（1楼）、交换机房（2楼）、数据机房（3楼）和移动机房（5楼）的接地网络。房间由教师规定，也可以在同一楼层。根据测量的结果和实训机房情况进行走线布局，画出接地网络或系统的框图，列出所需耗材数量并填入表8-1中。

表 8-1　耗材清单

序　号	耗材名称	型　号	数　量	备　注
1				
2				
3				
4				
5				
6				
7				
8				

（7）机房接地系统施工

机房设备及机柜为达到与地连接的目的，一根或一组与土壤（大地）密切接触并提供与土壤（大地）之间的电气连接的导体，称为接地体。接地网由一组或多组接地体在地下互通构成。

机房接地网由环形或 L 形接地体（包括水平接地体和垂直接地体）及建筑物基础地网两网多点焊接连通构成，如图 8-1、图 8-2 所示。

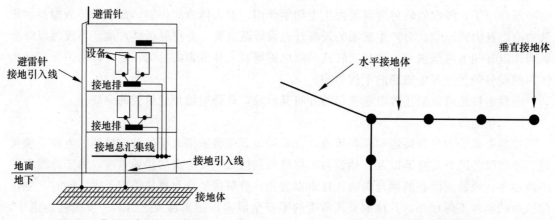

图 8-1　典型机房基地示意图　　　　图 8-2　室外接地体示意图

接地体埋深不小于 0.8 m 或冻土层以下，垂直接地体规格通常采用长度为 2.5 m 的不小于 50 mm×50 mm×5 mm 热镀锌角钢，或直径不小于 50 mm、壁厚不小于 3.5 mm 的热镀锌钢管，垂直接地体的间距为垂直接地体长度的 1～2 倍。水平接地体规格为不小于 40 mm×4 mm 的热镀锌扁钢（或铜材）。

接地网与接地总汇集线（或总汇流排）之间相连的导电体称为接地引入线，材料采用规格 40 mm×4 mm 或 50 mm×5 mm 的热镀锌扁钢，长度不宜超过 30 m；接点要求接地引入线与接地体的连接必须采用焊接。

接地汇流线（接地汇流排）作为接地导体的条状铜排（热镀锌扁钢），在通信（站）内通常作为接地系统的主干（母线），可以敷设成环形或线形。不同金属的连接点应防止电化学腐蚀。一般采用截面积不小于 160 mm² 的铜排。接地汇流排为截面积不小于 300 mm² 的铜排。

各类设备的接地端与接地汇流线（或接地汇流排）之间的连接导线，称为接地线。采用多股铜芯绝缘导线布放,线芯的截面积应根据最大故障电流和机械强度选择。材料规格应使用截面积不小于 16 mm² 的多股铜线;当相线截面积 S 大于 35 mm² 时,保护地线截面积应不小于 $S/2$。

按表 8-1 准备耗材,学习团队准备施工工具,根据图 8-1 所示开挖土方(L 形沟槽,0.8 m 左右或动土层以下);将垂直接地体打入土中,注意垂直接地体的间距为垂直接地体长度的 1~2 倍;使用焊接机将水平接地体(含引入线)与垂直接地体焊接,接地引入线在地下应做三层防腐处理,先涂沥青,然后绕一层麻布,再涂沥青,其出土部位应有防机械损伤和绝缘防腐的措施;布放黄绿双色导线(如图 8-3 所示);利用压接钳压接铜鼻子(如图 8-4 所示);将压好铜鼻子的导线根据图纸连接并使用地阻仪测试电阻是否小于 1 Ω。

 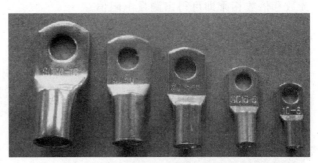

图 8-3 双色导线　　　　　　　　图 8-4 铜鼻子

注意:地线应尽量短、直,多余的线缆应切断,严禁盘绕;多股接地线与接地汇流排及设备连接时,必须加装接线端子(铜鼻),接线端子尺寸应与线径相吻合,压(焊)接牢固。接地线宜采用外护套为黄绿相间的电缆,大截面积电缆应保证接地线与汇流线(排)的连接处有清晰的标识牌。

4. 撰写报告

学生完成接地系统设计及施工,撰写实训报告,设计框图、施工流程、施工步骤及填写验收结果(施工现场照片、施工标准及工艺照片)。

任务 3　接地电阻测试

1. 任务描述

学习团队(4~6 人)能完成室外接地电阻的测量。

① 地阻仪的原理。

② 室外接地电阻测试步骤。

2. 任务分析

本任务通过完成接地电阻的测量,让学生掌握地阻仪的原理及步骤。复习接地系统的组成及作用。

3. 任务实施

(1)撰写施工方案

学习团队撰写施工方案(地阻仪的使用、测试流程、任务分工等)。

(2) 工具及仪表

学习团队准备施工工具及仪表、地阻仪、榔头、纸、笔。

(3) 地阻仪原理

接地电阻测试仪由手摇发电机、电流互感器、滑线电阻及检流计等组成。全部机构装在塑料壳内，外有皮壳便于携带。附件有辅助探棒导线等，装于附件袋内。如图 8-5 所示。

当发电机摇柄以每分钟 150 转的速度转动时，产生 105~115 周的交流电，测试仪的两个 E 端经过 5 m 导线接到被测物，P 端钮和 C 端钮接到相应的两根辅助探棒上。电流由发电机出发经过 R5 电流探棒 C 至大地，被测物和电流互感器 CT 的一次绕组回到发电机，由电流互感器二次绕组感应产生 I2 通过电位器 RS，借助调节电位器 RS 可使检流计到达零位。读数和倍数相乘即可得出测量电阻值。

(4) 地阻仪测试步骤

① 连线。用专用导线将地阻端子 E、E′、P、C 与探针所在位置对应连接。沿被测接地级 E、E 和电位探针 P 及电流探针 C，依直线彼此相距 20 m，使电位探针处于 E、C 中间位置，按要求将探针插入大地。如图 8-6 所示。E 端钮接 5 m 导线，P 端钮接 20 m 导线，C 端钮接 40 m 导线。

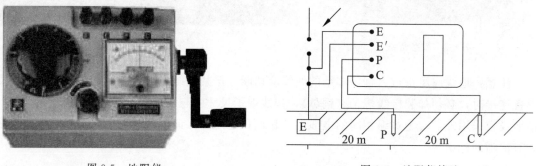

图 8-5　地阻仪　　　　　　　　　图 8-6　地阻仪接地

② 调零。将仪表放置水平而后检查检流计是否指向零，否则可用零位调正器调节零位。将"倍率标度"置于最大倍率，慢慢摇动发电机的摇把，左手同时旋动电位器刻度盘，使检流计指针指向"0"。

③ 测量。当检流计的指针接近平衡（很小摆动）时，加快发电机摇柄转速，使其达到每分钟 150 转。再转动电位器刻度盘，使检流计平衡（指针指向"0"），此时电位器刻度盘的读数乘以倍率（挡）即为被测接地电阻的数值。

当刻度盘读数小于 1 时，应将倍率开关置于较小倍率，重新调整刻度盘以得到正确读数。

④ 注意事项。当测量小于 1 Ω 的接地电阻时，应将 E 端和 E′端之间的连接片拆开，分别用 2 根导线（E 端接到被接地物体的接地线上，E′端接到靠近接地体的接地线上），以消除测量时连接导线电阻的附加误差，操作步骤同上。当检流计的灵敏度过高时，可将 2 根探棒插入土壤浅一些；当检流计灵敏度过低时，可沿探棒注水使其湿润。

(5) 测试接地电阻

① 选一个待测电阻，各小组分别测试接地电阻，选取不同接地位置，将测试数据记录在实训报告上。

② 完成地阻仪测试原理的整理工作。

4. 撰写报告

学生完成接地电阻测量，撰写实训报告，注意数据记录和处理（施工现场照片）。

任务 4　河 宽 测 量

1. 任务描述

学习团队（4～6人）能完成河宽测量。

① 标杆的使用。

② 河宽测量原理。

③ 激光测距仪原理及使用。

2. 任务分析

本任务通过测量河宽，使学生掌握标杆的使用；掌握河宽测量的原理及步骤；通过与激光测距仪测量进行比较，分析误差产生的原因。为以后进行通信工程杆路和管道测量储备知识。

3. 任务实施

（1）撰写施工方案

学习团队撰写施工方案（标杆使用原理、激光测距仪使用、河宽测量步骤、任务分工等）。

（2）工具及仪表

学习团队准备施工工具及仪表、卷尺、安全帽、激光测距仪、8个标杆、纸、笔等。

（3）河宽测量

河谷宽度的测量一般用标杆测量时都采用做两个相似直角三角形的方法。河宽则按对应边比例的原理求出。测量时据河宽采用适当比例。

对顶角直角三角形测量法，如图8-7所示为河宽测法之一（对顶角）。

① 在河谷地选一较平坦的河岗找出线路进行方向并插上标杆 A、B。

② 在 B 点做线路进行方向的垂线，并在适当地方取一点 C（按现场实际地形和环境条件，使 $BD=a\times CD$，a 为比例系数），同时插入标杆在 C 点，后做 CB 的垂线 CE 并在 F 点也插上标杆。

③ 在 F 点用标杆对河对岸 A 点做一条直线在 CB 线上交于一点 D，把标杆插上。

④ 用皮尺分别量出 BD、CF 和 CD 的长度，这时可求出河谷宽度。量出 CF 的长度，乘以 BD 与 CD 之比值（设为 a），即可得河宽 AB。用公式表示为：

$$AB = CF \times \frac{BD}{CD} = CF \times a$$

⑤ 在测量示意图上记录相关数据，并计算出河宽。

⑥ 最后用皮尺直接丈量 A、B 的间距（看标法，取直线段进行测量）为实际间距。

⑦ 将上述③、④步的数据进行分析比较，计算测量误差。

如图8-8所示，$\triangle ABE \backsim \triangle EFD$，测量出 BC、BE 和 CD 的直线距离，利用公式 $AB= EF \times \frac{BE}{DF}$，即可求出 AB 的宽度。

⑧ 计算。将上述两次计算结果取平均值。注意测量点距河宽距离需要减去。

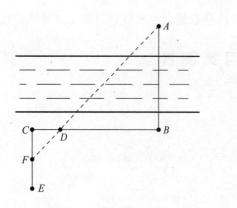

图 8-7 河宽测法（一）

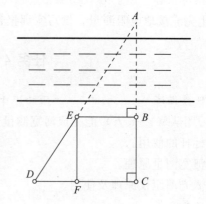

图 8-8 河宽测法（二）

（4）激光测距仪

激光测距仪主要由目镜、激光发射/望远镜物镜、激光接收物镜、启动按钮、模式按钮、控制系统和电池组成，如图 8-9 所示。

测距测速望远镜镜内 LCD 显示图例如图 8-10 所示。图符 1 大于 100 m 的测距模式，主要用于测量远距离目标；图符 2 大于 20 m 的测距模式，主要用于测量近距离目标；图符 3 用于测速模式，使用时一直对准测试目标直到测量出速度为止，该模式使用条件：移动目标需要在 50～300 m 范围内移动，测量方向应尽量与目标移动方向一致，如果夹角大会影响速度的准确度。图符 4～6 为 3 种不同的分划瞄准图符，当镜内显示器点亮后，短按模式按钮（MODE），即可依次显示以上 6 种模式。

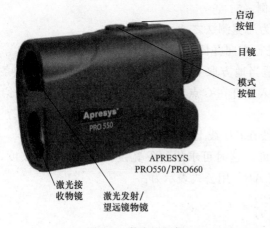

图 8-9 激光测距仪

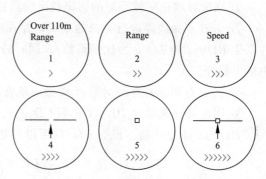

图 8-10 激光测距仪的图符

各字符说明如下：Ready——准备标记；Range——测距模式标记；Speed——测速模式标记；8888——距离显示标记，无距离时显示"——"；KMY/hs——距离和速度单位标记，测距时显示"M"（米）、"Y"（码），测速时显示"KM/h"、"M/S"；Quality 》》》》》——目标反射质量等级标记。还有激光发射标记和电池欠压指示标记等。如图 8-11 所示。

① 调节望远镜首先对着目标，调节望远镜目镜的视度，使被测目标成像清晰。

② 启动测距、测速望远镜。共设 2 个按键，分别是启动键（电源键）和模式键。按住启动键约 1 秒钟打开电源，屏幕显示图符。

③ 测距、测速望远镜具有 2 种测量模式，分别是测距模式（默认）和测速模式，点按"MODE"键进行相互切换。屏幕上方显示"Speed"表示处于测速模式；屏幕上方出现"Range"则表示处于测距模式。

④ 在测距模式下，点按一次启动键实现一次测距，数据显示在正下方。如果按住启动键不松开，则开始扫描测距，随着目标的改变，数据不断地刷新显示。当松开启动键后则

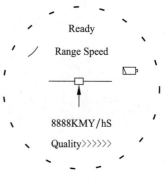

图 8-11 LCD 显示

停止测距，返回初始显示状态。测距时激光器发射标识（类似闪电符号）会闪烁显示，同时下方会显示字符"Quality〉〉〉〉〉〉"。"〉"个数多，表示目标反射质量好，测量速度快；反之，则说明目标反射质量差，测量速度慢。若目标反射质量差，则显示"——"，表示测距失败。目标反射共设 6 个等级。如图 8-12 所示。

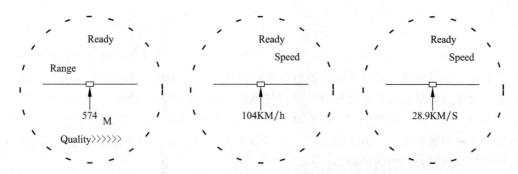

图 8-12 测距和测速 LCD 显示

从测距模式转换到测速模式时，点按"MODE"键，使 LCD 上方显示"Speed"，表示进入测速模式。此时，瞄准沿观察方向移动的目标，点按一次启动键并跟踪移动目标，即开始测量目标移动的速度。测量方向应尽量与目标移动方向一致，如果夹角过大会影响测速的准确度。当目标反射质量差则显示"——"。

数据单位切换，长按"MODE"键切换数据单位。在测距模式下，数据单位在米（M）和码（Y）之间转换；在测速模式下数据单位在千米/小时（KM/h）和米/秒（M/S）之间切换。显示"M/S"，4 位数码中前 2 位是十位和个位，第 3 位是小数点，显示"-"，第 4 位是小数点后 1 位，例如数据是 12.8M/S 则显示为：12.8M/S。

自动断电，在 20 秒内不按键本机自动断电。

（5）数据分析

选择两种方法测量，同时求平均值。通过标杆测量值与激光测距仪测量数据进行比较，分析测量误差的原因和采取何种措施完善测量原理或方法。

4. 撰写报告

学生完成河宽测量（标杆和激光测距仪），撰写实训报告，设计测试图、测试步骤及测

试数据记录和处理（测试现场照片）。

任务5 角深测量

1. 任务描述

学习团队（4～6人）能完成角深测量。

① 标杆的使用。

② 角深原理。

2. 任务分析

本任务通过角深测量，让学生掌握标杆的使用；掌握角深测量的原理及步骤。

3. 任务实施

（1）撰写施工方案

学习团队撰写施工方案（标杆使用原理、角深测量步骤、任务分工等）。

（2）工具及仪表

学习团队准备施工工具及仪表、卷尺、安全帽、8个标杆、纸、笔等，并寻找杆路工程实训基地。

（3）直线测量原理

插立大标旗。在进行直线测量时，首先应在前方插立大标旗以指示测量进行方向。大标旗应竖立在线路转角处。如直线太长或有其他障碍物妨碍视线时，可以在中间适当增插一面大标旗。大标旗应尽量竖立在无树林、建筑物等妨碍视线的地方，插牢于土中并用三方拉绳拉紧，保持正直，以免被风吹斜，产生测量误差。沿路由插好2～4面大标旗后，应等到丈量杆距的人员测到前方第一面大标旗后，才可撤去大标旗，并传送到前方，继续往前插立。大标旗插好后即可进行直线的测量。

直线段线路的测量进行情况如图8-13所示。

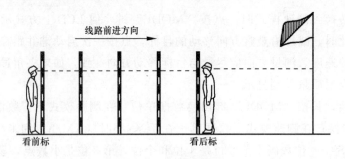

图8-13 直线段线路测量

① 在起点处立第一标杆，两人拉量地链丈量一个标准杆距，由看后标人在前链到达的地点立第二标杆。

② 看前标人从第一标杆后面对准前方大标旗，指挥看后标人将第二标杆左右移动，直到三者成一直线时插定。同时量杆距人员继续丈量第二个杆距。

③ 看前标人仍留在第一标杆处对准大标旗指挥看后标人将第二标杆插在直线上。看后标人自第三标杆向第一标杆看，使一、二、三标杆同在一直线上，以便相互校对，但以看前

标人为主（下同）。同时，量杆距人员继续向前丈量第三个杆距。

④ 看前标人继续指挥插好第四标杆，使其与后面的三根标杆及大标旗成一直线；而看后标人则自第四标杆向一、二、三标杆看直线，以相互校对。当前后标都看在一直线上时，第四标杆的位置即可确定。

⑤ 看前标人在指挥插好第四标杆后，就可前进到第三标杆处，继续指挥插好第五标杆，使之与第四标杆和大标旗成一直线。照此继续下去，看前标人与看后标人之间始终保持三根以上标杆距离。

⑥ 插好第五或第六标杆后，打标桩人员就可以将第一标杆拔去，在标杆的原洞处打入标桩，并照此继续进行下去。

测量登记员应随时登记测量登记表，详细填写各项数据。

(4) 角杆的角深测定（直角测量）

角杆的负载承受的垂直分力和拉撑的大小，其主要的因素确定于角深的大小，影响线路的稳定和可靠性。由于受地形限制，线路在转弯时，导线形成一定的角度，导线对角杆产生一定的拉力，因此，必须根据不同的角度，装设不同方式的拉线或撑杆，来加固转角杆。在正常情况下用测量"角深"的办法来表示线路形成角度的大小。

角深的内角测量法。从角杆位置 A 向左右两边线路的直线方向各量 50 m，得出 B、C 两点，连接 B、C 两点得到中点 D，从角杆位置 A 到 D 的距离，即为"角深"，如图 8-14 所示。在实际测量中常用比例方法缩小边长，测量的结果再乘以同一缩小的倍数。根据相似三角形各边成比例的关系，在实际测量中，在两边各取 5 m 的距离得出 B、C 两点。从 B、C 两点连线的中点 D，测出角杆的距离后再乘以 10 就是标准角深。

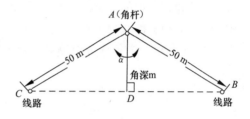

图 8-14 角深的定义

角深的对顶角及补角测量法。在实际测量中，如遇到内角和对顶角都有障碍物时，可以用补角测量法。即从角杆位置 A 顺着线路架设的方向测出 2.5 m 得 B 点，再顺着另一线路方向延长测出 2.5 m 得 C 点，B 点和 C 点两点的直线距离乘以 10，即角杆 A 的标准角深，如图 8-15 所示。

根据平面几何原理，设 $AB=AC=$ 标准杆距；在 A 点做 BC 连线的垂线 $AD \perp BC$；则 AD 的长度即为角深。同样图 8-16 中 BC 的距离也是 $\angle BAC$ 的角深。

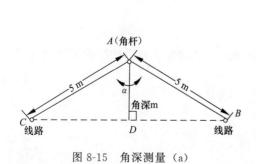

图 8-15 角深测量 (a)　　　　　图 8-16 角深测量 (b)

角深与内角的关系是角深越长,内角越小;反之越大。

(5) 拉线定位

要测定拉线的方向和测量拉距以确定地锚的出土地点(撑杆的测定与拉线相同,只是方向相反)。

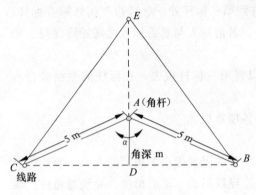

图 8-17 角杆拉线的定位

角杆拉线方向的测定。按测量角深的方向进行,角深的反方向即拉线的方向,出土位置可按杆高的比例量出拉距,如图 8-17 所示。测量 $AB=AC$ 和 $EC=EB$,E 即为拉线的出土点。

双方拉线方向的测定。双方拉线的测定引用勾股定理测量垂线,如图 8-18 所示,B 点即为一方拉线的出土点;测定 B 点后,延长 BA 至 D 点,使 $AB=AD$;D 点即为另一方拉线的出土点。

(6) 三方拉线方向的测定

三方拉线方向的测定如图 8-19 所示,OA 为顺挡拉线位置,利用等边三角形 $OD=DB=BO=5$ m,OB 和 OC 的方向即三方拉线另两个拉线的方向。拉线出土地点位置,可按杆高比例 1∶1 从电杆向拉线方向测量拉距测定。

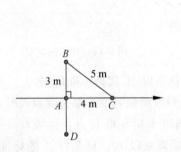

图 8-18 双方拉线的测定

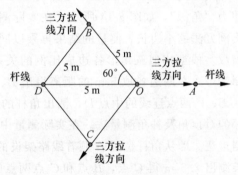

图 8-19 三方拉线的测定

(7) 测试步骤

教师根据通信杆路线路情况,选择电杆线路由学生完成角深和拉线定位的测量。选择两种方法测量,同时求平均值。计算两种误差,分析测量误差的原因和采取何种措施完善测量原理或方法。

4. 撰写报告

学生完成角深测量,撰写实训报告,设计测试图、测试步骤和测试数据记录及处理(测试现场照片)。

 第二部分习题

一、填空题

1. 电缆管道是由_____、_____、_____三部分构成的。主干管道每隔_____

设置人孔或手孔一个。配线管道每隔 50～100 m 设置手孔一个。通信管道在建筑方式上，一般有_____、_____、_____三种类型。根据使用材料的不同，管道可分为混凝土管、塑料管、钢管等，一般根据工程造价和现场环境来选用。管道的管孔断面的排列组合，通常应遵守_____或_____的原则；管道建设在人行道上时，管道与建筑物的距离通常保持在 1.5 m 以上；与行道树的净距不小于 1.0 m；与道路边石的距离不小于 1.0 m。管道坡度一般采用_____、_____、_____三种形式。弯曲管道应比直线管道相应缩短。采用弯曲管道时，它的曲率半径一般应不小于_____。选用管孔时总的原则是按_____的顺序安排使用。大对数电缆和长途电缆一般应敷设在靠下和靠侧壁的管孔。

2. 钢筋混凝土电杆从外形上分为锥形杆和_____。
3. 木电杆的弯曲度要求一等材不得超过_____；二等材不得超过_____。
4. 电杆编号方法有单局制和_____两种。
5. 管道坑槽在某些情况下要进行放坡挖沟，放坡比例为 $H:D$，其中，D 为_____。
6. 拉线由_____和_____两部分组成。
7. 钢绞线拉线上把有_____、_____和_____三种做法。
8. 通信管道基础宽度在 63 cm 以上时，则沟底宽度要在基础宽度上增加_____。通信管道基础宽度在 63 cm 以下时，则沟底宽度要在基础宽度上增加_____。
9. 电杆回土夯实加固，郊区回土夯打后高出地面_____ cm。
10. 通信工程基础准备主要包括通信设备的_____、_____和_____。
11. 雷电破坏形式通常分为_____、_____、_____。
12. 控制静电的基本方法有_____、_____和_____三种。
13. 管道与电力电缆的最小平行净距为_____。
14. 采用联合接地方式，中心局机房接地电阻小于_____ Ω。
15. 光缆的机械牵引法包括_____、_____和_____。

二、判断题

1. 电杆回土夯实加固，市区回土夯打后高出地面 10～15 cm。（　　）
2. 立起的电杆未回土前也可以上杆作业。（　　）
3. 管道两侧回填土要求每回填 15 cm 厚，用木夯排夯两遍。（　　）
4. 基础位置要求距管道中心线左、右不得偏移 3 cm。（　　）
5. 管块群组成矩形或正方形，矩形高度一般不超过管群底宽的一倍。（　　）
6. 管块两腮夯实时，可先把一侧填满，然后填另一侧。（　　）
7. 直埋电缆回土夯实时可将砖头、瓦块抛入沟内以减少填土量。（　　）
8. 通信管道的试通可在整个工程完毕后，统一组织进行。（　　）
9. 根据管道人孔设置条件不同应符合设计高度尺寸，不应小于 1.8 m±2 cm 净高。（　　）
10. 150#，325# 混凝土灰、沙、石配比为 1:2:4，425# 混凝土灰、沙、石配比为 1:3:5。（　　）

三、选择题

1. 管孔的使用顺序为（　　）。
   A. 先下后上，先两侧后中央　　　　B. 先上后下，先两侧后中央
   C. 先下后上，先中央后两侧　　　　D. 先上后下，先中央后两侧

2. 管道的坡度最小不宜小于（　　）。

A. 2.5‰　　　　B. 2‰　　　　C. 3‰　　　　D. 4‰

3. 电杆编号表示方法为（　　）。

A. YD 梢径—杆长—容许弯矩　　B. YD 杆长—梢径—容许弯矩

C. YD 容许弯矩—梢径—杆长　　D. YD 杆长—容许弯矩—梢径

4. 角深与内角的关系是（　　）。

A. 角深越长，内角越小　　B. 角深越长，内角越大

C. 角深越短，内角越小　　D. 没有对应关系

5. 电杆加固时，郊区回土应高出地面（　　）。

A. 5～10 cm　　B. 10～15 cm

C. 15～20 cm　　D. 20～25 cm

6. 管道基础常温下养护（　　）。

A. 12 小时　　B. 24 小时

C. 36 小时　　D. 48 小时

四、简答题

1. 常用吊线的形式有几种？
2. 管孔的选用原则是什么？
3. 电杆在架空杆路中的位置怎样区分？

第三部分 通信工程施工

第九章 光缆施工准备

教学内容

1. 光缆线路施工概述
2. 光缆线路施工流程
3. 光缆单盘检验
4. 光缆配盘

技能要求

1. 掌握光缆配盘
2. 掌握光缆单盘检测

光缆线路工程建设流程、光缆施工流程、光缆单盘检验和光缆配盘对光缆工程进度和工程质量十分重要。图 9-1 为光缆单盘检验的示意图。

图 9-1 光缆单盘检验

9.1 光缆线路施工概述

9.1.1 光缆线路工程建设程序

光缆线路工程主要包括光缆线路设备安装和光传输设备安装工程两部分，它们属于基本建设项目。电信网的光缆按行政隶属关系可分为各电信运营商集团直属项目（如光缆一级干线工程）和各电信运营商分公司地方项目（如光缆二级干线工程）。市内通信光缆线路工程，多数属于一个基本建设项目中的一个单项或单位工程。

一般大中型光缆通信工程的建设程序如图9-2所示。光缆通信系统工程建设可以划分为规划、设计、准备、施工和竣工投产五个阶段。

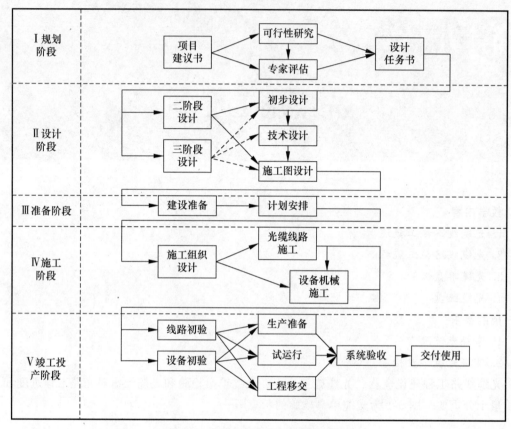

图 9-2 光缆通信系统工程建设程序

1. 规划阶段

光缆线路工程建设的第一阶段是规划阶段，主要包括项目建议书的拟定、可行性研究和专家评估，以及最终设计任务书的确定三个步骤。

第一步 项目建议书。

项目建议书的提出是工程建设程序中最初阶段的工作，是投资决策前拟定该项目的轮廓设想，建议书对项目有否决权，不能肯定项目。项目建议书的主要内容如下：

① 项目提出的背景、建设的必要性和主要依据。引进的光缆通信线路工程，还应介绍国内外主要产品的对比情况和引进的理由，以及几个国家同类产品的技术、经济分析比较。

② 建设规模、地点等初步设想。

③ 工程投资估算和资金来源。

④ 工程进度和经济、社会效益估计。

项目建议书可根据项目规模、性质，报送到相关计划主管部门审批。

第二步 可行性研究和专家评估。

项目建议书经主管部门批准后可以进行可行性研究工作，利用外资的项目可以对外开展商务洽谈。

可行性研究是对建设项目在技术、经济上是否可行的分析论证。可行性研究是工程规划阶段的重要组成部分。光缆通信工程的可行性研究的主要内容如下：

① 项目提出的背景、投资的必要性和意义。
② 可行性研究的依据和范围。
③ 提出拟建规模和发展规模、新增通信能力等的预测。
④ 实施方案的比较论证，包括通路组织方案，光缆、设备选型方案以及配套设施。
⑤ 实施条件，对于试点性工程尤其应阐述理由。
⑥ 实施进度建议。
⑦ 投资估计及资金筹措。
⑧ 经济及社会效益的评价。

对于项目的可行性研究，国家和各部委、地方都有具体要求。原邮电部对通信基建项目的规定是，凡大中型项目、利用外资项目、技术引进项目、主要设备引进项目、国际出口局新建项目、重大技术改造项目等都要进行可行性研究。

有时可以将项目建议书的提出与可行性研究合并进行，这主要根据主管部门的要求而定，但对于大中型项目来说还是分别进行为好。

专家评估，是由项目主要负责部门组织部分理论扎实、有实际经验的专家（专家由主管部门、相关银行、环保部门等组成），对可行性研究的内容进行技术、经济等方面的评价，并提出具体的意见和建议。专家评估报告是主管领导决策的主要依据之一。目前对于重点工程、技术引进项目等进行专家评估是十分有意义的。

第三步　设计任务书。

设计任务书是确定建设方案的基本文件，是编制设计文件的主要依据。设计任务书根据可行性研究推荐的最佳方案编写，然后视项目规模送相关审批部门批准后方可生效。

设计任务书的主要内容包括：

① 建设目的、依据和建设计划规模。
② 预期增加的通信能力。
③ 光缆线路的走向。
④ 经济效益预测、投资回收年限估计及引进项目的用汇额度、财政部门对资金来源的审查意见等。

2. 设计阶段

设计阶段的划分是根据项目的规模、性质等不同情况而定的。一般大中型项目采用两阶段设计，即初步设计和施工图设计。大型、特殊工程项目或在技术上比较复杂而缺乏设计经验的项目，也可实行三阶段设计，即初步设计、技术设计和施工图设计。小型项目也可采用一阶段设计即施工图设计，如设计、施工技术都比较成熟的本地网光缆线路工程等，可采用一阶段设计。

设计阶段的主要工作内容是编制设计文件并对其进行审定。

光缆线路工程都必须经过两个主要过程，即勘测设计过程和施工过程。勘测设计包括查勘、测量、设计三个步骤。

光缆线路的勘察是光缆线路工程设计阶段必不可少的重要环节,查勘工作是根据上级批复的可行性研究报告进行的。光缆线路的勘察结果是编制设计文件的主要依据之一,查勘的目的是为测量、设计、施工提供原始资料,是测量、设计和施工的基础,基础打好了,以后的工作才能顺利进行。因此,设计阶段的主要工作内容应包含光缆线路的勘察。分阶段的设计文件编制完成后,应根据项目的规模和重要性,由主管部门组织设计、施工、建设单位,物资器材供应、建设银行等单位的有关人员进行会审,并提出会审意见和建议,然后根据会审情况确定是否报批或修改。

初步设计一经批准,执行中不得任意修改变更。施工图设计是承担工程实施部门(即具有施工资质的施工企业)完成项目建设的主要依据。

3. 准备阶段

准备阶段的工作包括,在勘察工作中收集水文、地质、气象、环境等资料;路由障碍物的迁移、交越处理措施等手续;主要材料、设备的预订货以及施工队伍的招选等。

4. 施工阶段

通常包括施工组织设计和工程施工两个步骤。

(1) 施工组织设计

建设单位经过招标与施工单位签订施工合同后,施工单位应根据建设项目的进度及技术要求编制施工组织计划并做好开工前相应的准备工作。

施工组织设计主要包括下列 7 个方面:

① 工程规模及主要施工项目。

② 施工现场管理机构。

③ 施工管理,包括工程技术管理和器材、机具、仪表、车辆管理。

④ 主要技术措施。

⑤ 质量保证和安全措施。

⑥ 经济技术承包责任制。

⑦ 计划工期和施工进度。

(2) 工程施工

工程施工包括光缆线路的施工和光缆设备安装施工两大部分。为了充分保证光缆工程施工的顺利进行,开工前还必须积极做好施工组织设计工作。建设单位在与施工单位签订施工合同后,施工单位应及时编制施工组织设计和进行相应的主要准备工作。

光缆线路施工是按施工图设计规定的内容、合同要求和施工组织设计,由施工总承包单位组织与工程量相适应的一个或几个光缆线路施工单位和设备安装施工单位进行施工。工程开工时,必须向上级主管部门呈报施工开工报告,经批准后方可正式开工。

光缆线路的施工是光缆通信工程建设的主要内容,无论从投资比例、工程量、工期以及对传输质量的影响等都是十分重要的。对于一级干线工程,由于线路长,涉及面广,施工期限长,光缆线路的施工就尤为重要。因此,施工单位要精心组织、精心施工,确保工程的施工质量。

5. 竣工投产阶段

为了充分保证通信光缆线路的施工质量,工程结束后,必须经过验收才能投产使用。这个阶段的主要内容包括工程初验、生产准备、工程移交和试运行以及竣工验收三个步骤。

(1) 工程初验

光缆线路工程项目按批准的设计文件内容全部建成后，由主管部门组织建设单位、建设银行以及设计、施工等单位进行初验，并向上级主管部门提交初验报告。初验后光缆线路一般由维护单位代为维护。初步验收合格后的工程项目即可进行工程移交，开始试运行。

(2) 生产准备、工程移交及试运行

生产准备是指工程交付使用前必须进行的生产、技术和生活等方面的必要准备，准备是否充分直接影响到已建工程能否及时投产、能否发挥其设计的生产能力。生产准备包括以下几方面内容。

① 培训生产人员。一般在施工前配齐生产人员，并可直接参加施工、验收等工作，使他们熟悉工艺过程、方法，为今后独立维护打下坚实的基础。

② 按设计文件配置好工具、器材及备用维护材料。

③ 组织好管理机构、制定规章制度以及配备好办公、生活等设施。

试运行是指工程初验后到正式验收、移交之前的设备运行。一般试运行期为3个月，大型或引进的重点工程项目，试运行期可适当延长。试运行期间，由维护部门代为维护，但施工单位负有协助处理故障确保正常运行的职责，同时应将工程技术资料、借用的工器具以及工程余料等及时移交给维护部门。

试运行期间，按维护规程要求检查、证明系统已达到设计文件规定的生产能力和传输指标。试运行期满后应写出系统使用情况报告，提交给工程竣工验收会。

(3) 竣工验收

在试运行期内电路开放，按有关规定进行管理，即一级干线在试运行阶段按二级干线管理使用。当试运行结束后并具备了验收交付使用的条件后，由主管部门及时组织相关单位的工程技术人员对工程进行系统验收，即竣工验收。系统验收是对光缆线路工程进行全面检查和指标抽测，验收合格后签发验收证书，表明工程建设告一段落，正式投产交付使用。

对于中小型工程项目，可以视情况适当简化手续，如距离较短的本地网光缆通信线路，可以将工程初验与竣工验收合并进行。

9.1.2 光缆线路工程的特点

光缆线路工程，有很多与普通电缆线路工程相同的地方，不少施工方法可以运用原有的工艺方法。但由于光缆的传输介质与电缆有本质上的区别，光缆代替金属导线以及光缆本身的优点，因而光缆工程在施工方法、标准、要求和施工主要工序流程上都有自己的特点。工程设计和施工人员应充分认识这些特点，有利于多快好省地完成工程项目。

1. 光缆线路施工的特点

光缆虽然种类较多，但就传输介质而言，无论是市内局间中继线路，还是长途一二级干线光缆线路，它们都无本质上的区别，施工工艺、方法几乎没有多少不同的地方。电缆线路的施工、验收技术规范分市话线路工程施工及验收技术规范、长途通信高频对称电缆线路的施工及验收技术规范、长途通信同轴电缆线路工程施工及验收技术规范。而光缆线路工程施工分为YD/T 5138—2005本地通信线路工程验收规范、YD 5121—2005长途通信光缆线路工程验收规范。

光纤现场测量受条件影响，对光缆长度、光纤损耗的测试结果不像电缆那样准确。其重复性、测量偏差都有出入。如光缆长度，是按 OTDR 测出的光纤长度按纤长与光缆皮长的换算系数算出的。由于光纤的折射率有偏差，不同仪表在相同条件设置下测出的结果有偏差。光纤损耗，由于一方面受模式激励条件影响，尤其是多模光缆，往往由于模式不稳造成测试结果偏差很大；另一方面，目前切断法、插入法、后向法三种测量方法尽管为国际所承认，但切断法不适合工程现场采用，工程中习惯采用非破坏法的插入法和后向法。测中继段总损耗主要应用插入法。这两种方法的测量精度，也受仪表和活动连接自身质量、精度的影响。总之，测量工作是光缆线路工程中的一项关键工作，以保证工程质量和数据的准确性。

2. 光缆线路工程的施工范围

光缆线路工程是光缆通信工程的一个重要组成部分。它与传输设备安装工程的划分，是以光纤分配架（ODF、ODU）或光纤分配盘（ODP）为分界，其外侧为光缆线路部分，即由本局 ODF 或 ODP 架连接器或中继器上连接器之间，如图 9-3 所示。

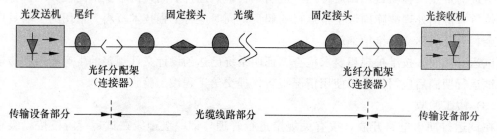

图 9-3 光缆线路工程的施工范围

光缆线路工程设备安装内容主要包括：

（1）外线部分

光缆线路外线部分的施工内容主要包括光缆的敷设、敷设后各种保护措施以及光缆的接续。

① 光缆敷设，包括敷设前的全部准备和不同程式光缆不同敷设方式的布放。

② 光缆敷设后的各种保护措施的实施。

③ 光缆接续，包括缆内光纤的连接以及光缆接续外护套的安装。

（2）无人站部分

① 无人中继器机箱的安装和光缆引入。

② 成端。光缆内全部光纤与中继器上连接器尾纤的接续、铜导线和加强芯等的连接。

（3）局内部分

局内部分的施工内容主要包括：

① 局内光缆的布放。

② 光缆全部光纤与终端机房、有人中继器机房内 ODF 或 ODP 中继器上尾纤的接续、铜导线、加强芯、保护地等终端的连接。此外，还包括室内余留光缆的妥善放置和 ODF 或 ODP 或中继器上尾纤的盘绕、落位等。

9.1.3 光缆线路工程施工主要工序流程

一般光缆线路的施工工序如图 9-4、图 9-5 所示。我们也可以把它划分为准备、敷设、接续、测试、竣工验收五个阶段。

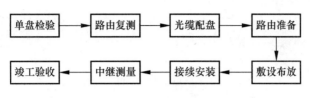

图 9-4 光缆线路施工工序流程

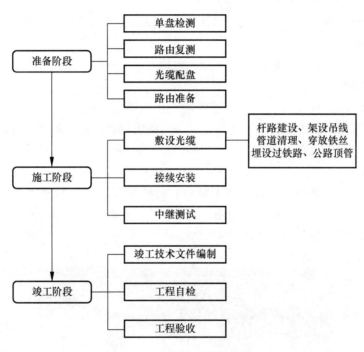

图 9-5 光缆线路施工流程

1. 准备阶段

光缆线路施工的准备阶段包括光缆的单盘检验、路由复测、光缆配盘和路由准备等几部分。单盘光（电）缆检验应在光（电）缆运达现场分屯点后进行。主要进行外观检查和光（电）特性测试。

2. 敷设方式

光缆敷设就是根据拟定的敷设方式（采用架空敷设、管道敷设、直埋敷设），将单盘光缆架挂到电杆上或布放到管道内，或放入光缆沟中。

3. 接续安装

光缆的接续安装主要包括光纤接续和接头损耗的测量、接头盒的封装以及接头保护的安装等。

4. 测试

中继段测量主要包括光纤特性（如光纤总衰减量）测试等。

5. 竣工验收

光缆的竣工验收包括提供施工图、修改路由图及测量数据等技术资料，并做好随工的检验和竣工验收工作，以提供合格的光纤线路，确保系统的调测。

总之，认真地完成以上各工序的任务，是保证光缆线路通信质量的先决条件，我们必须严肃地对待光缆施工的每一个环节。

9.2 光缆线路施工流程

光缆线路工程施工主要包括以下步骤。

施工测量→器材检验→单盘检验→光缆配盘→选择布放方法→光缆布放→光缆的防护→光缆芯线接续、测试→光缆接头的密封和安装固定。

针对架空光缆布放，先简单介绍一下布放前期必须完成的工作任务，前期的每一道工序都是后续工作的基础。

1. 施工测量

施工人员将组织相关人员详细阅读设计文件，熟悉设计图纸。根据设计，对本工程的物理路由进行复测，获得线路路由的第一手资料，这些资料是今后施工的基础。

2. 器材检验

工程开工，施工队伍进场，各种施工材料将陆续送到，必须对这些水泥制品、钢铁制品、塑料制品进行检测，合格后方能使用，这是保证工程质量的强制要求。一般施工单位和监理单位、随工共同检查。如图9-6所示。

图9-6 工程人员检查工程材料

3. 单盘测试

工程开工后，施工所需要的光缆将由制造厂家或物流公司运抵工程分屯点。工程项目部依据规范要求对运抵工地现场的光缆进行单盘检验，光缆在敷设之前，必须进行单盘检验和配盘工作。检验内容包括：审核、目测、测试（如图9-7所示），填写单盘检验表（如表9-1所示）。

图 9-7　光缆单盘测试

表 9-1　单盘检验表

序号	盘号	规格型号	盘长	备注

审核光缆出厂的质量合格证和测试记录，检查光缆的长度、规格和机械物理性能，缆中光纤的几何尺寸、光学特性和传输特性等是否符合合同要求和设计规定（规格、程式和数量）。目测光缆的外观、光缆盘的包装是否完好，光缆的外皮有无损伤，端头封装是否良好。对光缆外皮怀疑有或实际有损坏的地方应做详细记录，在光缆指标测试时应重点检查。光缆的单盘指标测试主要测量光纤的损耗和光缆的长度。

注意：对有绝缘测试要求的光缆工程必须测试光缆单盘绝缘值。按 2 MΩ/km 计算，不合格直接退回光缆厂家。

单盘检验的意义主要在于防止不符合工程设计要求的光缆敷设于线路中。因为预先不检验，待施工结束，竣工验收发现问题，重新更换光缆，势必造成返工，既延误工期，又造成人力和物力的巨大损失。光缆的单盘检验，是一项较为复杂、细致、技术性、严肃性较强的工作。它对确保工程的工期、施工质量，对于保证今后的通信质量、工程经济效益、维护使用及线路寿命有着重大影响。

4. 路由复测

光缆线路的路由复测，是光缆线路工程正式开工后的首要任务。复测是以施工图设计为依据，对沿线路由进行必不可少的测量、复核。以确定光缆敷设的具体路由位置、丈量地面的正确距离，为光缆配盘、敷设和保护地段等提供必要的数据。

（1）复测的主要任务

按设计要求核定光缆路由走向、敷设方式、环境条件以及中继站址。丈量、核定中继段间的地面距离；管道路由要测出各人（手）孔间距离。核定穿越铁路、公路、河流、水渠以及其他障碍物的技术措施及地段，并核定设计中各具体措施实施的可能性。核定"四防"

（防强电、防雷、防白蚁、防腐蚀）地段的长度、措施及实施的可能性。核定、修改施工图设计。核定关于青苗、园林等赔补地段、范围及对困难地段"绕行"的可能性。注意观察地形地貌、光缆分屯及敷设提供必要的数据资料。为光缆配盘、光缆分屯及敷设提供必要的数据资料。

（2）路由复测的基本原则

光缆线路路由复测，是以经审批的施工图设计为依据。复测是核定最后确定路由的位置。

路由变更的要求。在测量时，一般不得随意改变施工图设计文件所规定的路由走向、中继站址等。对于大于500 m以上的较大的路由变更，设计单位应到现场与监理、施工单位协商，建设单位批准后应填报"工程设计变更单"。对于局部方案变动不大、不增加光缆长度和投资费用，也不涉及其他部门的原则协议等情况下，可以适当变动。

（3）光缆与其他建筑最小间距的要求

为了保证光缆及其他设施的安全，要求光缆布放位置与地下管道等设施、树木以及建筑物等应有一定间隔，其间隔距离应符合规定。

（4）路由复测的一般方法

路由复测方法如图9-8所示。

图9-8　路由复测的一般方法

1）定线

根据工程施工图设计，在起始点、三角定标桩或拐角位置插大标旗，以标出光缆路由的走向。大标旗间隔一般为1～2 km，大标旗中间插几根标杆，测量人员通过调整各杆使之成直线。

2）测距

测距是路由复测中的关键性内容，必须掌握基本方法，才能正确地测出实际距离，以确保光缆配盘的正确和敷设工作的顺利进行。测距的一般方法如下：

采用经过皮尺校验的100 m地链，山区用50 m地链，由两个人负责丈量（沿大杆旗），后链人员持地链始端，前链人员持地链末端，大标旗中间的标杆插在地链的始、末端，沿前边大标旗方向每100 m（或50 m）为单位不断推进。一般由三根杆配合进行，当A、B两杆间测完第一个100 m后，B杆不动取代A杆位置，C杆取代B杆位置，测第二个100 m；原有A杆往前变为第三个100 m的B杆位置（C杆取代A杆）。这样不断地变换位置，即不断向前测量。

3）打标桩

光缆路由确定并测量后，应在测量路由上打标桩，以便画线、挖沟和敷设光缆。一般每100 m打一个计数桩，每1 km打一个重点桩；穿越障碍物、拐角点应打上标记桩。对于改变敷设方式、光缆程式的起讫点等重要标桩应进行三角定标。为了方便复查和核对光缆长度，标桩上应标有长度标记，标记数字的一面朝向公路一侧或前进方向的背面。路由复测时，绘图人员与打桩人员应随时核对桩号。

4）画线

路由复测确定后即开始画线。画线是用白灰粉或石灰粉顺地链（或用绳子）在前后桩间拉紧画成直线，画线工作一般与路由复测同时进行。

画线可以采用单线或双线方式，一般地形采用单线画法，对于复杂地段，可用双线画法，双线间隔一般是缆沟的宽度，即 60 cm。

对于拐角点，应画成弧线，弧形要求其半径大于光缆的允许弯曲半径。对于光缆"S"弯余留位置，"S"弯大小视光缆余留量的设计而定。

5）绘图

核定复测的路由、中继站位置与施工图设计有无变动，对于变动不大的可利用施工图做部分修改；对于变动大的应重新绘图。

6）登记

登记工作主要包括：沿路由统计各测定点累计长度、无人站位置、沿线土质、河流、渠塘、公路、铁路、树林、经济作物、通信设施和沟坎加固等范围、长度及累计数量。

5. 光缆配盘

光缆配盘是根据复测路由计算出的光缆布放总长度和对光缆全程传输质量要求来选配单盘光缆，光缆配盘合理，既可节约光缆、提高光缆敷设效率，同时，减少光缆接头数量、便于维护，达到节省光缆、提高工程质量的目的。例如长途管道线路，光缆敷设在硅管管道中时，合理的配盘可以减少浪费，否则，要么出现光缆富余量太大，要么出现光缆长度不够，使光缆一端在硅管中不能到达人孔。

9.3 光缆单盘检验

9.3.1 单盘检验的规定及复测

光缆单盘检验是光缆线路工程施工中很重要的一个环节。它主要是利用光时域反射仪OTDR对单盘光缆的长度、光纤衰减系数和光纤后向散射曲线进行测量检查，以确定光缆的主要性能指标是否达到工程设计和采购要求，并为光缆配盘提供依据。

光缆单盘检验同时也是界定光缆质量问题与工程施工责任的重要环节。光缆在生产、储存和长途运输过程中，光纤有可能受到损伤。根据《光缆数字传输系统工程施工及验收技术规范》要求，在光缆盘运至施工现场后，必须对每盘光缆的每根光纤进行测试（检测率为100%），符合技术指标后方可进行配盘和布放。而有的施工单位不重视这一环节，认为厂家已提供了相关资料，测试时只是进行抽测（检测率为50%甚至更低），或者只检测一下光纤长度，其他指标一概忽略，更有甚者，干脆不做单盘检验，这都是错误的做法。一旦在光缆布放完毕后才发现光缆性能指标不合格，就很难区分是光缆质量问题还是施工质量问题。

1. 单盘检验的一般规定

单盘检验应在光缆运达现场分屯点后进行。根据以往经验看，单盘检验适合在现场进行，检验后不宜长途运输。

单盘检验前要熟悉施工图技术文件及订货合同，了解光缆规格等技术指标、中继段光功率分配等；收集、核对各盘光缆的出厂产品合格证书、产品出厂测试记录等；光纤、量仪表（经计量或校验）及测试用连接线、电源等测量条件；必要的测量场地及设施；测试表格、文具等。

对经过检验的光缆、器材应做记录，并在缆盘上标明：盘号、外观端别、长度、程式（指埋式、管道、架空、水下等）以及使用段落（配盘后补上）。检验合格后单盘光缆应及时恢复包装，包括光缆端头的密封处理、固定光缆端头、缆盘护板重新钉好，并将缆盘置于妥善位置，注意光缆安全。对经检验发现不符合设计要求的光缆、器材应登记上报，不得随意在工程中使用。对光缆、光纤个别损耗超出指标，应进行重点测量，如确超标，但超出不多并且单盘光缆中继段单纤平均损耗达标的可以使用；对于光纤后向散射曲线有缺陷的应做记录考察，凡出现尖锋、严重台阶的应做不合格处理。对器件，属一般缺陷的，修复后可以使用。

2. 光缆长度的复测

光缆标称长度与实际长度不完全一致。为了按正确长度配盘，以确保光缆安全敷设和不浪费光缆，在单盘检验中对光缆长度的复测十分必要。

光时域反射仪（OTDR）根据厂家标明的光纤折射率进行参数设置并进行测量，对于不清楚光纤折射率的光缆可自选推算出较为接近的折射率系数。当发现复测长度较厂家标称长度长时，应仔细核对，为不浪费光缆和避免差错，应进行必要的长度丈量的实际试放。

1) 光折射率的计算

不同折射率测出的纤长相差较多，因此，测量光纤长度前，首先应了解其折射率系数。当不了解光纤折射率或对工厂提供的折射系数进行验证，用标准光纤测定 n 值。用同一厂家生产标准光纤，如已知长度为 500 m 或 1 km 的标准光纤或"假纤"（测试用），用 OTDR 仪测量其长度，改变仪表的 n 调节旋钮使其长度显示为标准光纤的长度，此时 n 调节旋钮所指的数值即被测光纤的 n 标称值。国产光缆通过标准长度的光纤测试样，比较容易得到 n 标称值。

2) 光缆长度复测

光缆长度复测是测定其缆内光纤的长度，对每盘光缆只要测准其中 1~2 根光纤。其余光纤一般只进行粗测，即看末端反射峰是否在同一点上。由于每条光纤的折射率有一些微小的偏差，所以有时同一缆中的光纤长度有一点差别。但应注意，发现偏差大时，应判断该光纤是否在末端附近有无断点，其方法是从末端进行一次测量。

3) 光缆复测注意事项

测量光纤长度时，应注意 OTDR 仪表长度设置范围，不同挡位的测量精度都不一样。测量时，若同时用几部仪表，则应选择同一挡位。由于光纤的长度并不等于光缆的长度，利用公式将光纤长度换算成光缆的长度。

9.3.2 光缆单盘检验项目中光纤损耗量

光缆单盘检验项目中光纤损耗量是十分重要的。它直接影响线路传输质量，同时由于损耗测量工作量较大、技术性较强，因此，根据现场特点，掌握基本方法，正确地测量、分析，及时完成测量任务，对确保工期、工程质量均有重要作用。

光纤的光损耗，是指光信号沿光纤波导传输过程中光功率的衰减。不同波长的衰减是不同的。单位长度上的损耗量称为损耗常数，单位为 dB/km。单盘检验，主要是测出其损耗常数。方法有切断测量法、后向测量法（OTDR）、插入法等。如图 9-9、图 9-10、图 9-11 所示。

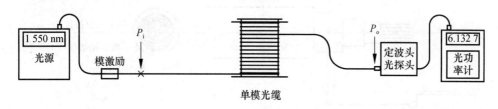

图 9-9　切断测量法

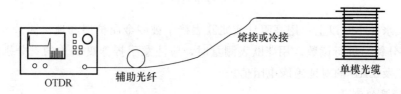

图 9-10　后向测量法

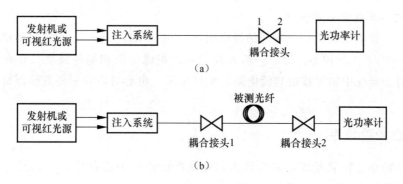

图 9-11　插入法测量

以上讲的三种测量方法，只要条件允许，应首选后向测量法。目前，光时域反射仪发展较快，具有微机处理质量高、操作方便、重复性好等优点。当采用辅助光纤时，双方向测量可以得到与切断法同样的精度，同时可以与测长、曲线观察等项目同步进行。

切断法一般不宜普遍采用，主要用于少数光缆（如 5%）的测量对比以及其他方法测出的光缆不合格时，用该法进一步确认，以便正确地做出光缆是否合格的严肃性结论。单盘光缆损耗测试后，应认真填写检验记录表。

9.3.3　光缆护层的绝缘检查

光缆护层的绝缘，是指对光缆金属护层如铝纵包层（LAP）和钢带或钢丝铠装层的对地绝缘的测量来检查光缆外护层（PE）是否完好。

1. 护层对地绝缘测量

护层对地绝缘测量包括测量铝包层 LAP、钢带（丝）金属护层的对地绝缘电阻和对地绝缘强度。如图 9-12 所示。

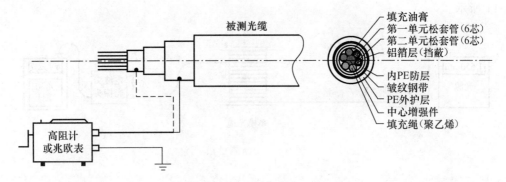

图 9-12　绝缘电阻测量示意

光缆浸入水 4 小时以上；用高阻计或兆欧表接于被测金属护层和地；测试电压为 250 V 或 500 V，1 分钟后进行读数。用兆欧表测量时，应注意手摇速度要均匀；分别测量、读出钢丝带（丝）及 LAP 的对地绝缘电阻值。

2. 绝缘强度的测量

铝包层（LAP）、钢带（丝）金属护层对地耐压的测量方法同上图，只是由介质击穿仪或耐压测试器代替高阻计或兆欧表，一般规定，加压后 2 分钟不击穿。

3. 护层对地绝缘的一般要求

护层对地绝缘的电阻指标为对地绝缘电阻≥1 000（MΩ·km）。护层对地绝缘强度指标为加电压 3 800 V，2 分钟不击穿。一般光缆的对地绝缘电阻和绝缘强度只在光缆出厂时测试。另外，对于光缆中铜导线的直流电阻、绝缘电阻、电容等以及一些其他器材要进行必要的检验。

9.3.4　单盘检验程序

根据多年的单盘检验经验，我们认为，应该严格按照施工程序，认真做好单盘检验工作，才能保证施工质量。其主要程序如下：

1. 检查资料

到达测试现场后，应首先检查光缆出厂质量合格证，并检查厂方提供的单盘测试资料是否齐全，其内容包括光缆的型号、芯数、长度、端别、结构剖面图及光纤的纤序、衰减系数、折射率等，检查其是否符合订货合同的规定要求。

2. 外观检查

主要检查光缆盘包装在运输过程中是否损坏，然后开盘检查光缆的外皮有无损伤，缆皮上打印的字迹是否清晰、耐磨，光缆端头封装是否完好。对存在的问题，应做好详细记录，在光缆指标测试时，应做重点检验。

3. 核对端别

从外端头开剥光缆约 30 cm，根据光纤束（或光纤带）的色谱判断光缆的外端端别，并与厂方提供的资料相对照，看是否有误。然后在光缆盘的侧面标明光缆的 A、B 端，以方便光缆布放。

4. 光纤检查

开剥光纤松套管约 20 cm，清洁光纤，核对光纤芯数和色谱是否有误，并确定光纤的纤序。

5. 技术指标测试

用活动连接器把被测光纤与测试尾纤相连，然后用 OTDR 测试光纤的长度、平均损耗，并与光纤的出厂测试指标相对照，看是否有误。同时应查看光纤的后向散射曲线上是否有衰减台阶和反射峰。整条光缆里只要有一根光纤出现断纤、衰减严重超标、明显的衰减台阶或反射峰（不包括光纤尾端的反射峰），应视为不合格产品。

6. 电特性检查

如果光缆内有用于远供或监测的金属线对，应测试金属线对的电特性指标，看是否符合国家规定标准。

7. 防水性能检查

测试光缆的金属护套、金属加强件等对地绝缘电阻，看是否符合出厂标准。

8. 恢复包装

测试完成后，把光端端头剪齐，用热可缩管对端头进行密封处理，然后把拉出的光缆绕在缆盘上并固定在光缆盘内，同时恢复光缆盘包装。

9.3.5 应注意的问题

1. 光纤在光缆中的富余度计算

用 OTDR 进行测试时，光纤的长度比光缆的长度要长，这就是光纤在光缆中的富余度。而这个富余度一般厂家都不提供，但它又是光缆线路维护中必不可少的一个参数。我们可以通过下列公式进行计算：富余度＝纤长÷缆长。这样，我们在光缆线路维护过程中，就可以 OTDR 测得的光纤长度和富余度来判断光缆故障点的具体位置：缆长＝纤长÷(1＋富余度)。

2. 光纤衰减系数的测试

用 OTDR 测试光纤衰减系数时存在一定的误差，不同的 OTDR 测试同一根光纤时，测试结果可能不一样，就是同一 OTDR 设置不同的参数时，测试结果也可能不尽相同。所以，只要测试结果在标准范围之内，而且与厂家提供的数据差别不大，应该视为合格产品。对于测试结果超出标准的，不要盲目下结论，应改变一下 OTDR 的参数或工作环境，或者换一部 OTDR 进行反复测试、比较，看是否真的超标。

3. "幻峰"现象

"幻峰"现象又称"鬼点"现象，是指在用 OTDR 测试光纤时，由于光脉冲在光纤中多次反射，在光纤后向散射曲线上所形成的一种反射峰。由于这种反射峰与光纤断裂时所形成的反射峰非常相似，测试人员很容易把"幻峰"当作光纤断裂所形成的反射峰而造成判断失误。所以，在光纤后向散射曲线上出现反射峰时，要做进一步分析，可以变换测试脉宽、测量长度或工作波长进行多次测量，比较鉴别。如果还无法判断，则可从另一端进行测量，或更换测试仪表，重新进行测量。

对于已确定为不合格产品的光缆盘，要登记清楚，及时上报并与生产厂家联系。

9.4 光缆配盘

9.4.1 光缆配盘的要求

光缆配盘时，应根据路由条件选配满足设计规定的不同规格的光缆，配盘总长度、总衰减及总带宽（色散）等传输指标应满足系统设计的要求。

光缆配盘时，尽量做到整盘配置。在同一个中继段内，尽量选用同一厂家的光缆。

为提高耦合效率及利于测量，靠近局（站）侧的单盘长度一般不小于 1 km，并应选择光纤的几何尺寸、数值孔径等参数偏差小及一致性较好的光缆。

光缆配盘后接头点应满足下列要求：直埋光缆接头应安排在地势平坦和地质稳固的地点，避开水塘、河流、沟渠及道路等地段。管道光缆的接头应避开交通要道口。埋式与管道交界处的接头，应安排在人孔内，由于条件限制，一定要安排在埋式处，对非铠装管道光缆伸出管道部位应采取保护措施。架空光缆接头，一般应安装在杆上或杆旁 1~2 m。

光缆配置必须满足端别要求，为了便于连接、维护，要求按光缆的端别顺序配置，除个别特殊情况外，一般端别不得倒置。长途光缆线路应以局（站）所处地理位置规定，东西向的线路，东侧为 A 端，西侧为 B 端；南北向的线路，北侧为 A 端，南侧为 B 端；中间局（站），顺应上述规定；在采用汇接中继方式的城市，市内局间光缆线路以汇接局为 A 端，分局为 B 端；两个汇接局间以局号小的局为 A 端，局号大的局为 B 端；没有汇接局的城市，以容量较大的中心局为 A 端，对方局（分局）为 B 端。分支光缆的端别应服从主干光缆的端别。

光缆配置应按规定的预留长度进行。合理地选配单盘光缆长度，尽量节约光缆。

9.4.2 光缆配盘表

1. 列出光缆路由长度总表

根据路由复测资料，列出各中继段地面长度。包括直埋、管道、架空、水底或丘陵山区爬坡等布放的总长度以及局（站）内的长度（局前人孔至机房光纤分配架或盘的地面长度）。如表 9-2 所示。

表 9-2 光缆路由长度总表

中继段名称		
设计总长度		
复测地面长度	埋式	
	管道	
	架空	
	水底	
	爬坡	
	局内	
	合计	

2. 列出光缆总表

将单盘检验合格的不同光缆列成总表，如表 9-1 所示，包括盘号、规格型号及盘长等。

3. 初步配盘

根据光缆总表中不同敷设方式路由的地面长度，加余量（1%）算出各个中继段的光缆总用量。

根据算出的各中继段光缆用量，由光缆总表选择不同规格、型号的光缆，使光缆累计长度满足中继段总长度要求。

列出初配结果，即中继段光缆分配表，如表 9-3 所示。

表 9-3　中继段光缆分配表

中继段名称	光缆类别、规格、型号	数量/km		出厂盘号	备注
		计划量	实配量		

4. 正式配盘

完成中继段内光缆的初配后，便可按照配盘的一般要求进行正式配盘，从而确定接头点的位置，排出各盘光缆的布放位置。

光缆配盘的具体步骤如下：首先确定系统配置的方向，一般工程均由 A 端局（站）向 B 端局（站）方向配置，然后按表分配给中继段光缆，计算出光缆的布放长度（即敷设长度），最后进行光缆的配盘。

光缆的布放长度 L 的计算公式如下：

$$L = L_{埋} + L_{管} + L_{架} + L_{水} \text{(km)} \tag{9-1}$$

$$L_{埋/管/架/水} = L_{埋/管/架/水(丈)} + L_{埋/管/架/水(预)} \tag{9-2}$$

其中，$L_{埋/管/架/水(丈)}$ 为路由的地面丈量长度，$L_{埋/管/架/水(预)}$ 为布放的余留长度和各种预留长度。如表 9-4 所示为陆地光缆布放预留长度表。

表 9-4　陆地光缆布放预留长度表

敷设方式	自然弯曲增加长度/$(m \cdot km^{-1})$	人孔内增加长度/$(m \cdot 孔^{-1})$	杠上伸缩弯长度/$(m \cdot 杆^{-1})$	接头预留长度/$(m \cdot 侧^{-1})$	局内预留/m	备注
直埋	7			一般为 8~10	一般为 19~25	接头的安装长 6~8 m 局内余长度 10~20 m
爬坡（埋）	10					
管道	5	0.9~1				
架空	5		0.2			

（1）管道光缆的配盘方法

由于管道人孔位置已定，且人孔间距各不相等，使管道路由的配盘计算较为复杂。要求路由的地面距离必须丈量准确，并选配单盘长度和人孔间距合适的单盘光缆。

1）采取试凑法

抽取 A 盘光缆，由路由起点开始按配盘规定和公式计算，至接近 A 盘光缆长度时，使接头点落在人孔内。最短预留一般除接头重叠预留外，有 5 m 就可以保证路由长度偏差。当 A 盘不合适即光缆配至对端终点时不在人孔处，退后一个人孔又太浪费，此时应算出 A 盘增减长度，选 B 盘或 C 盘试配，直至合适。

按类似方法配第二盘、第三盘……直至配完。

2) 配好调整盘

对于较长管道路由配盘，如大于 5 km 时，所配光缆不可能正好或接近单盘长度，很可能有一盘只用一部分，因此我们在配盘时应将该盘作为调整盘。当光缆配盘中某一盘因地面距离偏差或其他原因延长或缩短布放距离时，此"调整盘"就可相应调整布放距离。在配置调整盘时应考虑该盘布放长度一般不应小于 500 m，以便 OTDR 仪测量方便。当"调整盘"使用长度超过 1 km 时可以安排在靠局（站）的一侧，若安排在中间的地段，要看布放的需要或因地形等条件对盘长的限制。配盘时对"调整盘"必须注明，布放时要求放在最后敷设。此外，当光缆敷设从两头向中间同时敷设时，该"调整盘"应作为中间的"合拢盘"。

考虑光缆的外端端别，在配盘时应由 A 端局（站）向 B 端局（站）方向配置。在布放时则不一定，要根据地形和出厂单盘光缆外端端别决定。在配盘时，应视出厂单盘光缆外端端别的多数端别，确定敷设的大方向。对于少数外端不同端别的缆盘因布放时要先倒盘后布放，故对特殊地段应尽量考虑选择与布放方向端别合适的光缆。

(2) 埋式光缆的配算方法

在长途光缆线路中，直埋敷设方式占大多数，往往一个中继段仅埋式部分不少于 30 km，中继段长度则为 50～70 km。由于其中个别地段为水底敷设或管道敷设，使埋式光缆形成几个自然段，配盘时以一个自然段为配盘连续段。配算时应按下列方法进行。

对于一般的中继段，如一个 25 km 的埋式自然段，可配 12 盘光缆，其总长度应符合相关的要求。各盘排列顺序，可按盘号顺序排放。对于这种方式，施工队作业组在具体布放时要看接头位置是否合适，布放端别是否受环境、地形限制。如有问题可以自行选择后面的单盘，调整后在配盘资料上进行修改即可。

对于光缆计划用量紧张的中继段，必须采取"定缆、定位"配置。即按上述方法排出配盘顺序后，逐条光缆核实接头位置是否合适，若不合适应更换单盘光缆，并将每盘光缆布放长度的具体位置确定好，标好起始、终点的标号。这种方法称作"定桩配盘法"，虽然要多花一些时间，工作复杂一些，但因为科学，放缆时不会因不适应而重新选缆。同时，这种方法使施工作业组布放时心中有数，并且可以减少浪费，节省光缆。

埋式光缆在配盘时，应根据光缆敷设情况配好"调整盘"。有些工程上得快、工期紧，通常由一个方向向对端敷设的方法跟不上进度，需要有两三个布放作业组同时进行布放才行。针对这种工程必须安排好"调整盘"，施工作业组只能由两侧向"调整盘"方向布缆。

"调整盘"以一个自然段安排一盘为宜。"调整盘"选择是非整盘敷设的一个单盘，如 2 km 盘长只需敷设 9～6 km 的这一盘作为"调整盘"。"调整盘"安排的位置一般放在自然布放段的中间或两侧，且与其他敷设方式的光缆的接洽位置。

5. 编制中继段光缆配盘图

按上述方法、步骤计算配置结束后，将光缆配盘结果填入中继段光缆配盘图，同时应按配盘图，在选用的光缆盘上标明该盘光缆所在的中继段段别及配盘编号（如图 9-13 所示）。

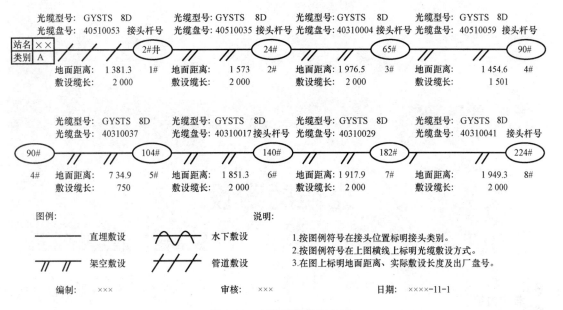

图 9-13 中继段光缆配盘图

第十章 光缆的敷设

教学内容
1. 光缆运输
2. 光缆敷设

技能要求
1. 掌握光缆管道敷设技能
2. 掌握光缆架空敷设技能

10.1 光缆的分屯运输及敷设规定

10.1.1 光缆的分屯运输

光缆经单盘检验合格后由大分屯点（集中检验现场），按布放计划及时安全地运至放缆作业组分屯点或直接运至布放现场以及由分屯点在布放时运至施工现场。

虽然光缆要比电缆轻得多，但由于整盘较长，一般光缆制造长度2～4 km，每盘光缆的重量也比较重。因此，光缆分屯运输同样非常重要，它对加速工程进展、确保安全敷设、提高工程质量是非常重要的。

1. 分屯运输的准备工作

（1）计划

① 由大分屯点运至施工作业组分屯点时，应根据中继段光缆分配表或中继段配盘图编制分屯运输计划。要求包括光缆类型、数量、盘号以及运输时间、路线、责任人和安全措施。

② 由作业分屯点运至当日布放现场的工作，由施工单位负责，运送数量一般为1～2盘，应尽量运至光缆路由和放缆点。运输计划较简单，一般结合配盘图、布放作业计划考虑。

③ 分屯运输应由专人负责，并应了解光缆安全知识、熟悉运输路线，对参加运输及相关人员进行安全教育，检查和制定安全措施，确保分屯运输中的人身、光缆、车辆、机具的

安全。

(2) 准备运输车辆和装卸机具

① 批量运输：长途工程大分屯点至少有几十盘光缆，要运至施工作业分屯点，通常一个中继段两个作业分屯点的情况较多。

② 由作业分屯点运至布放现场，最好的办法是用光缆拖车，由出工用车辆带拖。

③ 装卸车辆：从光缆安全考虑，对于水底光缆、铠装埋式光缆应采用吊车，埋式光缆一般用汽车吊车就可以了。

2. 分屯运输的方法和要求

(1) 一般方法

① 批量运输：一般载重车装 2～3 盘，光缆盘应横放，盘下应用垫木等垫上以避免滚动，并用钢丝或铁丝捆牢。

② 少量光缆（1～2 盘）运至敷设现场，用液压光缆拖车时，应锁住升降控制开关避免锁定脱开砸坏缆盘；采用卡车运输时可用垫木、钢丝等固定，也可用"千斤"支架光缆，但盘离车厢底板不超过 5 cm。

③ 吊车装卸光缆盘，应用钢丝绳穿过缆盘轴心或用钢棒穿过缆盘轴心，然后套上钢丝绳进行吊装。用汽车吊装时，地面不平或土松软应在地面与支撑腿间垫上垫木。

④ 用人工方法装卸时，吊、卸应用粗绳子拴牢，跳板两侧宽度必须宽于缆盘。在没有跳板时，可用砂堆（砂中应无硬物）来减少高差和震动，但应用绳子拉住避免卸下后滚动撞击。

⑤ 除由作业分屯点运至敷设现场距离较近可用拖车直接拉光缆（已开盘）外，对长距离运输一般都应在包装好的情况下运输，缆盘护板应钉牢，光缆端头固定必须良好，否则光缆容易松动或磨损。

(2) 分屯运输的要求

一要安全，即注意人身和设备的安全；二要正确，即运至施工现场时，光缆程式及盘号必须正确。

(3) 光缆敷设的器材

光缆敷设的器材主要有终端牵引机、辅助牵引机、导引装置、穿缆器、牵引端头、脚扣、滑车、梯子和常用工具等。

10.1.2 光缆敷设的一般规定

光缆的弯曲半径不应小于光缆外径的 15 倍，施工过程中不应小于 20 倍。采用牵引方式布放光缆时，牵引力不应超过光缆最大允许张力的 80%，而且主要牵引力应作用在光缆的加强芯上，瞬间最大牵引力不超过允许能力的 100%。有 A 端、B 端要求的光缆要按设计要求的方向布放光缆，光缆牵引端头可以预制也可以现场制作。直埋或水底铠装光缆，可做网套或牵引端头。为防止在牵引过程中扭转损伤光缆，牵引端头与牵引索之间应加入转环。布放光缆时，光缆必须由缆盘上方放出并保持松弛的弧形。光缆布放过程中应无扭转，严禁打背扣、浪涌等现象发生。光缆布放采用机械牵引时，应根据牵引长度、地形条件、牵引张力等因素选用集中牵引、中间辅助牵引或分散牵引等方式。机械牵引敷设时，牵引机速度调节范围应为 0～20 m/min，且为无级调速。牵引张力可以调节，并具有自动停机性能，当牵引力超过规定值时，应能自动告警并停止牵引。人工牵引敷设时，速度要均匀，一般控制在

10 m/min 左右为宜,且牵引长度不宜过长,若光缆过长,可以分几次牵引。为了确保光缆敷设质量和安全,施工过程中必须严密组织并有专人指挥。要备有优良的联络手段(工具),严禁在无联络工具的情况下作业。

光缆布放完毕,应检查光纤是否良好。光缆端头应做密封防潮处理,不得浸水。光缆布放过程中以及安装、回填中均应注意光缆安全,严禁损伤光缆;发现护层损伤应及时修复。光缆布放完毕,发现可疑时,应及时测量,确认光纤是否完好。光缆端头必须做严格的密封防潮处理,不得浸水。未放完的光缆不得在野外放置(无人值守情况下),埋式缆布放后应及时回土(不少于 30 cm)。

10.2 架空光缆的敷设

在我国的光缆线路敷设总量中,架空光缆线路敷设量占有比例还是比较高的,对于城域网光缆线路采用杆路也较经济,在广大农村地区基本上都是采用架空光缆敷设方式。架空光缆线路具有建设速度快、投资低、效益好等优点,对于国家一级干线及市区的多数线路一般不用架空方式,但在特殊地形或有需要做临时架空杆路作为过渡时,也有的光缆采用架空方式,有些工程过河也采用架空飞线过河方式。

架空光缆敷设

10.2.1 架空光缆线路的一般要求

1. 架空杆路的一般要求

架空光缆主要分为钢绞线支承式和自承式两种,应优先选用前者。我国基本都是采用钢绞线支承式,这种结构是通过杆路吊线托挂或捆扎(缠绕)架设。架空光缆应具备相应机械性能,如防震、防风、防雪、防低温变化负荷产生的张力并具有防潮、防水性能。架空线路的杆间距离,市区为 35~40 m,郊区为 40~50 m,郊外随不同气象负荷区而异,最短 25 m,最长 67 m,可做适当调整。我国的负荷区是依据风力、冰凌、温度三要素进行划分的。架空光缆线路应充分利用现有架空明线或架空电缆的杆路加挂光缆,其杆路强度及其他要求应符合架空线路的建筑标准。架空光缆的吊线采用规格为 7/2.2 mm 的镀锌钢绞线。吊线的安全系数应不低于 3 ($S \geqslant 3$)。对于长途一级干线需要采用架空挂设时,埋式钢丝铠装光缆,重量超过 1.5 kg/m,在重负荷区可减少杆间距或采用 7/2.6 mm 的钢绞线。架空光缆应根据使用环境,选择符合温度特性要求的光缆。-30 ℃以下的地区不宜采用架空方式。在明线线路上挂设光缆时,因明线线路已完全被淘汰,不用考虑光缆金属加强构件对明线有无影响;而明线线条仍可保留,以给光缆提供防雷、防强电保护。

2. 架空光缆安装的一般要求

(1) 架空光缆垂度

架空光缆垂度的取定,要考虑光缆架设过程中和架设后受到最大负载时产生的伸长率应小于 0.2%。工程中应根据光缆结构及架挂方式确定光缆垂度。其垂度主要取决于吊线垂度,具体可参考市话电缆 7/2.2 吊线的原始垂度标准,光缆布放时不要绷紧,一般垂度稍大于吊线垂度;对于在原有杆路上加挂,一般要求与原线路垂度尽量一致。

(2) 架空光缆伸缩余留

对于无冰期地区可以不做余留,但布放时光缆不能拉得太紧,注意自然垂度,杆上光缆伸缩的规格,如图 10-1 所示,靠杆中心部位应采用聚乙烯波纹管保护;余留宽度 2 m,一般不得少于 1.5 m;余留两侧及线绑扎部位,应注意不能扎死,以利于在气温变化时能伸缩起到保护光缆的作用。光缆经十字吊线或丁字吊线处应采用如图 10-1 所示的保护方式。

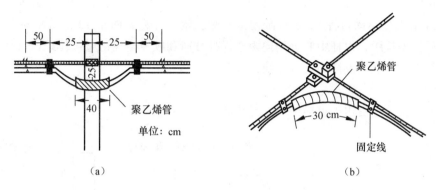

图 10-1　保护示意

(a) 预留及保护方式；(b) 光缆在十字吊线处保护示意

(3) 架空光缆的引上安装方式和要求

架空光缆的引上安装方式和要求：杆下用钢管保护防止人为损伤；上吊部位应留有伸缩弯并注意其弯曲半径,以确保光缆在气温变化剧烈时的安全,如图 10-2 引上光缆安装、保护示意图所示,固定线应注意扎死。

10.2.2　架空光缆杆路建筑

1. 直线测量

要求杆位准确,上下正直。为保证所有直线各杆位立在同一直线上,为此,在插直线标杆时,应在插好第五或第六根杆后,才能将第一根标杆拔去,依此轮番前进。

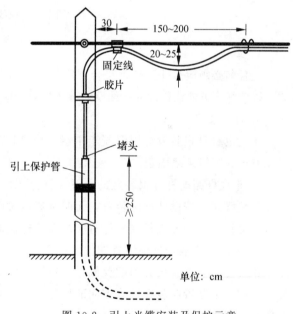

图 10-2　引上光缆安装及保护示意

2. 测量拉线位置的方法

(1) 测量角杆拉线位置

在角杆位置,顺线路两侧各量 5 m,顺线路看正,立好标杆,用皮尺量两个标杆间的距离。在中心点立一标杆,此标杆至角杆中心的距离乘以 10 即为角深。沿角深标杆和角杆中点继续往前量出拉距,使三点成一直线,此点即为拉线位置。

(2) 测量双方拉线位置

以杆位为中心,顺线路前后各量 5 m 立好标杆,用皮尺复核一次,应为 10 m 无误。再将皮尺适当放长往侧面拉紧,取中心点立一标杆。然后再将皮尺翻到另一侧,在尺的全长中

135

心点再立一标杆,两侧标杆与电杆位中心成一直线,根据拉距数所需,由杆位中心往标杆方向量出拉距看正,即拉线位置。

（3）测量三方拉线位置

从要打拉线的电杆位的中心,顺线路往前量 6 m 立标杆,再将皮尺放长到 18 m 回到杆位中心,拉紧皮尺的 12 m 点,使皮尺以 6、12、18 三点成一三角形。在 12 m 处立标杆。然后 6 m、18 m 两处不动,将 12 m 点翻到另一侧拉紧立标杆。两个 12 m 处的标杆均是拉线方向。然后根据拉距,由杆中心分别向两个标杆方向和顺线路往回量出拉距,每个方向要三点成一直线看正,这三点即为三方拉线位置。

3. 打洞

拉线洞的位置须由出土点向外移一点距离,如图 10-3 所示。

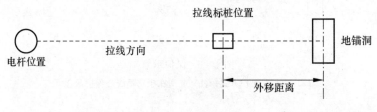

图 10-3　拉线位置

4. 立杆

立杆前必须检验杆洞是否符合规定要求,如有不符,应进行修正。立杆时要注意杆面方向,以免杆面方向错位。如在线路立有角杆时,应先立角杆两侧直线杆路再立角杆,以便修正。

5. 杆根装置

水泥电杆杆根装置应用混凝土卡盘,以"U"字形抱箍固定。木杆杆根装置应用横木,以 4.0 mm 钢线缠绕固定。

① 直线杆路电杆杆根装置的位置应符合下列规定

一般线路应按设计规定装置,无明确规定时应装在线路的一侧,但相邻杆均设杆根装置时,应交错装设。杆距长度不等时应装在长杆挡侧。

② 角杆、终端杆杆根装置的位置应符合下列规定

单装置应装在拉线方向的反侧,与拉线方向呈"T"形垂直。双装置的下装置应装在电杆拉线侧,上装置应装在拉线方向的反侧;上下装置与拉线方向呈"T"形垂直。电杆杆根装置位置偏差应为±50 mm。

③ 卡盘式杆根装置的规格应符合图 10-4 的要求。负荷大的地方和土质松软的地方采用杆根垫木。

6. 拉线

拉线设置应符合设计要求,如图 10-5 所示。拉线应采用镀锌钢绞线;拉线扎固方式以设计的材料为准实施。

靠近电力设施及闹市区的拉线,应根据设计规定加装绝缘子。绝缘子朝上的拉线上部长度应适量,但绝缘子距地面的垂直距离应在 2 m 以上。拉线绝缘子的扎固规格应符合图 10-6 的要求。

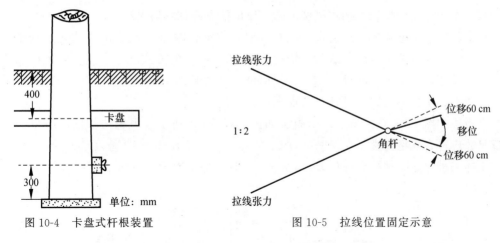

图 10-4　卡盘式杆根装置　　　　图 10-5　拉线位置固定示意

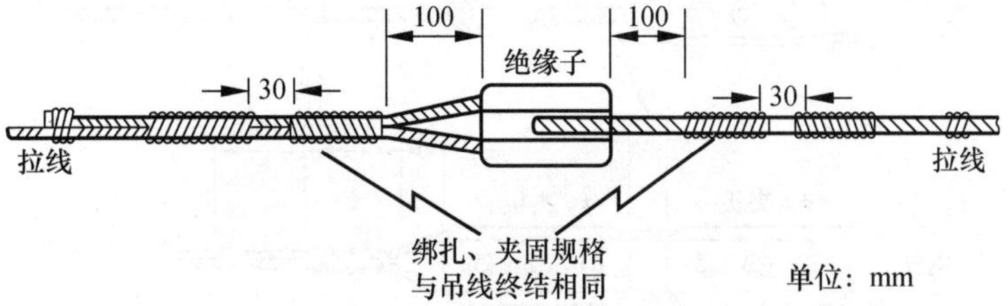

图 10-6　拉线有绝缘子绑扎

人行道上的拉线宜加塑料保护管、竹筒或木桩来进行保护。

拉线上把与水泥电杆应用抱箍法结合；拉线上把与木杆可用捆缚法结合。

角深大于 15 m 时，应装设两条拉线，每条拉线应分别装在对应的线条张力的反侧，两条拉线出土点应相互内移 60 cm，如图 10-7 所示。

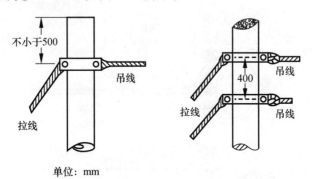

图 10-7　拉线上把在电杆上的装设位置

泄力杆应做双向辅助终结装置并安装四方拉线。跨越挡超过 80 m 以上在本挡内两杆装设顶头拉线。角杆拉线程式的选定见表 10-1。

表 10-1　角杆拉线程式的选定表

吊线架设结构	吊线程式	角深/m	拉线程式
单层单条	7/2.2	0～7	7/2.2
	7/2.2	7～15	7/2.6
双层双条	7/2.2	0～7	2×7/2.2 或 7/3.0
	7/2.2	7～15	2×7/2.6

架空电缆线路的拉线上把在电杆上的装设位置应符合下列规定：

杆上只有一条电缆吊线且装设一条拉线时，应符合图 10-7 要求的方式之一选用。杆上有两层电缆吊线且装设两层拉线时，应符合图 10-7 要求的方式之一选用。防风拉线的顺线路拉线应设在吊线下 10 cm 处，侧面拉线应设在吊线下 20 cm 处。

拉线上、中把的扎固应符合下列规定：

夹板法如图 10-8（a）所示，卡固法如图 10-8（b）所示，另缠法如图 10-8（c）所示，各部尺寸应符合规格要求。

上述三种方法，规格允许偏差±4 mm，累计偏差不大于 10 mm。

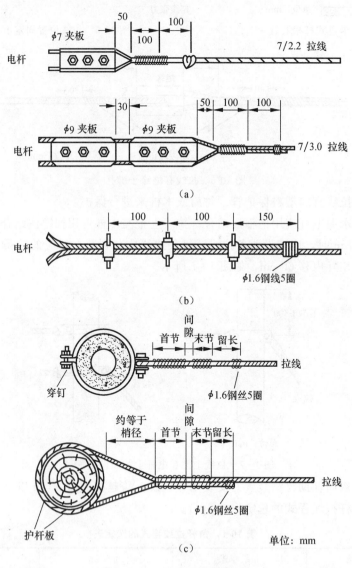

图 10-8 拉线上把绑扎
(a) 夹板法；(b) 卡固法；(c) 另缠法

拉线中把的扎固应符合图 10-9 所示，主要使用夹板法和另缠法。

① 另缠法：此法使用 3.0 mm 镀锌钢线进行另缠，要求缠扎均匀紧密，缠线不得有伤痕或锈蚀，缠线总长度的偏差不得超过 2 cm。如图 10-9 所示。

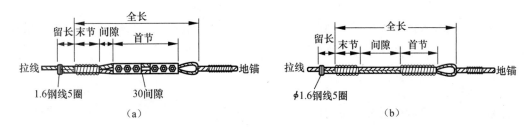

图 10-9 拉线中把绑扎示意
(a) 夹板法；(b) 另缠法

② 夹板法：采用三眼双槽夹板接续吊线。夹板程式应与吊线相适应，7/1.6 及以下的吊线用一副三眼双槽夹板，其夹板线槽的直径应为 7 mm；7/3.0 吊线应采用两副三眼双槽夹板，夹板线槽的直径为 9 mm，夹板的螺帽必须拧紧，无滑丝现象。

③ "U"形钢线卡法：此法采用 10 mm 的"U"形钢线卡（必须附弹簧垫圈）代替三眼双槽夹板，将钢绞线夹住。

7. 撑杆

撑杆装设位置：撑杆装设在最末层吊线下 10 cm；撑杆埋深不小于 60 cm，距高比宜为 0.6 以上；最小不小于 0.5。撑杆与水泥电杆的结合规格应符合如图 10-10 所示。

8. 特种拉线

吊板拉：应在落地拉无法设置时使用。不得在受力很大的角拉、终端拉线使用。

墙壁拉：拉盘距墙角应不小于 25 cm，距屋檐不小于 40 cm。

高桩拉（过道拉）：由高桩，正、副拉线组

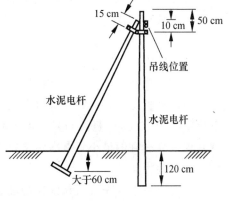

图 10-10 撑杆示意

成；正拉线距地面不得小于 5 m；高桩拉线的副拉线、拉桩的中心线、正拉线、电杆的中心线应在一个平面上。其中任意一点的偏差不得大于 5 cm。正、副拉线的程式与一般拉线相同，副拉线的做法与一般拉线相同。

9. 拉线地锚

(1) 一般要求

各种拉线地锚坑深应符合安装规定。钢柄地锚出土长度宜为 30～50 cm；地锚露在地面上的 20 cm 和埋在地面下的 30 cm 及缠扎部分、上把及中把缠扎部分均涂抹防腐油；角杆地锚出土左右偏差值不得超过 5 cm；抗风、防凌及各种顺线拉和侧面拉线出土左右偏差值不得超过 10 cm；地锚出土应培土，高度为 15～20 cm，半径为 25 cm，周边 50 cm 内无杂草。

(2) 拉线地锚的出土要求

拉线出土长度为 30～60 cm，拉线地锚的实际出土点与正确的出土点之间的偏差不大于 5 cm，拉线地锚应埋设端正，不得偏斜，地锚的拉线盘应与拉线垂直，埋设拉线地锚的出土槽应与拉线上把成直线，不得有扛、顶现象，拉线中把与地锚连接处应按拉线程式加装拉线衬环，衬环应装在拉线弯回处。

10. 布放吊线

吊线的规格程式依据工程所在地的气象数据、钢绞线的性能、吊线的安全系数、吊线在吊挂负荷后的最大允许垂度和杆距等因素确定。

(1) 主要依据因素

① 气象数据。

杆路工程的气象数据通常用负荷区来表示，负荷区是按当地 20 年气象资料，即平均 10 年出现的一次最大冰凌厚度（导线上）、风速和最低气温等气象条件为依据划分的。分为轻、中、重和超重负荷区。

② 架空杆路的安全系数。

架空吊线或正吊线的安全系数不小于 3；辅助吊线的安全系数不小于 2。拉线的安全系数不小于 3.0。水泥电杆的安全系数不小于 2.0。

③ 吊线在悬挂负荷后的最大允许垂度。

吊线在悬挂负荷后的最大允许垂度充分利用吊线应力，保证正线条距地面高度。同时考虑建筑美观。

在光（电）缆悬挂后最大垂度不应大于杆距的 2%；最大垂度出现的气象条件，要通过临界温度计算加以判断（40℃或－5℃）。

④ 杆距。

市区杆距 35～40 m；郊区杆距 45～50 m。

(2) 吊线在电杆上的安装位置

吊线夹板距电杆的距离应符合设计要求。一般情况下距杆顶不小于 50 cm，在特殊情况下应不小于 25 cm。杆路与其他设施的最小水平净距、与其他建筑物的最小垂直净距以及交越其他电气设施的最小垂直净距应符合要求（见路由复测）。同一杆路架设两层吊线时，两吊线的间距为 40 cm。

按先上后下、先难后易的原则确定吊线的方位。一条吊线必须在杆路的同一侧，不能左右跳。原则上架设第一条吊线时，吊线宜设在杆路的人行道（或有建筑物）侧。吊线夹板在电杆上的位置宜与地面等距，坡度变化不宜超过杆距的 2.5%，特殊情况不宜超过 5%。

吊线在电杆上的固定。吊线的接续：吊线接续采用"套接"（俗称环接），套接两端可选用夹板法、另缠法、卡固法。绑扎、夹固的方法尺寸与吊线终结相同。吊线终结：在终端杆和角深大于 15 m 时应做终结。终结有夹板法、卡子法、另缠法。

同层两条吊线在一根电杆上，并按设计要求做成合手终结，其缠扎、夹固方法同终结。辅助终结，相邻杆挡吊线负荷不等或在 30 条挡以上的线路终端杆前的电杆上，吊线应做终结辅助装置并安装顶头拉线。

注意：在线路的泄力电杆上，吊线应做双向终结辅助装置。吊线的辅助装置：当角杆的角深大于 5 m 时，按角深的大小用不同的方法安装辅助装置。当吊线坡度为杆距的 5%～10%时，吊线应安装仰角（或俯角）辅助吊线装置。

11. 避雷线和地线

水泥电杆有预留避雷线穿钉的，装设规格应符合图 10-11（a）所示的要求。吊线利用拉线做地线的安装如图 10-11（b）所示。吊线利用预留地线穿钉做地线的安装，如图 10-11（c）所示。水泥电杆无预留避雷线穿钉的装设规格如图 10-11（d）所示。

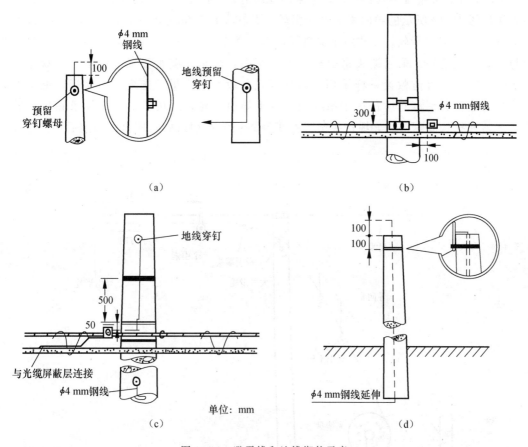

图 10-11 避雷线和地线绑扎示意

(a) 预留避雷线穿钉的水泥电杆；(b) 吊线利用拉线做接地安装图；
(c) 吊线利用预留地线穿钉做地线安装图；(d) 无预留避雷线穿钉的泥电杆避雷线安装图

捆扎规格：第一道距杆顶 10 cm，以后间隔 50 cm。避雷线地下部分不小于 70 cm，地线在地下部分的延伸长度根据接地电阻及土质情况决定。

10.2.3 架空光缆的敷设方式

1. 吊挂式架空光缆的敷设

架空光缆采用吊线托挂即吊挂式，是最广泛的架设方法。目前国内架空光缆多数采用这种方式。

光缆挂钩的要求与预放：吊挂式光缆挂钩的程式可按规定要求选用。所用挂钩程式应一致；光缆挂钩卡挂间距要求为 50 cm，允许偏差不大于 3 cm，电杆两侧的第一个挂钩距吊线的杆上的固定点边缘为 25 cm 左右。光缆卡挂应均匀，挂钩在吊线上的搭扣方向一致，挂钩托板齐全。一般在光缆架设后按上述要求调节整理好挂钩。当光缆采用挂钩预放置布放时，应先在

挂钩器安装操作

光缆架设前,预先在吊线上安装挂钩。

(1) 滑轮牵引方式

为顺利布放光缆和不损伤护层,可采用导向滑轮。在光缆盘一侧的始端牵引至终点。安装方法如图 10-12 所示的导向索和 2 个滑轮,并在电杆部位安装一个大号滑轮。每隔 20~30 m 安装 1 个导引滑轮,一边将牵引绳通过每一滑轮,一边按顺序安装,直至到达光缆盘处与牵引端头连好。采用端头牵引机或人工牵引,注意光缆所受张力大小。一盘光缆分几次牵引时,与管道敷设一样采用"∞"方式分段牵引。每盘光缆牵引完毕,由一端开始用光缆挂钩分别将光缆托挂于吊线上,替下导引滑轮,并按本节有关要求在杆上做伸缩弯、整理挂钩间隔等。光缆接头预留长度为 8~10 m(杆高),应盘成圆圈后用扎线扎在杆上。

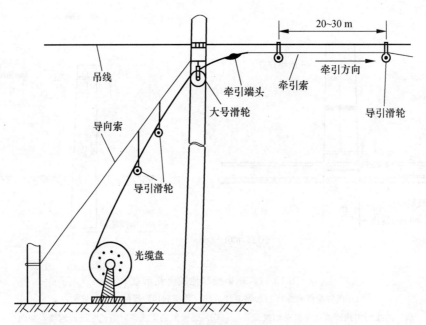

图 10-12　光缆滑轮牵引布放方法示意

(2) 滑轮牵引布放法

对于野外杆下障碍不多的情况,可采用滑轮牵引布放法,如图 10-13 所示。采用埋式光缆牵引方法把光缆牵引至终点。边安装光缆挂钩,边将光缆挂在吊线上(此时施工人员坐滑车比较方便)。在挂设光缆的同时,将杆上预留、挂钩间距一次完成。并做好接头预留长度和端头处理。

架空光缆敷设

(3) 预留挂钩牵引法

按光缆规程规定,每隔 50 cm 挂光缆挂钩,并穿好引线。准备布放光缆两端(光缆盘及牵引点)的安装滑轮。引线可用 2.5~3.0 mm 铁线或尼龙绳、钢丝绳等,引线通过挂钩至光缆盘的光缆端头,通过网套式牵引端头连接光缆。牵引光缆完毕后,再补充整理光缆挂钩,调整间距 50 cm。并在杆上做伸缩弯和放好接头预留长度。布放法与滑轮牵引法相似,如图 10-14 所示。

图 10-13 光缆滑轮牵引布放方法

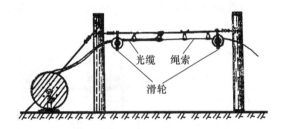
图 10-14 预留挂钩牵引法

2．光缆机械缠绕式架设方法

缠绕捆扎线采用直径为 1.2 mm 的不锈钢线，当缠绕机沿吊线向前牵引时，扎线使摩擦滚轮产生旋转。摩擦滚轮是与静止部分相接触的，因此滚动部分与前进方向相垂直地转动，光缆和吊线一起被捆扎线螺旋地绕在一起。缠绕机过杆时，由专人从杆的一侧移过电杆，安装好后继续缠绕。捆扎线的起始端及终端（头、尾）均在吊线上做终结处理（终结扣）。

（1）光缆临时架设

光缆临时架设分为活动滑轮临时架设法和固定滑轮临时架设法两种。活动滑轮临时架设法如图 10-15 所示，在光缆盘及终端牵引点安装导引索和导引滑轮，并在杆上安装导引器。每隔 4 m 左右距离安装 1 支移动滑轮构成移动滑轮组。牵引光缆，由活动滑轮完成临时架设，光缆和安装在吊线上的活动滑轮一起向前牵引。固定滑轮临时架设方法与活动滑轮法类似。

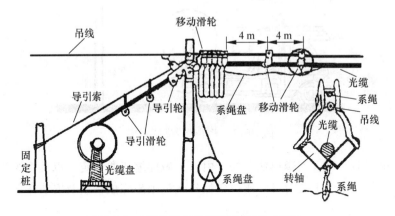
图 10-15 活动滑轮临时架设光缆（预放）

（2）缠绕扎线

用光缆缠绕机进行自动缠绕扎线，如图 10-16 所示。当缠绕机向前牵引时，随着缠绕机滚动部分与前进方向垂直转动时，即完成光缆和吊线呈螺旋形地捆扎在一起。缠绕机过杆时由专人上杆搬移，由杆的一侧转到另一侧，安装好后继续缠绕。

杆上余留：应按规定做好伸缩弯的余留，扎线一般直接拉过杆。在光缆外伸缩弯两侧采用固定卡将光缆固定。在光缆外边包一层胶片，然后用卡子固定。扎线终结：捆扎不锈钢线的始端和终端在吊线上做终结处理（终结扣）。右侧是终端终结法，左侧是新换上扎线后的始端终结。扎线终结多数不是正好落在杆上，其他位置同样在吊线上终结。接头点扎线做终结，光缆用固定卡固定。预留接头重叠用光缆，则应妥善临时吊捆在杆上，光缆端头做密封处理。

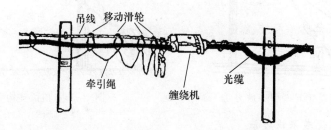

图 10-16　活动滑轮临时架设光缆（缠绕）

（3）用卡车架设缠绕光缆的方法

采用卡车进行缠绕光缆架设法，可以免去前面所述的临时架设光缆，而是将光缆布放、缠绕同时进行，一次完成，如图 10-17 所示。卡车载放着光缆慢慢向前行驶，缠绕机随之进行自动绕扎。卡车后部用液压千斤支架光缆盘。光缆穿过光缆输送软管由导引器送出，光缆缠绕机由导引器支点牵引。光缆由盘上放出随着缠绕机滚动部分旋转，由扎线捆扎在吊线上。

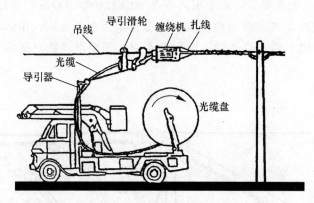

图 10-17　卡车架设缠绕光缆

光缆经过电杆时，同人工牵引法一样，由人工做伸缩弯并固定，以及将缠绕机由杆一侧移过杆子并安装好。卡车上装有升降座位供操作人员乘坐完成杆上及安装作业。

10.3　直埋光缆的敷设

长途干线光缆工程，主要采用直埋敷设方式，有些国家在部分地区采用机械化敷设。由于我国国土辽阔、地形复杂，全机械化敷设不一定适合长距离敷设。目前，对于 2 km 以下盘长的光缆大多采用与普通电缆相同的传统敷设方法，对于 4 km 盘长的光缆采用机械牵引和人工辅助牵引的方法较好。

光缆虽然轻，给敷设工作带来方便，但由于盘长远远超过普通电缆，而且布放距离通常达到 2～3 km，给挖沟工作带来困难。环境对光缆也有损害，例如蚂蚁、腐蚀性土壤、雷电等，同时，光缆容易破损，对预回土、回填以及保护提出了更高的要求。

10.3.1 挖沟

敷设直埋光缆必须首先进行挖沟，只有达到足够的深度才能防止各种外来的机械损伤。而且在达到一定深度后地温较稳定，减少了温度变化对光纤传输特性的影响，从而提高了光缆的安全性和通信传输质量。

1. 人力组织与领导协调

长途光缆工程的挖沟工作涉及的单位及人员较多，因此主要由当地政府和施工单位联合做好组织工作，施工单位指定至少一名联络员负责落实和进行质量检查，建设单位地方主管部门委派监理公司或委派工地代表作为随工代表负责隐蔽工程的检查和验收。对于参加挖沟的施工人员，应进行光缆常识和安全、质量要求的宣传培训，要让每一个施工人员了解必要的光缆安全常识和挖沟的技术标准。

2. 挖沟标准

挖沟标准及沟深要求如表10-2所示。沟底宽一般为30 cm，上宽为60 cm。

（1）路由走向

挖沟是按路由复测后的画线进行，不能任意改道和偏离；光缆沟应尽量保持直线路由，沟底要平坦，避免蛇行走向。路由弯曲时，要考虑光缆弯曲半径的允许值，避免拐小弯。

（2）沟深要求。光缆沟的质量，关键在于沟深是否达标，不同土质及环境对光缆埋深有不同的要求。施工中应按设计规定地段达到表10-2中的深度标准。有的特殊地段达到标准确实有实际困难时，经主管部门同意，可适当降低有关标准，但应采取保护措施。

表 10-2 挖沟标准埋深表

敷设地段、地质	埋深/m	备注
普通土、硬土	≥1.2	
半石质（砂土、分化土）	≥1.0	
全石质	≥0.8	从沟底加垫10 cm细土或砂土表面算起
流沙	≥0.8	
市区人行道	≥1.0	
市郊、村镇	≥1.2	
穿越铁路、公路	≥1.2	距离碴底或距路面
沟、渠、水塘	≥1.2	
农田排水沟	≥0.8	沟宽1 m以内

3. 挖沟要求

人工挖沟是简便、灵活，不受地形条件影响的有效方法。挖沟的方法和步骤如下：分段施工，加强管理。为确保挖沟质量和进度，一般应由当地政府部门出面协调，并由施工单位派人员检查、指导。及时验沟、确保质量。光缆敷设前，必须由验收小组按挖沟质量标准逐段检查。验沟小组一般由三方组成，即施工单位、监理公司（或建设单位随工代表）、挖沟工程承包段负责单位各派一名代表。挖沟有机械挖沟和爆破挖沟两种方式，机械挖沟：有些国家采用挖沟和敷设联合装置进行光缆敷设。爆破挖沟：对于石质地段，坚石必须通过爆破方法将岩石爆破，然后清除、整理出符合规定要求的光缆沟。

4. 穿越障碍物路由的准备工作

长途光缆的敷设过程中，在埋式路由上会遇到铁路、公路、河流、沟渠等障碍物，一般视具体情况采取有效的方法在光缆敷设前做好准备。

(1) 预埋管

光缆路由穿越公路、机耕路、街道一般采取破路预埋管方式。用钢钎等工具开挖路面，挖出符合深度要求的光缆沟，然后埋设钢管或硬塑料管等为光缆穿越做好准备。开挖路面必须注意安全，并尽量不阻断交通。光缆穿越公路和街道，为保证光缆今后的安全，一般采用无缝钢管；对承受压力不是太大的一般公路、街道等地段，可埋设塑料管。

(2) 顶管

光缆路由穿越铁路、重要的公路、交通繁忙要道口以及造价高昂、不宜搬迁拆除的地面障碍物，不能采用破土挖沟方式时，可选用顶管方式，由一端将钢管顶过去，一般用液压顶管机完成较好。其操作步骤如下：挖好工作坑，即在顶管两侧各挖一个工作坑，其深度同光缆埋深要求，坑大小以能放下顶管机、钢管即可；安装顶管机，顶管机及其他装置要安装平稳。为了顶管能顺利进行，应在路由中心打一标桩以便顶管时校正钢管使之不偏离路由方向；按选用顶管机的操作规程进行顶管，当需要用几根钢管接长时，接口应用管箍接好；恢复路面，对开挖地段应及时回填并分层夯实，水泥路面应用水泥恢复并经公路或有关部门检查合格。

(3) 定向钻（微控顶管）

光缆路由穿越高等级公路、铁路、大型河流也可采取定向钻（微控顶管）方式。用微机控制方向先期定向导向孔，然后根据管程需要回拖敷管为光缆穿越做好准备。

(4) 铺设过河管道

直埋光缆路由会经常遇到河流。对于较大、较长的河流，常规办法是采用钢丝铠装水底光缆过河。而对于较小、较短的河流或沟渠，全采用水底光缆困难太大，这时一般采用过河光缆管道化的办法，即在光缆敷设前在河（沟）底预埋聚乙烯塑料管，采用陆地埋式光缆从管道中穿放的过河办法。

架设过桥通道，光缆埋设路由上遇到的河流上有桥梁时，应尽量加以利用。因为水底光缆受施工技术限制，一般不可能埋得很深。

10.3.2 直埋光缆的敷设方法

光缆与电缆相比的一个显著特点是重量轻，但比电缆的盘长要长得多。一般长途光缆的单盘长度为 2 km 以上。对于距离较长的中继段，为减少接头数通常采用的光缆盘长达到 4 km。这样，一方面减少了接头数目，提高了传输质量；另一方面也给敷设工作带来了困难。直埋光缆的敷设方法较多，一般按地形条件和施工单位的装备等进行考虑。这里介绍几种近几年国内所采用过的有效方法及其简要步骤和施工要领。

1. 机械牵引方式

机械牵引方式是采取光缆端头牵引及辅助牵引机联合牵引的方式，一般是在光缆沟旁牵引，然后由人工将光缆放入光缆沟中。其牵引方法基本上与管道光缆辅助方式相同，如图 10-18 所示。

2. 人工牵引方式

人工牵引方式，是由人力代替机械，预先在光缆沟上间隔一定的距离安装一组三角状导引器，拐弯、陡坡地点安装一架导向轮，光缆由带轴承的牵引端头，通过牵引索，由一组或

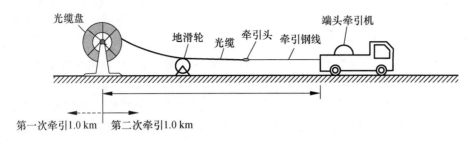

图 10-18　光缆机械牵引法

两组人员进行索引。

3. 人工抬放方式

人工抬放方式，是采取以往电缆的抬放办法，由几十名施工人员采取一条龙抬放方法运到光缆沟边，边抬边走，直至到达终点。这种方法简便，但需要人员较多且需严密组织、步调一致。为减少人员，一般同样由中间向两边布放。

4. 抬"∞"布缆方式

这是一种将光缆预先叠成若干个"∞"，然后由几组人员扛于肩上边走边放的方式。对于中间没有穿管等障碍的地区非常适用，这种方式所用的人力较抬放方式节省，而且避免了地上摩擦，对保护光缆外护层比较有利。但由于光缆盘长较长，中间一般要经过较多的障碍（如穿管），对于我国大部分地区来说不是很适合。

10.3.3　埋式光缆的机械保护

1. 穿越铁路、公路、街道

光缆穿越铁路、公路、街道等不能挖开的地段，在放缆前已经采取顶管或预埋管方式准备了钢管或塑料管保护措施，光缆穿放时应防止钢管管口擦伤光缆，最好钢管内先穿好塑料子管，穿越后管口应用油麻或其他材料堵塞。

对于简易公路或乡村大道的穿越保护，一般采取在光缆上方 20 cm 处加盖水泥盖板或红砖保护。对于每个盖砖保护部位按设计要求采用横盖、竖盖等方式。

2. 穿越河流

前面已经介绍在河流较多的水乡，为降低工程造价，用普通埋式光缆通过过河塑料管道的防机械损伤措施来代替过河水底光缆。光缆敷设至预放好的过河管道处采取布放市区管道光缆的方式穿越光缆，穿越后两侧塑料管口用油麻、沥青等堵塞，岸滩位置按设计规定做"S"形余留后进入埋式地段。

3. 穿越沟、渠、塘、湖泊

光缆穿越沟、渠、塘、湖泊等障碍时，一般均应采取保护措施，主要根据这些沟、渠水流冲刷、塘内捕捞、尤其是藕塘挖掘等情况，对光缆可能产生损伤等，采取不同的保护方式。

对于光缆必须穿水塘、洼地时为防止人为因素损伤光缆，在光缆穿越后采用水泥盖板铺在光缆上方予以保护。

光缆穿越小沟、排水沟，由于沟底砖石或其他原因深度不能满足要求以及有疏浚和拓宽规划的人工渠道、小河时，亦要采取加盖部分水泥盖板的办法保护光缆。对于山洪冲击地段，采取构筑漫水坡或挡水墙的办法，用以阻挡山洪、溪水的冲击、冲刷和防止光缆沟泥土流失致使光缆露出、悬空直至受到损伤。光缆穿越梯田、沟坎及沟渠陡坡时，应因地制宜采取筑砌护坎（坡），防止水土流失。

穿越斜坡的保护措施视坡度、坡长等情况选择。坡度大于 20°、坡长大于 30 m 时，采取"S"弯敷设或埋设木桩、横木锚固光缆。坡度大于 30°、坡长大于 30 m 时，一般选用细钢丝爬坡光缆并做"S"弯敷设。对于特殊地段还应做封沟保护措施。斜坡有可能受水冲刷时，应采取每隔 20 m 做堵塞或采取分流措施。如坡度较大又雨量较高地段，可适当增加堵塞量。光缆穿越桥梁方法，一般用钢管和钢丝吊挂方式。在前面路由准备中已讲述过，光缆穿越钢管后在管口应用油麻等堵塞。对于穿越长江大桥、黄河大桥等有电信专用槽道的大型桥梁，应在两侧各做 1~2 个"S"弯余留。涵洞主要是在铁路或公路下边做排水用的。一般应避免穿越。但在旁边不能顶管、开挖等不得已情况下，可经工程主管部门、铁路或公路部门同意，穿越涵洞、隧道并采取措施确保涵洞或隧道的使用和安全。光缆穿越涵洞、隧道时，应采用钢管或半硬塑料管保护，并在出口处做封固和涵洞、隧道损坏部分的修复。

10.3.4 直埋光缆"三防"

1. 防雷

光缆利用光纤做通信介质可以免受冲击电流，如雷电冲击的损害，对于非金属光缆是可以做到这一点，但埋式光缆中加强件、防潮层和铠装层以及有远信或业务通信用铜导线。这些金属件仍可能遭受雷电冲击，从而损坏光缆，严重时会使通信中断。光缆线路的防雷措施包括两个方面：在光缆线路上采取外加防雷措施，如敷设地下防雷线（排流线）和消弧线；在光缆结构选型时，应考虑防雷措施，即应尽可能采用无金属加强构件的光缆，或采用加厚 PE 层的光缆。

（1）直埋光缆防雷的主要措施

一般直埋光缆将根据当地雷暴日、土壤电阻率及光缆内是否有铜导线等因素考虑，采取具体的防雷措施。防雷主要措施有局内接地方式、系统接地方式；在 2 km 处断开铠装层（接头部位），做电气断开或做一次保护接地，即接头位置引出一组接地线；光缆上方敷设屏蔽线，在光缆上方 30 cm 的地方敷设单条或双条屏蔽线（又称排流线）；采用含金属部件介质强度能承受一定等级雷电流的光缆；特殊地段采用无金属光缆。

（2）接地装置的安装要求

光缆线路中无人中继站和采取系统接地的接头点需要安装防雷接地装置。

接地装置的要求：接地电阻应符合表 10-3 的规定。对于无人中继站，其接地装置的要求要高一些，一般接地电阻要求达 2 Ω，困难的地点不大于 5 Ω。接地装置离开光缆的距离一般不小于 15 m；与光缆线路垂直安装。接地装置引至接头、设备的引线，应采用 16 mm^2 的铜芯绝缘线，连接部位应焊接牢固。

表 10-3 接地装置的接地电阻要求表

土壤电阻率/(Ω·m^{-1})	≤100	>100	≥500
接地电阻/Ω	5	10	20

2. 防鼠措施

鼠类寻找食物或磨牙利齿会损伤光缆导致通信中断。同时由于在地下不易发现，寻找故障困难。因此，防鼠措施对确保通信畅通、防止光缆损害非常重要。

① 在鼠害严重地区，可采用光缆外表面含有防鼠忌避剂护套或选择有金属护层的防鼠光缆。

② 路由选择尽量避开鼠类活动猖獗地段。

③ 光缆沟应确保埋深质量，1.2 m 以下鼠类活动较少。

④ 光缆回填时注意光缆上方 30 cm 预回土应用细土，不得有石块等。

3. 防白蚁措施

白蚁蛀食光缆会损坏护层，因此光缆经过白蚁地区必须采取以下防范措施：

① 路由选择应尽量避开白蚁严重地段。

② 用于白蚁地段的光缆，可在外护层外边再被覆一层强度较好的尼龙 12 护层。

③ 在光缆外层被覆含有防蚁剂的聚氯乙烯护层，也可收到良好的效果。

10.3.5 光缆沟的预回土和回填

1. 预回土要求

光缆敷设后应立即进行预回土，以避免光缆裸露，发生损伤。首先应预回细土 30 cm，不能将砖头、石块或砾石等填入，对于细土采集困难地段，也不能少于 10 cm。

注意：预回土前对个别深度不够地段应及时组织加深，确保深度；光缆敷设中，发现有可能损伤光缆的迹象应做测量或通光检查。

2. 回填

应由专人负责集中回填。在完成上述沟底处理后，应尽快回填，以保护光缆安全。回填土时应避免将砖头、石块等填入沟中，并应分层踏平或夯实。回填土应稍高出地面以备填土下沉后与地面持平。

10.3.6 光缆路由标石的设置

光缆路由标石的作用，是标定光缆线路的走向、线路设施的具体位置，以供维护部门的日常维护和线障查修等。

1. 必须设置标石的部位

光缆接头；光缆拐弯处；同沟敷设光缆的起止点；敷设防雷排流线的起止点；按规划预留光缆的地点；与其他重要管线的交越点；穿越障碍物等寻找光缆有困难的地点；直线路由段超过 200 m、郊区及野外超过 250 m 寻找光缆困难的地点。

若无位置埋设标志时，可用固定标志代替标石。对于需要监测光缆金属内护层对地绝缘的接头点，应设置监测标石，其余均为普通标石。

2. 标石的埋设要求

标石应埋设在光缆的正上方。接头点的标石，埋设在光缆线路路由上，标石有字的面应对准光缆接头。转弯处的标石应埋设在路由转弯的交点上，标石有字的面朝向光缆转弯角较小的方向；当光缆沿公路敷设间距不大于 100 m 时，标石有字的面可朝向公路。

标石应埋设在不易变迁、不影响交通的位置，并尽量不影响农田耕作的田埂旁。

标石埋深为 60 cm，长标石为 100～110 cm，地面上方为 40 cm，标石四周土壤应夯实，使标石立稳不倾斜。标石可用坚石或钢筋混凝土制作，规格有两种：一般地区用短标石，规格为 100 cm×14 cm×14 cm；土质松软及斜坡地区用长标石，规格为 150 cm×14 cm×14 cm。监测标石上方有金属可卸端帽，内装有引接监测线、地线的接线板，检测标石埋深 120 cm，检测标志面面向接头盒，如图 10-19、图 10-20 所示。

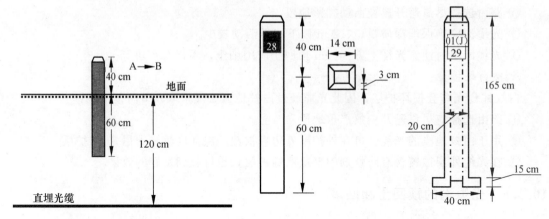

图 10-19　标石埋深　　　　　　　　　图 10-20　标石尺寸

标石编号采用白底红（或黑）色油漆正楷字，字体要端正，表面整洁清晰。编号以一个中继段为独立编制单位，由 A—B 方向编排。

标石的编号方式和符号应规范化，可按图 10-21 所示规格编写。

图 10-21 中，分子表示标石的不同类别或同类别标石的序号；分母表示这一中继段内标石从 A 端至该标石的数量编号。分子和分母＋1，表示标石已埋设、编号后根据需要新增加的标石。

$\dfrac{07}{23}$	$\dfrac{08(J)}{24}$	$\dfrac{<}{25}$	$\dfrac{\Omega}{26}$
(1) 普通接头标石	(2) 监测标石	(3) 转角标石	(4) 规划预留标石
$\dfrac{-}{23}$	$\dfrac{\times}{23}$	$\dfrac{07+1}{23+1}$	$\dfrac{-}{27+1}$
(5) 直线标石	(6) 障碍标石	(7) 新增接头标石	(8) 新增直线标石

图 10-21　标石符号规范

10.4　管道光缆的敷设

由于管道路由复杂，光缆所受张力、侧压力不规则，为了安全敷设、节省光缆消耗和工程费用，本节对管道敷设的张力计算、布放方法以及敷设机具做了必要的叙述。

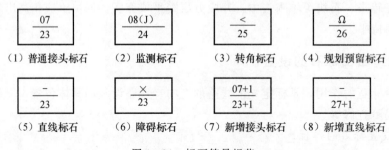

光缆管道敷设

10.4.1　清洗管道

1. 管孔资料核实

按设计规定的管道路由和占用管孔，检查是否空闲以及进、出口的状态。按光缆配盘图核对接头位置所处地貌和接头安装位置,并观察(检查)是否合理和可能。

2. 管孔清洗方法

管孔清洗方法分为人工管孔清洗法和机器洗管法。在国外,对于塑料管道大多采用自动减压式洗管技术。由于塑料管道密封性较高,利用气洗方式洗管比较方便。对于水泥管道,由于密封性和摩擦力不宜采用气压洗管方式。

3. 清洗步骤

久闭未开的人孔内可能存在可燃性气体和有毒气体。入孔作业人员在人孔顶盖打开后应先用换气扇通入新鲜空气对人孔换气,若人孔内有积水时应用抽水机排除。

用穿管器或竹片慢慢穿至下一个孔后,如图 10-22 所示,始端与清洗刷等连接好,注意清洗工具末端接好牵引铁线,然后在第一管孔抽出穿管器或竹片。用同样方法继续洗通其他管道。

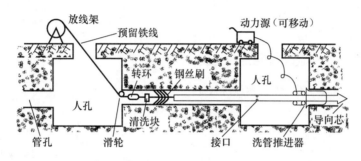

图 10-22　机械清洗管道

淤泥太多时,可用水灌入管孔内进行冲刷使管孔畅通,也可利用高压水枪反复冲洗直至疏通为止。对于陈旧管道,道路两旁树根长入管孔缝造成故障,或管道接口错位无法通过时应算准具体位置由建设单位组织修复或更换其他管孔。

10.4.2　预放塑料子管

随着通信业的快速发展,城市电信管道日趋紧张。根据光缆直径小的优点,为充分发挥管道的作用,提高经济、社会效益,人们广泛采用对管孔分割使用的方法,即在一个管孔内采用不同的分隔形式可布放 3～4 根光缆。我国目前普遍采取在一具管孔中预放 3～6 根塑料子管的分隔方法。塑料子管的布放方法应符合下列要求:

在同一管孔内布放两根以上的子管时,将子管每隔 2～5 m 捆绑一次,同时布放,尽量采用不同色谱的子管。若采用无色子管,应在两端头做好标志;布放长度小于 300 m 时可直通;子管伸出 20～30 cm 密封保护;布放子管的环境温度为 −5 ℃～30 ℃;在管孔中子管不应有接头;工程需用的子管应做临时堵塞,不用的子管做固定堵塞;穿放塑料子管的管孔,应安装塑料管法兰盘以固定子管。

10.4.3　光缆牵引端头的制作方法

在牵引过程中要求光纤芯线不应受力,其张力的 75% 一般由中心加强件(芯)承担,外护层受力不足 25%(钢丝铠装光缆除外)。对于光缆敷设,尤其是管道布放,光缆牵引端头制作是非常重要的工序。光缆牵引端头制作方法是否得当,直接影响光纤的传输特性。在有些地方,由于未掌握光缆牵引的特点和制作合格牵引端头的方法,而发生外护套被拉长或脱落以及光纤断裂的严重后果。因此，牵引端头的要求和制作工艺，对于光缆施工人员来说是一项基本功。目前，少数工厂在光缆出厂时，已制作好牵引端头，故在单盘检验时应尽量保留这一牵引端头。

1. 牵引端头的要求

光缆牵引端头一般应符合下列要求：牵引张力应主要加在光缆的加强件（芯）上（75%～80%）；其余加到外护层上（20%～25%）；缆内光纤不应承受张力；牵引端头应具有一般的防水性能，避免光缆端头浸水；牵引端头可以是一次性的，也可以在现场制作；牵引端头体积（特别是直径）要小，尤其塑料子管内敷设光缆时必须考虑这一点。

2. 牵引端头的种类和制作方法

光缆牵引端头的种类较多，如图10-23所示，列出有代表性的四种不同结构的牵引端头。

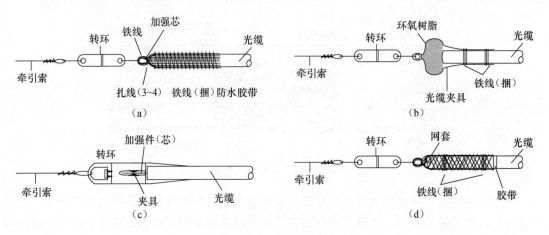

图 10-23 光缆牵引端头

(a) 简易式牵引端头；(b) 夹具式牵引端头；(c) 预制型牵引端头；(d) 网套式牵引端头

10.4.4 管道敷设的主要机具

管道光缆敷设，采用机械牵引方法比较合宜，可以保证敷设质量、节省人力和提高施工效率。机械牵引较人工敷设要求高，它需要有性能较好的终端牵引机、辅助牵引机以及导引装置。

1. 终端牵引机

终端牵引机安装在允许牵引长度的路由终点，通过牵引钢丝绳把始端的光缆按规定速度牵引至预定位置，其结构如图10-24所示。

2. 辅助牵引机

这种光缆牵引设备，不论是在光缆的管道敷设、直埋敷设或架空敷设中，一般都置于中间部位，起辅助牵引作用，如图10-25所示。光缆夹持在辅助牵引机的两组同步传输带中间，光缆由传动带夹持，利用摩擦力对光缆起牵引作用。将辅助牵引力置150 kg位置，则光缆终端牵引机此时获得了150 kg的"支援"，从而使总牵引长度获得了较大改善。

3. 导引装置

管道光缆通过人孔的入口、出口敷设。光缆路由上出现拐弯、曲线以及管道人孔的高低差等情况下使用导引装置。为了让光缆安全、顺利地通过这些部位，必须在有关位置安装相应的导引装置以减少光缆的摩擦力、降低牵引张力。

第十章　光缆的敷设

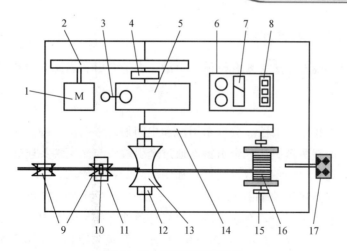

图 10-24　光缆终端牵引机

1—马达；2—主传动带；3—人工换挡开头；4—离合器；5—变速器；6—仪表盘；7—张力指示器；
8—计米器；9—钢丝导轮；10—张力调节器；11—张力传感器；12—绞盘分离器；13—绞盘；
14—收线传动带；15—轴承；16—收线盘、牵引钢丝绳；17—收线盘分离踏板

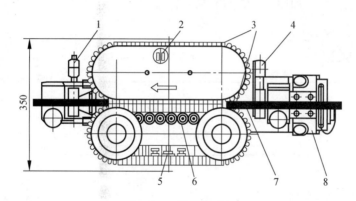

图 10-25　辅助牵引机

1，4—光缆固定；2—夹持；3—同步传动带；5—减速器；6—导论；7—光缆；8—液压马达

按上述不同用途，光缆导引装置可设计成不同结构的导引器和导引滑轮。导引器是专门为光缆的管道敷设而设计的。导引器有多种形式，但多数是带轴承的组合滑轮，如图 10-26 所示。

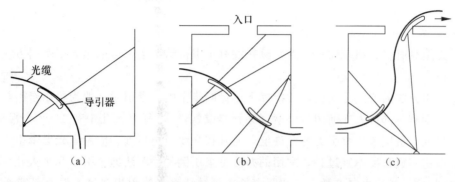

图 10-26　导引装置工作

(a) 拐弯导引；(b) 高差导引；(c) 出口导引

10.4.5 管道光缆的敷设方法

在管道内敷设光缆的方法主要有机械牵引法、人工牵引和人工与机械结合三种方式。

管道敷设

1. 机械牵引法

机械牵引法分为集中牵引法、分散牵引法和中间辅助牵引法三种方式。

集中牵引法，即端头牵引法，牵引钢丝通过牵引端头与光缆端头连好；用终端牵引机按设计张力将整条光缆牵引至预定敷设地点。如图 10-27（a）所示。

分散牵引法，即不用终端牵引机而是用 2～3 部辅助牵引机完成光缆敷设。这种方法主要是由光缆外护套承受牵引力，在光缆侧压力允许条件下施加牵引力，因此用多台辅助牵引机使分散的牵引力协同完成。如图 10-27（b）所示是管道光缆分散牵引法的典型例子。

中间辅助牵引法，是一种较好的敷设方法，它既采用终端牵引机又使用辅助牵引机。一般以终端牵引机通过光缆牵引端头牵引光缆，辅助牵引机在中间给予辅助使一次牵引长度得到增加。该法具有集中牵引和分散牵引的优点，克服了各自的缺点。因此，在有条件时选用中间辅助牵引方法为好。如图 10-27（c）所示。

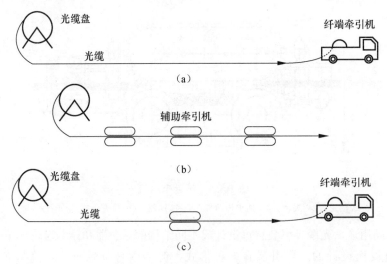

图 10-27 机械牵引三种方式
(a) 集中牵引法；(b) 分散牵引法；(c) 中间辅助牵引法

2. 人工牵引法

由于光缆具有轻、细、软等特点，故在没有牵引机情况下，可采用人工牵引方法来完成光缆的敷设。

人工牵引方法的要点是在良好的指挥下尽量同步牵引。牵引时一般为集中牵引与分散牵引相结合，即有一部分人在前边牵引索（穿管器或铁丝），每个人孔中有 1～2 人帮忙助拉。前面集中拉的人员应考虑牵引力的允许值，尤其在光缆引出口处，应考虑光缆牵引力和侧压力。人工牵引布放长度不宜过长，常用的办法是采用倒"∞"法即牵引出几个人孔后，将光缆引出盘"∞"，然后再向前敷设，如距离长还可继续将光缆引出盘"∞"直至整盘光缆布放完毕。人工牵引导引装置，不像机械牵引要求那么严格，但拐弯和引出口处还是应安装导引管为宜。如图 10-28 所示。

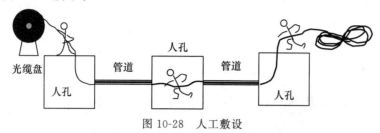

图 10-28 人工敷设

10.4.6 管道光缆的敷设步骤

管道光缆敷设以机械牵引中的中间辅助方式敷设步骤为例。

1. 估算牵引张力，制订敷设计划

为避免盲目施工，必须根据路由调查结果和施工单位敷设机具条件制订切实可行的敷设计划。

2. 人力组合和指挥系统

为了敷设的安全和提高生产效率，应合理安排、统一指挥，有条不紊地工作。

3. 拉入钢丝绳

管道或子管一般已有牵引索，若没有牵引索应及时预放好，牵引索一般用铁丝或尼龙绳。机械牵引敷设时，首先在缆盘处将牵引钢丝绳与管孔内预放牵引索连好，另一端由端头牵引机牵引管孔内预放的牵引索，将钢丝绳引至牵引机位置，并做好牵引准备。

4. 光缆牵引

光缆端头按规定方法制作合格并接至钢丝绳；按牵引张力、速度要求开启终端牵引机；值守人员应注意按计算的牵引力操作；光缆引至辅助牵引机位置后，将光缆按规定安装后，并使辅助机以与终端牵引机同样的速度运转；光缆牵引至牵引人孔时，应留足供接续及测试用的长度；若需将更多的光缆引出人孔，必须注意引出人孔处内导轮及人孔口壁摩擦点的侧压力，要避免光缆受压变形。

5. 管孔的选用原则

合理选用管孔有利于穿放光缆，则是按先下后上，先两边后中央的顺序安排使用光缆，光缆一般应敷设在靠下和靠侧壁的管孔，管孔必须对应使用。

10.4.7 人孔内光缆的安装

1. 直通人孔内光缆的固定和保护

光缆牵引完毕后，由人工将每个人孔中的余缆沿人孔壁放至规定的托架上，一般尽量置于上层。为了光缆今后的安全，一般采用蛇皮软管保护，并用扎线绑扎使之固定。其固定和保护方法如图 10-29 所示。

2. 接续用余留光缆在人孔中的固定

人孔内，供接续用光缆做余留长度一般不少于 7 m，由于接续工作往往要过几天或更长的时间才开始，因此余留光缆应妥善地盘留于人孔内。具体要求如下：

① 为防止光缆端头进水，光缆端头应做好密封处理，最好采用热缩密封方式。

② 余留光缆应按弯曲的要求盘留固定，盘圈后挂在人孔壁上或系在人孔内盖上，注意

端头不要浸泡于水中。

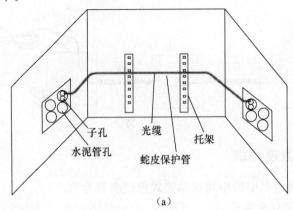

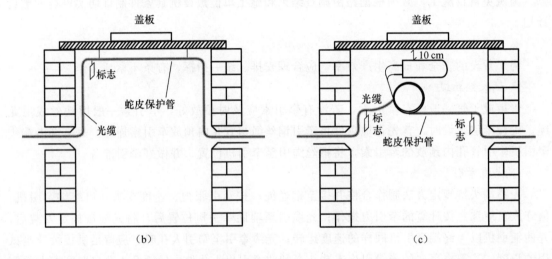

图 10-29 光缆固定与绑扎

3. 管道光缆的保护措施

人孔内的光缆可采用蛇形软管或者软塑料管保护。管口应采取堵口措施，以防止污垢杂物流入管道，也可防止老鼠在管孔跑窜啃咬损伤光缆。人孔内的光缆应有明显识别标志，以示区别。严寒地区应采取防冻措施，防止光缆损伤。管道路面不得堆放易燃、易爆、腐蚀性物品。靠近人（手）孔壁四周的回填土，不应有直径大于 10 cm 的砾石、碎砖等坚硬物，回填土严禁高出人（手）孔口圈。铁盖与口圈应吻合，盖合后应平稳、不翘动，应高于口圈 1~3 mm，铁盖的外缘与口圈的内缘间隙应不大于 3 mm。手孔的水泥盖板必须完好无损。

10.5 水底光缆的敷设

10.5.1 水底光缆敷设、安装的一般要求

1. 水底光缆的选用

水底光缆的选用是由通信工程设计部门根据水底光缆选用原则综合选择。施工人员尤其是施工技术人员必须对其选用要求、规格、程式应非常清楚。

2. 水底光缆过河地段的选择

水底光缆穿越江、河、湖泊等水域位置，应尽量选择满足河面较窄，路由顺直；河床起伏变化平缓、水流较慢，河床土质稳定；两岸坡度较小；河面及两岸便于施工，便于设置敷设导标和维护水线房；已有过河电缆的地段，以便于光缆的敷设、维护。但应弄清原有水底光（电）缆的走向及具体位置以确保所敷设光缆同原线路的间距。

水底光缆应尽量避开河道弯曲不顺直或拐弯处，例如几条河流汇合处以及产生旋涡的水域，水道经常变动的水域、石质河底；沙洲附近，河岸陡峭以及冲刷严重易塌方地段；规划拓宽、疏浚地段；有危险物、障碍物的地段；码头、港口、渡口、抛锚区及水上作业区等地。

3. 水底光缆的埋深规定

水底光缆的埋深，对光缆安全和传输质量的稳定具有十分重要的作用。一般应根据河流水深、河床土质及通航的规定操作。水底光缆岸滩部分的埋深，一般与陆地直埋光缆深度相同；洪水季节易受冲刷或土质松散不稳定地段可适当加深。

4. 水底光缆敷设长度确定

水底光缆敷设长度，一般分为两部分。

登陆后至直埋光缆接头点间长度：这部分光缆，包括登陆点至接头点的直线丈量长度、过堤、S 弯、自然弯曲、接头重叠长度以及设计规定的余留长度，其计算方法大体同直埋光缆的计算方法。

水域敷设长度：根据河宽和河床地形、流速、水线弧度增长和不同布放方法的施工余量等确定。这一部分长度在水底敷设前进行计算，尤其对于深水光缆长度应按规定进行计算。一般按照河宽的 1.06～1.15 倍换算。

5. 水底光缆的敷设要求

应控制光缆敷设的速度和规定位置，避免光缆在河床腾空、打小圈。光缆在河底应按弧形敷设。光缆在河底的位置，应以测量的基线为基准向上游按弧形布放；弧形布放的范围应包括洪水期间易受冲刷的岸滩部位；弧形顶点尖在河流的主流位置上；弧形顶点至基线的距离，应为弧长的 10%。对于冲刷较大、水面较窄的河流可将比率适当放大。敷设过程中应严格按规范要求进行；应确保光缆弯曲半径，在盘放"∞"搬动、抬放时，均应避免光缆扭曲、死弯等以确保光缆的安全。敷放过程中及敷设后，应监测光纤的损耗特性和光缆护套对地绝缘。发现问题应及时处理、解决。

6. 水底光缆穿越大堤

水底光缆穿越大堤，应在历年洪水最高水位以上部位。光缆穿越土堤时，光缆在堤顶的沟深应大于 1.2 m；堤坡的沟深不小于 1 m。若堤顶同时又是公路时，堤顶部分应按设计要求进行。当达不到深度要求时，可局部垫堤面，使光缆位于土下不小于 0.8 m。穿越较小的防水堤时，经主管部门同意可在堤下直接埋。穿越石砌或水泥河堤时，应预放钢管保护。对于挖沟埋设或加高原堤岸的地段，在回填时应分层夯实，一般情况是每 30 cm 夯实一次。对于重要堤岸应在堤外侧安装防水橡皮，以防止光缆穿越部位被洪水冲刷危及堤岸及光缆。为了加强对光缆的保护，有些堤岸在光缆上方加盖水泥盖板。穿越坚石堤、混凝土堤，施工后砌石或填灌混凝土恢复堤岸。

7. 水底光缆的岸滩余留和终接固定

水底光缆岸滩余留：根据河岸土质、地形等情况，按设计规定并结合岸滩情况，可按有关要求处理和终端固定。如：分散作"S"弯余留、横木网套固定和梅花桩固定法。

8. 设置水底光缆标志牌

凡敷设水底光缆的通航河流，应经航道部门划定水线区域，在过河段的河堤或河岸上设立水线标志牌和标志灯，重要通航江河应设置水线房和瞭望室，河道较宽时还应配备扩音机和望远镜，并配备专人值守。

水线标志牌应尽量设在地势高、无障碍物遮挡的地方，否则应加高支撑杆、座，三角牌的正向应分别与上游或下游方向成 $25°\sim30°$ 的角度，以利观望。水底光缆标志牌一般有三角标志牌、方形标志牌和霓虹灯标志牌三种，如图 10-30 所示。

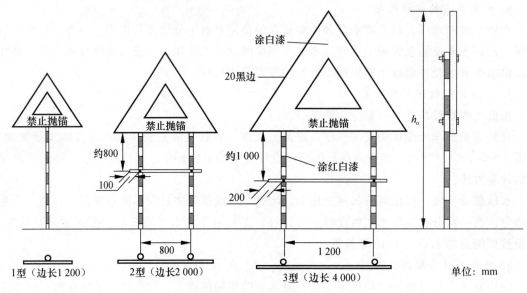

图 10-30　水线标志牌

10.5.2　水底光缆敷设的主要方法

1. 水底光缆敷设前路由探测、定标和浮标设置

路由探测：水线路由探测是对水下光缆位置进行探测，探测范围主要是水深 8 m 以内的区域，对于深水区域由于属于沉放法不加挖掘、掩埋，故一般不做探测。

水底光缆敷设弧度的测定：首先确定水线弧度的顶点，一般设在河道主流位置上，即河道水流速度最大的地点，同时应在基线上方，至基线距离为河宽的 10%～15%。

定标和浮标位置：光缆敷设弧形顶点和敷设轨迹测定后，应做临时标记，供设置浮标和布放光缆观察。按敷设轨迹设置路由标志，通常在岸滩采用插红旗，在水域部位设置浮标。浮标应设置在距光缆敷设路由轨迹上游的 15～20 m 处。

其他还有船只准备、光缆装船等，此处不再多述。

2. 水底光缆敷设方法

水底光缆敷设方法包括布放和挖掘及掩埋等，水底光缆敷设较复杂，它不像直埋光缆敷设那样简单。由于水底光缆敷设方法多而且比较复杂，故略讲。

（1）人工抬放牵引法

对于水面不宽的河流，如水较浅可以涉渡时，如同布放陆地光缆一样组织人员抬放过河，抬放路线同样应符合弧形敷设的要求。对于水深不便涉渡的河流，可采用牵引光缆过河方法。一般由小舟或橡皮船，将牵引绳送至对岸，牵引绳与光缆端头连好并密封处理，防止端头浸水。人工牵引时，要注意敷设弧度，一般是对岸牵引点设在水底光缆敷设弧形顶点的切线延长线上，光缆牵引长度足够以后，往基线方向牵引，使对岸河岸点光缆位于基线点，这样水中光缆呈弧形沉于水底。为保持这种弧形，可适当加大弧线顶点至基线距离。人工牵引过河，由于光缆呈拉紧状态，要求挖沟掩埋时，应适当向基线方向移动，减少光缆长期拉紧，避免残余应力。

（2）冲放器布放

冲放器布放法是将水底光缆布放挖沟、掩埋同时完成的敷设方法。此种方法适用于水面宽，水流速度较大，河床为砂砾土或不十分坚硬的黏土。

3. 水底光缆沟的挖掘方法

水底光缆沟的挖掘方法，主要有人工直接挖掘、人工截流挖沟和水泵冲槽法等。水底光缆敷设的关键是光缆埋深要达到规定的深度。

（1）人工直接挖掘

在水底光缆敷设中，人工直接挖掘是最为普遍的。枯水季节水很浅的河床地段和岸滩部分均需要人工挖掘。挖沟的质量要求：陆地部分同直埋光缆沟，有水部分可按下面截流挖沟的方法和质量要求进行。

（2）沟、渠截流挖沟截流方法

对于有水闸的沟、渠可暂时关闭，切断水源；通过设置流水槽将水引往别处或按下面河流截流方法；截流后如还有积水，在沟两侧用土筑土墙将水淘干。缆沟深度从沟、渠水底向下算起，并符合规定深度。缆沟在沟、渠两侧的陡坡上，沟底要挖成缓坡，并应大于光缆最小曲率半径要求，在堤上岸滩处挖成"S"弯形缆沟，以减轻光缆承受的张力。

（3）河流截流挖沟

对于河宽在 30 m 以内、施工时水深小于 2 m、流速不大的河流，一般采用截流挖掘方法。河流截流时多数是在光缆已经布放后进行，因此必须注意光缆安全。若静水或流速很小的河流，可不打圆木桩，只用装沙或土的草袋拦截即可。截流后用抽水机抽去河水，挖掘缆沟时挖出的泥堆放应离沟远一些，以防稀泥流入沟内。因此，截流宽度应视河床流质而定，一般淤泥应宽一些，硬土可窄一些，一般截流宽度为 8 m 左右。有些河流不能一下全部截流时，可采取分段截流挖沟。

（4）水泵冲槽

对于河宽大于 30 m、水深在 2～8 m、水流较急的河流，可采用水泵冲槽，使光缆埋深达到规定深度。冲槽是由潜水操作人员利用手持的高压水枪，将已经放至河床的光缆下面的泥沙冲走，当冲开一条沟槽时，潜水操作人员将光缆踩入沟槽底部。冲槽的高压水枪，由河岸或工作船上的柴油机或电动机带动 5～8 大气压水泵通过水龙带供给水源。

冲槽法的优点是，施工设施简单，可以由当地水下作业队协助进行，对于河流较多的工程，可分多组进行，以适应工期的需要。当委托水下作业队冲槽时，必须交代清楚光缆的水下路由、质量标准并检查督促，以确保光缆水底埋深质量。而且，在水线区作业较安全，不会损坏原有水线。同时，这种方法也比较经济。

10.6 进局光缆的敷设

局内光缆主要有普通室外用光缆和聚乙烯外护层阻燃光缆两种程式，后一种具有防火性能。工程中应按设计要求选用和进行局内敷设。

10.6.1 进局光缆敷设、安装的一般要求

1. 预留光缆长度和安装

进局（站）光缆的预留长度包括测试、接续、成端用长度的预留和按规定余留长度的预留。进局光缆敷设前，一般应按施工图给出的局内长度进行丈量和核算，应避免盲目敷设造成光缆浪费或不足（预留长度包括进线室和机房内）。

一般规定局内预留 15~20 m，对于今后可能移动位置的局应按设计做足长度预留。普通型进局光缆预留长度为 15~20 m，阻燃型进局光缆预留 15 m。

施工规范中规定预留长度的位置，设备两侧每侧预留 10~20 m。这部分预留应在进线室和机房各预留一些，一般成端后进线室和机房各预留 5~8 m，以便必要时使用。普通型进局光缆，进线室预留 5~10 m，机房预留 8~10 m（成端预留）。阻燃型进局光缆，进线室内连接用预留 3 m（接头位置算起），机房内预留 15 m（成端余留）。室外进地下室的普通型光缆预留 8~10 m（包括连接预留和地下室预留长度）。

预留处理。进局光缆敷设时，进线室、机房内的预留光缆，应做妥善放置。普通型进局光缆，进线室的预留光缆，在理顺后，按规定方式固定并做临时绑扎后再向机房敷设。机房内预留长度一般做临时放置于安全位置。

预留光缆是利用光缆架下方的位置，做较大的环形预留，具有整齐、易于改动等特点。光缆在托架上位置应理顺，避免与其他光（电）缆交叉，同时尽量放置于贴近墙壁位置，如图 10-31 所示。对无铠装的管道光缆或架空光缆，在进缆孔至第一个拐弯部位及其他拐弯部位，应用蛇形胶管加以保护，必要时做全段保护。另一种光缆的安装固定方式，可按如图 10-31 所示将预留光缆盘成符合曲率半径规定的缆圈。适合于地下进线室窄小或直径较小的无铠装层光缆。预留光缆部位，应采用塑料包带绕缠包扎并固定于扎架上。对于设计要求光缆预留较多的进线室，可分两处盘留。

阻燃型进局光缆，进线室与局外来的光缆一块盘好放置于安全位置，避免外来人员损坏；机房内光缆临时放置于安全位置。采用阻燃光缆，在进线内增设一个光缆接头，如图 10-31 所示成端后的状态。在敷设安装期，室外光缆按图做盘留后固定好，并留出 3 m 接续用光缆。

局内阻燃光缆留 3 m 做接续用光缆置于接头位置，其余按图示方式固定后由爬梯上楼。如受进线室位置限制，预留光缆亦可采用图 10-31 中所示盘成圆圈的方式，但应注意，20 芯以上的埋式光缆较粗，盘圈时多加注意，避免死弯和曲率半径过小。

2. 光缆路由走向和标志

进局光缆：由局前人孔进入进线室，然后通过爬梯、机房光（电）缆槽道至 ODF 架或光端机架。

进局管孔：光缆由局前人孔按设计指定管孔穿越至地下进线室。光缆进线室管孔应堵塞严密，避免渗漏。

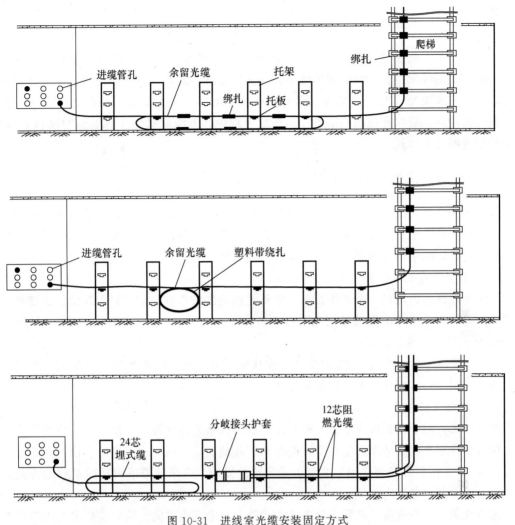

图 10-31 进线室光缆安装固定方式

光缆爬梯和槽道上的位置和绑扎：进入机房最后到 ODF 架或光端机架，需经过上楼爬梯和室内槽道。光缆的位置应按设计规定放置，并进行绑扎牢固。

弯曲半径：光缆拐弯时，弯曲部分的曲率半径应符合具体规定，一般不小于光缆直径的 15 倍。

光缆的标志。进线室和机房内同一光缆在进出局（站），应标明来去方向及端别。在易动、踩踏等不安全部位，应对光缆做明显标志，如缠扎有色胶带，提醒人们注意，避免外界损伤。

10.6.2 进局光缆的敷设

1. 敷设方向

进局光缆敷设，都应由局前人孔向进线室、机房布放。

丈量出局前人孔至进线室至机房的长度。由两根以上光缆进入同一机房时，应对每一根光缆预先做好标志，避免差错。如设计中对端别有规定，进局光缆的端别必须按规定，严禁有差错。

2. 敷设方法

一般由局前人孔通过管孔内预放的铁线牵引至进线室，然后向机房内布放。上下楼层间，一般可采用绳索由上一层沿爬梯放下，与光缆系在一起，然后牵引上楼。引上时应注意位置，避免与其他光（电）缆交越。同一层布放，由多人接力牵引。拐弯处应有一专人传递，避免死角，并确保光缆的曲率半径。布放过程中，光缆应避免在有毛刺的硬物上拖拉，防止护层受损。

10.6.3 进局光缆的安装、固定

普通进局余留光缆是利用光缆架下方的位置，做较大的环形余留，具有整齐、易于改动等优点。另一种光缆的安装固定方式，是将余留光缆盘成符合曲率半径规定的缆圈。这种方法适合于地下进线室窄小或直径较小的无铠装层光缆。

1. 阻燃型进局光缆安装、固定

由于在进线室内增设一个光缆接头，室外光缆应先做盘留后固定好，并留3m接续用光缆；局内阻燃光缆留3m做接续用光缆置于接头位置。

2. 光缆引上安装、固定

光缆由进线室敷设至机房ODF架，往往从地下或半地下室由楼层间光缆预留孔引上槽道，由爬梯引至机房所在楼层，以便光缆固定。

3. 机房内光缆安装、固定

槽道方式：对于大型机房，光（电）缆一般均在槽道内敷设。在槽道内的位置尽量靠边走，以减少今后布放其他光（电）缆时的移动、踩踏。这类机房内光缆的余留，一般是光缆端头预留3~5m供终端连接用，其余正式余留的光缆，应采取槽道内迂回盘放的方式，放置于本列或附近主槽道内。

走道方式：中小机房，多数采取走道方式供光（电）缆走向、固定。机房内光缆在走道上应按机房电缆要求进行绑扎固定。但必须注意，拐弯时应首先保证光缆曲率半径，然后才考虑如何尽量使光缆走向美观。机房内光缆若进行测量后，光纤应剪去并做简易包扎。如还需测量不能剪去已开剥的光纤时，应做妥善放置并提醒其他人注意。

4. 临时固定

由于光缆敷设时人力紧张，不能做正式固定时，应做临时固定，并注意安全。正式固定工作可安排在成端时一块进行。

10.7 顶管技术

顶管技术掘进机从工作坑内穿过土层一直推进接收坑，开始前使用光（电）缆感应测试仪对周边管线进行探测，对作业区的地下设备的埋设位置、走向调查清楚，并在路面做好标记。边传送边引导，操作人员穿反光衣。导向仪建立于地下探测控制系统，随时监测地下钻头的顶进路由，注意对其地下预埋管线的安全保护。如图10-32、图10-33所示。

图 10-32　顶管 1　　　　　　　　图 10-33　顶管 2

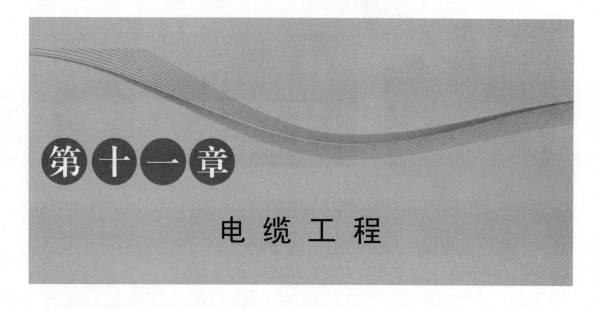

第十一章 电缆工程

教学内容

1. 电缆接续（扣式、模块）原理
2. 电缆接续的接头封装
3. 电缆成端（MDF）
4. 电缆交接箱和分线盒原理
5. 电缆配线
6. 电缆芯线障碍检修
7. 电缆线路设备的维护

技能要求

1. 掌握电缆扣式和模块接续的技能
2. 掌握电缆接头封装的要求
3. 掌握电缆MDF卡接的技能
4. 掌握电缆交接箱和分线盒卡接跳线的技能
5. 理解电缆配线
6. 掌握电缆障碍监测的原理及仪表的使用
7. 理解电缆线路设备的维护要求

目前，随着国家"光进铜退"战略的推进、有色金属价格的上涨和通信保密的要求，通信电缆的应用受到很大限制，其基本在社区、院校和公共场所使用。电缆工程主要包括接续和成端，图11-1所示为电缆接头盒的工程。

图 11-1　架空电缆接头盒

11.1 电缆接续

全塑电缆芯线接续是全塑电缆敷设施工中的一个重要组成部分。在质量上要求较高：必须接续可靠和长时间保持应有的性能，以保证通信畅通；要求施工有较高的效率、劳动强度低、操作简便、易于掌握；要求工料费少；适合架空、直埋或管道等各种使用场合。

11.1.1 全塑电缆芯线接续的一般规定

① 电缆芯线接续前，应保证气闭良好（填充型电缆除外），并应核对电缆程式、对数，检查端别，如有不符合规定者应及时返修，合格后方可进行电缆接续。

② 电缆芯线接续必须采用压接法，不得采用扭接法。

③ 电缆芯线的直接、复接线序必须与设计要求相符，全色谱电缆必须色谱、色带对应接续。

④ 电缆芯线接续不应产生混线、断线、地气、串音及接触不良，接续后应保证电缆的标称对数全部合格。

⑤ 填充型全塑电缆的清洗应使用专用清洗剂。

全塑电缆芯线接续技术主要采用接线子压接法：如美国（3M 公司）生产的扣式接线子与模块式接线子的接线法；英国（BICC 公司、EGERTON 公司）生产的套管式（B 型）与槽式（6 号）接线子接线法；日本生产的销钉式接线子接线法等。我国全塑电缆芯线的接续方法主要采用扣式接线子和模块式接线子接续法。

11.1.2 扣式接线子

1. 接线子的型号

接线子的型号分类必须符合《市内通信电缆接线子》（YD 334—87）的规定，其型号编写方法如图 11-2 所示。

接线子型式分类如表 11-1 所示。

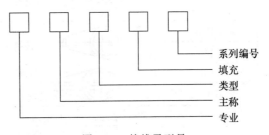

图 11-2 接线子型号

表 11-1 接线子型式

接线子名称	有无填充型 代号	
	不含防潮填充剂	含防潮填充剂
扣式接线子	HJK	HJKT
销套式接线子	HJX	—
齿式接线子	HJC	—
横块式接线子	HJM	HJMT

2. 扣式接线子组成

扣式接线子（HJK）接续法是我国广泛采用的小对数全塑全色谱电缆芯线接续方式。扣式接线子外形如图 11-3 所示，它由三部分组成：扣身、扣帽、"U"形卡接片。

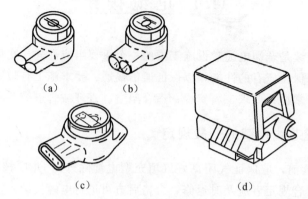

图 11-3 扣式接线子的结构
(a) HJK1；(b) HJK2；(c) HJK3；(d) HJK4

3. 程式及使用范围

国产扣式接线子的程式及使用范围见表 11-2。

表 11-2 扣式接线子程式

规格型号	接线型式	连接片型式	适用范围	
			聚烯烃塑料绝缘	
			绝缘层最大外径/mm	填充或非填充聚烯烃塑料绝缘电缆/mm
HJK1	二线接续	单式	1.52	—
HJKT1				0.4～0.5
HJK2	二线接续	双式	1.80	—
HJKT2				0.4～0.9
HJK3	三线或二线接续	双式	1.67	—
HJKT3				0.4～0.5
HJK4	不中断线路复接	单式	1.27	—
HJKT4				0.4～0.9
HJKT5	不中断线路复接	双式	1.67	0.4～0.9

4. 扣式接线子压接钳

扣式接线子压接时，为了保证接续良好，要求将待接续的接线子完全放入钳口内，钳口要平行夹住接线子扣盖和扣身上下两个平面，钳口张合时应完全平行不可偏斜。压接钳如图 11-4 所示。

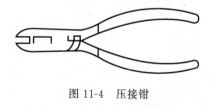

图 11-4 压接钳

11.1.3 模块式接线子

模块式接线子也称为模块型卡接排，简称模块或卡接排。其具有接续整齐、均匀、性能稳定、操作方便和接续速度快等优点。一般模块式接线子一次接续 25 对。利用模块式接线子可进行直接、桥接和搭接。大对数（300对以上）电缆常用此法。

1. 模块式结构

模块式接线子由底板、主板和盖板三部分组成，如图11-5所示。主板由基板、U形卡接片、刀片组成。基板由塑料制成上、下两种颜色。靠近底板一侧与底板颜色相同，一般为金黄色，靠近盖板一侧与盖板颜色一致，一般为乳白色。一般用底板与主板压接局方芯线，主板与盖板压接用户芯线。对于不同经径的处理：将细线径置于模块下方，将粗线径芯线置于模块上方，即先放置较细线径，后放置较粗线径。

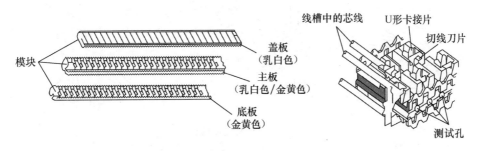

图11-5　模块式接线子的结构

2. 模块式接线子的型号

目前常用的模块式接线子有国产和进口（主要为3M公司生产）两大类。3M公司生产的模块式接线子型号、规格和适用范围见表11-3。HJMT1是在HJM1的基础上加一个密封盒，盒内装有防潮硅脂，将压接好的模块安放在密封盒内封存，适用于填充型电缆的接续。

表11-3　模块式接线子

用途	编写（美式）	类别		有无硅脂保护	适用电缆线径/mm		备注
		标准型	超小型		线径	最大绝缘外径	
一字形接续直接	4000－B	√			0.32~0.7	1.17	
	4000－D		√		0.32~0.8	1.65	
	4000－DWP		√	√	0.32~0.8	1.65	
	4000－UWP		√	√	0.4~0.8	1.65	4000D防潮盒
Y字形接续桥接	40011－B	√			0.32~0.7	1.17	
	4009－D		√		0.32~0.8	1.65	
T字形接续搭接	4008－B	√			0.32~0.7	1.17	
	4008－D		√		0.32~0.8	1.65	

3. 模块式接线子的压接工具

用模块式接线子接续时，要用专用的压接工具，压接工具主要由接线架和压接器两部分组成。接线架包括接线机头1~2个、支架管（电缆固定架）、接线机头支架、电缆扣带2个、检线梳及试线塞子等，如图11-6所示。

压接器提供导线压接时的动力，常用手动液压器。它常由液压器主体、夹具和高压软管等组成，液压器提供30MPa的压强，可对顺好线的底、主、盖板进行压接，加压时先旋紧气闭旋钮，上下扳动手柄，听到液压器发出"唧、唧"声时，压接工序完成。压接器如图11-7所示。

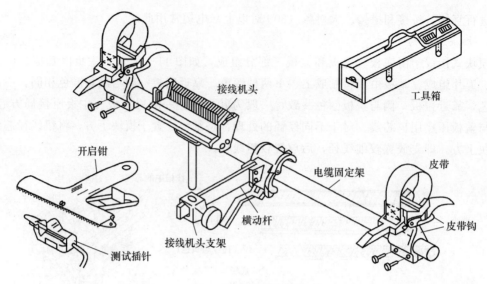

图 11-6 电缆接续机

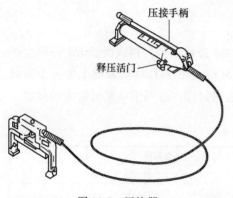

图 11-7 压接器

11.1.4 接续步骤和内容

1. 扣式接线子

① 扣式接线子接续方法一般适用于 300 对以下电缆，或在大对数电缆中接续分歧电缆。

② 全塑电缆接续长度及扣式接线子的排数应根据电缆对数、电缆直径及封合套管的规格等来确定。接线子排列及接续长度见表 11-4。

电缆扣式接续

③ 直接口与分歧接口接续步骤如下：

第一，根据电缆对数、接线子排数，电缆芯线留长应不小于接续长度的 1.5 倍。

表 11-4 电缆接续长度及扣式接线子的排数

电缆对数/对	接线子排数	接续长度/ mm
25	2~3	149~160
50	3	180~300
100	4	300~400
200	5	300~450
300	6	400~500

第二，剥开电缆护套后，按色谱挑出第一个超单位线束，将其他超单位线束折回电缆两侧，临时用包带捆扎，以便操作，将第一个超单位线束编好线序。

第三，把待接续单位的局方及用户侧的第一对线（4根），或三端（复接、6根）芯线在接续扭线点疏扭 3~4 花（如图 11-8 所示），留长 5 cm，对齐剪去多余部分，要求四根导线平直、无钩弯。A 线与 A 线、B 线与 B 线压接。

第四，将芯线插入接线子进线孔内［直接口：两根 A 线（或 B 线）插入二线接线孔内。复接：将三根 A 线（或 B 线）插入三线接线孔内］。必须观察芯线是否插到底。

第五，芯线插好后，将接线子放置在压接钳钳口中，可先用压接钳压一下扣帽，观察接线子扣帽是否平行压入扣身并与壳体齐平，然后再一次压接到底。用力要均匀，扣帽要压实压平，如有异常，可重新压接。

第六，压接后用手轻拉一下芯线，防止压接时芯线没有压牢跑出。扣式接线子接续如图 11-9 所示。

芯线接续尺寸，直接口如图 11-9（a）所示，分歧接口如图 11-9（b）所示。

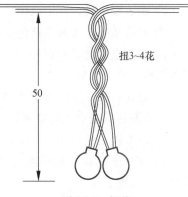

图 11-8 扭绞

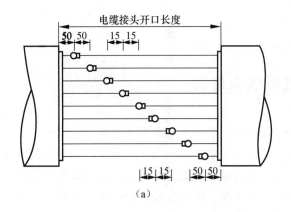

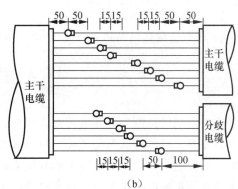

图 11-9 接续尺寸
(a) 直接接口；(b) 分歧接口

第七，在电缆的接续两边各开 L 形口，用屏蔽线连接屏蔽层。

④ 芯线的掏线搭接（T 字形接）步骤。

第一，将直通电缆芯线从 4 型或 5 型接线子侧面凹进的开口线槽套入，将扣式接线子在芯线上滑动，使扣式接线子悬挂在芯线上并放在预掏线的位置上。

第二，将被搭接的电缆芯线插入 4 型或 5 型扣式接线子半通的进线孔内，通过透明的扣帽检查芯线位置及色谱，确认无误后预压扣帽，使接线子在芯线上固定。

第三，选用压接钳进行正式压接。

第四，电缆芯线的掏线搭接，常用在电缆装设分线设备的接头中。4 型接线子掏线搭接如图 11-10 所示。

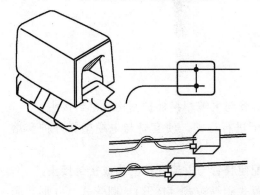

图 11-10 掏线搭接

2. 模块接线子

① 模块式电缆接续长度要求：1 200 对以下电缆接续长度 432 mm、1 200 对以上电缆接续长度 483 mm。

② 开剥电缆最小长度＝1.5×接续长度。
③ 安装模块机，固定电缆。
④ 安装垫板，安装金黄色底板（位置唯一，斜角在左上方）。
⑤ 按照电缆色谱的顺序由左向右排列电缆线对，a 线在左，b 线在右，用查漏梳检查有无错线对，是否有两根芯线在同一线槽内，有无空线槽。

电缆模块接续

⑥ 盖好主板，注意模块缺口对准的位置，按色谱顺序排列用户线对，a 线在左，b 线在右，用查漏梳检查有无错线对，是否有两根芯线在同一线槽内，有无空线槽。
⑦ 盖上乳白色盖板。
⑧ 放好压接器，先旋紧气闭旋钮，上下扳动手柄，听到液压器发出"唧、唧"声时，压接工序完成。
⑨ 卸下压接器。
⑩ 重复步骤④～⑨。
⑪ 备用线利用扣式接线子接续。
⑫ 在电缆的接续两边各开 L 形口，用屏蔽线连接屏蔽层。

11.2 电缆接头封装

全塑电缆线路的外界环境复杂、多变，外界影响因素较多。既要考虑经常性因素，如夏季烈日照射、严冬的低温和冰凌、风雨和气温变化以及潮气水分带来的影响；又要考虑突发现象，如雷电、台风、地震的影响和电力烧伤、直流管线的泄漏腐蚀等影响。操作人员的技能水平直接影响电缆接头的质量和电缆线路的使用寿命。根据电缆线路的维护经验，电缆线路的故障大部分发生在电缆接头封合处，因此选用合适的封合材料和方式正确地进行全塑电缆接头封合对设计、施工和维护工作都具有极其重要的意义。电缆接头封装分冷接法和热接法两大类。

11.2.1 电缆接头封装的基础理论

1. 全塑电缆接头封合的技术要求
① 具有较强的机械强度，接头应能承受一定的压力和拉力。
② 具有良好的密封性，能达到气闭要求。
③ 便于施工和维护方便，操作简单。
④ 具有较长的使用寿命。
⑤ 可重复利用。

2. 电缆接头封装类型
① 热缩套管：利用加热使套管径向收缩，使套管与电缆塑料外护套构成密封接头。
② 注塑熔接套管：利用熔融塑料在一定压力下进行注塑，使套管与电缆塑料外护套熔接成密封接头。
③ 装配套管：不使用热源，利用密封元件装配使套管与电缆外护套构成密封接头。
接续套管按结构特征分为圆管式（O 形）、C 罩式和纵包式（P 形）。圆管式（O 形）套管的主体部分截面为圆形或多边形的管状。圆管式套管要在电缆芯线接续前套在待接续电缆

上。纵包式（P形）套管主体沿纵向有一条或两条开口。在电缆芯线接续以后，套管可以纵包在电缆芯线接头之外，利用必要的连接件，使纵向开口连成一体，形成完整的密封套筒。C罩式套管的一端开口，另一端为圆罩形。电缆进、出口都在套管的开口端。

接续套管按是否用于电缆气压维护系统可分为气压维护用套管和非气压维护用套管。气压维护用套管用于额定气压为 70 kPa 的气压维护电缆中，即接续套管能长期承受 70 kPa 的内部压力。非气压维护用套管用于电缆非气压维护系统中，例如用于不充气系统或填充电缆接头密封。正常情况下接续套管中没有恒定的高气压，但接头仍应维持密封。非气压维护用套管有加强型和普通型之分，必要时可使用加强型。

接续套管按直通或分歧可分为直通型和分歧型。直通型套管一端进，另一端出，两端各接入一根电缆，分歧型套管的一端或两端接入两根或更多根电缆。当套管本身的结构既允许直通使用也允许分歧使用时，可以不加区分。

3. 全塑电缆接续套管的型式代号和规格

（1）全塑电缆接续套管的型式代号

① 型式代号的组成。全塑电缆接续套管的型式代号一般由 2～4 部分组成，各部分的表示和含义如图 11-11 所示。

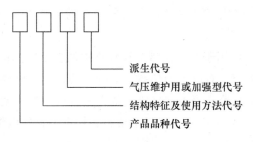

图 11-11　套管型式代号

② 型式代号各部分规定见表 11-5。

表 11-5　型式代号各部分规定

型式代号名称	型分类	代号	型式代号名称	型分类	代号
产品品种	热缩套管	RS	是否气压维护或加强	气压维护用	A
	注塑熔接套管	ZS		非气压维护用加强型	J
	装配套管	ZP		非气压维护用普通型	—
结构特征	圆管式	Y	派生	分歧型	F
	纵包式	B		直型	—
	罩式	Z			

其他用途的通信电缆附件型式代号可参照表 11-6。

表 11-6　其他用途通信电缆附件型式代号

代号	C	D	M	Q	T	W
名称	成端	堵塞	端帽	气门	填充	维护用外包覆材料（管、片、盖）

(2) 全塑电缆接续套管的规格代号

接续套管的规格用 D×d—L 表示。各代号含义见表 11-7。

表 11-7 接续套管的规格代号

代号\品种	热编套管	注塑熔接套管	装配套管	备注
D	允许接头线束最大直径			必须标注
d	允许电缆最小直径	允许电缆最小直径	允许电缆最小直径	不必区分可省略
L	接头内电缆开口距离（对于罩式套管为接头线束的长度）			必须标注

(3) 全塑电缆接续套管型号示例

气压维护用纵包热缩接续套管，允许接头线束最大直径 122 mm，允许电缆最小直径 38 mm，接头内电缆开口距离 500 mm 表示为：

RSBA　122×38～500（YD/T 590.2—92）

4. 全塑电缆接续套管的选用

① 热可缩套管：O 形和片型，可用于架空、管道、直埋的填充型和非填充型电缆（自承式电缆除外），成端电缆也能采用。

② 注塑套管：O 形只能用于聚烯烃护套充气维护的管道电缆和埋式电缆，成端电缆也能采用。

③ 玻璃钢 C 形套管：可用于非填充型不充气维护的自承式和吊挂式架空电缆。

④ 接线筒：一般用于 300 对以下的架空、墙壁、管道充气电缆。

⑤ 多用接线盒：用于非填充型不充气维护的自承式或吊挂式架空电缆。

⑥ 装配式套管（剖管）：包括用于充气型架空、管道、直埋电缆的机械式套管和用于非充气型填充电缆的装配式套管。

一般选用 O 形圆筒形套管时，施工现场（如人孔内）要有置放套管的空间（电缆接续前，将套管穿入电缆的一端）。而片型及 C 形套管是包在接口外纵向封闭的套管，适合于无置放接头套管空间的场合。

5. 全塑电缆接续套管的技术要求

① 接续套管在下列环境条件下能维持正常工作。

环境温度：$-30\ ℃\sim60\ ℃$。

环境大气压力：$86\sim106\ kPa$。

② 接续套管施工环境温度应在 $-10\ ℃\sim45\ ℃$ 范围内。

③ 接续套管的各主要部分的尺寸，应符合相应的产品标准规定。要求其表面应光洁、平整，无气泡、砂眼、裂纹。金属件表面应无毛刺和锈蚀，橡胶、塑料密封填料应无正常视力可见的杂质。

④ 接续套管无论是气压维护型或非气压维护型，其性能均应满足检验要求。

⑤ 能防潮防水。不管是架空电缆、直埋电缆，还是管道电缆，都要求接头有良好的防潮防水性能，以保证通信电缆正常的电气特性。

⑥ 要有一定的机械强度。来自外界影响破坏电缆封合处的外力有两个方面：一个是垂直或横向的外力，例如挤压、碰撞、振动等，要求套管及封合处要有一定的抗压抗碰强度；

另一个是纵向的外力,例如电缆受到移动或推挂(如人孔或直埋电缆的接头处,需上下左右移动电缆),带来纵向方面的力量,要求封合处在纵向方面有一定抗拉强度。

⑦ 能重开重合。可以重新打开,重新封合,并尽可能节省费用。

⑧ 要有较长的使用寿命。

6. 全塑电缆接续套管的封合方法

全塑电缆接头封合的类型有冷接法和热接法之分。冷接法主要应用于架空电缆线路和墙壁电缆线路;而热接法由于气闭性好,广泛应用于充气维护的电缆线路中。

(1) 冷接法

冷接法用于架空电缆、墙壁电缆和楼层电缆接续套管的封合。接线盒、接线筒和玻璃钢 C 形套管三种接续套管主要应用于架空电缆,装配式套管(剖管)适用于填充型或充气型电缆。

(2) 热接法

热接法大体有:热缩套管封合法、注塑 O 形套管封合法和辅助 O 形套管包封法。

11.2.2 热缩套管封盒

1. 热缩套管组件

国产热缩套管组件,如图 11-12 所示,仅能用于非充气电缆的接头封合。

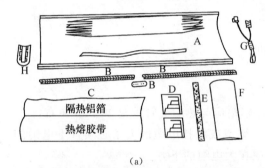

(a)

A—热缩包管,铝内衬管;B—夹条,夹条连接器;
C—密封热熔胶带(连铝箔);D—清洁剂;E—砂布条;F—施工说明书;G—屏蔽连接线;H—分歧夹

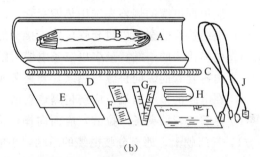

(b)

A—热缩包管;B—金属内衬筒;C—不锈钢夹条(拉链);
D—夹条连接扣;E—铝箔(隔热铝箔);F—清洁剂;
G—砂皮条;H—分歧夹;I—施工说明书;J—屏蔽链接线

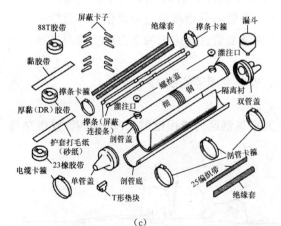

(c)

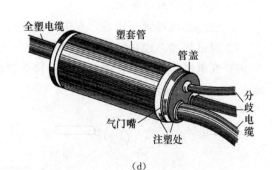

(d)

图 11-12 国产热缩套管组件

(a) XAGA-1000 型套管组件;(b) RSB 型套管组件;(c) RJ 系列剖管组件;(d) O 形热注塑套管

2. 接续芯线包扎前的准备

全塑电缆接头封合前，应对芯线进行电性能测试，确认无故障时，再进行芯线包扎。

（1）接续模块的管理和绑扎

① 整理已接续的模块，使所有模块的背向外，排列成圆柱形。

② 用塑料带在两块模块之间进行绑扎。

③ 转动全部模块，使每块模块排列整齐，芯线全部包容在模块内呈圆柱形，再用聚乙烯带将模块两端扎紧。

（2）接线子接续的包扎

① 整理已接续的接线子，使接线子排列整齐。

② 用宽 75 mm 的聚酯薄膜带，从中间开始向两端往返 3 次交叉进行包扎，如图 11-13 所示。

（3）接头包扎注意事项

① 受潮或发霉的聚酯薄膜，严禁使用。

② 严禁使用白布带一类棉纺品包扎芯线。

③ 严禁使用有黏胶一类胶带包扎芯线。

3. 热缩套管的封合要求

① 电缆采用充气维护方式，应选用充气型套管。

② 非充气维护的电缆，可选用非充气型套管。

③ 应根据电缆的规格先选用热缩套管。

④ 电缆接头的金属内衬套管应置于接头的中间。

⑤ 电缆接头的一端，最多以三条电缆为限。

⑥ 内衬套管的纵向拼缝与热缩套管夹条成 90°。

⑦ 在电缆的接头两端，应绕包隔热铝箔，隔热铝箔应与热缩套管重叠 20 mm 左右。

⑧ 热缩套管的夹条（拉链）应面向操作人员（架空或墙挂电缆的夹条必须置于电缆的下方），气门朝上，遇有分歧电缆的一端，小电缆应在大电缆的下方。

⑨ 遇有分歧电缆的一端，距热缩套管 150 mm 处应用扎线永久绑扎固定后，方可加温烘烤热缩套管。

⑩ 热缩套管加热时要用中等火焰，加热要均匀，热缩套管封合后应平整、无褶皱、无气泡、无烧焦现象。所有温度指示漆均变色消失，套管内热熔胶应充分熔化，在套管两端及拉链处、分歧夹两面都应有热熔胶流出。加强型热缩套管夹条内的两条白线应均匀显示。

4. 热缩套管封合步骤

① 电缆芯线接续完毕后，在电缆两端口处，安装专用屏蔽线。

② 对已接续芯线进行包扎，如图 11-13 所示。

③ 在电缆接续部位，安装金属内衬套管，并把纵剖面拼缝用铝箔条或用 PVC 胶带粘接固定。如图 11-14 所示。

图 11-13 包扎

图 11-14 安装金属内衬套管

④ 把内衬管的两端全部用 PVC 胶带进行缠包。如图 11-15 所示。

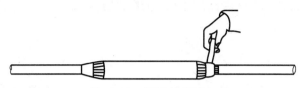

图 11-15　PVC 胶带缠包

⑤ 用清洁剂清洁内衬管的两端电缆外护套（可使用砂纸打磨），长度为 200 mm。如图 11-16 所示。

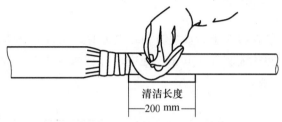

图 11-16　清洁电缆外护套

⑥ 再用砂布条打磨电缆清洁部位。如图 11-17 所示。

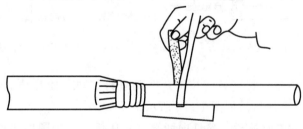

图 11-17　打磨电缆

⑦ 在热缩套管两侧向内侧 20 mm 处的电缆护套画上标记。如图 11-18 所示。

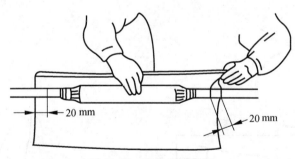

图 11-18　电缆上画标记

⑧ 把隔热铝箔贴缠在电缆所画的标记外部。如图 11-19 所示。

图 11-19　贴缠隔热铝箔

⑨ 用钝滑工具平整隔热铝箔。如图 11-20 所示。

⑩ 用喷灯加热金属内衬管和铝箔之间的电缆护层约 10 s，其表面温度为 600 ℃ 左右。如图 11-21 所示。

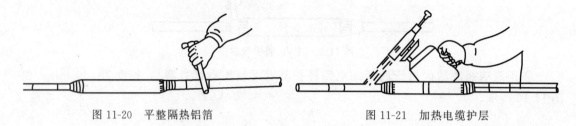

图 11-20　平整隔热铝箔　　　　　　　图 11-21　加热电缆护层

⑪ 将热缩套管居中装在接头上，如遇有分歧电缆时，应装上分歧夹。如图 11-22 所示。

⑫ 分歧电缆一端，距热缩套管 150 mm 处应用扎线永久绑扎固定后，方可进行加温烘烤热缩套管。如图 11-23 所示。

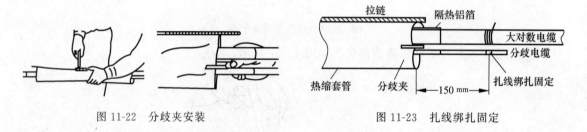

图 11-22　分歧夹安装　　　　　　　图 11-23　扎线绑扎固定

⑬ 用喷灯首先对热缩套管夹条（拉链）两侧进行加热，使热缩套管拉链两侧先收缩，然后再从热缩套管中下方加热。如图 11-24 所示。

⑭ 热缩套管下方加温收缩后，喷灯向两端（先从任一端）圆周移动加热，温度指示漆应均变色，直至完全收缩，再把喷灯移到另一端也是圆周移动加热，直至整个热缩套管收缩成型。如图 11-25 所示。

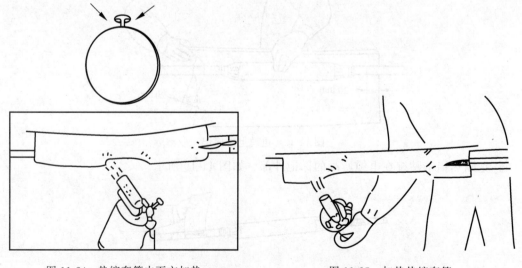

图 11-24　热缩套管中下方加热　　　　　　图 11-25　加热热缩套管

⑮ 整个热缩套管加热成型后,再对整个夹条(拉链)两侧均匀加热一分钟左右,然后用锤子柄轻敲打热缩套管两端弯头处夹条(拉链),使热缩套管夹条(拉链)与内衬套紧密黏合。如图 11-26 所示。

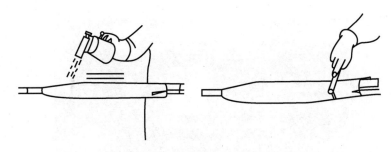

图 11-26　加热及敲打拉链

⑯ 整个热缩套管加热成型,应平整、无褶皱、无烧焦现象,温度指示漆均应变色,套管两端应有少量热熔胶流出,如指示色点没有完全变色,或套管两端无热熔胶流出,应再次用喷灯(中等火焰)对整个热缩套管进行加热直到达到要求。

⑰ 架空和挂墙电缆接头固定,要求接头位置稍高于电缆,形成接头两端自然下垂,使雨水往两端流,接头的夹条(拉链)必须安放在电缆的下方。如图 11-27 所示。

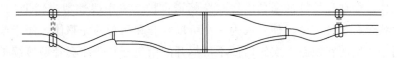

图 11-27　架空和挂墙电缆接头固定

⑱ 热缩套管加热注意事项。

第一,在安装套管前,应对热缩套管进行检验。

第二,在封合热缩套管时,使用喷灯必须小心,喷灯头不能直接接触热缩套管,火焰要求中等、均匀。

第三,具有绿色指示漆的热缩套管,指示漆应完全消失,且无烤焦现象。

第四,热缩套管的两端周围热熔胶应均匀溢出。

第五,热缩套管上的白色指示线正直不歪。

第六,分歧夹保持原位,没有移动,并应有热熔胶溢出。

第七,接续后的套管必须检查,不得遗漏。

第八,当遇到热缩套管收缩最小内径大于电缆的外径时,可采用一段适当大小的塑料电缆(带有热缩端帽)或用尼龙棒,插入热缩套管内,形成二分歧。

第九,如采用 RSY 系列圆形热缩套管时,应在芯线接续前套进电缆。

5. 通气式装配套管

以往我国使用的通信线路接续护套为铅包型和热缩管型,它们在成型以后便不可拆卸,给维护及检修带来不可克服的困难。通气式装配套管完全是一种新颖的结构设计,体现于可自由开启机械装配式结构设计,随时可以打开和关闭,不仅维修方便,而且易于改变路由,适应蓬勃发展的通信业务需要。该设计还创新地采用疏导结构设计思路,使得整体结构具有可"自由呼吸"功能,从而在根本上解决了潮气渗透和雨淋浸水这两大问题。

(1) 组件

通气式装配套管组件如图 11-28 所示,包括管体、端盖(2 个)、屏蔽线、锁扣、金属网罩、钢绞线夹、加强条、扎带、说明书、合格证等组件。

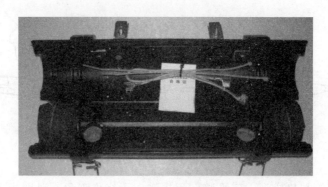

图 11-28 通气式装配套管组件

(2) 特点

该组件符合国家的产业方向,市场需求量大,对我国通信技术的发展有较大的推动作用。其特点主要有通气式装配套管采用的空心耐压壳体,能在沿海多风多雨环境、室外悬挂条件下可靠工作,保证所接续的通信电缆线路畅通;护套采用改性塑料辅助气体注塑工艺,构型为两半片状含有柔性铰链,使其成为一个可以打开和闭合的完整体,便于改变路由和维修,大大不同于沿用的在线路上实施后便不可拆开的铅包型和热缩套管型接续护套;创新地采用疏导结构设计思想——增设两个出气孔,使得整体结构具有可"自由呼吸"的功能,从而根本上解决了潮气渗透和雨淋浸水这两大问题,确保接续线路的高绝缘特性;端封结构扩大适用电缆规格,密封性得到良好保证;配套挂件设计独特,固定牢靠。

(3) 应用

通气式装配套管主要用于架空通信电缆的接续、分支等类似场合。其规格见表 11-8。

表 11-8 应用及规格

型号规格	长度/mm	外径/mm	重量/g	参考对数
TQB 50/20—200	355	75	340	50
TQB 60/30—350	520	82	550	100
TQB 70/40—500	700	90	850	200
TQB 90/50—600	750	110	1 130	400

(4) 封装步骤

① 准备电缆,做好电缆清洁,开剥外护层(防止割断电缆芯线),接续(接续芯线需采用充油接线子或防潮模块)等工作。

② 安装管体到钢绞线上:通常选钢绞线夹的缺口(自承式电缆选平口)将管体固定在钢绞线上。

③ 连接屏蔽线,在外护层切口处纵向切 1~3 cm 长 L 缝,翻开外护层将屏蔽线夹连接在电缆屏蔽层(老虎钳加紧屏蔽层)。

④ 安装两侧端盖，取出电缆直径对应的堵塞（一般取小号堵塞）放入电缆，并裹紧电缆。

⑤ 固定线束与电缆，用扎带将线束、电缆固定到加强条或定位座上。

⑥ 扣好锁扣，对好端盖与管体的位置扣好锁扣，完成安装。

⑦ 注意事项：套管与钢绞线安装须竖直、牢固，不得翻转，两透气孔扎在侧下方；电缆改线或替换为装配套管时，对原无防潮接头做防潮处理；遇有多条钢绞线或电缆时，套管与这些部件应做适当避让措施，以防挤压。

电缆包管示意图

11.3 电缆成端

11.3.1 电缆线路

MDF 及电缆交接箱

在用户电缆线路中把任何一对入线和任何一对出线进行连接的线路设备叫配线设备。配线设备有：交接箱、分线箱、分线盒、接线筒、多用接线盒、配线盒、配线箱、配线架等。电缆进线室到总配线架一般要进行电缆成端，形成成端电缆；主干电缆、配线电缆属于电缆配线内容；交接箱与分线盒称为成端设备，在用户线路中起着重要的连接作用。如图 11-29 和图 11-30 所示。

电缆包管展示图

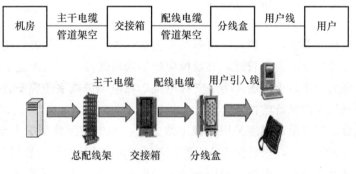

图 11-29 用户线路

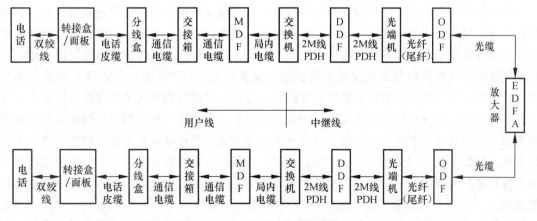

图 11-30 电话通信传输线路

11.3.2 电缆入局

线路建筑完毕后必须引入局所使用户与局内电信设备相连接，才能实现通信的目的。电缆线路的进局方式，可根据电缆的敷设方式、进局电缆的条数和局所的周围环境、MDF的位置和局所的容量等因素来选定。

由于市内通信电缆网规模的不断扩大，电话局的终局容量高达几万门到10万门。电缆进局一般采用组合管道或隧道。

1. 组合管道

由各种不同管径的电缆管道组合在一起形成的管道群就称为组合管道，它是根据不同的电缆外径选择一定比例的不同管径的管道组合而成的。

2. 隧道

在出局人孔到地下电缆进线室之间修筑隧道是进局电缆较为理想的一种方式，在隧道两侧的墙壁上安装上多层铁架，可使电缆方便而有序地敷设。

一般情况下，电缆入局方式采用地下入局方式。地下入局方式就是将电缆首先引入地下进线室，然后由地下室引入机房MDF。电缆进局应从不同的方向引入，对于大型局（万门局以上）应至少有两个进局方向。为了提高管道管孔的含线率，进局电缆应采用大容量电缆。

至于引入地点的选择，应当考虑到如何使电缆在建筑物内的长度尽可能短、弯曲次数少，且保证电缆便于维护。管道电缆引入进线室时，应在临近引入处前的房屋外面建造局前人孔，局前人孔与地下室之间用管群相连。

（1）电缆进线室

电缆进线室也称电缆室，是局内外设备相互衔接的地方。它的位置应建筑在测量室的下面或者附近，并要求离局前人孔较近，其规模应根据局所的终局容量而定。在建筑上要求安全坚固、具有良好的防水防火性能。为了支撑电缆，在电缆进线室还应安装铁架。同时应考虑留有安装自动充气维护设备的位置。

电缆入局以后，在电缆进线室采用分散上线方式，由电缆室铁架引上至MDF。分散上架式的电缆室一般为狭长形，平行位于MDF下方。对准MDF的每一直列各开一个上线孔，在电缆室内分成小容量的成端电缆，每一条分别经由每一个上线孔直接引至MDF的相应直列上。

在一些专用的电信机房建筑，当机房外缆线通过地下通信管道或通道进入机房时，多数都建有地下缆线进线室。从局外进局的各种缆线汇聚在进线室，并通过安装在进线室内的电缆支架和电缆铁架调度到各个相应的机房成端；一些需要进行充气维护的缆线可以在进线室内得到集中供气设备的气源以及气压维护监控设备的集中监测。因此，进线室都会与测量室、传输室、充气室等之间建有缆线或管路的通道，有时缆线的充气维护设备也可能直接安装在进线室内；多数进线室设置在市话测量室的下方。多条缆线进入到各自的成端机房有两种方式：一种是集中上线方式；另一种是分散上线方式。长途电缆和光缆一般都采用集中上线方式，分散上线方式多用于市话电缆。当然，在某些市话机房建筑由于一些原因进线室不能安排在总配线架的正下方，也可能需要采用集中上线的方式将需要成端的电缆引到总配线架成端。

电缆由管孔或隧道进入电缆室后，其走向、排列和在电缆铁架托板上的位置应按设计处理。电缆钢架的安装要求根据市话网的发展及机房终期容量而定。装设电缆钢架要求横平竖直不得有倾斜现象、铸件坚固、铁件平直无锈蚀、间距合适。常用的万门局以下电缆钢架的安装规格示例如图 11-31 所示。

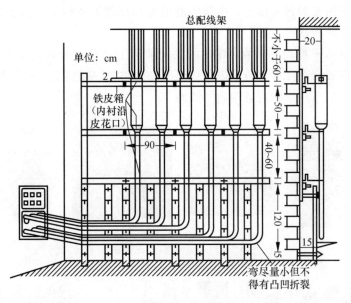

图 11-31　电缆钢架安装

（2）电缆测量室

电缆测量室（如图 11-32（a）所示）主要放置总配线架（MDF）及相关设备。测量室是进行电话线路的配线，故障测试，大对数电缆充气等工作的地方。在大的接入网机房可以是单独的一间房间，小的模块机房可以与交换设备等其他设备在一起。测量室最主要的设备为总配线架（MDF）。

图 11-32（a）　电缆测量室

总配线架（Main Distribution Frame，MDF）简称为 MDF 架，如图 11-32（c）所示。MDF 安装在市话局测量室内，所有市内电话的外线均应接至 MDF，再由 MDF 接至相关设备。通过 MDF 可以随时调整配线和测试局内外线，并可使局内线免受外来雷电及强电流的损伤，所以 MDF 是全局通信线路的枢纽。MDF 一般由横列、直列铁架，成端电缆线把，保安器弹簧排，保安器，实验弹簧排，端子板和用户跳线等部分组成。

横列铁架用于支持电缆及弹簧排等其他设备。供局内电缆成端和跳线连接，并能进行测试，一般 128 回线/模块，如图 11-32（b）所示。

保安器弹簧排装于铁架直列上，用于连接外线及跳线，安装保安器用。供外线电缆成端和跳线连接，并能安装保安单元，一般 100 回线/模块，如图 11-32（b）所示。

保安器安装于保安器弹簧排上，由炭精避雷器和热线轴所组成。防止外线上的过电压、过电流对人身和设备的伤害。

试验弹簧排及端子板均安装在 MDF 的铁架横列上。在试验弹簧排上可将局内外线切断，利用横列的测试塞孔，可进行局内外线路的障碍测试，以便及时进行查修。

用户跳线的作用是调度和沟通局内外线路。

图 11-32（b） MDF 主要组成

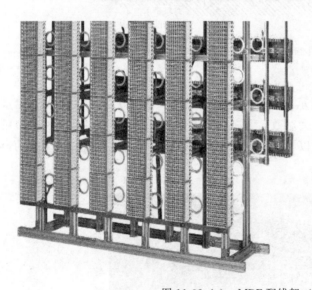 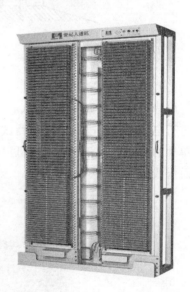

图 11-32（c） MDF 配线架（交接箱）

3. MDF 跳线（如图 11-32（d）所示）

机房配线架及交接箱的主要作业内容是布放跳线和拆除跳线。0.5 mm 的标准阻燃跳线，严禁使用电缆芯线代替。普通跳线（蓝白色）用于固定电话，其他有红白色、绿白色等。双黑跳线用于 DDN，双蓝跳线用于宽带，目的是防止误拆。双黄跳线用于小灵通基站专线、小灵通馈电线。一般为小灵通维护人员使用（系统关闭）。

配线架跳接工具是专用卡刀，不能用其他工具代替。具体步骤如下：

① 选择正确的跳线类型和正确的卡接工具。

② 找到正确的横列端口，跳线穿入跳线孔，用专用工具进行卡接。

③ 跳线进入走线槽，经过走线柱和走线圈。

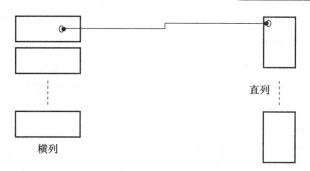

图 11-32（d） MDF 跳线示意

④ 确定直列端子位置，将跳线置入相应的走线槽。
⑤ 调整跳线松紧度，一般在跳线受力处能插入两指为宜。
⑥ 用专用工具卡接跳线。
⑦ 安装保安器。
⑧ 测试。注意：无用跳线要拆除，空闲的保安器也要拔掉。例如配线架、交接箱跳线如有变动须及时拆除无用跳线，并同步拆除保安器。

4. 施工和维护中进局电缆应遵循的原则
① 进局电缆对数的选择应根据总配线架竖列容量而定。
② 每条进局电缆的对数不小于 MDF 的每列容量，不足时也应满足本列容量，可使空闲芯线放置在局前人孔备用。
③ 为了提高管孔的利用率，进局电缆占用管孔应布放较大对数的电缆，支架托板位置应合理应用，电缆不得重叠交叉。
④ 进局电缆的外皮应保持完整无损，弯曲处应符合曲率半径的要求。全塑电缆应有定位措施，以防止电缆回位性变形。
⑤ 垂直电缆应采用铁箍垫以铅皮或塑料带固定于钢架上；平放电缆的铁托板上应包以铅皮或塑料垫；管口出线处在电缆上做衬垫后应堵封，以防进水；上线孔或槽道也应采取封堵措施，以防潮气侵入测量室内。

11.3.3 成端电缆

1. 局内成端电缆的选择及成端电缆双裁法把线编扎
① 成端电缆应选择阻燃、全色谱、有屏蔽的电缆，一般采用 HPVV 或 PVC 全塑电缆。
② 成端电缆的量裁。如果成端电缆只有一条时可以采用单裁法。做两条或更多条时应采用双裁法。双裁法是将一条电缆从当中分裁为两条，双裁后两条电缆的线序号相反，一条从外向里编号，一条从里向外编号。编裁方法如图 11-33 所示。

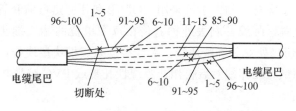

图 11-33 双裁方法

③ 编扎竖列把线根据配线架的高度采用不同程式的保安排容量。有穿线板的采用扇形式编扎，采用 20 回线保安排时把线每 5 对一出线，打双扣；无穿线板的按梳形编扎，把线每 100 对一出线，打双扣，扎成"Z"形弯，用塑料扎带（尼龙扎带）扎紧。

④ 编扎成端把线必须顺直，不得有重叠扭绞现象。用蜡浸麻线扎结须紧密结实，分线及线扣要均匀整齐，线扣扎结串联成直线。然后缠扎 1～2 层聚氯乙烯带（顺压一半）作为保护层，缠扎要紧密整齐、圆滑匀称。

⑤ 布设把线时，应先在配线架的横铁板上选定把线位置。在该处缠 2 层塑料条，再将把线顺入直列，上下垂直、前后对齐、不得歪斜，再用蜡浸麻线将把线绑扎在横铁板上。

⑥ 芯线与端子焊接时先分明 A 端、B 端，不得任意颠倒。再将芯线绝缘物刮净并绕在接线端子上两圈，锡焊时要求牢固光滑。

⑦ 保安排是绕线端子的，应采用绕线枪在接线端子上密绕 6 圈半，半圈为导线带有绝缘皮的，以防绝缘皮倒缩。

⑧ 保安排是卡接端子的，采用专用工具将线对压入刀片，余长线头自动切断，用手轻拉线对，检查是否卡接牢固。

2. 全塑电缆成端接头

(1) 热注塑套管法

① 将 HYA 电缆端头剥开 650 mm 以上并将单位芯线约 50 mm 处用 PVC 胶带扎牢。在电缆切口处安装屏蔽地线（规格根据电缆对数而定）。用自黏胶带固定小塑料管，将堵塞剂料灌注入小塑料管内，待 24 小时凝固后用 80 kPa 压力做充气试验。

② 在堵塞小管下边约 50 mm 处，采用热注塑方法注一个内端管，将大外套管套在 HYA 电缆上。

③ 根据上列电缆的外径在外端盖上打孔及打毛处理，然后套在电缆上。芯线采用模块接线排压接的方法进行接续。

④ 如果外套管内容量较大，25 回线模块排可加装防潮盒子，用非吸湿性扎带或 PVC 胶带将接线排捆扎牢固，测试检查有无坏线对。

⑤ 大套管与内端盖之间的接缝处打毛清洁，装好模具进行注塑，要求大外套正直。

⑥ 如果芯线接续模块已加装防潮盒，外端盒打毛后采用自黏胶带密封，并在外边缠两层 PVC 胶带保护。

⑦ 一般接线模块在大套管内必须注入 442 胶（填充电缆接头使用大 442 胶），灌满为止。再盖好外端盖，将大套管与内端盖之间的接缝处打毛清洁，采用自黏胶带密封，在外边缠两层 PVC 胶带保护。

⑧ 引出的屏蔽地线与地线排连接牢固。

(2) 热可缩套管法

① 根据成端接续接头对数的大小可采用"O"形和片型热可缩套管，并做清洁处理。

② 将电缆摆好位置，画线并剥去外护套，在每个单位的芯线端头约 50 mm 处用 PVC 胶带扎牢，并在电缆切口处安装屏蔽地线。芯线接续采用模块接线排。

③ 接续后进行测试，无坏线对后再用非吸湿性扎带或 PVC 胶带扎牢，同时恢复缆芯包带或缠两层聚酯膜带。

④ 安装铝衬。铝衬两端采用 PVC 胶带扎牢，要求铝衬位置端正。

⑤ 将热可缩外套管摆放在接头中央，根据要求在电缆接口两端用金属带保护，同时在上列电缆一端用分歧夹装好。

⑥ 如采用片型热可缩套管时，先把片型位置放好，装好金属拉链，电缆上装金属黏胶带，并在上列电缆一端装好分歧夹。

⑦ 采用乙烷进行热可缩套管加热烘烤，要求先烤中间后烤两端，火焰要均匀，烤至热可缩管花纹变色，两端流出热熔胶为止。

⑧ 片型管的金属拉链外应多烤，烤好后用木槌轻轻击打，使金属拉链与热可缩紧压效果好。

11.4 电缆交接箱

交接箱是用户配线电缆线路网中的一种成端设备。它的内部接线柱分别连接主干电缆和配线电缆，利用跳线使两端线对任意跳接连通，以达到灵活调度线对的目的。我国传统大多采用螺丝接线柱式交接箱，目前常用的交接箱有模块卡接式（科隆模块式和3M模块式）交接箱和旋转卡接式（直立式和斜立式）交接箱两种。

电缆交接箱的包装按产品规范进行，要防水、防震，附件另装盒子（袋）后再放入木箱，整机用塑料袋密封，箱外印有防雨、防潮、防震及方向标志。木箱外表应标明生产厂名、产品名称、型号、数量、出厂日期。

11.4.1 电缆交接箱结构

1. 结构

交接箱由接续排（接续模块）及列架、底座、电缆管夹、橡胶防水条带、跳线环、标志牌和箱体组成。如图11-34所示。

箱体上应有接地端子、备用线端子及其标记。接线排和箱体两侧留有100～150 mm操作空间。在箱体底部的电缆进出口等处应有良好的密封防潮措施。在箱体内成端，上列应有固定电缆的位置，下列应留有放置充气维护装置的位置。箱门板内侧应有存放测试夹、记录卡片和卡接专用工具等装置。产品应包括地脚螺栓、螺母、垫圈及专用工具等附件。

2. 交接箱分类及型号

（1）交接箱分类

按电缆芯线连接方式可分模块卡接式交接

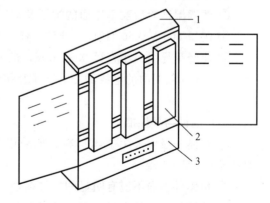

图 11-34 交接箱结构
1—箱体；2—接线排；3—箱座

箱和旋转卡接式交接箱两种。按箱体结构形式分单开门交接箱和双开门交接箱两种。按其进出线对总容量可分单面模块交接箱和双面模块交接箱两种。按交接箱内有无接线端子分无端子交接箱和有端子交接箱。

按其进出线对总容量可分为100、150、300、600、900、1 200、1 800、2 400、2 700、3 000、3 600 对等规格。

(2) 交接箱型号（如表11-9所示）

① 产品型号构成：XF5进出线总容量（用阿拉伯数字表示）产品顺序号、产品代号，表示通信电缆交接箱。

② 产品的完整标记由名称、标准号、型号构成。

标记示例：通信电缆交接箱YD×××—××XF590—3600，即表示总容量为3 600对的XF型通信电缆交接箱。

表11-9 交接箱型号

型号－容量/箱型	外形尺寸 高（mm）×宽（mm）×深（mm）	门的数量	传线板排+挂线排的列数/列
XF－300/300Z	1 400×660×240	一扇	三列，每列（100+100）对
XF－600/600K	1 400×1 200×240	二扇	六列，每列（100+100）对
XF－1 200/1 200G	2 000×1 200×240	二扇	上下各六列，每列（100+100）对
XF－400/3 400Z	1 400×660×240	一扇	四列，每列（100+100）对
XF－800/800K	1 400×1 200×240	二扇	八列，每列（100+100）对
XF－1 600/1 600G	2 000×1 200×240	二扇	上下各八列，每列（100+100）对

3. 技术指标

(1) 使用环境

① 环境温度－40 ℃～55 ℃。

② 相对湿度≤95%。

③ 在40 ℃时大气压强70～106 kPa。

(2) 电气性能

① 导线与接续端子之间的接触电阻小于3 MΩ。

② 任意互不导通的端子之间及端子与地之间的绝缘电阻≥$5×10^4$ MΩ。

③ 经潮湿试验后互不导通的端子及端子与地之间的绝缘电阻≥$5×10^4$ MΩ。

④ 耐压500 V（50 Hz）一分钟，任意互不导通的端子之间不击穿，无飞弧现象。

⑤ 能经受导线最小直径0.32 mm，最大直径0.8 mm，绝缘层最小直径0.7 mm，最大直径1.2 mm范围内的电线的200次重复接续，而其接触点仍符合接续模块夹定电线强度≥24 N。

(3) 机械物理性能

① 箱体一般应采用金属材料。如采用非金属材料时，其燃烧性能必须符合GB—4609中规定的FV－0级。

② 箱体外表面不应有明显的机械损伤，箱体内不应有焊渣等杂物。

③ 箱体外形的最大尺寸不应超过1 600 mm×1 100 mm×400 mm（高×宽×深）

④ 当箱体高度大于1 200 mm或交接箱的整体自重大于50 kg时，必须设置用于防风抗震和起重挂索的装置。

⑤ 箱体的各向受载的最低负荷值满足要求。

11.4.2 电缆交接箱安装

交接箱安装可分为架空式、落地式、墙式几种形式。

1. 交接箱安装的一般规定

交接箱安装位置应符合设计要求，交接箱的最佳装设地点除由主干电缆与配线电缆总长度决定外，还与交接区的地形及其他因素（基建投资、维护费等）决定。从理论上讲，它应安装在交接区的几何中心，配线电缆长度最短处。从主干电缆使用量来考虑，交接箱安装在交接区的起点为好。一般交接箱安装在靠近电话分局一方，或靠近电话分局一角引入主干电缆，但经常都安装在交接区的起点而略偏向交接区的中心，这样主干电缆长度短；分裂或合并新交接区时，安装新交接箱，改接电缆方便，用户线不会走回头线。

交接箱安装必须坚实、牢固、安全可靠，箱体横平、竖直，箱门应有完好的锁定装置。交接箱装配应零配件齐全，接头应无损坏，端子牢固。编扎好的成端电缆应美观，线束应与25对模块排中心位置对称均匀，在箱体内固定牢固。箱内布线合理、整齐、无接头、无障碍线对且不影响模块支架开启。交接箱编号、电缆及线序编号等标志应正确、完整、清晰、整齐。

注意事项（交接箱安装位置的选择）：

① 交接箱的最佳位置应为交接区内线路网中心偏向电话局的一侧。
② 符合城市规划，不妨碍交通并且不影响市容。
③ 应选定靠近人、手孔便于出入线的地方或新旧电缆的汇集点上。
④ 应选定位置隐蔽、安全、通风，便于施工维护，不易受到外界损伤的地方。
⑤ 在下列场所不得设置交接箱：

- 高压走廊和电磁干扰严重的地方。
- 高温、腐蚀严重和易燃易爆工厂、仓库附近及其他严重影响交接箱安全的地方。
- 规划未定型、用户密度很小、技术经济不合理等地区。
- 低洼积水的地区。

2. 架空交接箱

架空交接箱安装在城市郊区、地形低洼、建筑比较稀少的地区。避免闹市区及市容要求较高地区，不宜安装杆路转角处，否则应视实际情况加装拉线，以保持城市市容环境美观。根据主干电缆和配线电缆的敷设方式交接箱电缆引出管应视实际情况，分别采用上部引出（架空敷设）和下部引出方式（管道敷设）。如图11-35所示。

杆式交接箱的安装步骤：

① 立 H 杆。
② 安装上杆钉等附件。
③ 安装工作平台。
④ 安装交接箱箱体。
⑤ 穿放成端电缆。
⑥ 埋上杆铁管。
⑦ 制作箱外气塞。
⑧ 箱内各成端电缆屏蔽层引出线应连接在一起，经过有绝缘护套的地气线和地气棒连接，接地电阻≤10 Ω，

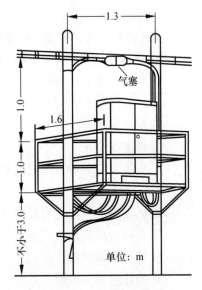

图 11-35 架空交接箱

但不得与箱体金属部分及平台相连接（箱体单独接地）。

3. 落地交接箱

落地交接箱应避免交通繁忙的地段及易受外力、外物撞击、坠落和严重化学腐蚀及地势低洼易积水的场所。单开门箱体安装在侧石线边时，箱门应向人行道一侧。双开门箱体安装在人行道里侧时，距建筑应≥60 mm。在人行道侧石线边时，箱体距人行道侧石线应≥60 mm。确保操作人员站在人行道上工作。根据主干电缆和配线电缆的敷设方式，交接箱电缆引出管应视实际情况，分别采用上部引出（架空敷设）和下部引出方式（管道敷设）。如图 11-36 所示。

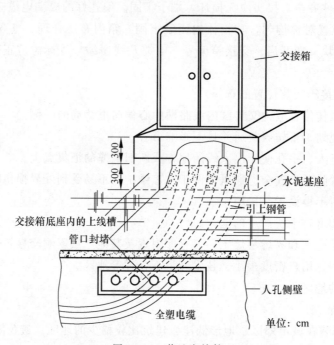

图 11-36　落地交接箱

落地式交接箱的安装分解图如图 11-37 所示。具体步骤如下：

① 测量并确定交接箱安装位置。

② 挖掘底座、电缆铁管敷设坑。

③ 敷设电缆管，并做底座浇模块、穿放管内铁线。

④ 编扎底钢盘。

⑤ 浇灌混凝土。

⑥ 安装预埋底框；预埋底框安放应是水平位置，应与底座上部水泥抹面持平，便于交接箱安装。

⑦ 电缆引上管应比混凝土基座高 20～60 cm，管口倒钝以免伤及电缆。

⑧ 清除预埋底框及底座上的杂物、浮灰。

⑨ 橡胶垫圈就位。

⑩ 箱体就位并紧固。

安装好的落地式交接箱如图 11-38 所示。

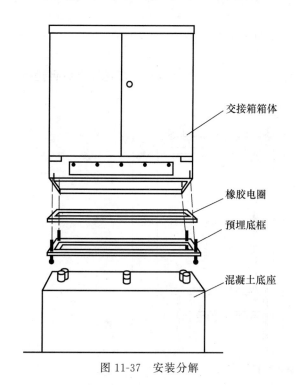
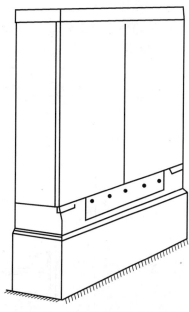

图 11-37 安装分解　　　　　　　图 11-38 安装好的落地式交接箱

4. 墙式交接箱

墙式交接箱安装位置应选择在坚实、平整的墙面，应避免脏、潮及易遭外物坠落之处，避免安装在焚火区，必要时做好安全措施。墙式交接箱安装有室内和室外两种形式。室内安装如图 11-39（a）所示，宜采用下方引出电缆管形式，箱体底部距地坪 1 000～1 200 mm，箱体距墙角≥600 mm；室外安装如图 11-39（b）所示，宜采用上方引出电缆管形式，箱体底部距地坪 1 000～1 300 mm，箱体侧部距墙角≥1 500 mm。

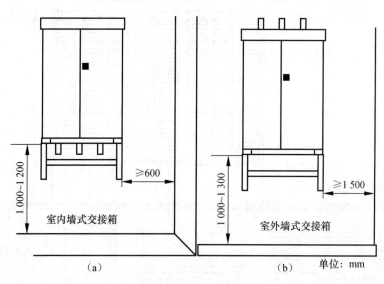

图 11-39　墙式交接箱
（a）室内安装；(b）室外安装

安装步骤如下：

① 墙面凿洞，放置小号膨胀螺丝。螺丝位置如图 11-40 所示。
② 固定箱体的托架。
③ 安装箱体。箱体安装的凿墙洞及膨胀螺丝的安放也可在箱体安放在托架上后再进行，如图 11-40 所示。

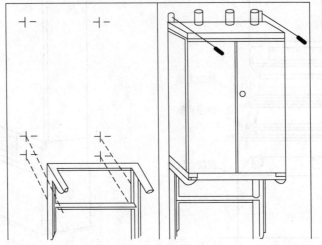

图 11-40 墙式交接箱安装

5. 交接间的交接配线架

交接间的位置一般应选择在朝阳通风处，面积在 $10\sim15\ m^2$。在住宅小区应选择在一层楼为宜，电缆易于进入房间。

交接配线架安装步骤如下：

① 地下电缆槽道，宽不小于 600 mm，深 400 mm，长可以根据具体情况而定，槽道上口需装有盖板。如图 11-41 所示。

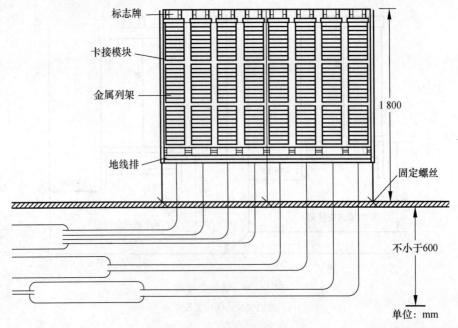

图 11-41 交接配线架安装

② 如交接间内无法做电缆道时,也可以铺设地板。

③ 交接配线架,可分为立式和墙壁式两种,立式设置在地槽的一侧。墙壁式的上端穿钉距地面不得超过 1 800 mm,接线端子可采用模块接线排和旋转卡夹端子。

④ 地线排连接各条电缆屏蔽接地及地线棒。

6. 交接箱接线顺序和线缆排列

① 单面交接箱以面对列架,自左(为第一列)往右顺序编号,每列的线序号自上往下顺序编号。

② 双面交接箱可分为 A 列端和 B 列端,A 列端的线序自左(为第一列)往右顺序编号,每列的线序号自上往下顺序编号。A 列端结束,B 列端再继续往下编号。

③ 主干电缆和配线电缆的安装原则是主干电缆安装在中间的模块列,配线电缆安装在两侧的模块列,局线(容量)与配线(容量)之比例以 1∶1.5～1∶2 为宜,局线(主干线)和配线的安装位置原则上局线在中间列(第二列、第三列),配线在两边(第一列,第四列),首先选用相邻局线(主干线),这样可以节省跳线,跳线交叉也少。如图 11-42 所示。

7. 成端线把绑扎

① 一般,成端线把外护层开剥长＝箱内列高＋50 cm。

② 线把绑扎部分用宽 20 mm PVC 透明薄膜带以重叠二分之一绕扎。

③ 线把绑扎,按色谱以一个基本单位 25 对线为一组线,以大号到小号依次绑扎,每束(组)的出线间距应以每个 25 对模块板中心位置相对应一致。每组线束出线成一条直线。如图 11-43 所示。

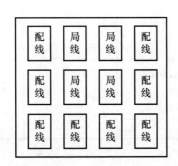

图 11-42 局线配线安装位置

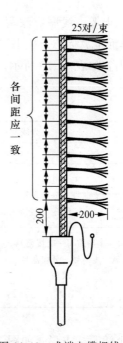

图 11-43 成端电缆把线

④ 成端电缆固定应牢固、美观、横平竖直、不扭曲。电缆弯曲的曲率半径应符合要求。成端电缆芯线与模块接线端子连接。

8. 跳线

交接箱跳线连接主干电缆和配线，跳线是线径 0.5 mm 的塑料绝缘对绞线，有区别 a，b 线的（绿白、黑白或红白）对绞线（重要线对用绿白跳线，普通线对用红白跳线）。如图 11-44 所示。

跳线连接分直立式插入旋转模块的跳线连接和斜立式插入旋转模块的跳线连接。跳线布放必须经穿线环，横平竖直，松紧适度；跳线一律在模块左端引出，模块间跳线不得交叉、缠绕，跳线不得损伤导线及绝缘层，中间不得有接续点。跳线在箱内布放走向符合规定。测试线对时应使用专用测试夹。如图 11-45 所示。测试夹两插脚平行插入测试孔，捏紧测试夹弹簧夹，弹簧夹端部嵌入端帽肩，检测线务连接情况。

图 11-44　跳线

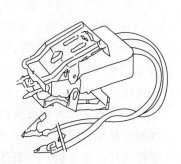

图 11-45　测试夹

9. 标签

① 箱号、电缆、线序应漆写（印）在箱门背面；配线表应放置在箱门内侧专用斗内。箱内各模块单元上放标志条应书写相应电缆号及线序。

② 漆写内容如表 11-10 所示。

表 11-10　漆写内容

内容	分线交接设备编号原则		实侧	
	分线盒	交接箱	分线盒	交接箱
直接或复接配线	主干电缆 支缆号—分线盒号 线序	—	6506 1—2 1—10	—
一级交接箱	本局缩写—交接箱号 主缆号—分线盒号 线序	本局缩写—交接箱号主缆号 分线盒号 配线电缆号 线序	HT—3 1—2 1—10	HT—3 6506 9—500 01 9—400 02 9—300

③ 箱门上漆写标志形式如图 11-46 所示。

④ 箱内各模块单元上方标志条应书写相应电缆名及线序，如图 11-47 所示。

图 11-46　漆写内容

图 11-47　标志条

⑤ 模块列号以面对交接箱自左向右顺序编号。

60 双面开门箱体以临街箱门为正面（A），每一模块单元（100 回线）线序用单元号自上向下顺序编号。

11.5　电缆分线盒

分线设备是配线电缆的终端。其具有分线和下线功能，但不具有电缆接续各分支的功能。一般是一边连接配线电缆，另一边通过皮缆（大对数双绞线）和用户话机相连。便于日常检修障碍或装拆移机业务。

11.5.1　分线设备的分类

分线设备包括分线箱和分线盒。分线箱是一种带有保安装置的分线设备，安装在电缆网的分线点或配线点上，用来沟通配线电缆的芯线和用户终端设备（话机）。分线盒是一种不带保安装置的电缆分线设备,其作用与分线箱完全相同。

1. 分类

按其用途不同,可分为室外电缆分线盒和室内电缆分线盒。

按其接续方式不同,可分为压接式分线盒和卡接式分线盒。

按其安装方式不同,可分为挂式分线盒和嵌式分线盒。

2. 规格

分线盒按其容量分为 5、10、20、30、50、100 回线等规格。

3. 标记

产品的完整标记由名称、标准号、型号构成。

标记示例:市内通信电缆分线盒 YD/T 740—95XFO—011—10。

表示总容量为 10 回线的 XFO—03 型市内通信电缆分线盒。

11.5.2 分线设备结构

分线设备产品由盒体、盒盖和接线排构成,如图 11-48 所示。分线箱的外形多为圆筒形(也有长方形)外壳,由铸铁制成(便于接地),箱内有内、外两层接线板,每层接线板上设有接线端子(线柱)。内层接线端子与分线箱的尾巴电缆相连,通过尾巴电缆和局方芯线相连通;外层接线端子与用户皮线连通;内外两层间串联有熔丝管;外层接线板与箱体之间有避雷器。结构如图 11-49 所示。

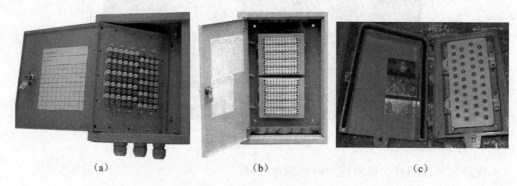

图 11-48 电缆分线盒

(a) xfo—03;(b) xfo—165;(c) 20 对室外分线盒

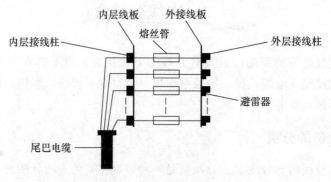

图 11-49 分线箱结构

目前用户的引入线主要采用铜包钢平行线和双绞线。平行线线路经过长期的自然侵蚀，出现外皮老化、绝缘差、障碍发生频次较高等现象，线路质量下降，使网络和业务进一步发展存在一定的隐患；双绞线平衡特性优良，抗干扰能力强，适应固化和高速带宽服务。

用户引入线长度不超过 200 m，且从下线杆至第一个支撑点的距离不超过 50 m。同一方向用户引入线不超过 6 条时，应用电缆延伸。用户引入线与电力交叉间距不得小于 40 cm。跨越胡同或街道时，其最低点至地面垂直距离应不小于 4.5 m，跨越挡内不得有接头。剥除皮线绝缘物时，不得损伤芯线。皮线的导线应连接在分线设备接线柱螺母的两垫片之间并绕接线柱一周以上。分线设备内皮线走向应整齐、合理、连接良好，皮线出分线设备口应有余线、弯曲部分。用户引入设备有绝缘子（多沟、鼓形、小号、双重绝缘子等）、插墙担、L 形卡担、地线装置、用户保安器等。在电杆上装设绝缘子的方位应装在线路有下线的一侧，线路两侧均有用户时，应在电杆两侧分别装设。

11.5.3 分线设备安装

分线设备是配线电缆的终端设备。分线设备在电杆及墙壁上安装，不论采用木质或金属背架均要求牢固、端正、接地良好。具体尺寸如图 11-50（a）、（b）、（c）所示。

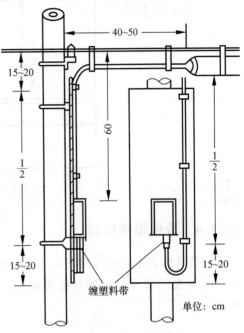

图 11-50（a） 架空安装

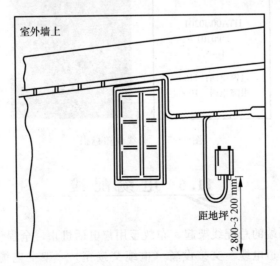

图 11-50（b） 墙壁室外分线盒安装

（距墙边大于 1 500 mm）

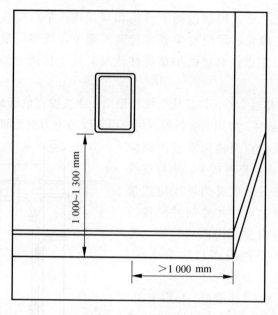

图 11-50（c） 壁龛安装

11.5.4 分线设备标识

分线盒标识采用箱体喷字方式，分线盒喷涂蓝色运营商标志（电信、移动、联通）、编码、成端配线线序、报警、报障电话，字体为黑体，字号以清晰可见为宜。如图 11-51 所示。

图 11-51 分线盒盖标识

11.6 电缆配线

市话电缆路由从局端的总配线架起，布放至用户电话机止，全程包括：交换机—局端总配线架—成端电缆—管道电缆—交接设备（电缆交接箱）—架空电缆—分线设备（交接设备）—引入设备—用户电话机。

用户线对一般是通过用户电缆接到局端，用户电缆分成主干电缆和配线电缆两个部分，再加上用户进线，一起组成用户线路网（接入网）；它的建设成本占整个市话网总建设成本的50%以上。

在电话网电缆线路中,电缆配线是一个重要的课题。一个良好的配线系统,不仅有较高的灵活性和最佳的传输性能,而且要有较高的芯线利用率,以便于维护和调度。

为了适应用户的逐渐增多和部分用户迁移的需要,在考虑电缆芯线的分配时,必须保留若干备用线对,以便在用户要求迁移、急需装机以及在发生故障时能及时调度。所以电缆芯线线对的利用率不能达到100%,通常最高只能达到80%~90%。

常用的配线方式有:直接配线、复接配线、交接配线、自由配线。

1. 直接配线

直接配线是把电缆芯线直接分配到分线设备上,分线设备之间不复接,彼此之间没有通融性。电缆芯线线对从配线点(分线点)递减,不递减时也不复接,将该接头中多余的芯线切断;在电缆接头内做甩线(或称备用线)处理(如图11-52所示)。

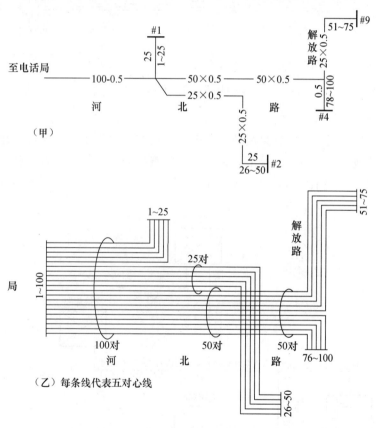

图 11-52 直接配线

2. 复接配线

复接是为了适应用户变化,即同一对线接入两三个分线箱(盒)内,这样既增加了设备的通融性,同时又提高了芯线的使用率。

复接可以按需要在少数分线箱(盒)间进行,也可在整条电缆上进行系统的复接。复接配线应根据用户密度、发展速度、末期用户数、配线区分割等因素综合考虑。既要适用于用户发展较为平均且密度大致均匀的地区,又要适用于用户发展不平均和密度不均匀并需要较高通融率的地区。如图 11-53 所示。

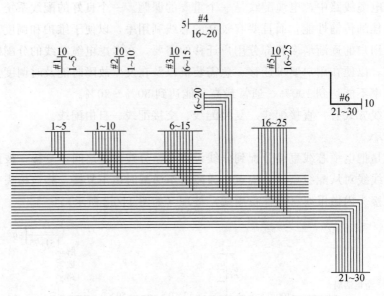

图 11-53 直复接配线

3. 交接配线

交接配线一般适用于用户密集区域，其范围是由交接箱配出若干条配线电缆，以每 100 对电缆所覆盖的地区作为一个交接配线区，将线序直接分配至各分线箱（盒）设备上，配线区芯线利用率在 70％左右。如图 11-54 所示。

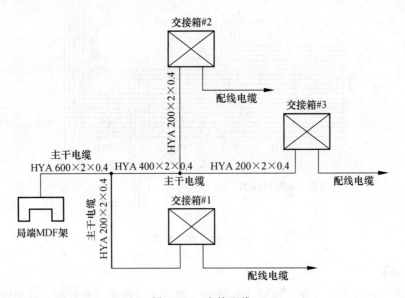

图 11-54 交接配线

4. 自由配线

自由配线是指架空电缆线路使用全塑全色谱电缆在任何需要配线的地方，提取电缆中任何一对芯线的配线方法。如图 11-55 所示。

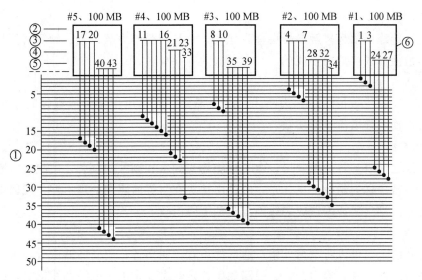

图 11-55 自由配线

该种配线方式虽然灵活多变,但缺少对电缆线路的总体设计与规划,容易造成电缆资源的管理混乱;而且自由配线的施工工艺对电缆的质量会造成极大的影响,不利于后期维护。所以不建议采用自由配线方式。

11.7 电缆芯线障碍检修

通信线路设备是我国公用通信网的重要组成部分,用以传输音频、数据、图像和视频等通信业务。目前线路设备由电(光)缆及其附属设备(线路设备)组成。为加强通信线路设备的维护管理,使其经常处于良好状态,保证通信网优质、高效、安全运行,因此掌握电(光)缆线路的常见障碍及维护技术要求对维护工作极其重要。

在日常维护工作中,电缆发生故障时应尽快地恢复通话,必要时采取"先重点后一般"和"抢多数,修个别"的原则,迅速排除障碍并防止扩大范围,确保电话畅通。这样就需要维护人员在排除故障时,首先应判断故障的性质,并选择仪器及时测定障碍位置,再进行修复工作。要做到测量结果准确,应做到以下几点:

- 对于测量基本原理和仪表的使用方法必须掌握。
- 对于导线的变化要有准确的记录。
- 测量过程中,应注意温度对导线电阻的影响。
- 测量时操作要小心,测量要耐心,观察要细心。

11.7.1 通信电缆障碍的分类

通信电缆障碍主要包括混线、地气、断线、绝缘不良和串、杂音等(如表 11-11 所示)。

1. 混线

同一线对的芯线由于绝缘层损坏相互接触称为混线,也叫自混;相邻线对芯线间由于绝缘层损坏相碰称为它混。接头内受过强拉力或受外力碰损使芯线绝缘层受伤的部位常造成混线情况。

2. 地气

电缆芯线绝缘层损坏碰触屏蔽层称为地气，它是因受外力磕、碰、砸等磨损坏缆芯护套或工作中不慎使芯线接地而形成的。

3. 断线

电缆芯线一根或数根断开称为断线，这种现象一般是由于接续或敷设时不慎使芯线断裂、受外力损伤、强电流烧断所致。

4. 绝缘不良

电缆芯线之间以塑料为绝缘层，由于绝缘物受到水和潮气的侵袭，使绝缘电阻下降，造成电流外溢的现象称为绝缘不良。它一般是由接头在封焊前驱潮处理不够，或因电缆受伤浸水，或充气充入潮气等原因造成芯线绝缘长期下降所致。

5. 串、杂音

在一对芯线上，可以听到另外用户通话的声音，叫串音；用受话器试听，可以听到"嗡嗡"或"咯咯"的声音，称为杂音。线路的串、杂音主要是由于电缆芯线错接，或破坏了芯线电容的平衡、线对接头松动引起电阻不平衡、外界干扰源磁场窜入等影响而造成的。

表 11-11 电缆芯线障碍表

障碍种类		符号	图示
混线	自混	C	
	他混	MC	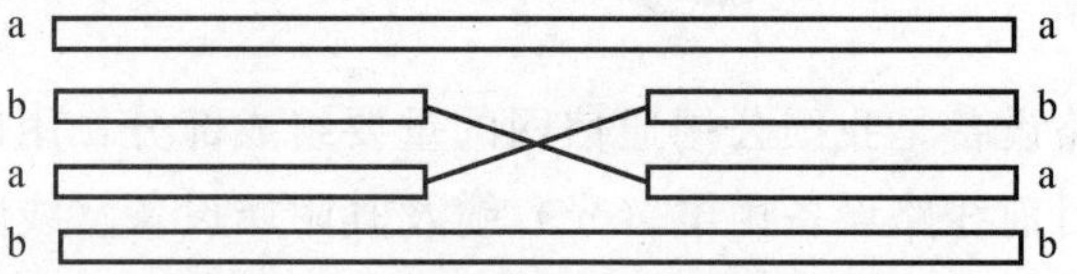
地气		E	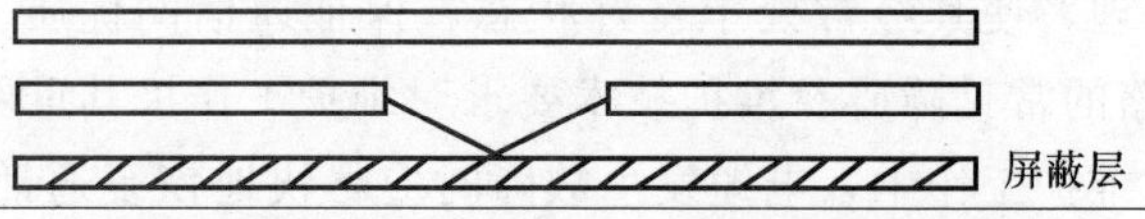 屏蔽层
断线		D	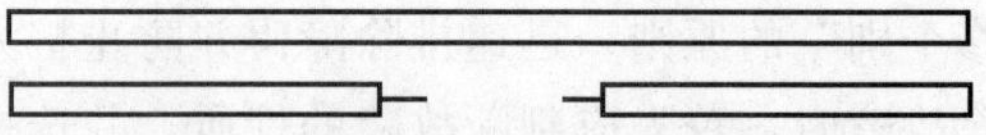
绝缘不良		INS	 缝洞
错接	反接	反	
	差接	差	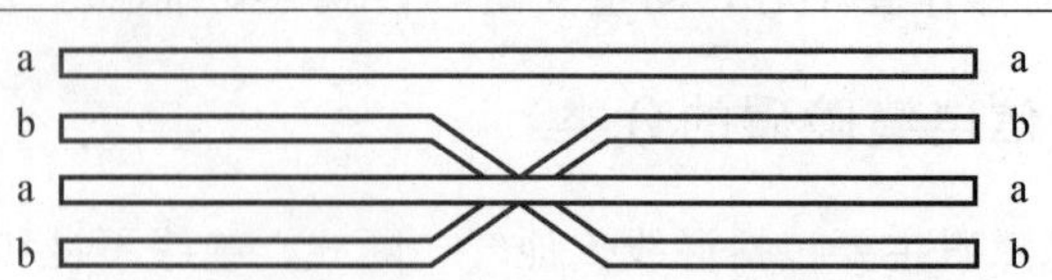
	交接	交	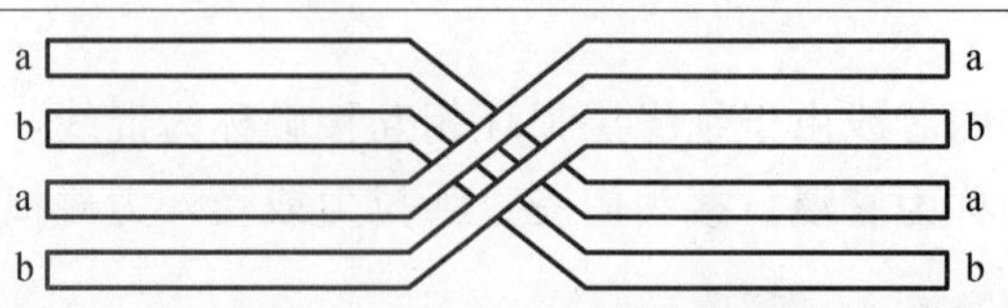

实际电缆障碍可能是几种类型障碍的组合。比如：芯线接地障碍同时会造成线对自混；在电缆浸水、受潮比较严重时，所有的芯线及芯线对地之间的绝缘电阻均很低，就同时存在自混、接地和它混障碍现象。因此，在判断障碍性质时应注意加以鉴别。

11.7.2 通信电缆线路障碍测试及步骤

电缆线路障碍测试一般包括障碍性质诊断、障碍测距与障碍定点三个步骤。

1. 障碍性质诊断

在线路出现障碍后，使用兆欧表、万用表、综合测试仪等确定线路障碍性质与严重程度，以便分析判断障碍的大致范围和段落，选择适当的测试方法。

当电缆发生障碍后，应对障碍发生的时间、产生障碍的范围、电缆所处的周围环境、接头与人孔井的位置、天气的影响及可能存在的问题进行综合考虑。

2. 障碍测距

使用专用测试仪器测定电缆障碍的距离又叫粗测，即初步确定障碍的最小区间。

3. 障碍定点

根据仪器测距结果，对照图纸资料，标出障碍点的最小区间，然后携带仪器到现场进行测试，做精确障碍定位。这时，可根据所掌握的电缆线路的实际情况，结合周围环境，分析障碍原因，发现可疑点，直至找到障碍点。例如，发现在确定障碍的范围内有接头，就大致可以判定障碍点就在接头内。在现场还可以采用其他辅助手段，如使用放音法、查找电缆漏气点等找出障碍点的准确位置。一般来说，成功的障碍点查找要经过以上三个步骤，否则欲速则不达。

11.8 电缆线路设备的维护

11.8.1 线路设备的维护要求

1. 维护具体内容

线路设备维护分为日常巡查、障碍查修、定期维修和障碍抢修，由线路维护中心组织区域工作站实施。

2. 维护必做工作

① 严格按照上级主管部门批准的安全操作规程进行。

② 当维护工作涉及线路维护中心以外的其他部门时，应由线路维护中心与相应部门联系，制定出维护工作方案后方可实施。

③ 维护工作中应做好原始记录，遇到重大问题应请示有关部门并及时处理。

④ 对重要用户、专线及重要通信期间要加强维护，保证通信。

11.8.2 主要维护指标及测试要求

1. 全塑市话电缆线路的维护项目及测试周期（见表 11-12）

2. 全塑电缆线路的维护指标

① 全塑电缆绝缘电阻维护指标最小值见表 11-13。

表 11-12 全塑市话电缆线路的维护项目及测试周期

序号	测试项目	测试周期
1	空闲主干电缆线对绝缘电阻 用户线路全程绝缘电阻（包括引入线及用户终端设备） 用户线路绝缘电阻（不包括引入线及用户终端设备）	1次/年，每条电缆抽测不少于5对 自动：1次/3～7天 投入运行时测试，以后按需要进行测试
2	单根导线直流电阻、电阻不平衡、用户线路环阻	投入运行时或障碍修复后测试
3	用户线路传输衰减	投入运行时及线路传输质量劣化和障碍修复时
4	近端串音衰减、远端串音防卫度	投入运行时测度，以后按需要进行测试
5	电缆屏蔽层连通电阻	投入运行时测试，以后每年测试一次

表 11-13 全塑电缆绝缘电阻维护指标最小值（20 ℃）

线路类型	线路情况	维护指标
用户电缆线路	主干电缆空闲线对，测试电压 250 V	50 MΩ
	用户线路（连接有 MDF 保安单元和分线设备，不含引入线），测试电压 100 V	30 MΩ
	用户线路（包括引入线及用户终端设备），测试电压 100 V	500 kΩ

注：投入运行维护时，各类电缆线路的绝缘电阻指的是每对导线的导体间或导体与地间的绝缘电阻

② 全塑电缆直流电阻环阻、电阻不平衡维护指标见表 11-14。

③ 全塑电缆线路近端串音衰减维护指标见表 11-15。

④ 全塑电缆屏蔽层连通电阻维护指标（20 ℃）如下：

- 全塑主干电缆：≤3.6 Ω/km
- 全塑架空配线电缆：≤5.0 Ω/km

注意：电缆屏蔽层连通电阻指施工中的屏蔽层用屏蔽连接线全线连通后测试的电阻值。

表 11-14 全塑电缆直流电阻环阻、电阻不平衡维护指标（20 ℃）

类型	维护指标项目	维护指标
环路电阻	用户电缆线路（不含话机内阻）最大值	程控局：1 500 Ω
电阻不平衡	其他全塑电缆	平均值≤1.5% 最大值≤5.0%

注：电阻不平衡，计算公式为：电阻不平衡=$(R_{max}-R_{min})/R_{min}\times 100\%$

表 11-15 全塑市话电缆线路近端串音衰减维护指标

线路类型	维护指标
电缆任何线对间（频率 800 Hz）	不小于 70 dB
线点的两用户线对间（频率 800 Hz）	不小于 70 dB

注：线路长度超过 5 km 时应进行两端测试

3．线路设备定期维护项目和周期（见表 11-16）

表 11-16 定期维护项目及周期

项目	维护内容	周期	备注
架空线路	整理、更换挂钩，检修吊线	1次/年	根据巡查情况，可随时增加次数
	清除电缆、光缆和吊线上的杂物	不定期进行	
	检修杆路、线担，擦拭隔电子	1次/半年	根据周围环境情况，可适当增减次数
	检查清扫三圈器及其引线	1次/月	

续表

项目	维护内容	周期	备注
管道线	人孔检修	1次/2年	清除孔内杂物,抽除孔内积水
	人孔盖检查	随时进行	报告巡查情况,随时处理
	进线室检修[电缆(光缆)整理、编号、地面清洁、堵漏等]	1次/半年	—
	检查局前井和地下室有无地下水和有害气体	1次/月	有地下水和有害气体侵入,应追查来源并采取措施
充气维护	气压测试,干燥剂检查	不定期进行	有自动测试设备每天1次
	自动充气设备检修	1次/周	放水、加油、清洁、功能检查
	气闭段气闭性能检查	1次/半月	根据巡查情况,可随时增加次数。有气压监测系统的可根据实际情况安排巡查次数
防雷	接地装置、接地电阻测试检查	1次/年	雷雨季节前进行
	PCM再生中继器保护地线、接地电阻测试检查	1次/年	雷雨季节前进行
	防雷地线、屏蔽线、消弧线的接地电测试检查	1次/年	雷雨季节前进行
	分线设备内保安设备的测试、检查和调整	1次/年	雷雨季节前测试、调整,每次雷雨后检查
用户设备	投币电话、磁卡电话巡修	1次/年	结合巡查工作进行
	IC卡电话巡修	1次/季	
	普通公用电话巡修	1次/季	
	用户引入线巡修	1次/2年	
接分线设备	交接设备、分线设备内部清扫,门、箱盖检查,内部装置及接地线的检查	不定期进行	结合巡查工作进行
	交接设备跳线整理、线序核对	1次/季	
	交接设备加固、清洁、补漆	1次/2年	应做到安装牢固,门锁齐全,无锈蚀,箱内整洁,箱号、线序号齐全,箱体接地符合要求
	交接设备接地电阻测试	1次/2年	
	分线设备清扫、整理上杆皮线	1次/2年	应做到安装牢固、箱体完整、无严重锈蚀,盒内元件齐全,无积尘,盒编号齐全、清晰
	分线设备油漆	1次/2年	
	分线设备接地电阻测试	20%/2年	

4.充气维护

① 除填充电缆、光缆外,全部铅包电缆、非填充地下全塑电缆、光缆都必须施行充气维护。

② 气压监测系统应24小时进行实时监测,有告警时应立即打印并派修。

③ 充入光/电缆中的干燥空气或氮气的露点不得高于-16 ℃,且不能含有灰尘或其他杂质。

④ 光/电缆的充气维护气压:

充气端气压;临时充气不得超过150 kPa,自动充气不得超过80 kPa。

气压平稳后,全塑电缆及光缆的气压应保持在40～50 kPa。

最低告警气压(气压下限的允许值,20 ℃):

- 地下电/光缆:30 kPa;
- 架空电/光缆:20 kPa。

⑤ 原则上以每条光/电缆为一个气闭段。当光/电缆较短时,可以把结构相近的几条连通构成一个气闭段。

⑥ 气闭段任何一端气压每 10 昼夜下降不应超过 4 kPa。超过 4 kPa 时应列入维修计划，尽早查修。当气闭段的任何一端气压每昼夜下降达 10 kPa 时属于大漏气，必须立即查找漏气部位，直至修复。

⑦ 在查找和修复线路设备的漏气障碍时，应确保线路设备的安全，绝不能因查漏而引起线路设备传输性能的下降甚至中断通信，严禁在全塑电缆中充入氟利昂或乙醚等有害气体。

5. 配套设备的维护和管理

① 气压遥测系统要每天检查系统端机是否良好，端机有问题应先修复。

② 自动充气设备由区域工作站派专人负责管理和维护，发现问题应及时修复。

③ 防雷、防强电装置的维护：

- 地面上装设的各种防雷装置在雷雨季节到来之前，应进行检查，测试其接地电阻。不符合要求时，应及时处理、整治。每次雷雨后进行检查，发现损坏应及时修复和更换。

- 地下防雷装置应根据土壤的腐蚀情况，定期开挖检查其腐蚀程度，发现不符合质量要求的应及时修复、更换。

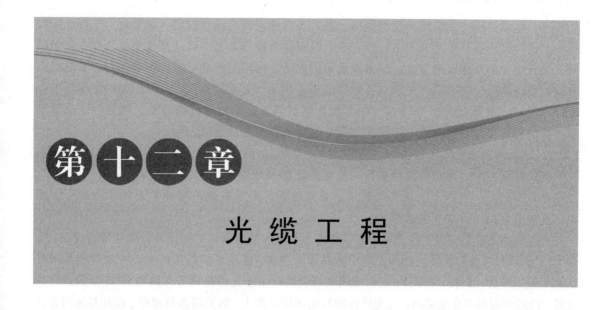

第十二章 光缆工程

教学内容

1. 光纤熔接及光缆接续
2. 光缆接头盒制作
3. 光缆 ODF、交接箱和分线盒的成端

技能要求

1. 掌握光纤熔接机原理及操作
2. 掌握光缆接头盒制作的步骤及技能
3. 掌握光缆 ODF 成端、光缆交接箱和分线盒成端的技能

光缆通信线路工程分为准备、敷设、接续、测试、竣工验收五个阶段。光缆敷设(布放)的内容前面已经讲过,本章重点介绍光缆接续和成端原理及专业技能。

12.1 光缆接续

12.1.1 光缆接续要求

1. 光缆接续及安装工序内容

光缆在局、站以外的线路光缆间连接操作叫作光缆接续。光缆接续,一般是指机房光纤分配架(ODF 架)或线路终端盒(T-BOX)以外的光缆接续。每一个光缆接头包括以下内容:光缆接续准备,接头盒组件安装;加强件固定或引出;铝箔层、铠装层连接或引出;远供或业务通信用铜导线的接续;光纤的连接及连接损耗的监控、测量、评价和余留光纤的收容;接头盒内对地绝缘监测线的安装;光缆接头处的密封防水处理;接头盒的封装(包括封装前各项性能的检查);接头处余留光缆的妥善盘留;接头盒安装及保护;各种监测线的引上安装;架空、管道、埋式光缆接头盒的安装;接头标石的埋设安装。

2. 接续材料的质量要求

光缆接头盒必须是经过鉴定的合格产品,埋式光缆的接头盒应具有坚固机械性能和良好的防水、防潮性能。光缆接头盒的规格、程式及性能应符合设计规定。对于重点工程，应对接头盒进行试连接并熟悉其工艺过程，必要时可改进操作工艺，确认接头盒是否存在质量问题。光纤接头的增强保护方式，应采用成熟的方法。采用光纤热可缩保护增强时，其热可缩管的材料应符合工艺要求。光纤热可缩管应有备用品。光缆接头盒、监测引线的绝缘应符合设计规定，一般要求接近"$+\infty$"。铜导线连接材料不宜采用绝缘纸套管。加强件、金属层等连接应符合设计规定方式，连接应牢固，符合操作工艺的要求。

3. 连接方法及应用场合

光纤连接技术，通常指光纤熔接，是光纤应用领域中最广泛、最基本的一项专门技术。无论是从事研究、生产，还是工程施工、日常维护，对于多数工程技术人员和技术工人来说，无疑是一门不可缺少的基本功。

光缆线路工程要把若干段光缆中各条光纤永久地连接成满足工程设计长度的传输线路；光缆 ODF 配线架需要将光纤尾纤和光缆中光纤永久连接。这些光纤连接的主要方法有电弧熔接法和机械连接法（粘接、匹配）；同时配线架提供跳纤由于光传输设备光路和 ODF 架的光路的连接，能随时拆卸调度或更换；在光纤传输性能测量工作中，需要将测量尾纤、假纤与被测光纤间耦合、连接等临时连接等。其主要方法有 V 形槽对准、弹性毛细管连接和临时性固定连接。

4. 光纤连接的要求

光纤连接的要求根据使用的寿命及方法来确定。光纤固定连接主要用于光缆传输线路中光纤的永久性连接。这种连接习惯上称为光纤熔接。它是光缆线路工程中的一项关键性技术，光纤接续质量的优劣不仅直接影响光缆传输损耗（传输距离的长度），而且影响系统使用的稳定性、可靠性。同时固定连接点多、光缆线路长且面广，接续工作对工期、效益有非常重要的意义。因此，对光纤的固定连接提出要求为连接损耗要小，能满足设计要求，且应具有良好的一致性；连接损耗的稳定性要好，一般接头要求在 $-20\ ℃\sim 60\ ℃$ 范围内温度变化时不应有附加损耗产生；具有足够的机械强度和使用寿命；操作尽量简便，易于操作；接头盒体积小，易于放置和保护；熔接费用低，材料易于加工或选购。

目前，光纤固定连接，多数采用电弧熔接法。虽然它对熔接设备的精度要求很高，但熔接法接头基本上满足了上述要求。良好的熔接平均损耗普遍可以降到 0.08 dB 以下，其长期稳定性也比较好，即使条件恶化，温度变化较大时附加损耗也一般小于 0.1 dB。在连接方法中，人们常提到的有机械连接法和粘接法。依据现在的技术状况，这两种方法实际是一种方法。因为机械法还是要用匹配液或具有相近折射率的透明胶剂黏合，如美国 AT&T 公司的旋转机械连接法就是这样的方法。这一方法在国内外都有使用实例。机械连接法施工较方便，可省去熔接机，但由于机械连接构件精度要高，其成本也较高。

5. 接续损耗产生的原因

理论上的光纤连接，若光纤参数一致，则其连接损耗可以为零或很小。但实际中光纤存在不同程度的失配，工艺条件、操作技能难以达到使光纤无偏差的对准。因此，光纤连接损耗目前还无法克服。

20 世纪 70 年代，商用化的连接损耗指标为 0.5 dB，表明任何一种连接方法达到这一水平，就可以在工程上使用了。随着光纤制造工艺的提高和连接方法、技术的改进，光纤的连接损耗已大大降低，目前不论多模光纤，还是单模光纤，其平均损耗为 0.1 dB 是不难做到的；一致性好的光纤已可以实现小于 0.1 dB。连接器的活动接头损耗也已实现小于 1 dB，优质连接器已实现小于 0.5 dB。

12.1.2 光纤熔接

光纤熔接法是光纤连接方法中使用最广泛的一种。它是采用电弧焊接的方法，即利用电弧放电产生高温，使连接的光纤熔化而焊接成为一体。成功的熔接接头在显微镜下观察，找不到任何痕迹，熔接是实现光纤真正连接的唯一有效的方法。

电弧法熔接光纤

光纤熔接机主要由高压电源、光纤调节装置、放电电极、控制器及显微镜（或显示屏幕）等组成。

目前，光纤熔接方式，国际上基本都是采取预放电熔接方式。1977 年，日本 NTT 公司首先改进成的预放电方式，通过预熔（0.1～0.3 s）将光纤端面的毛刺、残留物等清除，使端面趋于清洁、平整，使熔接质量、成功率有了明显提高。

采用空气预放电熔接的装置、设备被称为光纤熔接机。由于光纤的不同和技术进步，促使其功能、性能不断完善和多功能机种出现。目前研制生产光纤熔接机的国家、厂家不少，就熔接机的种类来说，按一次熔接光纤数量可分为单纤（芯）熔接机和多纤（芯）熔接机两种。单纤（芯）熔接机是目前使用最广泛的一种常用机型，多纤（芯）熔接机主要用于带状光缆的连接。按光纤类别可分为多模熔接机、单模熔接机和多模/单模熔接机三种。一般情况下，多模熔接机不能用于单模熔接，单模熔接机可用于多模熔接，但不经济。多模/单模熔接机可通过转换控制机构实现多模和单模光纤的熔接。

光纤熔接机结构及熔接

光纤熔接过程及其工艺流程如图 12-1 所示。工艺流程是确保连接质量的操作规程，对于现场正式熔接，应严格掌握各道工艺的操作要领。

光纤熔接

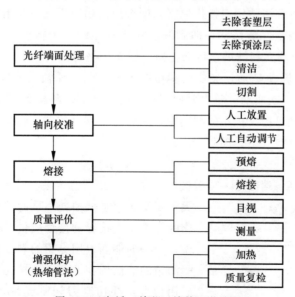

图 12-1 光纤（单芯）熔接工艺流程

1. 穿热缩管

将热缩管穿入要熔接的光纤上，用于保护光纤熔接点。

2. 光纤端面处理

光纤端面处理，习惯上又称端面制备。这是光纤连接技术中的一项关键工序，尤其对于熔接法连接光纤来说极为重要。光纤端面处理包括去除套塑层、清洁、去除预涂覆层、清洁和切割制备端面。

（1）去除套塑层

松套光纤去除套塑层，是将松套切割钳在离端头规定长度（视光缆护套规定）处卡住套塑层，用力拨，力度要到位适中，不能伤及光纤，再轻轻从光纤上退下工具。一次去除长度一般不超过 30 cm，当需要去除较长长度时，可分段去除。去除时应操作得当，避免损伤光纤。可以使用裁纸刀在套塑管上下割，不能伤及光纤，上下折套塑管数下，用力拉套塑管。这种方法利用套塑管的脆性，可长距离去除套塑管。

（2）去除一次涂层

一次涂层又称预涂覆层，去除时，应干净、不留残余物，否则放置于微调整架 V 形槽后，影响光纤的准直性。这一步骤，主要是针对松套管光纤而言。光纤涂层剥离钳去除法，用这种专用剥离钳去除，方便迅速，如图 12-2（a）所示。

剥纤应掌握平、稳、快三字剥纤法。"平"，即持纤要平。左手拇指和食指捏紧光纤，使之成水平状，所露长度以 5 cm 为宜，余纤在无名指、小拇指之间自然打弯，以增加力度，防止打滑。"稳"即剥纤钳要握得稳。"快"，即剥纤要快，剥钳应与光纤垂直，上方向内倾斜一定角度，然后用钳口轻轻卡住光纤，右手随之用力，顺光纤轴向平推出去，整个过程要自然流畅，一气呵成。对不易剥除的，应用"蚕食法"，即对光纤分小段用剥钳"零敲碎打"，对零星残留可用酒精棉浸渍擦除。冬季施工，纤脆易断时，还可用电暖器"烘烤法"，以使涂覆层膨胀、软化，使纤芯韧性增加。

（3）清洁裸光纤

清洁裸光纤时要讲究清洁用料择优原则，即选择使用医用优质脱脂棉或纱布、工业用优质无水乙醇。应用"两次"清洁法，即剥纤前对所有光纤用干棉捋擦，并用酒精棉对纤尾 3.9～4.0 cm 处重点清洁；剥纤后，将棉花撕成层面平整的长条形小块，洒少许酒精（以两指相捏无溢出为宜），折成 V 形，夹住已剥覆的光纤，顺光纤轴向擦拭 1～2 次，直到发出"吱吱"声为止，力争一次成功。每次要使用棉花的不同部位和层面，一块棉花使用 1～3 次后要及时更换，这样既可提高棉花的利用率，又防止了裸纤的二次污染。注意与切、熔操作的衔接，清洁后勿久置空气中，谨防二次污染。

（4）切割

在连接技术中，制备端面是一项关键的工序，尤其是熔接法，对于单模光纤来说，实在太重要了，它是低损耗连接的首要条件。光纤端面制作的好坏将直接影响接续质量，所以在熔接前一定要做好合格的端面。用专用的剥线钳剥去涂覆层，再用蘸酒精的清洁棉在裸纤上擦拭几次，用力要适度，然后用精密光纤切割刀切割光纤，对 0.25 mm（外涂层）光纤，切割长度为 16～18 mm，对 0.9 mm（外涂层）光纤，切割长度只能是 18 mm。如图 12-2（b）所示。

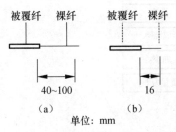

图 12-2 光纤端面开剥、切割尺寸
（a）切割前；（b）切割后

为了完成一个合格的接头，要求端面为平整镜面。端面垂直于光纤轴，对于单模光纤要求误差小于 $0.9°\sim1°$；同时要整齐，无缺损、毛刺。如图 12-3 所示。

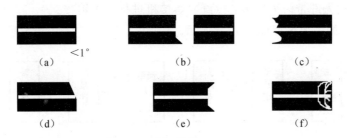

图 12-3 端面

(a) 好端面；(b) 凸尖；(c) 锯齿；(d) 缺角；(e) 凹心；(f) 龟纹

切割是光纤端面制备中最为关键的步骤。操作规范如下（以手动为例）：光纤的放置，应讲究"前抵后掀、先进后撤"，即手持光纤，稍超前刻度要求平放导槽中，后部稍向上抬起，使光纤前半部紧抵导槽底部，然后向后撤至要求刻度，从而确保光纤吻合 V 形槽并与刀刃垂直。切割时，动作要自然、平稳、勿重、勿急，避免断纤、斜角、毛刺、裂痕等不良端面的产生。另外，应学会"弹钢琴"，合理分配和使用自己的右手手指，使之与切刀的具体部件相对应，并同时注意洁、切、熔协调配合，整个操作过程中放、夹、盖、推、压、掀、取、传，一套动作应有行云流水般的和谐流畅。另外，谨防污染，已制备的端面移动时要轻拿轻放，防止与其他物件擦蹭。

(5) 开机

打开熔接机电源，如没有特殊情况，一般都选用自动熔接程序。将光纤放在熔接机的 V 形槽中，小心压上光纤压板和光纤夹具，要根据光纤切割长度设置光纤在压板中的位置。

(6) 自动熔接

关上防风罩，此时显示屏上应显示光纤图像，要求两光纤径向距离小于光纤半径 R，以便于左右两光纤调整对齐。如果左右光纤径向距离过大，超出熔接机的调整范围，机器将不能正常熔接。此时，应重放光纤或用专用工具清除 V 形槽内的异物。自动熔接只需几秒时间。

(7) 损耗估算

熔接机自动计算熔接损耗，该值一般有误差，可以通过外观目测检查、熔接机估测、张力测试、接续损耗测试等方法估算，比较精确的测试用 OTDR 测试法。

(8) 移出光纤用加热炉加热热缩管

打开防风罩，把光纤从熔接机上取出，再将热缩管放在裸纤中心，放到加热炉中加热，加热需 $30\sim60$ s。加热前后如图 12-4 所示。

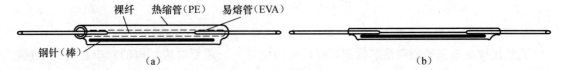

图 12-4 热缩管加热前后

(a) 收缩前；(b) 收缩后

12.1.3 多芯汇总熔接法

多芯汇总熔接法又称多芯（纤）熔接法。前面所述的光纤（单芯）熔接法，一次只完成一根光纤的连接，这种方法优点较多，但对于用户光缆网中进行大量的光纤接续，显然不能满足需求。因此，多芯汇总熔接法是用于带状光纤和4根或12根一排的密集型光纤带，采用多芯（纤）熔接机进行一次熔接。

多纤熔接工艺的主要流程如图12-5所示。

带状熔接机组成及熔接

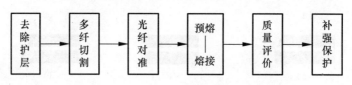

图12-5　多纤熔接工艺流程

12.2　光缆接头盒制作

光缆的接续可分为光纤接续和光缆护套的接续两部分。

光纤接续一般分为端面处理、接续安装、熔接、接头保护、余纤收容五个步骤。光缆接头盒的功能是防止光纤和光纤接头受振动、张力、冲压力、弯曲等机械外力影响，避免水、潮气、有害气体的侵袭。因此，光缆接头盒应具有适应性、气闭性与防水性、一定的机械性能、耐腐蚀老化性、操作的优越性等性能。

光缆接头盒有多种结构，如一进一出、二进二出、三进三出等。但其结构都有共同性，即都有光纤接续槽放置熔接好的光纤，都有固定加强芯的夹具，以及用于密封的密封带。光缆接头盒的结构如图12-6所示。

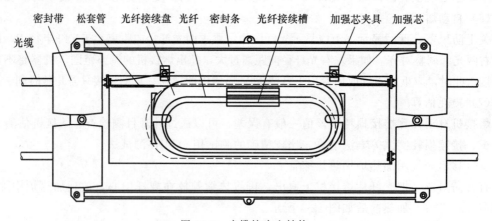

图12-6　光缆接头盒结构

1. 光缆接续原则和工艺

光缆接续应遵循的原则是芯数相等时，要同束管（纤芯要对应）内的对应色光纤对接，芯数不同时，按顺序先接芯数大的，再接芯数小的。目的是将需要接续的纤芯按顺序分配并接续好。光缆接头盒接续工艺如图12-7所示。

光缆接头盒位置选择非常重要，光缆接续位置选择的原则性要求架空线路的接头落在直线杆旁2 m以内（抢修的时候除外）；埋式光缆的接头应避开水源、障碍物以及坚石地段；

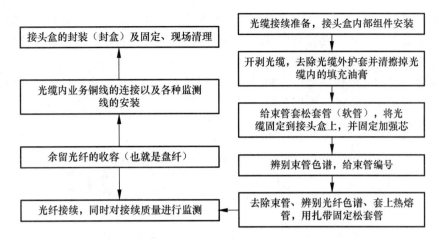

图 12-7　光缆接头盒接续工艺

管道光缆的接头避开交通要道,尤其是交通繁忙的路口。

光缆接续前,应核对程式、端别;光缆接头盒必须经过鉴定,应具有良好的防水、防潮性能;操作人员应熟悉接头盒的使用方法;各种附属构件必须完备,光纤热可缩管还应有一定数量的备用品;光缆应保持良好状态。束管及光纤的序号做出永久性标记;光缆的接续方法和工序标准应符合工艺要求。单个接头应在单个工作日内完成,无条件结束的接头应采取措施。连接损耗应低于内控指标;绝缘应符合规定值,加强件、金属护层的连接应符合设计规定方式。

2. 接续步骤

(1) 开剥光缆

开剥光缆长度在 1.0~1.2 m,注意不要伤到束管,去除杂物(纤维、加强件、填充物等),将光纤束套上松套管,判别松套管的顺序,用标签进行标示,并用胶带将松套管和光缆外护套缠牢在一起(松套管的长度根据加强件和托盘固定点的位置来决定)。将要对接的两段光缆分别固定到接续盒内。用卫生纸将油膏擦拭干净,将光缆穿入接续盒,固定钢丝时一定要压紧,不能有松动,注意 A、B 端面的辨别。否则,有可能造成光缆打滚折断纤芯。用扎带固定松套管,在扎带后 1 cm 处去除束管,清洁光纤油膏。

(2) 装热缩套管

将不同束管、不同颜色的光纤分开,穿过热缩管。

(3) 熔接

熔接前,光纤先进行预盘,有利于盘纤对半径的要求和盘纤的美观,按照光纤的色谱顺序熔接,注意熔接光纤加热后放入冷却盘,防止光纤被搞乱。

(4) 盘纤固定

将接续好的光纤盘到光纤收容盘上,在盘纤时,盘圈的半径越大,弧度越大,整个线路的损耗越小。所以一定要保持一定的半径,使激光在纤芯里传输时,避免产生一些不必要的损耗。

光纤由接头护套内引出到熔接机或机械连接的工作台,需要一定的长度,一般最短长度为 60 cm,在施工中可能发生光纤接头的重新连接的可能;维护中当发生故障时拆开光缆接头护套,利用原有的余纤进行重新接续,以便在较短的时间内排除故障,保证通信畅通。根据光缆传输性能的需要,光纤在接头内盘留,对光纤弯曲半径和放置位置都有严格的要求,过小的曲率半径和光纤受挤压，都将产生附加光损耗。因此，必须保证光纤有一定的长度才能按规定要求妥善地放置于光纤余留盘内。即使遇到压力时，由于余纤具有缓冲作用，避免了光纤损耗增加或长期受力产生疲劳。

无论何种方式的光缆接头盒，它们的一个共同特点是具有光纤余留长度的收容位置，如盘纤盒、余纤板、收容仓等。根据不同结构的护套设计不同的盘纤方式。虽然光纤收容方式较多，但一般可归纳为如图 12-8 所示的收容方式。

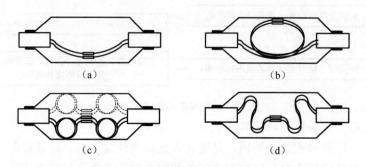

图 12-8　接头盒盘纤收容方式
(a) 直接法；(b) 平板盘绕法；(c) 绕筒式盘绕法；(d) 存储袋筒形卷绕法

图 12-8（a）是在接头护套内不做盘留的近似直接法。显然这种方式不适合于室外光缆的余留放置要求。采用这种方式的场合较少，一般是在无振动、无温度变化的位置，应用在室内不再进行重新连接的场所。图 12-8（b）所示的收容方式——平板盘绕法是使用最为广泛的收容方式，如盘纤盒、余纤板等多数属于这一方法。在收容平面上以最大的弯曲半径，采用单一圆圈或"∞"双圈盘绕方法。这种方法盘绕较方便，但在同一板上余留多根光纤时，容易混乱，其解决的方法是，采用单元式立体分置方式，即根据光缆中光纤数量，设计多块盘纤板（盒），采取层叠式放置。图 12-8（c）所示的绕筒式收容法是光纤余留长度沿绕纤骨架放置的。将光纤分组盘绕，接头安排在绕纤骨架的四周；铜导线接头等可放于骨架中。这种方式比较适合紧套光纤使用。图 12-8（d）所示方式——存储袋筒形绕法是采用一个塑料薄膜存储袋，光纤盛入袋后沿绕纤筒垂直方向盘绕并用透明胶纸固定；然后按同样方法盘留其他光纤。这种方式彼此不交叉、不混纤，查找修理方便，比较适合紧套光纤。

（5）密封和挂起

野外接续盒一定要密封好，防止进水。熔接盒进水后，由于光纤及光纤熔接点长期浸泡在水中，可能会先出现部分光纤衰减增加。套上不锈钢挂钩并挂在吊线上。至此，光纤熔接完成。

12.3　光缆成端

光缆工程根据通信线路位置分为机房 ODF 成端（光缆到达端局或中继站）、光交接箱成端（主干光缆和配线光缆 ODF 成端）、光分线盒成端（配线光缆与尾纤成端）和 SC 冷接头制作等任务项目，本节着重介绍光缆的成端方法和技术要求。

12.3.1 光缆成端的方式

光缆的成端目前绝大多数采取的是在 ODF 架上成端的方法，也有在边远支局因为没有 ODF 架而采取终端盒成端的方式。

1. ODF 架成端方式

目前的所有干线采取的都是这种方式，它是将光缆固定在 ODF 机架上（包括外护套和加强芯的固定），将光纤与预置在 ODF 机架内的尾纤连接，并将余留光纤收容在机架内专门的收容盘内。这种方式的优点是适合大芯数光缆的成端，整齐、美观，使用时非常方便。图 12-9（a）所示为常见的 ODF 架。

2. 终端盒成端方式

由于在一些偏远的地区或小的支局，业务量不是很大，在机房内不需要设立 ODF 架，这时候往往采取的是终端盒成端的方式。它是将光缆固定在终端盒（如图 12-9（b）所示）上，跟使用接头盒一样，把外线光纤与尾纤没有连接器的一端相熔接，把余纤收容在终端盒内的收容盘内，盒外留有一定长度的尾纤，以便与光端机相连。这种方式的特点是比较灵活机动，终端盒可以固定在墙上、走线架上等地方，经济实用。

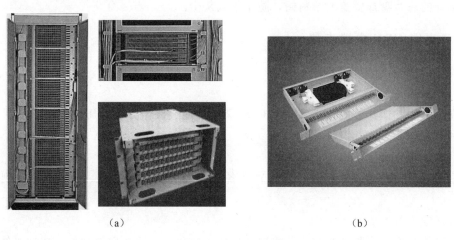

图 12-9 ODF 架和终端盒
（a）ODF 架；（b）终端盒

12.3.2 光缆成端的一般要求

1. ODF 架应具有光缆引入、固定和接地保护装置

ODF 架应具有光缆引入、固定和接地保护装置，该装置将光缆引入并固定在机架上，保护光缆及缆中纤芯不受损伤。光缆金属部分与金属机架绝缘，固定后的光缆金属护套及加强芯应可靠连接高压防护接地装置。

ODF 架应具有光纤终接装置，该装置便于光缆纤芯及尾纤接续操作、施工、安装和维护，能固定和保护接头部位平直而不位移，避免外力影响，保证盘绕的光缆纤芯、尾纤不受损伤。

2. 规范及标准

设备出纤使用 ODF 架应与光缆成端使用 ODF 架分离，禁止混用。尾纤跳接时，应从 ODF 顶部的固定进线孔进入，禁止左右混进，冗余尾纤全部盘留到绕线区域，绕线要通顺流畅，禁止交叉。尾纤接入熔盘上的活动连接器时，要求尾纤进入方向与活动连接器倾斜方向一致，禁止反转和扭曲。所使用 ODF 架的高度应于相对应机房高度一致，严禁混用。根据 ODF 架的型号及相应引入、固定装置的结构，光缆开剥长度适宜、软管约束到位，不打折、不别劲，且冗余适当。光缆进入机房前应留好足够的余留（一般不少于 12 m）。光缆标识清晰明了，要注明 A、B 端名称、光缆长度及相关分纤情况。光缆引入机架时，弯曲半径应不小于光缆直径的 15 倍。光缆光纤穿过金属板孔及沿结构件锐边转弯时，应装保护套及衬垫。纤芯、尾纤无论处于何处弯曲时，其曲率半径应不小于 30 mm。

采用终端盒方式成端时，终端盒应固定在安全、稳定的地方。成端接续和光缆接续一样，也要进行监测，接续损耗要在标称值之内。采用 ODF 架方式成端时光缆的外护套、加强芯要固定牢固，加强芯、金属护层以及光缆内的其他线对要按照设计要求做接地或终结处理。从终端盒内引出的尾纤要插入设备端的法兰盘内，空余备用尾纤的连接器要带上塑料帽，防止光敏面落上灰尘。ODF 架内线路端的尾纤一般都插入机架的法兰盘内，没有连接设备端尾纤的法兰盘都要盖上塑料帽，防止落入灰尘。

12.3.3 光缆 ODF 成端步骤

1. 前期准备

（1）技术准备

在光缆成端工作开始前，必须熟悉 ODF 架的性能、操作方法和质量要点，特别是 ODF 架走线和绑扎技能。

（2）器具准备

成端用器材（托盘、热缩管、软管）准备、仪表机具（熔接机、OTDR、开剥光缆工具）准备。

（3）光缆准备

熟悉微缆和尾纤或跳纤的结构。将尾纤按托盘的法兰位置顺序整理好。成端光缆在成端前需要完成光电测试，如待接光缆存在问题应解决后再进行光缆成端。

2. 光缆处理（开剥、端面处理、穿软管）

光缆外护层、金属护层的开剥尺寸、光纤预留尺寸按不同结构的光缆成端所需长度在光缆上做好标记，然后用专用工具逐层开剥，缆口平齐无毛刺，开剥长度 1.2 m 左右。

用剪刀去除光缆芯无用的填充物、纤维等配件，根据 ODF 架的结构，剪去多余的加强件，一般预留加强件 30～50 cm。根据填充物和束管的颜色判别光缆端别，判断束管的顺序，根据托盘位置和加强件固定点的距离，剪切保护松套管（软管），用松套管保护束管，写好标签并粘接在松套管靠近光缆端面根部位置。并用胶带将松套管（软管或束管）、加强件和光缆外护套缠牢在一起，防止在成端时折断束管，伤及光纤。

开剥后光纤暂不剥去束管，以防操作过程中光纤受损。光缆的护层剥除后，缆内的油膏可用酒精或专用清洗剂擦干净。清洗缆内的油膏时不可用汽油等挥发剂，那样会使光缆的护套以及束管迅速老化。

3. 去除束管及固定

光纤去除束管，是将松套切割钳在离端头规定长度（视光缆护套规定）处卡住套塑层，用力拨除，力度要到位、适中，不能伤及光纤，再轻轻从光纤上退下工具。一次去除长度，一般不超过 30 cm，当需要去除较长长度时，可分段去除。去除时应操作得当，避免损伤光纤。可以使用裁纸刀再套切一周，但不能伤及光纤，上下折套管数下，用力拉套塑管。这种方法是利用套塑管的脆性进行切割，好处是可长距离去除套塑管。

4. 清洁光纤

先用手纸（面巾纸）处理光纤油膏，再用蘸有酒精的棉花清洁光纤，将油膏清洁干净，有利于熔接机熔接，否则会影响熔接机处理光纤的效果和质量。

5. 固定松套管

利用扎带将松套管固定在托盘固定点。将尾纤白色护层固定好，将两者预盘确定接续点位置和盘纤。

6. 熔接、盘纤及测试

先将光纤穿热缩套管，然后，去除光纤和尾纤的涂覆层，利用切割刀切割端面，注意尾纤切割长度为 18 mm，有利于光纤与微缆的接续，最后，光纤色谱与托盘尾纤的顺序相一致，利用熔接机将全部光纤与尾纤或微缆接续，在托盘上按光纤色谱完成盘纤。最后进行光缆的测试，装好防尘帽。

7. 固定光缆

放好托盘，将加强件固定在加强件固定点，整理好松套管的弯曲半径。

8. 标签

将光缆 ODF 成端的结果写入标签，将标签放入 ODF 架内。

9. 5S 管理

让学生完成 ODF 成端现场处理，掌握 5S 管理。

12.3.4 终端盒方式成端步骤

1. 终端盒固定

根据通信信息接入点位置，放置好光缆，准备好尾纤或微缆，固定光缆分线盒。

2. 开剥光缆和尾纤

开剥光缆 0.8～1.2 m，去除杂物（纤维、加强件），套松套管（长度根据加强件到光纤托盘的固定点记录决定），去除束管，清洁光纤，套热缩管；去除尾纤的外层和杂物。

3. 熔接及测试

调整法兰盘光纤的顺序并做好标识（9～12 芯），光纤按颜色与 9～12 芯尾纤对应接续，加热热缩套管；根据托盘半径完成光纤的盘纤。完成熔接质量测试。

4. 现场处理

熔接现场 5S 管理。

12.3.5 光缆交接箱成端

光缆交接箱是一种为主干层光缆、配线层光缆提供光缆成端、跳接的交接设备。可以实现光纤的直通、盘储和光纤的熔接、调度功能。光缆引入光缆交接箱后，经固定、端接、配纤以后，使用跳纤将主干层光缆和配线层光缆连通如表 12-1 所示。可用室外落地、架空安装两种方式。

光缆交接箱是安装在户外的连接设备，对它最根本的要求就是能够抵受剧变的气候和恶劣的工作环境。它要具有防水气凝结、防水和防尘、防虫害和鼠害、抗冲击损坏能力强的特点。它必须能够抵御比较恶劣的外部环境。因此，箱体外侧对防水、防潮、防尘、防撞击损害、防虫害鼠害等方面要求比较高；其内侧对温度、湿度控制要求十分高。

表 12-1 交接箱配件

名称	英文	功能及结构
通信光缆交接箱	Cross Connecting Cabinet for Communication Optical Cable	用于连接主干光缆、配线光缆及光分路器的接口设备
尾纤	Pigtail	一根一端带有光纤活动连接器插头的光缆
跳纤	Optical Fiber Jumper	一根两端都带有光纤活动连接器插头的光缆
适配器	Adaptor	使插头与插头之间实现光学连接的器件
光纤连接分配装置	Fiber Connecting and Distributing Device	由适配器、适配器卡座、安装板或适配器及适配器安装板组装而成，供尾纤与跳线或两根跳线分别插入适配器外线侧和内线侧而完成活动连接的构件
光纤终接装置	Fibre Terminating Device	供光缆纤芯线与尾纤接续并盘绕光纤的构件
光纤存储装置	Fibre Storing Device	供富余尾纤或跳纤盘绕的构件
熔接保护套管	Protector of Optical Connecting	对光纤熔接接头提供保护的材料或构件

1. 容量

光缆交接箱的容量是指光缆交接箱最大能成端纤芯的数目。容量的大小与箱体的体积、整体造价、施工维护难度成正比，所以不宜过大。在实际设计和工程中，人们对光缆交接箱的容量问题似乎仅仅要求容量越大越好，但这样可能带来的后果是，箱体体积增大、设备价格增高。实际上，我们经常所说的交接箱的容量应该指的是它的配纤容量，即主干光缆配纤容量与分支光缆配纤容量之和。光缆交接箱的容量实际上应包括主干光缆直通容量、主干光缆配纤容量和分支光缆配纤容量三部分。

2. 交接箱的一般规定

交接箱的安装位置应符合设计要求。交接箱安装必须稳固，箱体横平竖直，箱门应有完好的锁定装置。交接箱的设备编号、电缆及线序编号等标志应正确、完整、清晰、整齐。落地式交接箱安装应砌混凝土基座，基座与人（手）孔之间应以电缆管方式连接，不得采用通道式。电缆管数量应接交接箱最终容量需要一次敷设，最少一次不得少于三根。落地式交接箱安装必须做好防潮措施。金属箱体的壁龛式分线盒，其箱底应衬厚度不小于 15 mm 的木板，以便电缆固定。

3. 交接箱安装位置的选择

交接箱安装位置的选择应符合以下条件：

① 交接箱的最佳位置宜设置在交接区内线路网中心偏离电话局的一侧，靠近交接区入口处的第一个分支路口或配线电缆的交汇处。

② 符合城市规划，不妨碍交通并且不影响市容。

③ 靠近人（手）孔便于出入线的地方，或新旧电缆的汇聚点上。

④ 安全、通风、隐蔽，便于施工维护，不易受到外界及自然灾害损伤的地方。
⑤ 下列场所不得设置交接箱：
- 高压走廊和电磁干扰严重的地方。
- 高温、腐蚀严重和易燃易爆工厂、仓库附近及其他严重影响交接箱安全的地方。
- 易于淹没的洼地及其他不适宜安装交接箱的地方。

4. 组成、命名

OCC 由箱体、内部结构件与工作单元、光纤活动连接器及备附件等组成。如图 12-10 所示，OCC 可以落地、架空、壁挂安装。

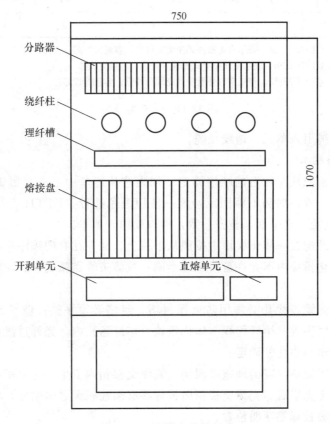

图 12-10　光缆交接箱组成

OCC 型号由中国电信企业标准标识、设备标识、特征位、场景位、型式位、规格位组成，如图 12-11 所示。

5. 光缆交接箱的作用及功能

光缆交接箱，通常又称为街边柜，一般放置在主干光缆上，用于光缆分歧，它是一个无源设备，通过光缆交接箱后，分为不同方向的几个小对数光缆，当然，这个功能光缆接头盒也可以实现，但不同的是，光缆交接箱可以实现光缆的跳接，也可以用于测试和维护。一般光缆交接箱是馈线光缆和配线光缆的划分点。通过光纤跳线，能迅速方便地调度光缆中光纤序号以及改变传输系统的路由。光信号流程配线光缆—光缆引入单元—裸纤保护套管—熔接保护套管（熔接盘中）—长尾纤（储纤盘中）—适配器（分支部分）—适配器（主干部分）—跳纤—适配器（熔配一体化模块中）—尾纤（熔配一体化模块中）—熔接保护套管—

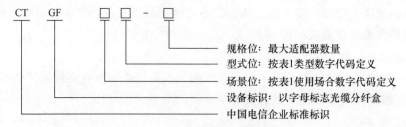

表1 产品使用场合和类型代码

场景位			型式位			
室内	室内	室内外	落地	架空	壁挂	壁嵌
1	2	3	1	2	3	4

示例1：CT GF 13-24，表示室内壁挂式光缆分纤盒，容量为24芯。
示例2：CT GF 22-6，表示室外架空式光缆分纤盒，容量为6芯。
示例3：CT GF 33-12，表示室内外壁挂式光缆分纤盒，容量为12芯。

图 12-11　OCC 型号

裸纤保护套管—光缆引入单元—馈线光缆。

6. 光缆交接箱施工

光缆进线必须按照从左往右的顺序固定；加强芯从螺丝中心点起留 10～15 mm；胶带统一黑色，长短度一致；如遇不够固定，统一使用黑色扎带（FTTH 专用光交一般不会出现这种情况），绑扎统一水平面，整齐一致，剪口朝内，剪平。

配线光缆在熔纤配线一体化模块中按照从下往上、从左往右的顺序进行熔纤施工过渡束管在熔纤配线一体化模块内不允许盘留超过半圈；过渡束管需弧度一致，所有的光纤过渡束管一起绑扎整齐。

光缆交接箱的光缆进线孔必须用防火泥封堵，封堵必须平整；做好光缆交接箱防水防尘。光缆挂牌挂在底座内；熔纤配线一体化模块（熔纤盘）内，光纤过渡束管在熔纤配线一体化模块内必须用塑料小扎带固定。

光缆交接箱施工完毕，需清理施工现场、光缆交接箱内卫生；防尘帽必须盖齐，颜色一致；光缆交接箱施工完毕后，光缆交接箱面板标签必须在三天之内贴好，增补的成端位置必须在施工完毕后在面板标签注明位置。

光缆测试纤芯衰耗必须符合标准，不符合的必须当场整改、修复，必须进行对纤以保证光缆成端的正确性，光缆交接箱中所开的光缆进线孔必须用防火泥进行封堵，光缆余线不得盘放在光缆交接箱下面，必须抽回人（手）孔盘好后靠边固定（摆放）。

光缆交接箱面板资料齐全、主配线光缆按要求进缆，光缆挂牌、尾纤标示齐全符合规范，光分路器上的防尘帽完整齐全；未使用配线光纤预绕在尾纤缠绕盘内。必须严格按照城域网规范制作。

7. 跳纤

识别光缆交接箱和机房，找到分光器，识别分光器编号，找到工单上配置的分光器端口，找到通达用户的光缆纤芯，从分光器端口跳接到用户光纤。

分光器至用户光缆的跳纤，长度余长控制在 50 cm 以内，一般选用 1 m、2 m、2.5 m、3 m 的尾纤。用户终端盒内 OUN 与光纤端子跳纤一般选用 50 cm 的尾纤。

对于上走线的光纤，应在ODF架外侧下线，选择余纤量最合适的盘纤柱，并在ODF架内侧向上走纤，水平走于ODM（光接口配线单元）下沿，垂直上至对应的端子。

一根跳纤，只允许在ODF架内一次下走（沿ODF架外侧）、一次上走（沿ODF架内侧），走一个盘纤柱，严禁在多个盘纤柱间缠绕、交叉、悬挂，即每个盘纤柱上沿不得有纤缠绕。根据现场具体情况，应在适当处对跳纤进行整理后绑扎固定。所有跳纤必须在ODF架内布放，严禁架外布放、飞线等现象的发生。对应急使用的超长跳纤应当按照规则挂在理纤盘上，不得对以后跳纤造成影响。

12.3.6 光纤分线盒和碟形光缆

1. 分光器

光分路箱的设置位置必须安全可靠，便于施工及维护。设计时应考虑光缆网结构的整体性，具有一定的通融性、灵活性，并注意环境美化和隐蔽性。光分路器安装位置可选在小区的电信机房、电信交接间、弱电竖井、电信楼层壁龛箱等室内。也可以安装在光交接箱、光分纤箱，或采用户外型光分路箱单独安装，安装位置必须安全可靠。

分光器，通俗地说，是将一根纤芯中的光束，通过物理通道，广播到多个纤芯中。目的是提高主干光纤的利用效率，减少主干光纤的对数。一般的分光器有1∶2，1∶4，1∶8，1∶16，1∶32，1∶64，也有1∶128的；如果用户集中，在一条光路上，可以只安装一个分光器，称为1次分光，如果用户分布较为分散，可以在一条光路上安装两个分光器，比如1∶2，再接1∶32，这样，实际最大分光比还是1∶64，但是可以在两个分光器之间的线路上，减少光缆的芯数，或者提高纤芯的利用率。分光器不一定需要放在光交接箱里，可以根据实际情况进行放置在分线盒里。但分光器目前主要是应用于从主干光纤上进行分光，所以大多数分光器都是放在光交接箱中，而且光交接箱有良好的机械性能，能起到较好的保护作用。

2. 分线盒

根据光纤光缆工程的需要，光纤分线盒成端主要由光缆接续区（光缆与尾纤）和光分路器组成。光分路主要完成FTTH二级分光的功能，放在光缆分线盒中。

光纤分线盒主要由托盘、光缆固定点、光分路器放置区（根据需要设置）和分线盒外壳组成。如图12-12所示。

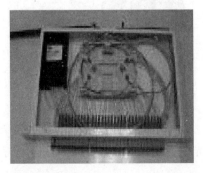 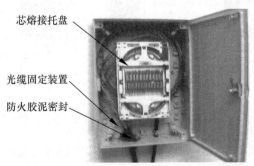

图12-12 光纤分线盒

光分线盒放置于楼道口或弱电井中，属于光无源器件。多层住宅蝶形入户光缆应汇聚在各自单元口侧墙光分纤箱内，出单元引入管应至少具备1根 φ50 钢管。光分纤箱安装高度为距地1.5 m处。需明确所有用户光缆的编序编号，以便为后期业务开通及维护管理提供有效资料。

光分路箱的安装应符合以下要求：安装端正、牢固；箱体无损伤；门的开启与闭合灵活；箱体标识清晰、无误。光分路器中未使用的适配器或连接器插头应盖上防尘帽。对光分路器、合路端口和支路端口应分别进行标识。标识应符合电信业务经营者或设计的要求。

光分路器的型号规格、安装方式和安装位置应符合设计要求。熔配一体化光分路器合路侧引出纤与线路光缆光纤的接续方式应符合设计要求。连接器型光分路器在交接箱、机柜等设备内的安装应牢固，光纤连接线的型号规格应符合设计要求。尾纤型光分路器尾纤的盘留应整齐、有序，盘留的尾纤应便于取出。光纤连接线和光分路器引出纤的曲率半径应大于30 mm。光分路器中未使用的适配器或连接器插头应盖上防尘帽。对光分路器、合路端口和支路端口应分别进行标识。标识应符合电信业务经营者或设计的要求。

同一规范长度，按端子位置间隙，标签不交错叠层；正面为光路名称，反面为光路编码及条形码，朝向统一；标签文字随尾纤下垂，自然朝上。

3. 碟形光缆

蝶形入户光纤光缆俗称皮线光缆，皮线光缆多为单芯、双芯结构，也可做成四芯结构，横截面呈8字形，加强件位于两圆中心，可采用金属或非金属结构，光纤位于8字形的几何中心，如图12-13所示。皮线光缆内光纤采用G.657小弯曲半径光纤，可以以20 mm的弯曲半径敷设，适合在楼内以管道方式或布明线方式入户。

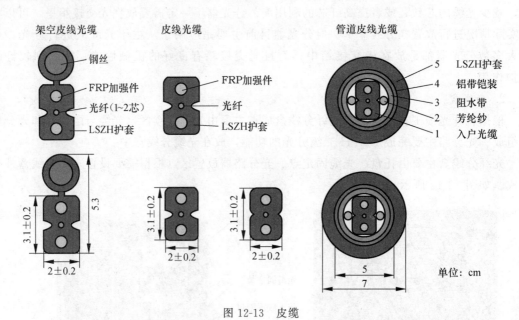

图 12-13 皮缆

自承式架空皮线光缆适用农村等架空场合，皮线光缆适用于绝大部分室内场合，管道光缆适用于室外别墅等场合。

FTTH用户引入线蝶形光缆中含1～4根有涂覆层的二氧化硅系光纤，其类别可以为ITU-T G.657（B6），光纤涂覆层可着色，着色层颜色符合GB—6995.2规定的蓝、橘、绿、棕、灰、白、红、黑、黄、紫、粉红或青绿色，单纤可为本色。

光缆中的加强构件可为高强度不锈钢钢丝或磷化钢丝的金属加强构件，也可为聚酯芳纶丝或其他合适的纤维束的非金属加强构件，光缆的加强构件为 2 根，平行对称于光缆中。

室内外两用蝶形光缆有良好的抗渗水能力，光缆护套以内的所有间隙具有有效的阻水措施，在铝带和普通蝶形光缆之间设有阻水层。阻水层材料可以是吸水膨胀带或阻水纱，也可以是热熔胶，或间隔设置阻水环。光缆护套表面印有运营商字样、供应商名称、产品型号、光纤型号、制造年份、计米长度。

第十二章 通信工程施工项目

教学内容

1. 光、电缆敷设的步骤及技能训练
2. 电缆接续的步骤及技能训练
3. 电缆 MDF 卡接及成端的步骤及技能训练
4. 光缆接头盒制作的步骤及技能训练
5. 光缆交接箱、分线盒制作的步骤及技能训练
6. FTTH 工程的步骤及技能训练
7. 电缆性能测试的步骤及技能训练
8. 网线、TV 线等线缆制作及技能训练

技能要求

1. 能完成电缆敷设
2. 能完成光缆敷设
3. 会电缆接续
4. 会电缆 MDF 卡接、分线盒制作
5. 会光缆接头盒制作
6. 会光缆交接箱和分线盒制作
7. 能完成 FTTH 工程敷设及成端
8. 能完成电缆性能测试
9. 会网线、TV 线的制作及测试

13.1 电缆工程

任务 1 架空电缆敷设

1. 任务描述

学习团队（4~6 人）能完成 1~2 挡杆路的电缆施工。

① 登杆练习。

② 人工架空电缆敷设。

2. 任务分析

本任务通过架空电缆敷设，让学生熟悉杆路的组成、施工标准及流程，牢记杆路施工安全。能熟练掌握滑车人工拖挂及注意事项。

架空敷设

3. 任务实施

(1) 撰写施工方案

学习团队撰写施工方案（施工流程及规范、施工安全、任务分工等）。

(2) 工具及仪表

学习团队准备施工工具及仪表（4 个脚扣、3 个抱箍、7/2.2 吊线 100 m、夹板、紧线器、U 形卡扣、4~6 把把手、4 个安全带、4~6 个安全帽、电笔、吊绳、滑车、挂钩、开缆刀或裁纸刀、老虎钳、100 m 电缆）。

(3) 电缆布放的施工流程

施工测量→器材检验→单盘检验→电缆配盘→选择布放方法→电缆布放→电缆的防护→电缆芯线接续、测试→电缆接头封合→电缆接头的安装固定

(4) 架空电缆敷设

学习团队佩戴安全帽，注意安全施工及人员分工。

1) 登杆练习

进行脚扣登高练习时，应注意如下安全事项：保安带（绳）使用前必须经过严格检查，确保坚固可靠，才能使用。切勿使用一般绳索或各种绝缘皮带代替保安带。脚扣应常检查是否完好，勿使其过于滑钝和锋利，脚扣带必须坚韧耐用；脚扣登板与钩处必须铆固；脚扣的大小要适合电杆的粗细，切勿因不适合用而把脚扣扩大窝小，以防折断；水泥杆脚扣上的胶管和胶垫根，应保持完整，破裂露出胶里线时应予更换。搭脚板的勾绳、板，必须确保完好，方可使用。上杆前必须认真检查杆根有无折断危险；如发现不牢固的电杆，在未加固前，切勿攀登。还应观察周围附近地区有无电力线或其他障碍物等情况。杆上有人工作时，杆下一定范围内不许有人，高空作业所用材料应放置稳妥，所用工具应随手装入工具袋内，防止坠落伤人。

保安带系在腰下臀部位置，戴安全帽。上杆时不能携带笨重料具，上下杆时不能丢下器材和工具。上杆时脚尖向上钩起往杆子方向微侧，脚扣套入杆子，脚向下蹬。上杆时，人不得贴住杆子，离杆子 20~30 cm，人的腰杆挺直不得左右摇晃，目视水平前方，双手抱住杆子，如图 13-1 所示。手和脚协调配合交叉上杆。到达杆上操作位置时，系好安全带，并锁

好安全带的保险环。保安带系在举竿梢 50 cm 以上，安全带严禁低挂高用，如图 13-2 所示。用地笔检测杆上金属是否带电。使用电笔时不得戴手套（预强光用手遮挡观测）。上下杆动作一致。下杆后整理好器材和工具。

图 13-1 登杆　　　　　　　　　　　图 13-2 杆上作业

2）架空电缆敷设

固定吊线，为实训的安全，在 3 m 高处安装拉线，使用抱箍和夹板，固定和拉紧吊线，待拉紧后再上杆工作。

学习团队成员佩戴安全帽，坐滑车的人必须戴安全帽和安全带，组长将各成员分工，上交分工和责任明细。

应注意电缆弯曲的曲率半径必须大于电缆外径的 15 倍。电缆架设后，两端应留 1.5～2 m 的重叠长度，以便接续。挂电缆挂钩时，要求距离均匀整齐，挂钩的间隔距离为 60 cm，电杆两旁的挂钩应距吊线夹板中心各 30 cm，挂钩必须卡紧在吊线上，托板不得脱落。电缆接头盒接续（接续可省略）并悬挂牢固。如图 13-3 所示。

图 13-3 滑车拖挂法

团队完成挂缆后，拆除电缆和吊线，整理现场，做到 5S。

（5）评分标准

教师根据光缆敷设的情况（敷设时间、团队成员表现、工程工艺），结合成员现场表现完成打分。学习团队在实训过程中注意保存数据和记录。例如工艺照片。

4．撰写报告

学习团队完成架空电缆敷设任务，设计施工流程、施工步骤及填写验收结果（施工现场照片、施工标准及工艺照片）。

任务 2　扣式电缆接续

1．任务描述

学习团队（4~6 人）能完成 20 对或 30 对电缆接续和电缆接头盒封装。

① 扣式电缆接续练习。

② 完成电缆屏蔽层连接（L 口开剥）。

③ 电缆接头盒封装。

2．任务分析

本任务通过完成电缆接续（扣式接线子），让学生熟悉扣式接线子结构、型号，扣式接线子接线法的步骤、标准及测试方法，测试使用万用表，测试线对，判断障碍现象、障碍性质、障碍位置并处理障碍。

电缆扣式接续

3．任务实施

（1）撰写施工方案

学习团队撰写施工方案（接续步骤、任务分工等）。

（2）工具及仪表

学习团队准备施工工具及仪表（10 对和 20 对电缆各 3 m、开揽刀、剪刀、裁纸刀、老虎钳、胶带、钢尺、电缆接头盒、扣式接线子、压接钳、万用表、照相机或手机）。

（3）电缆接续

① 根据电缆对数、接线子排数，电缆芯线留长应不小于接续长度的 1.5 倍。如表 11-4 所示。

② 剥开电缆护套后，按色谱挑出第一个超单位线束，将其他超单位线束折回电缆两侧，临时用包带捆扎，以便操作，将第一个超单位线束编好线序。

③ 把待接续单位的局方及用户侧的第一对线（4 根），或三端（复接、6 根）芯线在接续扭线点疏扭 3~4 花，留长 5 cm，对齐剪去多余部分，要求四根导线平直、无钩弯。A 线与 A 线、B 线与 B 线压接。如图 11-8 所示。

④ 将芯线插入接线子进线孔内［直接口：两根 A 线（或 B 线）插入二线接线孔内。复接：将三根 A 线（或 B 线）插入三线接线孔内］。必须观察芯线是否插到底。如图 13-4 所示。

⑤ 芯线插好后，将接线子放置在压接钳钳口中，可先用压接钳压一下扣帽，观察接线子扣帽是否平行压入扣身并与壳体齐平，然后再一次压接到底。用力要均匀，扣帽要压实压平，如有异常，可重新压接。

⑥ 压接后用手轻拉一下芯线，防止压接时芯线跑出没有压牢。

⑦ 在电缆的接续两边各开 L 形口,用屏蔽线连接屏蔽层。如图 13-4 所示。

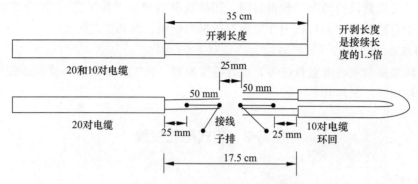

图 13-4(a) 开缆和接续绑扎要求

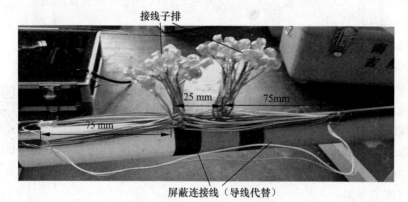

图 13-4(b) 电缆接续示意图

(4) 评分标准

电缆接续应符合规范,如表 13-1 所示。

表 13-1 电缆对接考核标准

质量要求	评分标准	考核情况	得 分
1. 接头符合 YD/T 5138—2005 规范要求 2. 相关尺寸偏差允许 35±0.5 cm,其扭长度为 3.5~5 cm 3. 电缆切口平整,不伤芯线及护层 4. 接线子排列整齐,线束松紧适度 5. 按色谱接续 6. 没有障碍线 7. 屏蔽线连接良好	1. 开剥电缆伤线每根扣 1 分		
	2. 规格尺寸超标每处扣 1 分		
	3. 接线子排列不均匀扣 2 分		
	4. 线束太松或太紧扣 2 分		
	5. a、b 线反接(任抽 5 对)每对扣 2 分		
	6. 障碍线每对扣 2 分		
	7. 屏蔽线连接不通扣 5 分		
	8. 扭接点不齐,每处扣 2 分		
	9. 每超时 1 分钟扣 1 分		
	10. 特殊问题酌情扣分		

4. 撰写报告

学生完成电缆接续任务,撰写接续流程、验收结果及处理(施工现场照片、施工标准及工艺照片)。

任务3　模块式电缆接续

1. 任务描述

学习团队（4～6人）能完成100对电缆接续（模拟300对以上电缆）和电缆接头盒封装。

① 模块电缆接续练习。

② 完成电缆屏蔽层连接（L口开剥）。

③ 电缆接头盒封装。

④ 电缆接续机安装与使用方法。

2. 任务分析

本任务通过完成电缆接续（模块式），让学生熟悉模块接线子结构、型号、扣式接线子接线法的步骤、标准及测试方法，测试使用测试探针，测试线对，判断障碍现象、障碍性质、障碍位置并处理障碍。

电缆模块接续

3. 任务实施

（1）撰写施工方案

学习团队撰写施工方案（接续步骤、任务分工等）。

（2）工具及仪表

学习团队准备施工工具及仪表、HYA 100×2×0.4 电缆3 m、开揽刀、剪刀、裁纸刀、老虎钳、模块接续机、模块接线子、胶带、钢尺、电缆接头盒、万用表、照相机（手机）等。

（3）电缆接续

① 开剥60～80 cm，开缆刀勿伤到芯线。

② 安装电缆接续机，固定电缆，注意电缆A端、B端的端别，局方放置底板和主板之间，用户芯线放置主板和盖板之间。

③ 放置衬板和底板，按颜色由左向右放置电缆芯线，a线在左，b线在右。

④ 用查漏梳检查模块线槽有无空槽或多线。

⑤ 放置主板，注意放置位置。

⑥ 同样放用户芯线和检查线槽。

⑦ 放置盖板，使用液压机压接模块，听到声音停止压接，去除多余芯线，检查压接效果。

⑧ 按扎带颜色色谱依次完成4个25对芯线的接续，利用2个扣式接线子完成备用线对的接续。

⑨ 电缆开剥L口，完成屏蔽线的接续。

⑩ 封装、固定电缆接头盒。

（4）考核评分标准

① 目测模块接续卡槽线对是否正确，观察接续工艺。

② 使用测试夹检测接续线对的质量。

（5）评分标准

电缆接续（模块）符合规范如表13-2所示。

表 13-2　电缆对接考核标准

质量要求	评分标准	考核情况	得　分
1. 接头符合 YD/T 5138—2005 规范要求 2. 相关尺寸偏差允许 43±1 cm 3. 电缆切口平整，不伤芯线及护层 4. 接线子排列整齐，线束松紧适度 5. 按色谱接续 6. 没有障碍线 7. 屏蔽线连接良好	1. 开剥电缆伤线每根扣 1 分		
	2. 规格尺寸超标每处扣 1 分		
	3. 色谱不扎扣 2 分		
	4. 线束太松或太紧扣 2 分		
	5. a、b 线卡反（任抽 5 对）每对扣 2 分		
	6. 障碍线每对扣 2 分，压接不成功扣 5 分		
	7. 屏蔽线连接不通扣 5 分		
	8. 局方、用户线对在模块中位置不对，每处扣 2 分		
	9. 每超时 1 分钟扣 1 分		
	10. 接续机操作不熟练每处扣 2 分		
	11. 特殊问题酌情扣分		

4．撰写报告

学习团队完成电缆接续任务，撰写接续流程、验收结果及处理情况（施工现场照片、施工标准及工艺照片）。重点对接续中的问题、如何解决问题（措施）做详细的说明。

任务 4　电缆卡接与成端

1．任务描述

学习团队（4~6 人）能完成 MDF 卡接、交接箱和分线盒制作。

① 128 或 100 回线 MDF 卡接练习、10 对克隆模块卡接练习。

② 20 对电缆分线盒制作。

③ 交接箱制作。

④ MDF、交接箱和分线盒测试原理及方法。

2．任务分析

本任务通过完成电缆 MDF 卡接，让学生熟悉模块接线子结构、型号、扣式接线子接线法的步骤、标准及测试方法，测试使用测试探针，测试线对，判断障碍现象、障碍性质、障碍位置并处理障碍。

MDF 及电缆交接箱

3．任务实施

（1）撰写施工方案

学习团队撰写施工方案（接续步骤、任务分工等）。

（2）工具及仪表

教学团队准备施工工具及仪表卡刀（两种）、电工刀、剪刀、钢卷尺、钢丝钳、全塑电缆（HYA-50×2×0.4）10 m、全塑电缆（HYA-20×2×0.4）10 m、测试赛绳若干、万用表。

（3）MDF

① 内线的卡接（在机柜上部）。

交换机电缆一般由机柜顶部中间沿机柜立柱自上而下爬行至相应的测试接线排，用尼龙拉扣固定在立柱横撑上。将交换机电缆按 32 回线一组分束，每束上下间距 17 mm。将每束电缆分为四小束在横列模块后部四个线孔处扎一下，然后将每对交换机线拉至对应的接线端子（模块下部），用卡接工具将导线（1对线）卡入相应的两个卡槽，a线在左，b线在右。

交换机电缆上走线入MDF机柜的测试接线排，顺走线槽用扎带固定；根据电缆最远卡接位置预留电缆，多余部分剪掉；开剥电缆，排好色谱顺序；按从左至右，从上至下的顺序（或其他顺序）将电缆若干对双绞线卡接完毕，用扎带扎好，卡接在模块的下口；在示名纸上做好标签，说明卡线顺序。

② 外线的卡接（在机柜下部）。

外线电缆一般由机柜底部中间沿机柜立柱自下而上爬行至相应的保安接线排，用尼龙拉扣固定在立柱横撑上。将外线电缆按25回线一组分束，每束上下间距26 mm。将每束电缆穿入保安接线排底部安装骨架的孔内，然后将每对外线拉至对应的接线端子（模块下部），用卡接工具将导线（1对线）卡入相应的两个卡槽，依次完成所用保安接线排的外线电缆施工。A端面向局端。

电缆下走线入（或上走线）MDF机柜的保安接线排，顺走线槽用扎带固定；根据电缆最远卡接位置预留电缆，多余部分剪掉；开剥电缆，排好色谱顺序；按从左至右，从下至上的顺序（或其他顺序）将电缆若干对双绞线卡接完毕，用扎带扎好，卡接在模块的下口；在示名纸上做好标签，说明卡线顺序。

③ 内、外线间跳线的卡接。

跳线（如图13-5所示）是外线电缆与交换机电缆的连接。通过跳线可以将任意一对外线连接到任意一对内线上。跳线走线以整齐、简洁为原则，尽量实现邻近跳线（及短跳线）。横列直列模块上部为跳线端子。跳线尽可能在本柜内一面完成，跳线时不应拉得过紧。

图13-5 跳线

④ 插入保安单元，保安单元有正反方向，商标面向上，使用前使用万用表进行保安单元的测试，判断保安单元是否正常。

⑤ 根据交换机配置的号码进行拨号测试。

⑥ 重新跳线。

跳线如有错误，将跳线勾出，调整内、外线对应顺序，重新卡接跳线，察看调整后的电话号码变更情况。

⑦ 进行短路告警测试。

将保安单元置为短路状态,插入保安排,MDF 机柜告警装置发出蜂鸣声,说明外线告警系统正常。

⑧ 分别用直列测试塞绳和横列测试塞绳进行线路拨打测试。

测试塞绳的接线端和电话线对接,注意测试塞绳的颜色对应,将测试塞绳的测试端插入接线排,进行拨打测试,观察有无通话异常问题。测试中可能出现没有电信号、单通、串线等情况,一一判断原因。

(4) 电缆交接箱和分线盒

1) 电缆交接箱

电缆 MDF 卡接完成后,将外线电缆的另外一端用于卡接 MDF。

将电缆卡接在电缆交接箱的中间主干模块,由左向右,由上至下卡接 100 对电缆芯线。

将 20 对电缆卡接在配线模块上,在电缆交接箱的两侧。A 端面向局端,B 端面向用户端。

使用线对跳线(如图 13-5 所示)完成 20 对电缆的跳接卡接,注意卡接在模块电缆的上端口。

利用测试夹(如图 11-45 所示)进行线对卡接是否正确。

2) 分线盒

完成 20 对电缆的分线盒制作,注意电缆在分线盒下端的弯度(滴水弯),a 线对应分线盒 L1,b 线对应分线盒 L2,注意电缆分线要准确,否则会出现混线。如图 13-6 所示。

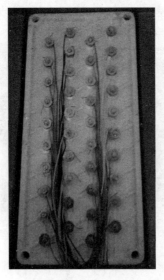

序号	L2	L1	序号	L2	L1
			反面		
11	蓝	黑	1	蓝	白
12	橘	黑	2	橘	白
13	绿	黑	3	绿	白
14	棕	黑	4	棕	白
15	灰	黑	5	灰	白
16	蓝	黄	6	蓝	红
17	橘	黄	7	橘	红
18	绿	黄	8	绿	红
19	棕	黄	9	棕	红
20	灰	黄	10	灰	红

图 13-6 分线盒制作

使用皮线电缆完成 1 对电话的接入工程,连接电话转接盒(皮缆和电话线的转接),连接电话。

(5) 评分标准

分线盒制作应符合规范,如表 13-3 所示。

表 13-3 电缆分线盒制作考核标准

质量要求	评分标准	考核情况	得分
1. 线把绑扎整齐、对称，余线留长松紧一致 2. 无障碍线对 3. 屏蔽线连接牢固 4. 盒内整洁，无遗留物 5. 尾巴电缆引上固定美观，方向正确	1. 线把绑扎整齐、对称，余线留长松紧不一致每处扣 2 分		
	2. 障碍线对每对扣 5 分		
	3. 屏蔽线不通扣 5 分		
	4. 分线盒面向不符、线缆线束不规范扣 2 分		
	5. 尾巴电缆引上固定不美观扣 2 分		
	6. 特殊问题酌情扣分		

4．撰写报告

学习团队完成电缆卡接和成端任务，撰写施工步骤、验收结果及处理结果（施工现场照片、施工标准及工艺照片）。卡接和成端中的问题、如何解决（措施）应做详细的说明。

任务 5 电缆绝缘电阻测试

1．任务描述

学习团队（4~6 人）能完成电缆的绝缘电阻的测量。

① 兆欧表的使用。

② 不良线对的判断。

③ 电缆绝缘电阻的测量方法。

2．任务分析

本任务让学生完成电缆绝缘电阻的测量、分析不良线对的产生原因，并能熟练使用兆欧表。

3．任务实施

（1）撰写施工方案

学习团队撰写施工方案（测试步骤、任务分工等）。

（2）工具及仪表

学习团队准备施工工具及仪表、卡刀（两种）、电工刀、剪刀、钢卷尺、全塑电缆（HYA-30×2×0.4) 2 000 m、兆欧表、万用表。

（3）绝缘电阻测量

绝缘电阻测量的目的是检验电缆是否进水或损伤，通过对主绝缘电阻的测试可初步判断电缆绝缘是否受潮、老化、脏污及局部缺陷，并可检查由耐压试验检出的缺陷的性质。对橡塑绝缘电力电缆而言，通过电缆外护套和电缆内衬层绝缘电阻的测试，可以判断外护套和内衬层是否进水。

1）测试芯线间绝缘电阻

通过测试芯线间绝缘电阻来检查芯线绝缘程度和芯线间是否有混线现象。

① 连接测试电路。

根据测试原理连接测试电路，测试接线方法参考图 13-7。

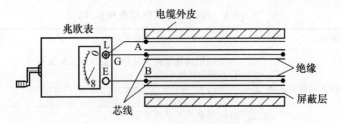

图 13-7　测试芯线间绝缘电阻

② 测试读数换算。

单位绝缘电阻数值=电缆芯线测试读数值×电缆长度（单位：MΩ·km），将电缆芯线测试读数值正确换算为单位数值，并根据所测电缆型号判断其绝缘电阻是否符合规定标准。

2）测试芯线对地（电缆屏蔽层）之间的绝缘电阻

检查芯线是否有地气（即碰地）现象和对地之间的绝缘程度。测试接线方法参考图 13-8 所示。

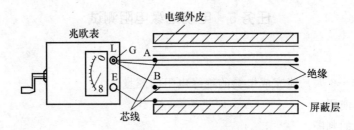

图 13-8　测试芯线对地绝缘电阻

3）检验芯线障碍测试方法

按图 13-9 连接好。此种方法对于地气、自混、它混和绝缘不良均可测试。

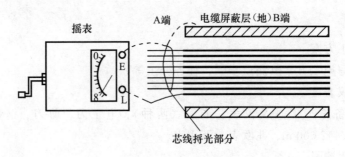

图 13-9　测试芯线地气、自混、它混

A 端将芯线连成良好混线和地气状态。B 端以不混线地气为原则呈全疏散状态。将兆欧表打开，从混线束中抽一根，测一根，表针指"0"位，则为坏线对。等全部芯线测试定了之后，甩掉地线校测，以证明是地气还是混线，若是混线再根据障碍线查找是自混还是它混。

4）断线测试连线方法

按图 13-10 连接之后，A 端以不混线地气为原则，呈全疏散状态，B 端将芯线连成良好混线和地气状态，从 A 端抽出一根，测试一根。表针指"0"，该线为好线；指"∞"，该线为断线。

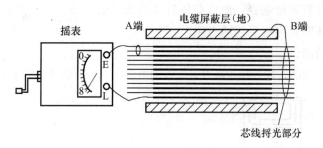

图 13-10 测试断线连接方法

（4）测试结果（见表 13-4）

表 13-4 绝缘电阻测试表

日期：		温度：		湿度：
电缆编号	线序	绝缘电阻（MΩ）		
		A—地	B—地	A—B

4．撰写报告

学生完成电缆绝缘电阻的测量，撰写测试步骤、数据记录及处理结果。

任务 6　电缆环阻和屏蔽层连通电阻测试

1．任务描述

学习团队（4~6人）能完成电缆的绝缘电阻的测量。

① 万用表的使用。

② 电缆环阻的测量方法。

③ 屏蔽层连通电阻的测量方法。

2．任务分析

本任务通过完成电缆环阻和屏蔽层连通电阻的测量，让学生了解电缆屏蔽层电阻的测量的重要性。

3．任务实施

（1）撰写施工方案

学习团队撰写施工方案（测试步骤、任务分工等）。

（2）工具及仪表

学习团队准备施工工具及仪表、卡刀（两种）、电工刀、剪刀、钢卷尺、全塑电缆（HYA-30×2×0.4）2 000 m、兆欧表、万用表。

采用万用表测试电缆线路并判断线路故障早在 20 世纪 50 年代就开始应用了。早期使用指针式万用表,近年来更多使用数字万用表。数字万用表一般可测量交/直流电压、电流和电阻(部分产品还具有测量电容、测试晶体管及其他功能)等。本书主要介绍利用数字万用表测试电缆线路的环阻和屏蔽层连通电阻。

(3) 环路电阻的测试

① 将被测电缆芯线的始端与机房断开,在被测电缆的末端将两根芯线短路。如图 13-11 所示。

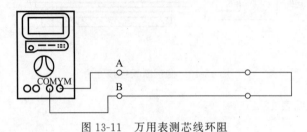

图 13-11 万用表测芯线环阻

② 根据电缆程式和长度将数字式万用表的挡位量程选择钮转向"Ω"量程范围的适当挡位。

③ 按下开关按钮,把表笔分别插入 COM 表笔插孔和 V/Ω/Hz 或 V/Ω 表笔插孔,并接至被测电缆芯线上。

④ 读取液晶显示屏的数值,如在显示屏左侧出现"1",说明所测的数值超过现有量程,量程开关应向高位拨一挡,反复调测直至出现较精确的数值。万用表上测得的读数就是导线的环阻值。如果测量当中出现负值,这可能是线路上有电源存在,应及时查清情况,否则将造成误差。

(4) 电缆屏蔽层连通电阻测试

全塑电缆屏蔽层应进行全程连通测试,测试方法如图 13-12 所示。先要在被测电缆末端将一根屏蔽线牢固地卡接在电缆屏蔽层,选一对良好芯线,将其末端 A、B 线短路,并与电缆屏蔽线连通。打开万用表开关,万用表连线插接正确,万用表量程开关拨到电阻量程范围,选择适当的测试挡,准确读取读数。

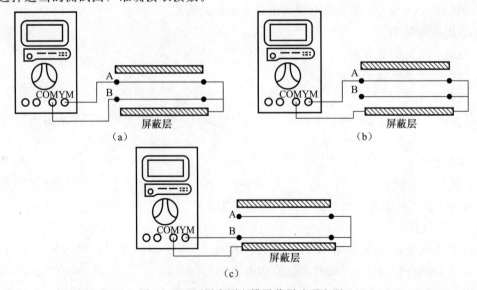

图 13-12 万用表测电缆屏蔽层连通电阻

① 测试线对环路电阻（R_{AB}）。
② 测试 A 线与电缆屏蔽层的环路电阻（R_{AE}）。
③ 测试 B 线与电缆屏蔽层的环路电阻（R_{BE}）。用公式（13-1）来计算出电缆每千米屏蔽层连通电阻：

$$R_{屏} = \frac{R_{AB} + R_{BE} + R_{AB}}{2L}(\Omega/\mathrm{km}) \tag{13-1}$$

其中，L——被测电缆长度（km）。

（5）测试数据

教师选用 2～5 km 的电缆，由学生按团队分别测量电阻的环路电阻和屏蔽层连通电阻，记录数据（见表13-5）。

表 13-5　绝缘电阻测试表

日期：		温度：	湿度：
电缆编号	线序	屏蔽层连通电阻阻值	环阻阻值
HYA___×___×___			
HYA___×___×___			

4. 撰写报告

学生团队完成电缆环阻和屏蔽层连通电阻的测量，撰写测试步骤、数据记录及处理结果。

项目 1　电缆工程项目

1. 项目描述

学习团队（4～6人）能完成4路用户电话装配任务。
① 电缆敷设。
② 电缆接续（扣式）。
③ 电缆 MDF。
④ 电缆交接箱和分线盒制作。
⑤ 电话皮缆敷设。

2. 项目分析

本任务完成用户电话安装任务，具有完成交换机数据配置、MDF 卡接及跳线、电缆敷设、电缆交接箱卡接及跳线、分线盒制作、皮缆敷设等任务，任务完成后的电缆线路的测试及验收。

学习团队完成学生宿舍楼（10层，每层2户，每单元共20户，20对分线盒线对正好对应20户）每单元4路电话装配任务，即电话或数据（ADSL）的装配任务。某机房每组配备交换机1台、MDF 配线架1个、电缆交接箱1个（室外实训基地）、电缆接头盒1个、20对电缆分线盒1个、1段50 m电缆（HYA-50×2×0.4）、2段50 m电缆（HYA-20×2×0.4）、4段10 m电话皮缆（宿舍）、4个电话转接盒（宿舍）和4个电话机（宿舍）。室外实训基地有7杆组成的架空杆路。各组完成电话敷设、成端、接续和调试，完成4路电话的开通。实践环境无室外实训基地，可在实训室内仿真实践环境。

3．项目实施

（1）撰写施工方案

学习团队撰写施工方案（施工步骤、任务分工、安全规范等）。

（2）工具及仪表

学习团队准备施工工具及仪表、卡刀（两种）、电工刀、剪刀、钢卷尺、全塑电缆（HYA-50×2×0.4、HYA-20×2×0.4,）100 m、MDF、交接箱、分线盒、跳线、卡刀（两种）、测试塞绳、电话机、万用表、照相机等。

根据图13-13所示，完成电缆线务工程。教师或学生配置交换机数据，根据交换机数据线卡接MDF测试接线排，卡接顺序从左到右、自上而下。输出MDF测试接线排的电话号码与交换机线对色谱对应关系。

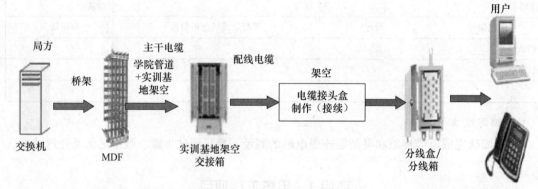

图13-13　电缆线务工程示意图

（3）MDF卡接（矩阵跳纤）

交换机电缆线卡接MDF内线模块（横列）64对，电话号码为8000-8063；主干电缆卡接MDF外线模块（直列）50对；电号码为800×、801×、802×、803×，组装房间号依次为×101、×202、×302、×401，×为各组的组号（以第8组为例，8栋楼的101、202、302和401房间装配电话号码依次为8018、8028、8038、8048）；完成MDF跳线和保安单元。输出表13-6测试接线排和保安接线排对应表。

表13-6　MDF对应表

测试接线排128回线 X-0Y-Z X：第1个128回线 Y：第X个接线排 Z：线对顺序	卡接要求： 1. 交换机数据线上走线； 2. 卡接模块下口； 3. 跳线卡接模块上口	接线排位置	1-01-01	1-01-02	...	1-01-31	1-01-32
		电话号码	8000	8001至保安接线排1-01-08	...	8030	8031
		接线排位置	1-02-01	1-02-02	...	1-02-31	1-02-32
		电话号码	80032	8033	...	8063	8063
		接线排位置	1-03-01	1-03-02	...	1-03-31	1-03-32
		电话号码	8064	8065	...	8094	8095
		接线排位置	1-04-01	1-04-02	...	1-04-31	1-04-32
		电话号码	8096	8097	...	8126	8127
说明：1-1-02表示第1回线中第1个接线排的第2个线对，a线在左，b线在右。							

续表

		接线排位置	1-01-01	1-01-02	…	1-01-24	1-01-25
保安接线排100回线 X-Y-Z X：第1个100回线 Y：第X个接线排 Z：线对顺序	卡接要求： 1. 外部主干电缆下走线； 2. 卡接模块下口； 3. 跳线卡接模块上口	用户顺序	01	02至交接箱 02-01-02	…	24	25
		接线排位置	1-02-01	1-02-02	…	1-02-24	1-02-25
		用户顺序	26	27	…	49	50
		接线排位置	1-03-01	1-03-02	…	1-03-24	1-03-25
		用户顺序	51	52	…	74	75
		接线排位置	1-04-01	1-04-02	…	1-04-24	1-04-25
		用户顺序	76	77	…	99	100
说明：02-01-02 表示交接箱 02 列第 01 排第 02 对线。							

(4) 电缆敷设（根据实践条件可省略，方案需要设计）

根据图 13-13 所示，完成电缆管道和架空杆路的敷设。

(5) 电缆交接箱成端（矩阵跳纤，主干电缆：配线电缆＝1：2）

完成主干 50 对电缆卡接，5 条 20 对配线电缆卡接和线对跳接。跳线注意走线整齐美观，跳线注意线对对应关系，50 对电缆对应 5 条 20 对电缆分线盒的物理对应关系。输出表 13-7 交接箱主干配线电缆对应表。

表 13-7 交接箱主干配线电缆对应表

配线电缆 第1列	卡接组别	主干电缆 第2列	卡接组别	配线电缆 第3列	卡接组别	走线方式
1～10	第1组	1～10 第8对至 3列-01排-08个	第1～2组	1～10 第8对至2栋 （单元）302室	第3组	上走线
11～20		11～20		11～20		
1～10	第2组	21～25		1～10	第4组	
11～20		26～35		11～20		
		36～45	第3～4组			
		46～50				
		46～50	第7～8组			
		36～45				
11～20	第6组	26～35		11～20	第8组	下走线
1～10		21～25		1～10		
11～20	第5组	11～20	第5～6组	11～20	第7组	
1～10		1～10		1～10		

(6) 电缆接续及封装

完成 20 对电缆扣式接续，并封装接头盒。要求接头盒悬挂牢固，摆放位置合理，具体操作见电缆工程中的任务 1。

(7) 分线盒制作

分线盒分为挂壁和嵌入式两种，根据购买接头盒的款式，完成 20 对电缆分线盒的制作。

嵌入式（卡接）分线盒主要使用在市区或郊区，挂壁式（螺丝或扭绞）分线盒主要使用在农村地区。注意：20对分线盒对应20户用户（10层楼，每层楼01、02两户），输出表13-8分线盒与用户的对应表。

表13-8 分线盒与用户的对应表

房间	分线盒线对	房间	分线盒线对
×1001	19	×1002	20
×901	17	×902	18
×801	15	×802	16
×701	13	×702	14
×601	11	×602	12
×501	9	×502	10
×401	7	×402	8
×301	5	×302	6
×201	3	×202	4
×101	1	×102	2
说明：×团队组数，代表×栋楼或×单元			

（8）皮缆敷设

根据楼道情况敷设4根电话皮缆，完成皮缆与转接盒的固定工作。

（9）电话或数据调试

连接电话面板或转接盒，四部电话互拨，检查电话线路好坏。若有故障，查找原因并修复。

（10）故障处理

根据团队完成情况，考核其对电缆线路工程设置故障的处理能力，团队查找原因并排除故障（撰写故障原因、故障处理流程和处理方法）。

（11）考核标准（如表13-9所示）

表13-9 评分标准

	时间要求及评分标准	质量要求及评分标准
电工程	1. MDF、交接箱、接头盒和分线盒制作与成端 2. 4～6小时完成。前两组根据工艺进行1～5分奖励	1. 工艺及团队合作（任务分配、人员配备、团队协作）、美观、整洁、5S、方案及组员参与度；2. 电话成功通率；3. 前两队完成根据工艺加分1～5分；4. MDF卡接线序、上下卡接位置、保安单元、跳线走线；5. 交接箱线序、上下卡接位置、跳线走线、局线和用户线比例及标签；6. 电缆接头盒接续尺寸、线序、绑扎；7. 分线盒成端顺序、线序、滴水弯处理；8. 用户线成端效果
	故障处理流程（由远到近，先远端后近端等）	1. 能判断故障给5分 2. 能修复网络给5分

4. 撰写报告

学习团队设计施工方案及任务分配，分别撰写实训报告。包含系统框图、施工现场照片及数据记录、故障处理(发现问题、分析问题和解决问题)和设计方案等。

13.2 光缆工程

任务 1 管道光缆敷设

1. 任务描述

学习团队(4～6人)能完成三个管井的光缆施工。

① 倒"8"字光缆放盘练习。

② 管井光缆绑扎。

2. 任务分析

本任务通过管道光缆敷设,让学生熟悉管道的组成、施工标准及流程,牢记管道施工安全。能熟练掌握穿缆器使用及注意事项。

管道光缆敷设,由于管道路由复杂,光缆所受张力、侧压力不规则,尽量注意安全敷设、节省光缆消耗、节约工程费用。

3. 任务实施

(1) 撰写施工方案

学习团队撰写施工方案(施工流程及规范、施工安全、任务分工等)。

(2) 工具及仪表

学习团队准备施工工具及仪表,穿孔器、安全帽、开缆刀(裁纸刀)、老虎钳、100 m光缆。

管道敷设

(3) 光缆布放的施工流程

施工测量→器材检验→单盘检验→光缆配盘→选择布放方法→人孔抽积水→检查管孔→光缆布放→光缆的防护→光缆芯线接续、测试→光缆接头封合→光缆接头的安装固定(托架)。

(4) 管道光缆敷设

教学团队佩戴安全帽,注意安全施工及人员分工。

1) 管道资料核实

按设计规定的管道路由和占用管孔,检查管孔是否空闲以及进、出口的状态。按光缆配盘图,核对光缆接头所处位置、地貌和接头安装位置,并检查是否合理和可能。

2) 管孔清洗方法(见10.4.1)

3) 预防子管(见10.4.2)

4) 敷设穿孔器

5) 制作牵引端头(见10.4.3)

6) 收穿孔器

在每个人孔内安排2～3人进行人工牵引,牵引应统一指挥,中间人孔不得发生光缆扭曲现象。牵引沿线的人员应保证联络畅通。布放光缆的牵引力应不超过光缆允许的张力80%,瞬时最大牵引力不得超过光缆允许张力的100%,牵引力应加在光缆的加强件(芯)

上。光缆布放过程中应无扭转,严禁打小圈、浪涌等现象发生。光缆弯曲半径应不小于光缆外径的 15 倍,施工过程中不小于 20 倍。

7) 管井线缆绑扎

学习团队将光缆接头盒(根据现场需要,可以模拟)和预留光缆使用扎带绑扎在管井托架上,并制作标识牌(一级干线使用红色、省级使用绿色、其他使用白色),标识牌距离接头盒 10 cm。光缆由托架到子管的距离需要钉固或使用波纹管进行保护(长途光缆使用红色波纹管保护)。如图 13-14 所示。

图 13-14 光缆接头盒绑扎及标牌悬挂

(5) 评分标准

教师根据光缆敷设的情况(敷设时间、团队组员表现、工程工艺),结合组员现场表现完成打分。学习团队并在实训过程中注意保存数据和记录。例如工艺照片。

4. 撰写报告

学生完成管道光缆敷设任务,撰写施工流程、施工步骤及验收结果(施工现场照片、施工标准及工艺照片)。

任务 2 光纤熔接

1. 任务描述

学习团队(4~6 人)能完成光纤熔接。

① 光纤熔接机操作练习。

② 光纤熔接标准与规范。

③ 光纤熔接流程。

2. 任务分析

本任务通过完成光纤熔接,让学生熟悉熔接机结构、原理及操作,熟悉光纤熔接的流程及技巧。

3. 任务实施

(1) 撰写施工方案

学习团队撰写施工方案(熔接流程及规范、熔接安全、任务分工等)。

(2) 工具及仪表

学习团队准备施工工具及仪表,光纤熔接机、米勒钳、切割刀、热缩管、酒精及酒精棉、光纤、红光源、尾纤、裸纤（光缆）。

准备光纤等耗材和工具，各团队成员各准备4～6根2 m的光纤（长度相同）。打开熔接机和准备好米勒钳、切割刀、热缩管、手纸和酒精棉等耗材。

（3）光纤熔接

① 穿热缩管（如图13-15所示）。

② 制作光纤端面。

使用米勒钳的后口去除涂覆层40～100 mm，如图13-16所示；使用沾有酒精的酒精棉清洁2～3次，如图13-17所示。注意更换清洁面；将光纤涂覆层和纤芯界面放在刻度的16 mm位置处，推动滑块，切割后光纤如图12-2所示。注意光纤需要跨越割刀的固定模块，如图13-18所示。

图13-15　穿热缩管

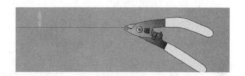
图13-16　去除涂覆层

③ 放置光纤。

将切割好的光纤放在熔接机里面。注意光纤端面不能碰到任何物体。打开压板，光纤端面越过V形槽，尽量靠近电极但不超越电极。如图13-19所示。左、右完成光纤放置，盖好防风罩。

图13-17　清洁

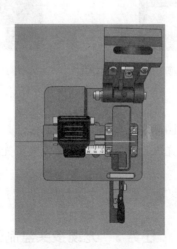
图13-18　切割

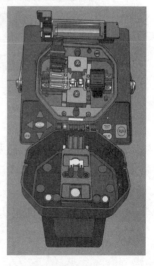
图13-19　放置光纤

④ 熔接及损耗估算。

根据显示屏显示结果观察光纤切割和放置位置的好坏。按RUN键。设置间隙、调芯、放电熔接，显示熔接估算，如图13-20所示。将各纤损耗值记录表13-10所示。

表 13-10　接头盒纤序对应表

名称	光纤颜色	损耗	名称	光纤颜色	损耗

⑤ 移出光纤用加热器加热热缩管

将光纤放置在加热器中加热。注意使熔点在热缩管的正中间,如图13-21所示。先压左侧,再压右侧,按 HEAT 键,指示灯亮(红色),30～60 s。

⑥ 放冷却盘冷却

将熔接好的光纤热缩管放在冷却盘冷却。防止误断光纤。

各组每位成员完成1芯接续(自己光纤成圆环对接);每组完成成员光纤的接续(成线,其中线一端与尾纤对接)芯的接续,记录熔接损耗及单位(手机拍照),使用可视红光源测试熔接质量和目测光纤接续质量(熔点位置)。

图 13-20　熔接估算

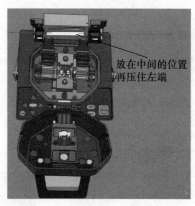

图 13-21　热缩管放置示意图

(4) 考核要求

① 观察光纤接续工艺及团队组员的参与度给予综合打分。

② 利用可视红光源检测光纤接续质量,根据各组员光纤圆的半径判断熔接次数。

4. 撰写报告

学习团队撰写实训报告。施工现场照片及数据记录写入实训报告。

任务3　光缆接头盒制作

1. 任务描述

学习团队(4～6人)能完成12芯或24芯光缆接头盒的制作。

① 光纤熔接练习。

② 光纤盘纤。

③ 光缆接头盒封装

2. 任务分析

本任务通过光缆接头盒制作，让学生熟悉接头盒结构及封装，训练光纤熔接和盘纤技能。学习团队完成 12 芯或 24 芯光纤熔接，各团队光缆接头盒串接起来，在光缆线路两头与尾纤连接，考核小组使用 OTDR 测试光接头损耗，要求 0.02 dB/个。

3. 任务实施

（1）撰写施工方案

学习团队撰写施工方案（施工流程及规范、施工安全、任务分工等）。

（2）工具及仪表

学习团队准备施工工具及仪表，光缆接头盒及配套耗材、光纤熔接机、开切割刀、米勒钳、酒精及酒精棉、8 段 500 m 光缆（GYTS-12B1）。

光缆接头盒制作

（3）熔接

光纤接续应遵循的原则是芯数相等时，要同束管内的对应色光纤对接，芯数不同时，按顺序先接芯数大的，再接芯数小的。注意光缆端别走向，A 端面向局方，B 端面向用户方。

1）安装密封圈及色带

根据光缆外径选择并安装两个合适孔径的密封圈，同时扎上色带，防止密封圈大范围滑动。接头盒光缆入端扎蓝色带，出端扎绿色带，分歧缆扎白色带。光纤掏缆时，可将密封圈沿槽口剪断后套入光缆。

2）开剥光缆和束管

开剥长度取 1.2 m 左右，用卫生纸将油膏擦拭干净。将填充物、加强件等处理好。使用胶带扎好束管。将光缆固定在接头盒，注意 A、B 端面的辨别，固定加强件，使用扎带固定束管。提醒：注意接头盒光缆输入和输出处的密封。

3）打磨

在光缆外皮端口处打磨光缆 13 cm，缠绕一层 80T 胶带后再去掉，以清除碎屑。

4）安装密封胶带

距离光缆开缆口 4.5 cm 处缠绕宽带型密封胶带（位置根据接头盒形状确定）。胶带两侧为密封圈，胶带勿拉伸。缠绕厚度与密封圈直径相同。然后，为防止胶带粘上灰尘，先在胶带外侧缠绕一层保护纸。如图 13-22 所示。

胶带的剪切采用双斜角法，在横向和厚向均为斜切。如图 13-23 所示。

5）清洁光纤和穿热缩套管

将不同束管，不同颜色的光纤分开，做好标签，使用酒精或卫生纸清洁光纤，穿过热缩管。按照光纤的色谱顺序熔接。

6）开机

打开熔接机电源，如没有特殊情况，一般都选用自动熔接程序。

7）端面制备

制作光纤端面。用专用的剥线钳剥去涂覆层，再用沾酒精的清洁棉在裸纤上擦拭几次，用力要适度，然后用精密光纤切割刀切割光纤，切割长度只能是 16 mm 或 8 mm，根据热缩管的长度进行切割。

 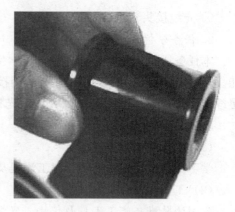

图 13-22　密封胶带　　　　　　　　　　图 13-23　双斜角

8）放置光纤

将光纤放在熔接机的 V 形槽中，小心压上光纤压板和光纤夹具，要根据光纤切割长度设置光纤在压板中的位置。

9）自动熔接及损耗估算

关上防风罩，此时显示屏上应显示图所示图像，自动熔接只需几秒时间。熔接机自动计算熔接损耗，该值一般有误差，比较精确的测试可以用 OTDR 测试。

10）移出光纤用加热炉加热热缩管

打开防风罩，把光纤从熔接机上取出，再将热缩管放在裸纤中心，放到加热炉中加热，加热需 30～60 s。

11）盘纤

将接续好的光纤盘到光纤收容盘上，在盘纤时，按光纤色谱顺序进行排列，盘圈的半径越大，弧度越大，整个线路的损耗越小。光纤在盒体接续盘内逆时针方向盘绕后进入接续盘。带状光缆及中心束管式散芯光缆为裸纤盘纤形式，不要有任何附加物。层绞式散芯光缆可带子管进行盘纤，可适当使用扎带，但不能过于用力。光纤进入接续盘时通过带状或散芯载纤管在接续盘入口处固定。对于带状光缆，采用带状光纤载纤管，层绞式散芯光缆载纤管长由托盘扎带位置决定。中心束管式光缆，采用中心束管光缆保护件。如图 13-24 所示。

光缆接头盒盘纤操作

图 13-24　盘纤

12) 密封和挂起

将盒体表面擦干净,将密封胶带外侧的保护纸去除。在盒体密封槽内部放入密封胶条,两个光缆入口端口之间要 T 字形布放。有方向性的安放上盖(否则上盖不能盖上)。按照上盖图示的数字所示,分别由中间向两边,且以对角线形式顺序紧固螺栓。野外接续盒一定要密封好,防止进水。套上不锈钢挂钩并挂在吊线上。至此,光纤熔接完成。如图 13-25 所示。

13) 填写线序表

学生根据光纤线序及对接色谱填写表格 13-11。

图 13-25 密封示意图

表 13-11 接头盒纤序对应表

上收容盘			下收容盘		
序号	光纤颜色	熔接损耗	序号	光纤颜色	熔接损耗
1			1		
2			2		
3			3		
4			4		
5			5		
6			6		

(4) 考核要求

① 观察光缆接续工艺及团队组员的参与度给予综合打分。

② 利用 OTDR 或可视红光源检测光纤接续质量。

评分标准,如表 13-12 所示。

表 13-12 光缆接续评分标准

熔接考核内容	质量要求	评分标准
1. 光纤涂覆层剥除 2. 端面制作 3. 熔接操作 4. 接头保护 5. 光缆固定 6. 光纤盘纤	1. 每人熔接 3 芯 2. 切割后涂覆层剥除长度为 16~18 mm,允许偏差±1 mm 3. 端面制作平整、无毛刺,洁净 4. 接头要求良好 5. 热熔后,接头应缩在套管内居中,无断纤或漏缩现象	1. 熔点不居中超过 5 mm 扣 2 分 2. 接头不良(气泡、凹陷、轴芯错位),每纤扣 2~4 分 3. 裸纤漏缩,每纤扣 2 分,热缩断纤扣 10 分 4. 熔接过程中断纤引起纤芯过短,小于 30 cm 时,扣 10 分 5. 熔接完毕,发现断纤扣 5 分 6. 盘纤不规范扣 5 分 7. 光缆端别错误扣 2 分 8. 违反安全操作规程每次扣 2 分 9. 其他现象视情况酌情扣分

4. 撰写报告

学习团队撰写实训报告。各组完成 12 或 24 芯接头盒的接续,每位学员完成 2~4 芯的接续，记录熔接损耗及单位，使用OTDR测试熔接质量或通过可视红光源测试熔接质量。注意接续工艺及接续损耗，注意保存数据。

任务4　ODF

1. 任务描述

学习团队（4～6人）能完成12芯光缆ODF成端。

① 光纤熔接练习。

② 光纤盘纤。

③ 光缆ODF装配及跳纤。

2. 任务分析

本任务通过光缆ODF成端，让学生熟悉ODF及机柜结构及安装流程，训练光纤熔接和盘纤技能。学习团队完成12芯尾纤和光缆光纤接续，两个团队使用1条光缆。光端机与光ODF的跳纤便于考核小组验收光纤熔接质量。

3. 任务实施

（1）撰写施工方案

学习团队撰写施工方案（施工流程及规范、施工安全、任务分工等）。

（2）工具及仪表

学习团队准备施工工具及仪表，光缆ODF及尾纤或微缆配套耗材、光纤熔接机、开切割刀、米勒钳、酒精及酒精棉、4段500 m光缆（GYTS-12B1）。

光缆ODF接续及盘纤操作

（3）ODF熔接

1）光缆开剥与固定

机架安装固定后，若机房小，可卸下机架前后门（门上转轴为弹簧式拉销）进行施工。将光缆从机架后侧底部（或顶部）的光缆孔中引入机架，并将光缆端部去除1.6 m。光缆开剥长度根据光纤配线箱的安装高度确定，计算公式为开剥长度＝（220×N个配线箱＋1 600）mm。将填充物和加强件处理好。

2）束管的保护

开剥完光缆后将束管上的油膏擦拭干净。根据光纤配线箱的安装高度，将进入箱体部分的束管剥离出光纤，套上相应长度的PVC保护软管，并在靠近光缆开剥处用扎带将PVC软管扎紧。

3）束管初固定。

将用PVC软管保护好的束管初固定在光缆固定板上。

4）光纤配线箱的安装

将光纤配线箱由上至下安装于机架上。将尾纤安装到位，做好标签（光纤熔接顺序），做好尾纤或微缆的端面处理。并做好标签，微缆外层有颜色，1～12颜色已经按顺序排列好，注意检查纤序和颜色对应关系如图13-26所示，微缆和光缆走向示意图如图13-27所示。

5）光纤熔接

光纤熔接的详细步骤请参阅相关光纤配线箱的使用说明或任务1。

图 13-26 微缆托盘

6) 束管最终固定

光纤熔接结束后,将束管按进光纤配线箱的相应位置固定在机架的束管固定板上,余长收容于光纤配接箱内。

7) 光缆固定及接地

将光缆用喉箍固定在光缆固定座(板)上,并将光缆加强芯固定在钢丝座上(如需护层接地,则应预先在光缆端部插入接地夹,接地线连接在固定板上)。

8) 填写表 13-13 熔接路由标记

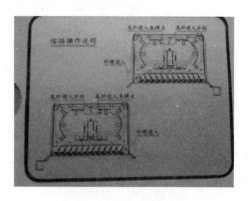

图 13-27 微缆和光缆走线

表 13-13 熔接路由标记

熔接路由标记													
盘号		1	2	3	4	5	6	7	8	9	10	11	12
A	色谱												
	束管												
	路由												
B	色谱												
	束管												
	路由												
C	色谱												
	束管												
	路由												
D	色谱												
	束管												
	路由												
注意:去向表格可根据光纤线序合并。													

(4) 跳线方式

1) 本架跳线

取适当长度的光纤连接器(跳线),将光纤连接器两头插入预定适配器后,从配线箱左面单侧引出,经过垂直走线槽向下,经过底部水平走线槽,根据余长的长短,挂入合适的挂线环。

2）跨架跳线

对于多架相拼的光纤配线架，其前后左右侧板可脱卸。跳线不需从架外走纤，直接在架间通过顶底水平走线槽走纤。

3）粘贴标签

ODF 尾纤标签，如图 13-28 所示。标签含义：上排表示 6 楼 B01 机柜 3808 交换机 GE-1/1 端口的收光尾纤；TO 表示去向；下排表示 6 楼 A 列 03 柜（03 柜是 ODF 柜）第 4 个 ODF 子框的 A 汇接盘的 03 芯。各小组根据自己尾纤的走向，制作标签。签粘贴尾纤两端，距接头 3～6 cm 处，颜色主要有红、黄、蓝、绿和白等颜色；标签内容包含网线本端与对端等信息，网元名称、电路方向、端口 IP 地址等信息，尾纤信息收发等，机架位置编号。

```
6F-B-01-3808-1-GE-1/1-S
         TO
   6F-A-03-4-A-03
```

图 13-28　ODF 尾纤标签

（5）考核要求

① 观察光缆接续工艺及团队组员的参与度给予综合打分。

② 利用可视红光源检测光纤接续质量。

评分标准，如表 13-14 所示。

表 13-14　光缆接续评分标准

熔接考核内容	质量要求	评分标准
1. 光纤涂覆层剥除 2. 端面制作 3. 熔接操作 4. 接头保护 5. 光缆固定 6. 托盘盘纤 7. 光纤保护 8. 尾纤开剥	1. 每人熔接 2～3 芯 2. 切割后涂覆层剥除长度为 16～18 mm，允许偏差±1 mm 3. 尾纤绑扎规范 4. 接头要求良好 5. 热熔后，接头应缩在套管内居中，无断纤或漏缩现象	1. 熔点不居中超过 5 mm 扣 2 分 2. 接头不良（气泡、凹陷、轴芯错位），每纤扣 2～4 分 3. 裸纤漏缩，每纤扣 2 分，热缩断纤扣 10 分 4. 尾纤绑扎不规范 1 处扣 3 分 5. 熔接完毕，发现断纤扣 5 分 6. 托盘盘纤不规范扣 5 分 7. 光缆端别错误扣 2 分 8. 违反安全操作规程每次扣 2 分 9. 其他现象视情况酌情扣分

4. 撰写报告

学习团队撰写实训报告。每位学员完成 2 芯的接续，各组完成 12 芯 ODF 的成端。记录熔接损耗及单位，使用 OTDR 测试熔接质量或通过可视红光源测试熔接质量。注意接续工艺及接续损耗，注意保存数据。

任务5　光缆交接箱和分线盒

1. 任务描述

学习团队（4～6 人）能完成分线盒接续、光交接箱接续及跳纤。

① 分光原理（分光比）。

② 跳纤规范。

③ 分线盒接续。

2. 任务分析

本任务通过光交接箱（288 芯）分光给 12 芯分线盒，让学生熟悉光交接箱、分线盒结构及安装流程，训练光纤熔接和盘纤技能。学习团队完成光交接箱分有 1∶4 的一级分光及跳纤和 12 芯分线盒成端，便于考核小组验收光纤熔接质量。

3. 任务实施

（1）撰写施工方案

学习团队撰写施工方案（施工流程及规范、施工安全、任务分工等）。

（2）工具及仪表

学习团队准备施工工具及仪表，12 芯或 24 芯分线盒及配套耗材、光纤熔接机、尾纤、开切割刀、米勒钳、酒精及酒精棉、1 段 500 m 光缆（GYTS-24B1）和 8 段端 500 m 光缆（GYTS-12B1）。

光缆交接箱跳纤操作

（3）FTTH 原理

光缆交接箱和分线盒工程主要是主干光缆和配线光缆成端、分光比设置和跳纤。所有的交接箱、一级分线盒和二级分线盒把从机房出来的光缆线路用合理的方式连接到需要的用户处。交接箱和分线（纤）盒所覆盖的范围不一样，放置位置不同，都可以设置分光器。如图 13-29 所示。

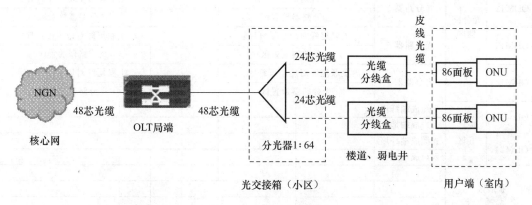

图 13-29　FTTH 结构

（4）光缆交接箱接续及跳纤

光缆开剥 0.9～1.2 m，固定加强件，套软管保护松套管，胶带处理开剥端面，将主干光缆和配线光缆固定分别与尾纤接续（成端），归位托盘，如图 13-30 所示。测试各光纤的损耗并记录，判断是否符合工程要求。在光缆交接箱标签记录数据（颜色、路由），设计光交接箱标签，如表 13-15 所示。根据光纤路由用跳纤完成主干光缆、光分路器和配线光缆连接。跳纤连接示意图如图 13-31、图 13-32 所示，注意主干光缆和配线光缆的熔接工程一次完成，光分路器的连接根据工单的路由决定是否连接。

图 13-30　光交接箱

表 13-15 光交接箱标签（根据工程情况设计表格）

YG_____区模块局_____（GJ）A 面　　　　　　　　　　　　　　　　　　光交接箱成端面板图

光缆交接箱编号		YG_____区模块局_____（GJ）A 面					
ODM 序号	功能区	适配器号	1	2			12
ODM1	主干区	主干光缆标识	YG_____区模块局_____1 纤序-12 纤序				
		光缆成端纤序	1	2			12
ODM2		主干光缆标识	预留				
		光缆成端纤序					
ODM3	配线Ⅰ区	光缆成端纤序	PG01-1	PG01-2			PG01-12
		入户成端地址	C04-1-901	C04-1-902			C04-1-603
ODM4		光缆成端纤序					
		入户成端地址					
...		光缆成端纤序	PG01-25	PG01-26			PG01-36
		入户成端地址	C04-1-101	C04-1-102	预留	预留 预留	预留
ODM10		光缆成端纤序					
		入户成端地址					
ODM11	光分路器区	光分路器 1	上联尾纤对应主干纤序：1　1：32		光分路器 2	上联尾纤对应主干纤序：2　1：32	
ODM12		光分路器 3	上联尾纤对应主干纤序：光分路器放置区		光分路器 4	上联尾纤对应主干纤序：光分路器放置区	
ODM13		光分路器 5	上联尾纤对应主干纤序：光分路器放置区		光分路器 6	上联尾纤对应主干纤序：光分路器放置区	
ODM14		光分路器 7	上联尾纤对应主干纤序：光分路器放置区		光分路器 8	上联尾纤对应主干纤序：光分路器放置区	
ODM15	配线Ⅱ区	光缆成端纤序					
		入户成端地址					
ODM24		光缆成端纤序					
		入户成端地址					
扩展区							

注：1. 光交接箱适配器为 SC 型。PG01-01：配线光缆第一盘第一纤序。C04-1-901 表示：4 栋 1 单元 901 室。预留：表示根据某栋用户数来决定的。

2. 本箱体满配置为 576 芯。本光交接箱主干区光缆为 48 芯，配线区光缆为 432 芯，光分路器区为 8 个 1：32 分路器，A 面 2 个分路器。

3. 表中数据为举例，请根据工程设计表格，填写完整，例如 1～12 芯对应房间要写清楚。

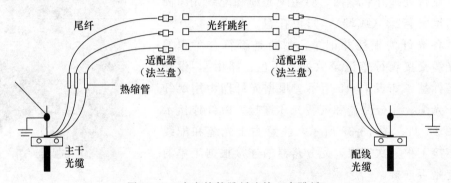

图 13-31　光交接箱跳纤连接（有跳纤）

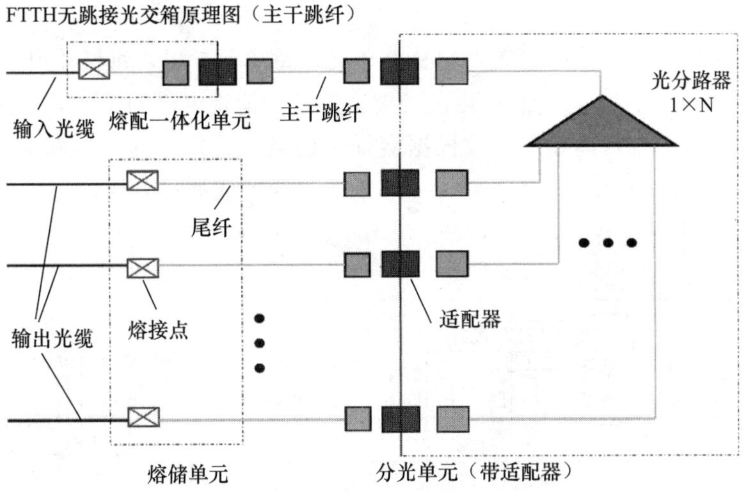

图 13-32 交接箱原理（无跳纤）

(5) 光分线盒成端

光缆开剥 0.9～1.2 m，固定加强件，套软管保护松套管，胶带处理开剥端面，将光缆加强件固定在分线盒上，完成微缆或尾纤的开剥、保护和端面制作，将光缆和尾纤熔接并盘纤，如图 13-33 所示。测试各光纤的损耗并记录，判断是否符合工程要求。在光纤分线盒标签记录数据（颜色、路由），设计光分线盒标签。根据光纤路由用跳纤完成光缆、光分器和皮缆连接。注意光缆熔接工程一次完成，光分器的连接根据工单的路由决定是否连接。

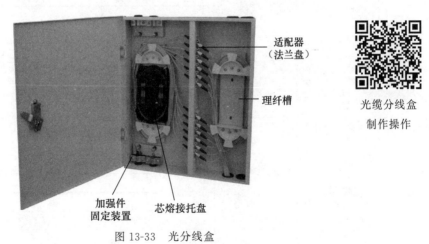

图 13-33 光分线盒

表 13-16 光分线盒标签（总分光比不能超越 1∶64）

二级分光器编号及配纤纤序	二级分光比	覆盖用户范围	覆盖用户数	备注
	1∶___	___区/号___栋___层		
	1∶___	___区/号___栋___层		
	1∶___	___区/号___栋___层		
	1∶___	___区/号___栋___层		
	1∶___	___区/号___栋___层		
	1∶___	___区/号___栋___层		

（6）施工要求

完成学院1~8栋楼FTTH覆盖，每栋2单元，每单元5层，每层2户。按50%的覆盖完成FTTH的ODN设计。分线盒安装在二楼半走道。请将表13-17填写完整。

按照图13-34所示，具体光缆芯数根据实训室的条件决定。光交接箱完成12芯主干光缆成端，1∶8分光器的安装，完成8组×4芯配线光缆的成端；分线盒完成4芯成端和1∶4分光器，分线盒主备各一半。

图 13-34 FTTH 工程图

表 13-17 FTTH 纤序分配表

上联局点	光交及一级分光地址	一级分光比主纤序	二级分光地址	二级分光比	覆盖用户范围
学院机房	学院GJ001				

4．撰写报告

学习团队撰写实训报告，完成光交接箱和光分线盒成端、分光比设计、跳纤及连接，光交接箱的跳纤，教师设计工单，对小组进行评分和考核。

任务6　光缆测试（OTDR）

1．任务描述

学习团队（4~6人）能完成光缆参数的测量。

① OTDR测试原理。

② OTDR测试步骤及数据分析。

OTDR 原理

2．任务分析

本任务的内容包括OTDR测试光缆长度、2点衰减系数、平均损耗、熔点损耗、弯曲和适配器损耗等。

3．任务实施

（1）撰写施工方案

学习团队撰写测试方案（OTDR原理、测试步骤、测试安全、任务分工等）。

（2）工具及仪表

OTDR 操作

学习团队准备施工工具及仪表，4盘12芯光缆或若干1~5 km裸纤（已连接SC或FC接头）、OTDR、酒精及酒精棉、跳纤、适配器（FC、SC）、纸和笔。

（3）实训准备

教师根据实训室提供条件准备实训，4盘12芯光缆（长度不一样），终端进行熔接，光缆熔接点（熔点要大点）和尾纤接续（法兰盘）。分别为每条光缆设置熔点1个、法兰盘1个、连接器1个、弯曲点1个。

（4）分组训练

① 组长根据OTDR操作流程和方法，安排组员进行OTDR原理学习和操作训练。

测试光线路的光缆长度测试、光缆熔接点损耗、光缆活动接头损耗、光缆衰减系数、光缆总损耗、光缆平均损耗、任意两点的损耗和衰减系数。光缆线路故障点的查询方法。填写表13-18、表13-19。

② 学生保存并下载OTDR测试数据，各组打印OTDR测试曲线，学生根据测试曲线分析光缆线路的主要节点并说明产生的原因。

③ 故障处理练习，教师调整光缆线路的接通状态，学生判断光缆故障的具体地点和故障原因，提出故障处理建议。

表 13-18　参数设置表

序　号	OTDR 参数设置		
1	折射率（n）		优先设置，提高测量精度
2	波长		单位
3	距离（设置横坐标是被测距离的1.5~2倍，至少大于被测距离）		单位
4	脉冲（脉冲越宽传输距离越远，分辨率低）		单位
5	时间（时间越长，轨迹越清晰）		单位
6	单模光纤	□	多模光纤　□
7	高分辨率	□	

表 13-19　测试数据表

序号	测试项目	数据1（A端）		数据2（B端）		结果（平均值）		显示图标/A端位置
		数值	单位	数值	单位	数值	单位	
1	光纤长度（链长）							
2	链损耗（总损耗）							
3	链衰减系数							
4	接头（插入）损耗							m
5	熔点（插入）损耗							m
6	AB点损耗	A-B距离差	A-B损耗差	A-B距离差	A-B损耗差	A-B距离差	A-B损耗差	
7								
8	AB点衰减系数							
9	各段光纤长度1							
10	各段光纤长度2							
11	各段光纤长度3							

注意：OTDR 测试需要双向测试（A端、B端），打印测试曲线，标出事件的类型。
测试步骤：1. 使用酒精棉清洁 FC 接头（牢记）；2. 连接 OTDR，注意法兰盘和 FC 接头吻合并旋紧螺母（凹凸吻合，难点）；3. 设置参数；4. 分析曲线（数据处理）。OTDR 测试曲线（画出或打印图）。

使用酒精擦洗尾纤接头，连接好 OTDR 法兰盘和测试尾纤的接头，注意卡紧要到位。注意接头的突出部位与法兰盘缺口对准。根据不同的光缆，测试光缆长度及衰减系数，为减少误差，要求双向测量。

（5）考核要求

① 教师设置故障和参数设置。学生进行 OTDR 测试和数据处理。

② 教师设置波长、单模/多模、折射率 n、高分辨率。

③ 写出测量参数及单位。

4. 实训报告

学生根据工单，使用 OTDR 测试参数级单位，教师根据测试结果和操作仪器的熟练程度进行打分。学生撰写实训报告。

项目 2　光缆工程项目

1. 项目描述

学习团队（4~6人）能完成学院光缆工程。

① ODF 和分线盒成端。

② 光交接箱。

③ 光缆接头盒接续。

2. 项目分析

学习团队完成室外实训基地和机房（室内实训基地）光缆线务工程。每组由1对光端机（PDH）或3台 SDH、1个光配线架 ODF、1个光交接箱、1个12芯接头盒、1个12芯光分线盒、2条5米跳纤（SC头）、3段12芯2 km 光缆（盘）、1支可视红光源（20 km）、1台 OTDR、2部电话、1台光纤熔接机和耗材若干。若不具备实践环境可在实训室内仿真实践环境。

3．项目实施

（1）撰写施工方案

学习团队撰写施工方案（施工流程及规范、施工安全、任务分工等）。

（2）工具及仪表

学习团队准备施工工具及仪表、光纤熔接机、尾纤、开切割刀、米勒钳、酒精及酒精棉、24 段 200 m 光缆（GYTS-12B1，根据情况设置长度）。

（3）施工步骤

如图 13-35 所示，完成光缆线务工程。

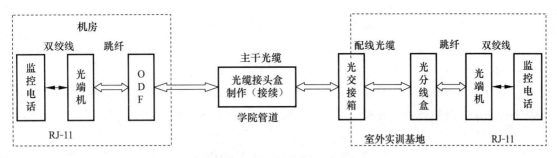

图 13-35　光缆工程示意图

① ODF 成端。

将外线 12 芯光缆与 ODF 成端，利用跳线 ODF 与光端机；讲电话连接光端机的监控端口（RJ11）。

② 光缆敷设

根据图 13-35 所示，完成光缆管道和架空杆路的敷设。

③ 光缆交接箱成端及标签。

完成主干 12 芯光缆和配线 12 芯光缆成端、跳纤及标签。分光器按照 1∶8 分光。

④ 光缆接续及封装。

完成 12 芯光缆接续，并封装接头盒。要求接头盒悬挂牢固，摆放位置合理。

⑤ 光分线盒（箱）成端及标签。

12 芯光缆与 SC 头光纤的成端，注意按顺序连接 SC 连接器及标签。

⑥ 跳纤。

通过 SC 跳纤，连接光端机和分线盒。

⑦ 电话调试。

连接电话，检查电话好坏。有故障，查找原因并修复。

⑧ 数据测试及故障处理。

使用 OTDR 测试光缆线路，保存测试数据并打印测试曲线，通过曲线分析光缆线路的参数好坏。根据学习团队完成情况，考核其对光缆线务工程设置故障，团队查找原因并排除故障（报告撰写故障原因、故障处理流程和处理方法）。

(4) 考核标准（如表 13-20 所示）

表 13-20 评分标准

	时间要求及评分标准	质量要求及评分标准
光缆线务工程	1. ODF、光交接箱、接头盒和分线盒制作与成端 2. 4~6 小时完成。前两组根据工艺进行 1~5 分奖励	1. 工艺及团队合作、美观、整洁、5S、方案及组员参与度；2. 电话成功接通率；3. 前两队完成根据工艺加分 1~5 分；4. ODF 成端工艺及质量；5. 光交接箱线序、成端、跳线走线及标签；6. 光缆接头盒接续尺寸、线序、绑扎；7. 光分线盒成端质量及标签；8. 监控电话接通效果
	故障处理流程（由远到近、先远端后近端、先光后电等）	1. 能判断故障给 5 分 2. 能修复网络给 5 分

4. 撰写报告

各学习团队设计施工方案及任务分配，分别撰写实训报告。包含系统框图、施工现场照片及书记记录、故障处理（发现问题、分析问题和解决问题）和设计方案等。

项目 3　通信线务工程项目

1. 项目描述

学习团队（4~6 人）能完成长途电话通信。

① 光缆工程。

② 电缆工程。

③ 通信线路测试与调试。

2. 项目分析

完成多地长途电话的线务工程，长途传输线路使用光缆工程，本地使用电缆工程。

学习团队完成室外实训基地和机房（室内实训基地）长途电话通信。每组由 1 对光端机（PDH）或 3 台 SDH、1 个光配线架 ODF、1 个光交接箱、1 个 12 芯光缆接头盒、2 条 5 m 跳纤（SC 头）、3 段 12 芯 200 m 光缆（盘）、1 支可视红光源（20 km）、1 台 OTDR、2 部电话、1 台光纤熔接机和耗材若干。若不具备实践环境可在实训室内仿真实践环境。

3. 项目实施

（1）撰写施工方案

学习团队撰写施工方案（施工流程及规范、施工安全、任务分工等）。

（2）工具及仪表

学习团队准备施工工具及仪表，交换机 2 台、2M 线若干及配套耗材、光纤熔接机、尾纤、开切割刀、米勒钳、酒精及酒精棉、24 段 200 m 光缆（GYTS-12B1）。

电缆工程主要完成电话交换机数据配置和电缆 MDF、电缆交接箱、电缆敷设（根据实训条件设置）、电缆分线盒、电缆接续和电话装维等项目。

光缆工程主要完成光端机配置（SDH、PTN、OTN 选择）、光 ODF、光交接箱（含分光器）、光缆敷设（根据实训条件设置）、光缆接续、DDF、电话线、网线、2M 线制作等线缆制作。

(3) 施工方案设计及施工

学习团队根据图13-36进行工程设计及施工。

① 交换机数据配置、交换机数据线卡接（MDF测试单元）、外部电缆卡接（MDF保安单元）、跳线及插入保安单元、电缆交接箱、分线盒、皮缆及电话机。

② 光缆ODF、光缆接头盒、光缆ODF。

③ 2M线制作、2M线跳线（交换机2M口到配线架、光端机2M口到配线架）。

④ 通信线路测试及检测。

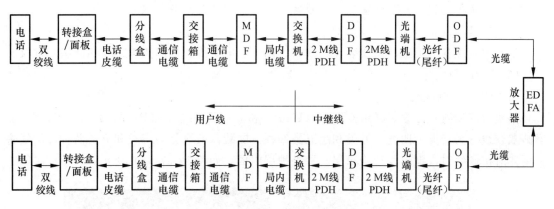

图13-36 两地长途电话通信

(4) 考核要求

① 多地能实现电话互通（50分）。

② 故障排除。教师根据施工线路设置故障，各团队能独立完成并在规定时间内修复（20分）。

③ 工艺要求。工程施工符合通信线路标准和规范。教师根据各团队完成质量综合评价。考核注重任务完成时间、团队合作、组员参与度、任务方案和工艺质量等（30分）。

各团队设计自己的施工方案、分工、验收标准等，包含工程施工图、工程进度、工程耗材、工程安全和技术支持等内容，各团队分组进行方案宣讲及方案修订。评委由教师和各组代表组成。

4. 撰写报告

各学习团队设计施工方案及任务分配，分别撰写实训报告。包含工程框图、施工现场照片及书记记录、故障处理（发现问题、分析问题和解决问题）和设计方案等。

13.3　接入工程

任务1　网线制作

1. 任务描述

学习团队（4~6人）能完成直连或交叉线的制作。

① 网线和电话线结构。
② 网线和电话线制作。
③ 网线测试及网络测试仪。

2. 任务分析

本任务通过完成网线（2种）制作和测试，使学生掌握网络测试仪和网线结构。

3. 任务实施

（1）撰写施工方案

学习团队撰写制作方案（施工流程及规范、施工安全、任务分工等）。

（2）工具及仪表

学习团队准备施工工具及仪表，网线钳、网线、电话线、水晶头 RJ-45 和网络测试仪。

网线制作

（3）网线原理

① 网线（双绞线）。

网线（双绞线）分为非屏蔽双绞线（UTP）和屏蔽双绞线（STP）两大类。局域网中非屏蔽双绞线分为三类、四类、五类和超五类四种。屏蔽双绞线分为三类和五类两种。网线主要由4对扭绞线对（铜导线和绝缘层）和外护层组成，如图13-37（a）所示。

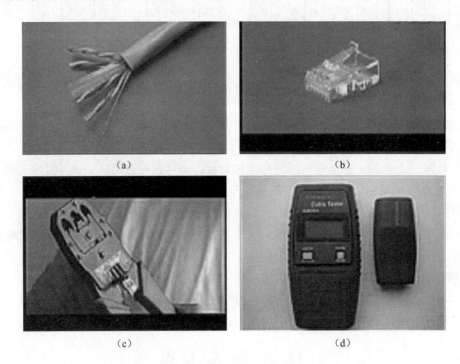

图13-37 网线制作的材料、工具及仪表
(a) 网线；(b) RJ-45 水晶头；(c) 网线钳；(d) 网络测试仪

② 水晶头

制作网线所需要的 RJ-45 水晶接头前端有 8 个凹槽，简称"8P"（Position，位置）。凹槽内的金属接点共有 8 个，简称"8C"（Contact，触点），因此业界对此有"8P8C"的别称。水晶头的金属面对自己，如图 13-38 所示，左边为第 1 个韦线序 1，由左向右分别为

2~8。水晶头制作有2种标准，如表13-21所示。根据水晶头两端线序可分为直连线和交叉线。水晶头直连线两端数据发送与接收如表13-22所示。

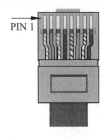

图13-38 水晶头示意

表13-21 T568B和T568A的线序及色谱

序号	标准	线序及色谱							
		线序	1	2	3	4	5	6	7	8
1	T-568B	色谱	橘白	橘	绿白	蓝	蓝白	绿	棕白	棕
2	T-568A	色谱	绿白	绿	橘白	蓝	蓝白	橘	棕白	棕

表13-22 直连线的数据传输表

引脚	信号	功能
1	TxData+	发送数据
2	TxData−	发送数据
3	RxData+	接收数据
4	保留	
5	保留	
6	RxData−	接收数据
7	保留	
8	保留	

③ 交叉线和直连线。

双绞线（网线）直连线只要应用于PC连HUB（电脑连接上网设备），双绞线（网线）交叉线只要应用于PC连PC（电脑连接电脑）、HUB连HUB（上网设备连接上网设备）。连接线序及标准如表13-23所示。

表13-23 网线直连和交叉线的应用表

名　称	应　用	网线端别	标　准	备　注
直连线	PC连HUB	A端	T-568B	A、B端线序一样。传输距离短、干扰大
		B端	T-568B	
交叉线	PC连PC HUB连HUB	A端	T-568A	A、B端标准不同
		B端	T-568B	

④ 双口信息插座。

安装在墙上的信息插座请采用双口信息插座，网线接入双口信息插座后，可对外提供一个网络接口和一个电话接口。网络接口连接电脑和信息化家电（如：电视、电子相框等）提供上网服务；电话接口连接电话机，提供固定电话服务。如图13-42所示。

(4) 网线制作

1) 长度确定

准备选择线缆的长度,根据实际需要使用专用网线钳(如图 13-37(c)所示)剪断。

2) 开剥

先抽出一小段线,然后先把外皮剥除 40 mm,露出四对线,注意切割深度不要太深,否则会伤及芯线。

3) 线续排序

根据标准排线四条全色芯线的颜色为棕色、橘色、绿色、蓝色。每对线都是相互缠绕在一起的,制作网线时必须将 4 个线对的 8 条细导线一一拆开,理顺然后按照规定的线序排列整齐。将水晶头面向自己(小尾巴在背面),从左到右线序 1~8,如图 13-39 所示,按 T-568A 和 T-568B 标准整理线序,如表 13-21 所示。

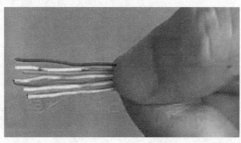

图 13-39 T-568B 线序

4) 剪齐线头

把线尽量抻直、挤紧理顺,然后用压线钳把线头剪平齐。如图 13-40 所示。

5) 插入插头

用力将 8 条导线同时沿 RJ-45 头内的 8 个线槽插入,一直插到线槽的顶端。注意放置的方向是否错误,RJ-45 金属与网线钳金属对应。如图 13-41 所示。

图 13-40 网线剪齐

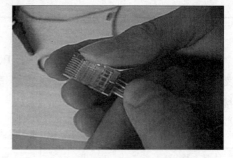

图 13-41 网线插线槽

6) 压线

确认所有导线都到位线序无误后,就可以用压线钳制 RJ-45 头了,将突出在外面的针脚全部压入水晶并头内,注意将网线钳金属压片对准针脚。即完成网线一端的制作。

7) 制作另外一端网线头

8) 网线测试

在将水晶头的两端都做好后即可用网线测试仪(如图 13-42 所示)进行测试,直连网线测试仪上 8 个指示灯都依次闪过,证明网线制作成功。如果有任何一个灯没有亮,都证明存在断路或者接触不良现象，此时最好先对两端水晶头再用网线钳压一次，再测，如果故障依旧，再检查一下两端芯线的排列顺序是否一样，如果不一样，随剪掉一端重新按另一端芯线排列顺序制作水晶头。如果还是故障依旧，则表明其中肯定存在对应芯线接触不好。此时没办法了，只好先剪掉一端按另一端芯线顺序重做一个水晶头了，再测，如果故障消失，则不必重做另一端水晶头，否则还得把原来的另一端水晶头也剪掉重做。直到测试指示灯全闪过为止。交叉网线测试仪上的指示灯为左1由右3、左2右6、左3由右1、左6右2依次亮，其他指示灯左右依次同时亮。

图 13-42　网络测试仪测试图（直连线）

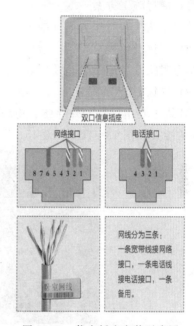

图 13-43　信息插座安装示意图

9）粘贴标签
（5）电话线制作

电话线也是双绞线的一种，但其双绞的线芯一般只有一对或者两对，对应其水晶头为 RJ11 水晶头，相应的水晶头也只有一对或两对压片。

① 去除外护层 12～15 mm。
② 将电话线的 4 芯按次序整理好（常用 2 芯），用中间 2 芯。
③ 用手指将线头捏紧，将线头剪齐，留出 8 mm 长的线头。
④ 将线头插进水晶头中，一定要插到底。
⑤ 使用网线钳压接。
⑥ 目测水晶头上镀金的把刀是否插入线中，把刀面是否平整。

4．撰写报告

学习团队完成网线和电话线的制作，撰写制作流程、制作步骤及测试步骤（施工现场照片、施工标准及工艺照片）。

任务 2　同轴电缆制作

1．任务描述

学习团队（4～6 人）能完成 2M 线的制作。

① 2M 线结构及功能。

② 2M 线的制作。

③ 2M 线测试及万用表。

2．任务分析

本任务的内容是完成 2M 线的制作和测试。

3．任务实施

（1）撰写施工方案

学习团队撰写制作方案（施工流程及规范、施工安全、任务分工等）。

（2）工具及仪表

学习团队准备施工工具及仪表，2M 压接钳、剪刀、剥线钳、2M 线、2M 头和万用表。

（3）2M 线

2M 线主要由护套、外导体、绝缘层和内导体组成。常见的 2M 线、2M 线的结构以及 2M 线的接头如图 13-44、图 13-45、图 13-46 所示。

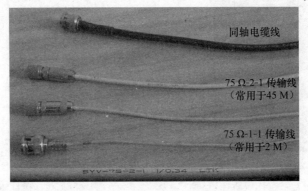

图 13-44 2M 线（同轴电缆）

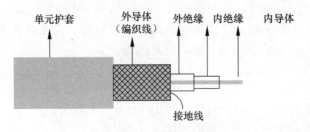

图 13-45 2M 的结构

图 13-46 2M 线接头（L9）示意图

注意：如图中"S"表示同轴射频电缆，"Y"表示绝缘介质为聚乙烯，"V"表示保护套材料为聚氯乙烯，"75"表示特性阻抗为75Ω。"-2-1"代表线的直径大小（以mm）型号。

（4）2M线制作

① 开剥。

将2M线（同轴电缆）外皮剥一定长度，如图13-47所示。

② 穿外套和压接套管。

将2M头尾部外套拧开，并将尾部外套、压接套管套在同轴线上，顺序不能颠倒，如图13-48所示。

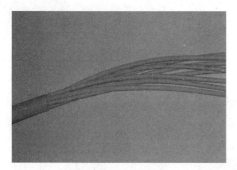

图13-47 开剥

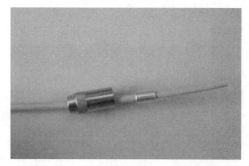

图13-48 尾部外套和压接套管套穿放

③ 开剥同轴缆外皮。

用工具刀将同轴缆外皮剥去12mm，剥时力量适当，注意不得伤及屏蔽网。

④ 制作标签。

2Mbit/s同轴线是成对使用的，其中一根用作发射，一根用作接收，工程师制好标签。

⑤ 整理屏蔽网。

将露出的屏蔽网从左至右分开（分四部分），使屏蔽网长度为8mm。

⑥ 开剥内绝缘层。

用工具刀将内绝缘层剥去2mm，注意不要伤及同轴缆芯线，将露出的屏蔽网从左至右分开，用斜口钳剪去4mm，使屏蔽网长度为8mm。如图13-49所示。

⑦ 穿放插头。

将剥好的同轴线穿入同轴插头压接套管内。如图13-50所示。

图13-49 内绝缘层开剥

图13-50 穿放

⑧ 焊接。

将同轴缆芯线插入同轴体铜芯杆，中间小的铜芯插入电缆头的凹槽中，涂少许焊锡膏在同轴芯线上，用电烙铁沾锡点焊，焊接时间不得太长，以免破坏内绝缘，导致同轴芯线接地，要求焊点光滑、整洁、不虚焊。

⑨ 压压接管。

将屏蔽层贴附在同轴体接地管上，使屏蔽网尽可能大面积地与接地管接触，将压接套管套在屏蔽网上，保持压接套管与接地管留有 1 mm 的距离，并保证屏蔽层不超出导压接管。用压线钳将压接管与接地管充分压接，但用力适当，不得压裂接地管。

⑩ 制作同轴缆另外一个 2M 接头。

(5) 测试

将万用表打到测电阻挡，用测试电阻的方法测试电缆制作是否成功。2M 线接头的铜芯与铜芯、套管与套管测试是相连通的，铜芯与套管是不同的。线缆如有问题及时修复。

4. 撰写报告

学习团队完成 2M 线（同轴电缆）的制作并自行完成测试，撰写制作流程、制作步骤及测试步骤（施工现场照片、施工标准及工艺照片）。

任务3 TV 线制作

1. 任务描述

① 掌握 TV 线的结构及功能。

② 掌握 TV 线制作方法（成端）。

2. 任务实施

TV 线由铜芯（内导体）、绝缘体、铝复合薄膜、金属屏蔽网和护套组成。TV 线外护层标识如图 13-51 所示。

图 13-51　TV 线外层标识

注意：型号 SYWV-75-5-1 的同轴电缆的含义，同轴射频电缆、绝缘材料为物理发泡聚乙烯、护套材料为聚氯乙烯、特性阻抗为 75、芯线绝缘外径为 5 mm，如图 13-51 所示。

(1) TV 线制作（母头）

① 开剥外层护套。

放置后套在线材上，注意方向；确定电缆需要切开的位置，用刀子轻轻切除外皮；不能伤到屏蔽层，否则会影响电视传输质量。

② 整理屏蔽层。

把电缆外屏蔽网展开、平行顺到电缆未切开的外皮上；屏蔽层取散，外折。如图 13-52

所示。

③ 去铝箔。

用刀子轻轻切下铝箔层。

④ 去绝缘层。

剥去芯线的绝缘层，剥的时候需要注意，芯线长度应该和插头的芯长一致。如图 13-53 所示。

图 13-52　整理屏蔽层

图 13-53　去绝缘层

⑤ 套屏蔽层固定器。

将屏蔽层固定器与金属屏蔽丝连接好（可以屏蔽网分几股，分别缠绕在屏蔽层固定器上）。屏蔽层固定器的作用至关重要，除了起到固定金属屏蔽丝的作用，同时还是屏蔽层与插头的金属外壳相连接的桥梁。插头的金属外壳再与电视卡天线接口的金属外壳相接，连入电视卡的地。

⑥ 固定插头。

接好插头，将铜芯用固定螺丝拧紧。

⑦ 拧紧插头。

拧紧插头，要注意检查牢固程度。

(2) TV 线制作（F 头）

① 开剥外层护套。

把金属接头的稳固环先套到线材上，注意方向；把信号线外层绝缘层剥除 2 cm 左右，不能伤到屏蔽层，否则会影响电视传输质量。

② 整理屏蔽层。

把电缆外屏蔽网展开、平行顺到电缆未切开的外皮上；屏蔽层取散，外折。

③ 去除绝缘层。

再整理一下金属丝网与锡铂膜，并把包在中心铜芯外的泡塑绝缘层去除 1.5 cm 左右。如图 13-54 所示。

④ 插 F 头。

把锡铂膜与泡塑绝缘层及中心铜芯一同穿过金属接头中接的圆孔，让金属接头压入线材金属丝网与铜芯泡塑绝缘层间的间隙间，用力压到头。铜芯应高出 F 头外口约 5 mm，F 头帽头底面应和物理发泡层处在同一平面。

⑤ 压稳固环。

切除露在外面的金属丝网，并将穿过中孔的锡铂膜用尖剪刀尽量剪到最短，并保证不与

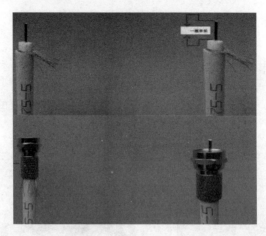

图 13-54　F 头制作过程

中心铜芯接触短路，再把中心铜芯修剪到合适长度；把线上稳固环移到接头接口处，用钳子压紧。

（3）测试

将万用表打到测电阻挡，用测试电阻的方法测试电缆制作是否成功。TV 线接头的铜芯与铜芯、外壳与外壳测试是相连通的，铜芯与外壳是不同的。线缆如有问题及时修复或重做。

3．撰写报告

学生完成 TV 线（同轴电缆）的制作并自行完成测试。撰写制作流程、制作步骤及测试步骤（施工现场照片、施工标准及工艺照片）。

任务 4　SC 冷接头制作

1．任务描述

学习团队（4~6 人）完成 SC 冷接头制作。

① 皮线光缆结构。

② SC 冷接头组成及结构。

③ SC 冷接头制作。

2．任务分析

本任务通过完成 SC 冷接头制作和测试，使学生掌握冷接头和皮线光缆的结构。

3．任务实施

（1）撰写施工方案

SC 冷接头制作

学习团队撰写制作方案（施工流程及规范、施工安全、任务分工等）。

（2）工具及仪表

学习团队准备施工工具及仪表，切割刀、皮线光缆、可视红光源、老虎钳、剥线钳、酒精及酒精棉。

（3）SC 冷接头制作

FTTH（Fiber To The Home）就是一根光纤直接到家庭。如图 13-29 所示。FTTH 技

术还是用来解决信息高速公路中"最后一公里"问题的具体说，FTTH 是指将光网络单元（ONU）安装在住家用户或企业用户处，是光接入系列中除 FTTD（光纤到桌面）外最靠近用户的光接入网应用类型。FTTH 的显著技术特点是不但提供更大的带宽，而且增强了网络对数据格式、速率、波长和协议的透明性，放宽了对环境条件和供电等要求，简化了维护和安装。SC 接头由外壳、光纤冷接体、阻挡器、光纤锁扣和光缆压盖组成。

① 剥纤。

用剪刀在光纤中心剪个小口，用手撕开到所需要的长度（实际安装在 6～7 cm），然后用专用剪刀剪去纤芯外的保护层（剪时注意不要损伤纤芯）；或使用皮缆开到，开剥 6～7 cm。如图 13-55 所示。

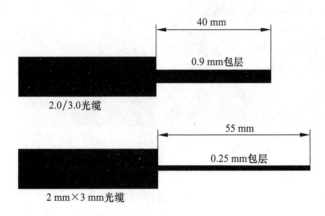

图 13-55　用皮线光缆开剥器剥去光缆外皮护套

② 切割准备（如图 13-56 所示）。

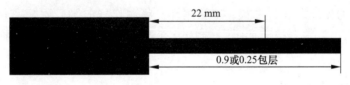

图 13-56　切割准备

③ 开剥涂覆层。

先把装好定长尺的光纤皮线放入涂覆层开剥器内，压紧后慢慢拉出，开剥涂覆层。将光纤插入导轨条，并平放至光纤切割刀端面；将多余光纤切除；此处导轨条的选择一定要正确，目前市面上常用的导轨条分为预埋式和直埋式两种，选择的时候一定要根据快速连接器的型号对应起来，否则会导致光纤切割后长度过长。

④ 清洁纤芯。

用无尘纸沾上酒精，清洁纤芯两遍。

⑤ 确认纤芯未损伤。

用手指来回拨动纤芯两次（上下 60°），无折断，可确认纤芯未损伤。

⑥ 切纤。

拿出切割刀，把清洁完纤芯的光纤皮线放入光纤切割刀内卡槽，用手指推至最前端，按住切割定长尺（将切割面放到模块的 27 cm 处），盖上切割刀上盖，推动切割刀切割光纤，然后翻开切割刀上盖，拿掉切割定长尺，完成切割。

⑦ 制作冷接头。

先将阻挡器换掉防尘帽，将冷接子放入安装座内，盖上上盖（特别注意这时上盖不能用力压下，否则冷接子将会报废），然后将完成切割的光纤穿入冷接子内，推到头（这时能看到纤芯稍微向上拱起，注意不要弯曲过大，超出皮线光缆的弯曲半径将导致光纤断开并留在冷接主体内），同时用力压下安装座上盖（听到轻微"咔"一声），放松皮线光纤，将安装座侧面固定卡按压到底。如图 13-57 所示。

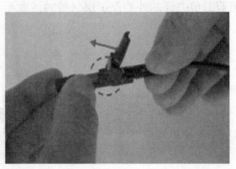

图 13-57　冷接头放置和压锁扣

⑧ 安装外壳。

掀开安装座上盖取出冷接子，完成冷接头制作。

(4) 测试

可视红光源采用 650 nm 激光器作为发光器件，输出功率可达 20 mW，适用于单模或者多模光纤的测量，可测试尾纤为 FC，SC，ST 型适配器而不需要另外配置转换接口，可测试各种型号的光纤跳线、带状、束状尾纤。将制作好的 SC 冷接头对准可视红光源的输出口（充分吻合），观测接头的另一端是否有光输出。可从光强的强弱判断 SC 冷接头制作的好坏。

4. 撰写报告

每位学员完成 SC 冷接头的制作，教师利用可视红光源对小组成员进行评分和考核。撰写制作流程、制作步骤及测试步骤（施工现场照片、施工标准及工艺照片）。

项目 4　FTTH 工程

1. 项目描述

学习团队（4～6 人）完成 FTTH 安装与调试。

① FTTH 敷设技能、成端技能。

② 光功率计、OTDR、可视红光源和光源等仪表使用。

③ FTTH 测试。

2. 项目分析

本任务的主要内容是教学团队根据 FTTH 工作单完成 FTTH 敷设、成端、光信号测试、设备安装及调试。使学生掌握仪器仪表的使用。

3. 项目实施

（1）撰写施工方案

学习团队撰写制作方案（施工流程及规范、施工安全、任务分工等）。

（2）工具及仪表

学习团队准备施工工具及仪表，切割刀、穿孔器（暗管）、皮线光缆（300 m）、FTTH 实训基地或机房、可视红光源、老虎钳、剥线钳、酒精及酒精棉、光功率计、OTDR、分光器、钉固。

（3）FTTH 装维流程

如图 13-58 所示，FTTH 工程解决楼道分光器到用户光缆的敷设、成端及测试。FTTH 用户引入段光缆需根据系统的实际情况，综合考虑光纤的种类、参数以及适用范围来选择合适的光纤和光缆结构。除通过管道和直埋方式敷设入户的光缆，一般 FTTH 入户段光缆应采用蝶形引入光缆，其性能应满足 YD/T 19911—2009《接入网用蝶形引入光缆》的要求。在室内环境下，通过垂直竖井、楼内暗管、室内明管、线槽或室内钉固方式敷设的光缆，建议采用白色护套的蝶形引入光缆，以提高用户对施工的满意度；在室外环境下，通过架空、沿建筑物外墙、室外钉固方式敷设的光缆，建议采用黑色护套的自承式蝶形引入光缆，以满足抗紫外线和增加光缆机械强度的要求。

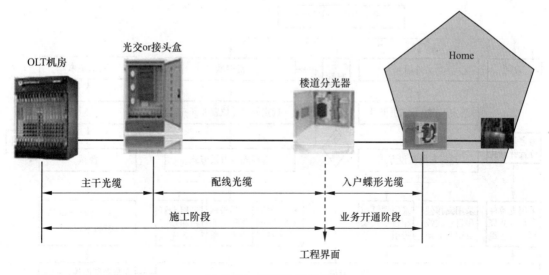

图 13-58　FTTH 工程界面

FTTH 装放流程（如图 13-59 所示）。

FTTH 入户光缆施工，一般分为：准备、施工（包括敷设、接续）和完工测试 3 个阶段，工序流程如图 13-60 所示。

为在入户光缆施工中提高施工质量、保障施工人员人身安全、缩短施工作业时间、减少维护工作量，建议各施工小组配备常用施工工具。

（4）光缆敷设一般规定

入户光缆敷设前应考虑用户住宅建筑物的类型、环境条件和已有线缆的敷设路由，同时需要对施工的经济性、安全性以及将来维护的便捷性和用户满意度进行综合判断。应尽量利

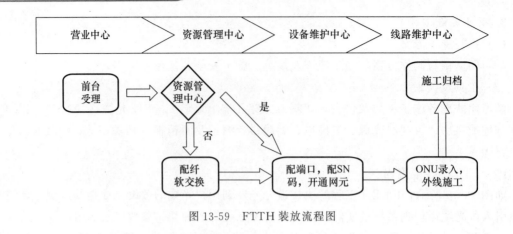

图 13-59 FTTH 装放流程图

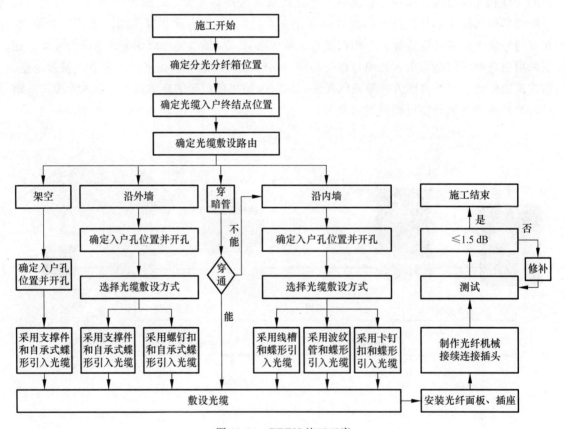

图 13-60 FTTH 施工工序

用已有的入户暗管敷设入户光缆，对无暗管入户或入户暗管不可利用的住宅楼宜通过在楼内布放波纹管方式敷设蝶形引入光缆。对于建有垂直布线桥架的住宅楼，宜在桥架内安装波纹管和楼层过路盒，用于穿放蝶形引入光缆。如桥架内无空间安装波纹管，则应采用缠绕管对敷设在内的蝶形引入光缆进行包扎，以起到对光缆的保护作用。由于蝶形引入光缆不能长期浸泡在水中，因此一般不适宜直接在地下管道中敷设。敷设蝶形引入光缆的最小弯曲半径不应小于30 mm；固定后不应小于15 mm。一般情况下，蝶形引入光缆敷设时的牵引力不宜超过光缆允许张力的80%；瞬间最大牵引力不得超过光缆允许张力的100%，且主要牵引力应加在光缆的加强构件上。应使用光缆盘携带蝶形引入光缆,并在敷设光缆时使用放缆托架,使光缆盘能自动转动,以防止光缆被缠绕。光缆敷设过程中,应严格注意光纤的拉伸强度、弯曲半径,避免光纤被缠绕、扭转、损伤和踩踏。在入户光缆敷设过程中,如发现可疑情况,应及时对光缆进行检测,确认光纤是否良好。蝶形引入光缆敷设入户后,为制作光纤机械接续连接插头预留的长度宜为光缆分纤箱或光分路箱一侧预留 1.0 m,住户家庭信息配线箱或光纤面板插座一侧预留 0.5 m。应尽量在干净的环境中制作光纤机械接续连接插头,并保持手指的清洁。入户光缆敷设完毕后应使用光源、光功率计对其进行测试,入户光缆段在 1 310 nm、1 490 nm 波长的光衰减值均应小于 1.5 dB,如入户光缆段光衰减值大于 1.5 dB,应对其进行修补,修补后还未得到改善的,需重新制作光纤机械接续连接插头或者重新敷设光缆。入户光缆施工结束后,需用户签署完工确认单,并在确认单上记录入户光缆段的光衰减测定值,供日后维护参考。

(5) 施工步骤

学习团队领取外线工作单,如表 13-24 所示,根据外线工作单进行练习,确认光交箱和分线盒位置及端口,勘察用户线路。

表 13-24 某公司外线工作单

分局:			打单日期: 2013-12-12 16: 14: 57	
受理流水	9313121158477878		出单日期	2013-12-11 11: 27: 57
工单号	201312114560799		工单类别	LAN 带宽、新装外线施工
绑定订单编号			工单类型	正常工单
代理商名称			用户	
用户联系人	徐某某		联系号码	1895169999
拆户联系人		拆户联系电话		发展员工
账户名 I 密码	现	201312111211		112233
	原			
地址	现	南京市某区某小区某栋某室		
	原			
绑定类型	不绑定		密码校验	
终端品牌			终端型号	
交换机编码		南京市某区某小区某栋北侧光交 ODN-C03		
交换机名称		南京市某区某小区某栋北侧光交 ODN-C03		
端口编码		/26		
端口名称				
接入方式		LAN		

续表

发展人	王某某	发展人电话	18951681234	通信受理热线开通	Y
套餐类型			家庭带宽 10M 60 元包月不限时；720 元现金话费（全省）；		
预约上门时间	2013-12-28		用户要求时间		
备注：	短信回单注意事项： 1. 短信回单是异步模式。 2. 短信平台可能会积压或丢失短信。 3. 短信回单方法：发送短信（格式：1♯业务号码♯工单后 4 位）到 100120				
操作人员			日期	用户签字	

① 根据入户光缆的敷设路由，确定其穿越墙体的位置。一般宜选用已有的弱电墙孔穿放光缆，对于没有现成墙孔的建筑物应尽量选择在隐蔽且无障碍物的位置开启过墙孔。

② 判断需穿放蝶形引入光缆的数量（根据住户数），选择墙体开孔的尺寸，一般直径为 10 mm 的孔可穿放 2 条蝶形引入光缆。

③ 根据墙体开孔处的材质与开孔尺寸选取开孔工具（电钻或冲击钻）以及钻头的规格。

④ 为防止雨水的灌入，应从内墙面向外墙面并倾斜 10°进行钻孔。如图 13-61 所示。

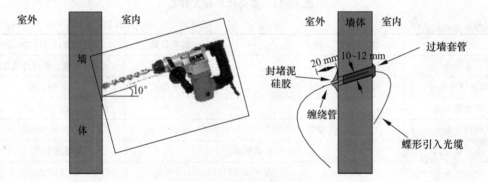

图 13-61　10°钻孔及安装

⑤ 墙体开孔后，为了确保钻孔处的美观，内墙面应在墙孔内套入过墙套管或在墙孔口处安装墙面装饰盖板。

⑥ 如所开的墙孔比预计的要大，可用水泥进行修复，应尽量做到洞口处的美观。

⑦ 将蝶形引入光缆穿放过孔，并用缠绕管包扎穿越墙孔处的光缆，以防止光缆裂化。

⑧ 光缆穿越墙孔后，应采用封堵泥、硅胶等填充物封堵外墙面，以防雨水渗入或虫类爬入。

⑨ 蝶形引入光缆穿越墙体的两端应留有一定的弧度，以保证光缆的弯曲半径。

（6）ONU 安装

将皮线光缆制作冷接头或将尾纤与皮缆热熔，如图 13-62（a）所示，将 SC 头插入 ONU 中，如图 13-62（b）所示。

（7）测试

采用 OTDR 和光源光功率计对每段光链路进行测试，测试时将光分路器从光线路中断开，分段对光缆中的光纤逐根进行测试，测试内容应包括 1 310 nm 和 1 550 nm 波长的光衰减和每段光链路的长度，并记录测试数据。

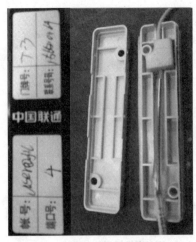 

图 13-62（a） 尾纤与皮缆热熔　　　　图 13-62（b）　SC 接头与 ONU 连接

全程衰减测试采用光源光功率计，对光链路进行 1 310 nm、1 490 nm 和 1 550 nm 波长进行测试，包括活动光连接器、光分路器、接头的插入衰减。应记录测得的数据，作为工程验收的依据。当入户光缆段测试衰减值不大于规定值（1.5 dB）。测试时应注意方向性，即上行方向采用 1 310 nm 测试，下行方向采用 1 490 nm 和 1 550 nm 进行测试。不提供 CATV 业务时，可以不对 1 550 nm 进行测试。

测试及记录除符合以上要求外，还应符合 YD 5138—2005《本地通信线路工程验收规范》的有关规定。

（8）蝶形光缆成端制作及标识

① 蝶形光缆在穿放到位后，需采用快速接续方式在蝶形光缆的两端冷接成端。

② 杆上光配线盒：自承式蝶形光缆在剥除加强芯后，将纤芯穿入理线钢圈后沿杆壁每隔 15 cm 绑扎至光配线盒，在光配线盒下部做一个长度为 15 cm，直径为 10 cm 的弧圈后引入光配线盒内。纤芯在光配线盒内预留 50 cm，并盘绕成圈，采用快速接续方式冷接成端。并插入资源管理系统制定的光配线盒端子位。

③ 86 光纤面板盒：蝶形光缆穿入面板盒后，预留 50 cm 并沿绕线圈缠绕，采用快速接续方式冷接成端，并将冷接头插入法兰内。

④ 网络箱：蝶形光缆穿入网络箱后，预留 50 cm 并盘绕成圈，采用快速接续方法将蝶形光缆成端后插入 ONU。

⑤ 蝶形光缆布放完毕后，必须按规范粘贴标签，便于识别。用户端蝶形光缆统一采用条形码标签进行标识，标签粘贴必须规范、牢固。

标签粘贴如图 13-63 所示。

（9）注意事项

FTTH 用户引入段光缆施工前应与用户确定施工日期，并严格遵守时间，到达用户处后，先与用户打招呼，注意礼仪规范。为把握整体的施工内容，在光缆敷设前需先确认光缆分纤箱或光分路箱以及光缆入户后终结点的位置，并根据其位置选择合适的施工方法，住宅单元内的光缆布放方法需经用户确认后方可施工。光缆如需开孔引入住宅单元内或户内光缆布放时需要开墙孔，应征得用户的同意，并确保墙孔两端的安全和美观。当入户光缆段测试衰减值大于规定值（1.5 dB）时，应先清洁光纤机械接续连接插头端面和检查光缆，并进行二次测试。如果

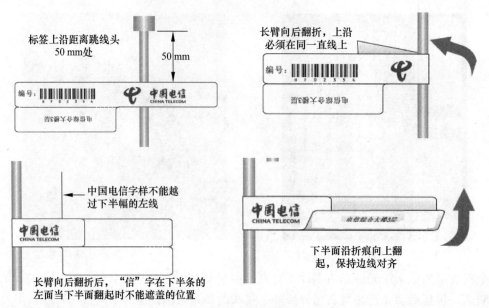

图 13-63 标签粘贴

第二次测试值没有得到改善,则需重新制作光纤机械接续连接插头或者重新敷设光缆。

(10)用户确认

施工完成后,现场整理好,数据记录完整后,填写装维施工确认单,如表 13-25 所示。请用户签字确认。

表 13-25 装维施工确认单

受理流水(订单编号)		产品规格	
业务号		订单类型	
用户名称		联系电话	
受理地址		安装地址	
预约装机时间			
占用接入设备		占用端口序号	
所用装维材料			
ADSL 室外线(米)	五类线(米)	RJ11 水晶头(个)	RJ45 水晶头(个)
接线子(个)	跳线(米)	线卡(只)	皮缆光缆(米)
、装机人		完工时间	
客户意见			
客户满意度	满意 □ 不满意 □	客户确认签字	
客户是否要求不安装	是 □ 否 □	客户确认签字	
备注	本次装机有无隐患改造建议		
	其他建议		

(11) 评分标准（如表 13-26 所示）

表 13-26 评分细则

操作步骤	分值	打分要点	得分
入户规范 （10分）	6	主动出示工号牌（2分）；出示工单，说明来意（1分）；入室前穿戴鞋套（1分）。核对用户身份、核对工单内容、使用礼貌用语（1分）。备注：工号牌需标明上门服务的人员姓名、工号、服务电话和单位字样，无工号牌或不是本人的本项不得分，工号牌不规范扣2分	
	2	征求用户确认安装位置、施工及走线方式意见（2分）	
	2	征求用户同意，在适当位置正确使用垫布（2分）	
宽带安装 （68分）	8	熟练使用光功率计测试ONU收光功率（4分），准确说出ONU正常使用的光功率范围（4分）	
	10	熟练配置ONU进行注册（10分）。一次成功注册得10分，2次得8分，3次成功注册得5分	
	6	正确、规范完成高频模块打线（2分），不会使用高频模块（2分），未带打线刀（1分）	
	10	从BAN箱布放一根网线到用户电脑，咨询用户走线方式（2分），并提出自己的建议（2分），走线规范性（6分），做水晶头，线序符合标准（2分）	
	4	主动并正确熟练使用网络测试仪测网线好坏（4分）	
	4	在用户电脑上新建PPPOE拨号连接（2分），并将连接快捷方式放在电脑桌面（2分）	
	6	向用户介绍宽带上网的方法（4分），并为用户留下上网账号和密码（2分）	
	2	为用户测速，向用户演示测试网站的测速结果并说出是否正常（2分）	
	8	安装过程时长，控制在10分钟之内。每超时1分钟扣1分，扣完为止	
收工回单 （12分）	2	是否落实"首问负责制"，对用户提出的其他不相关的问题是否应对得当，有无推诿现象。是否认真记录，帮助客户了解相关问题答案。例如资费问题、移动电话套餐问题、欠费问题、电脑故障问题等	
	4	安装结束后清理安装现场，检查收拾工具（2分），把移动过的物品放回原处，提醒用户当场检查（2分）	
	6	1. 告之用户马上会有电话回访，提醒用户对此次装机服务评价是否满意（2分）；2. 告知用户今后如电话果遇到宽带故障，如何报修（2分）；3. 主动告知客户在工单上签字，并为用户提供一张《客户服务卡》后微笑道别，服务卡信息填写完整。不填写客服热线本项不得分（21分）；4. 电话通知调度台，告之工单竣工（2分）；每完成1项得2分，最多6分	
五类线制作 （10分）	20	对制作标准的五类线进行计时，2分钟以内完成，符合要求得3分；每提前10秒多得1分，最高合计5分；检测：交叉网线指示灯亮起顺序如下：主端为：1-8-G点指示灯依次亮起，对应副端同时灯亮顺序为：3-6-1-4-5-2-7-8-G，则为合格。其他形式的指示灯亮起顺序，包括部分指示灯不亮的情况均为不合格	
合计	100	总分	

4．撰写报告

每组完成1户FTTH工程接入，教师利用可视红光源、光功率计和OTDR对传输链路进行测试。结合教学团队表现进行评分和考核。

项目5 宽带接入工程项目

1．项目描述

学习团队（4~6人）完成机房网线（数据线）卡接和ADSL成端。

① 机房网线的卡接。

② ADSL 成端。

③ 终端接入技术。

2. 项目分析

本任务通过教学团队完成机房网线卡接和测试，完成 ADSL 成端及测试，进一步巩固网线制作、测试、机房卡接的技能。

3. 项目实施

（1）撰写施工方案

学习团队撰写制作方案（施工流程及规范、施工安全、任务分工等）。

（2）工具及仪表

学习团队准备施工工具及仪表，若干网线、卡刀、配线架、机柜、水晶头 RJ-45、ADSL、电话机。

（3）ADSL

制作 568B 网线 1 根（直连线），制作电话线 1 根；根据图 13-64 连接线路，接通电脑，安装软件，能完成数据和语音的二合一传输。

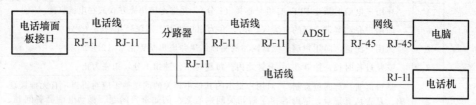

图 13-64　ADSL 连接

① 制作网线及测试。

② 制作电话线及测试。

③ 连线及测试。

④ 实现数据和语音的传输。电脑能上网、电话能打通。

⑤ 故障处理，教师设置 ADSL 连接线路故障，主要故障有网线故障（1、2、3、6 线对 1-2 根剪短），电话线卡接不到位，网线线序有误和分路器损坏等，尽量让学生使用万用表且不准使用网络测试仪。

熟练地按规范安装，熟练地按要求使用仪表，掌握线路障碍测试与判断。评分标准如表 13-27 所示。

表 13-27　评分标准

	时间要求及评分标准	质量要求及评分标准
ADSL 安装与维护（40 分，10 分钟完成）	1. 外线、语音分离器、MODEM、电话机、PC 机连接正确；2. 建立 PPPOE 网络连接，使用指定的用户、账号认证，打开指定网络	1. 不安装语音分路器扣 5 分；2. 外线、语音分路器、MODEM、电话机、PC 机连接错误，每处扣 2 分，带电连接 MODEM 设备及线路扣 5 分；3. 话机信号未检验扣 3 分；4. 不按指定账户建立拨号连接扣 5 分，拨号连接不安装在桌面扣 3 分；5. 未能打开网页扣 5 分；6. 现场未清理扣 5 分；7. 超时 3 分钟不得分
	故障处理流程（由远到近，先远端后近端等）	1. 能判断故障给 5 分；2. 能修复网络给 5 分

(4) 机房网线设计及施工

配线架（AMP Category 5e System，见图 13-65）是用在局端对前端信息点进行管理的模块化的设备。前端的信息点线缆（超 5 类或者 6 类线）进入设备间后首先进入配线架，将线打在配线架的模块上，然后用跳线（RJ-45 接口）连接配线架与交换机。总体来说，配线架是用来管理的设备，比如说如果没有配线架，前端的信息点直接接入到交换机上，那么如果线缆一旦出现问题，就面临要重新布线。此外，管理上也比较混乱，多次插拔可能引起交换机端口的损坏。配线架的存在就解决了这个问题，可以通过更换跳线来实现较好的管理。

① 参观机房。

教师将学生分组，每组参观 15 分钟，重点是网线的拓扑及机柜成端。

② 学生通过 CAD 或 Visio 画出网络拓扑图。

③ 叙述各部分的功能。

④ 已知机房 24 座位电脑机房设计，进线口 INTERNET 2 个，仪器及工具有 24 口配线架 2 个（如图 13-65 所示），48 口交换机 1 台，网络面板 24 个、机柜 1 个和卡线钳若干（如图 13-65 所示）等，如图 13-66 所示，完成实训室网线的设计、施工和测试。卡接线缆 T568B 由左向右色谱为蓝、白蓝、橘、白橘、绿、白绿、棕、白棕。如图 13-67 所示。T568A 由左向右色谱为蓝、白蓝、绿、白绿、橘、白橘、棕、白棕。注意 2 个配线架卡接色谱需要一样。桌面模块卡接色谱顺序根据模块标识进行卡接。

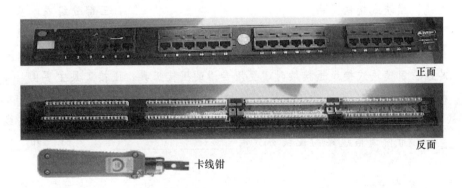

图 13-65　配线架及卡线钳

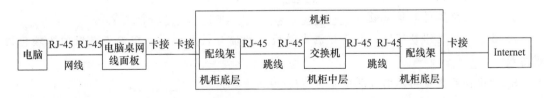

图 13-66　网线机房拓扑图

4．撰写报告

学习团队根据 ADSL 安装和网线设计及施工情况，分别撰写实训报告。包含施工设计图、施工步骤、测试数据、故障处理等（注意施工现场和工艺照片）。

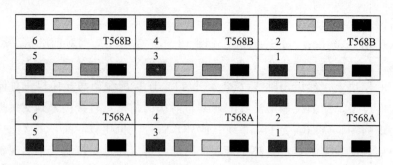

图 13-67　配线架 6 个模块的 568B/568A 卡接色谱

一、填空题

1. 全塑全色谱电缆的线序使用原则为_____，我国全塑电缆芯线的接续方法主要采用_____和_____接续法；全塑电缆护套开剥长度，一般一字形接续开剥长度至少为接续长度的_____倍。

2. 扣式接线子由_____、_____、_____三部分组成，扣式接线子接续的主要工具是_____，扣式接线子接续方法一般适用于_____对以下电缆，或在大对数电缆中接续分歧电缆。模块式接线子由_____、_____、_____，三部分组成；基板由塑料制成上、下两种颜色，靠近底板一侧与底板颜色相同，一般为_____，靠近盖板一侧与盖板颜色一致，一般为_____；一般用底板与主板压接_____芯线，主板与盖板压接_____芯线。用模块式接线子接续时，要用专用的压接工具，压接工具主要由_____和_____两部分组成。

3. 从市内电话局出局电缆开始，将电缆芯线分配到各个配线点，这种分配芯线的方式称作_____。市内通信线路的配线方式有_____、_____、_____和_____等几种。

4. 线路设备维护分为_____、_____、_____和_____，通信线路的四防是指_____、_____、_____和防机械损伤。

5. 主干电缆线路是从电话分局到_____的线路。

6. 电缆线路障碍测量一般有_____、_____、_____三个步骤。

7. 数字万用表测量环阻，要将被测电缆线的始端与机房断开，在被测电缆的末端将两根芯线_____。

8. 地阻仪测量盘指示的被测电阻值（Ω）＝测量盘指数×_____。

9. 光缆配盘时靠近设备侧的第 1、2 段光缆的长度应尽量大于_____。

10. 五类线 RJ-45 水晶头制作标准 T568A 色谱_____、_____、_____、_____、_____、_____、_____、_____；T568B 色谱_____、_____、_____、_____、_____、_____、_____、_____。

11. 某中继段长 50 km，今测得其中某根光纤在 1 550 nm 的平均损耗为 0.2 dB/km，如发端光功率为 0 dBm，波长为 1 550 nm，则经此光纤传输后，接收端信号功率变为_____ dBm。

12. 光缆静态弯曲半径应不小于光缆外径的_____倍，施工过程中应不小于_____倍。
13. 光缆线路发生障碍时，用_____仪表进行测试，来判断障碍的具体位置。
14. 敷设埋式电缆的方法有_____和_____两种方法。
15. 光缆的制造长度较长。一般光缆的标准制造长度为_____盘长，部分工程超长中继段的光缆盘长可达 4 km。
16. 直埋光缆标石的编号以一个_____为独立编制单位，由_____方向编排，或按设计文件、竣工资料的规定。
17. 管孔试通抽查规则，每个多孔管试通对角线_____孔，单孔管全部试通。
18. 俗称圆头尾纤的是_____系列的光纤连接器。
19. 交接箱（间）必须设置地线，接地电阻不得大于_____Ω。
20. 水线两侧各_____m 内禁止抛锚、捕鱼、炸鱼、挖沙，以及建设有碍于水线安全的设施。
21. OTDR 的折射率设置与_____的测试精度有关。
22. 目前光纤通信使用的波长范围可分为短波长段和长波长段，长波长一般是指_____、_____。
23. 无源光网络（PON），是指在_____和_____之间的光分配网络（ODN）没有任何有源电子设备。
24. PON 系统（无源光网络系统）由_____、_____、光网路单元（ONU）组成的信号传输系统，简称 PON 系统。
25. EPON 系统中，下行采用_____方式传送，并通过 LLID（数据链路标识）来区分各 ONU 的数据，上行通过_____方式，由 OLT 统筹管理 ONU 发送上行信号的时刻，发出时隙分配帧。
26. EPON 系统中，下行使用_____波长，上行使用_____波长，对于 CATV 业务，采用 1 550 nm 波长实现下行广播传输。
27. 类线 RJ-45 水晶头制作有两种标准，即 T568A 和 T568B。如果五类线的两端均采用同一标准，则称这根双绞线为_____。如果五类线的两端采用不同的连接标准，则称这根五类线为_____。

二、判断题

1. 扣式接续方法一般适用于 300 对以下电缆，或在大对数电缆中出分歧电缆。（　　）
2. 交接间位置一般选择朝阳通风，面积在 10～15 m² 的地方。（　　）
3. 用万用表测电阻时，偏转越大，阻值越小。（　　）
4. 直埋光缆的一次牵引最大长度一般为 1 km，对于 2 km 的盘长，可由中间向两侧敷设。（　　）
5. 光缆单盘检验必须是光缆运到分屯点后再进行。（　　）
6. 光缆穿越公路、铁道时一般采用预埋钢管和塑料管的方式，预埋钢管时，对于钢管的直径要满足能够穿放 2～3 根塑料子管。（　　）
7. 全塑市内通信电缆线路常见障碍类型有断线、混线、地气和串、杂音等情况。（　　）
8. 光纤裸纤由纤芯和包层构成，而光纤包括裸纤加上涂覆层。（　　）
9. 架空光缆的接头应落在杆上或杆旁 1 m 左右。（　　）

10. 在光缆牵引过程中，终端牵引机放置在路由终点，辅助牵引机放置在中间部位，起辅助作用。（ ）

三、选择题

1. 光缆弯曲半径不小于光缆外径的15倍，施工过程中应不小于（ ）倍。
   A. 5   B. 10
   C. 15   D. 20

2. 架空光缆电杆两侧的第一个挂钩距吊线在杆上的固定点边缘为（ ）cm左右，其他挂钩间距为50 cm。
   A. 15   B. 20
   C. 25   D. 40

3. 下列哪些场所可以设置电缆交接箱（ ）。
   A. 新建小区、学校内部
   B. 高温、腐蚀严重和易燃易爆工厂、仓库附近及其他严重影响交接箱安全的地方
   C. 易于淹没的洼地及其他不适宜安装交接箱的地方
   D. 高压走廊和电磁干扰严重的地方

4. 墙内暗管穿放电缆时，应涂抹（ ）。
   A. 中性凡士林   B. 滑石粉
   C. 润滑油   D. 乙醚

5. 交接箱地线的接地电阻应小于（ ）。
   A. 6 Ω   B. 8 Ω
   C. 10 Ω   D. 12 Ω

6. 扣式接线子接续时，待接续线对接续扭线点留长（ ）。
   A. 3 cm   B. 4 cm
   C. 5 cm   D. 6 cm

7. 模块式接线子接续时，100对超单位接续顺序为（ ）。
   A. 先下后上、先远后近   B. 先下后上、先近后远
   C. 先上后下、先远后近   D. 先上后下、先近后远

8. 人孔内，供接续用的光缆预留长度一般（ ）。
   A. 不小于3 m   B. 不小于5 m
   C. 不小于7 m   D. 不小于10 m

9. 下列哪种表示方法是新增接头标石（ ）。

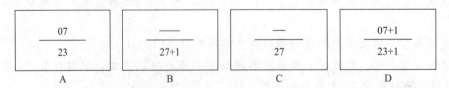

10. 光缆线路障碍点的测试一般是（ ）。
    A. OTDR显示屏上出现的台阶的位置确定障碍点
    B. 通过光缆线路自动监控系统发出的报警信息

C. OTDR 显示屏上显示的波形确定障碍点

D. OTDR 显示屏上出现的菲涅尔反射峰的位置确定障碍点

四、简答题

1. 简述 HJKT、HJM 的含义。

2. 某光纤通信系统中光源平均发送光功率为 -24 dBm，光纤线路传输距离为 20 km，损耗系数为 0.5 dB/km。

(1) 试求接收端收到的光功率。

(2) 若接收机灵敏度为 -40 dBm，试问该信号能否被正常接收？

3. 简述电缆障碍的种类。

第四部分 工程验收、维护及仪器仪表

第十四章 通信线路工程验收

教学内容
1. 光缆线路工程检测
2. 工程竣工资料编制与归档
3. 工程验收

技能要求
1. 掌握光缆线路工程检测内容
2. 光电特性测试内容
3. 掌握工程竣工资料的编制要求及内容
4. 理解工程竣工验收流程

14.1 光缆线路工程检测

光缆线路工程检测是指在工程建设阶段内对单盘光缆、光缆接续和中继段光缆进行的性能指标检测。在光纤通信工程建设中，光缆线路工程检测是工程技术人员随时了解光缆线路技术特性的唯一手段。光缆线路工程检测同时也是施工单位向建设单位交付通信工程的技术凭证。

14.1.1 光缆线路检测内容

光缆线路工程检测一般包括光缆单盘测试、光缆接续的现场监测和竣工测试三部分，分别代表了工程施工的三个重要阶段。

1. 光缆单盘测试

光缆单盘测试是单盘检验的组成部分。单盘测试是对运输到现场光缆的传输、技术特性进行检验，以确定运输到分屯点上的光缆是否达到设计文件的要求。光缆的单盘测试对确保工程的工期、施工质量以及对今后保证通信质量、提高通信工程经济效益和维护使用寿命有着重大影响。单盘测试还是光缆配盘的主要依据。

单盘测试必须按规范要求和设计文件（或合同书）规定的指标进行严格的检测，即使工期十分紧迫，也不能草率进行，而必须以科学的态度和高度的责任心以及正确的检验方法，并按相关的技术规定对光缆实施测试检验。

2．光纤连接损耗现场监测

光纤连接损耗的测量是光缆施工技术中的一项关键技术。由于光缆接续时间长、工程量大，为避免返工，光纤连接损耗的现场检测十分重要，它直接影响工程质量、线路传输性能。

通常是根据国内长途干线和市话中继国内工程的施工经验、光纤质量和再生段平均连接损耗指标来进行现场测量，即单向或双向监测法。

3．光缆线路竣工测试（中继段测试）

光缆线路工程竣工测试又称光缆的中继段测试，这是光缆线路施工过程中较为关键的一项工序。竣工测试是从光电特性方面全面地测量、检查线路的传输指标。这不仅是对工程质量的自我鉴定过程，同时通过竣工测量为建设单位提供光缆线路光电特性的完整数据，供日后维护参考。竣工测试以一个中继段为单位。竣工测量应在光缆线路工程全面完工的前提下进行。竣工测试还应包括光缆线路工程的竣工验收核测。验收核测是光缆线路施工的最后一道工序。

14.1.2 光缆中继段竣工光纤特性测试

工程竣工测试，又称光缆中继段测试。这是光缆线路施工过程中较为关键的一项工作。竣工测试是从光电特性方面全面地测量、检查线路的传输指标。这不仅是对工程质量的自我鉴定过程，也为建设单位提供了光缆线路光电特性的完整数据，供日后维护参考。

竣工测试以一个中继段为测量单元，竣工测试的内容如下：

1．测量项目

① 中继段光纤线路衰减系数（dB/km）及传输长度（km）；

② 中继段光纤线路向后散射曲线；

③ 中继段光纤通道总损耗（dB）；

④ 中继段光纤偏振模色散系数（$PS/\sqrt{km}$）。

2．测量内容

（1）中继段光纤线路衰减测试

① 中继段光纤线路衰减测量，应在完成光缆端后，采用OTDR在ODF架上测量光纤线路外线口的衰减值。

② 采用OTDR测试，应采取双方向测量取其平均值的方式。

③ 测试数据应包括中继段光纤线路衰减（dB）、衰减系数（dB/km）和光纤线路传输长度（km）。测试结果及时记入中继段测试记录。

（2）中继段光纤后向散射曲线检查

① 中继段光纤后向散射曲线（即光纤轴向衰减系数均匀性）检查，应在光纤成端、沟坎加固等路面动土项目全部完成后进行。

② 光纤后向散射曲线应均匀平滑，光纤波形及接头"台阶"无异常。

③ 光纤后向散射曲线检查可与光纤线路衰减测试同时进行。

④ OTDR 打印光纤后向散射曲线应清晰无误，并应收录于中继段测试记录。

(3) 中继段光纤通道总损耗测试

① 中继段光纤通道总损耗包括光纤线路损耗和两端连接器的插入损耗。应采用稳定的光源和光功率计经过连接器测量。一般可测量光纤通道任一方向（A—B 或 B—A）的总衰减（dB）。

② 中继段光纤通道总衰减值应符合设计规定，测量值应记入中继段测试记录。

(4) 中继段光纤偏振模色散测试

① G.652、G.655 单模光纤，一般均应按设计要求测量中继段偏振模色散（PMD）。

② PMD 系数（XPMD）应符合设计规定值，测量值应记入中继段测试记录。

一般要求：

① 竣工测量应在光缆线路工程全面完工的前提下进行。

② 光纤接头损耗测量（包括反向连接损耗测量）结束后经统计，平均连接损耗优于指标。

③ 竣工测量应在光纤成端后进行，即光纤通道带尾纤连接插件状态下进行测量。

④ 中继段光纤线路损耗，一般以插入法测得数据为准；对于线路损耗富余量较大的短线路，可以用后向法（OTDR）测量。

⑤ 测量仪表应经计量合格；一级干线线路的损耗测量仪表，光源应采用高稳定度的激光源；功率计应采用高灵敏机型的；OTDR 应具有较大动态范围和后向信号曲线自动记录、打印等性能全面的机型。

(5) 中继段光纤后向散射信号曲线检查，包括下列内容和要求

① 光缆线路平均损耗应与光功率计测量的数据基本一致。

② 观察全程曲线，应无异常现象。

除始端和尾部外应无反射峰（指熔接法连接时）；除接头部位外，应无高损耗"台阶"；应能看到尾部反射峰。

③ OTDR 测量，应以光纤的实际折射率为预置条件；脉宽预置应根据中继段长度合理选择。

(6) 中继段光纤线路总损耗测量，干线光缆工程应以双向测量的平均值为准

(7) 光纤线路损耗，一般不采用切断法测量

(8) 如果设计不要求 OTDR 双窗口（即 1 310 nm 波长和 1 550 nm 波长）测试后向散射信号曲线，一般在 1 550 nm 波长测试即可

14.1.3　光缆线路电性能测试

1. 测量项目

① 直埋光缆线路对地绝缘电阻测量。

② 接地装置地线电阻测量。

2. 直埋光缆线路对地绝缘电阻测量的一般要求

直埋光缆在随工检查中，应测试光缆护层对地绝缘电阻，并应符合下列规定：埋设后的

单盘直埋光缆，其金属外护层对地绝缘电阻的竣工验收指标应不低于 10（MΩ·km）；其中暂允许 10% 的单盘光缆不低于 2（MΩ·km），直埋光缆中继段连通后应测出对地绝缘电阻的数值。

3. 接地装置地线电阻测量一般要求

中继站接地线电阻测量，应在引至中继站内的地线上进行；埋式接头防雷地线电阻测量，应在标石内地线引线上测量。对于直接接地的地线，应在接头时在引接线上测量、记录。

14.2 工程竣工资料编制

14.2.1 编制要求

1. 竣工资料编写责任人

竣工资料一般由施工单位编制，由技术负责人或上级技术主管审核。竣工资料应由编制人、技术负责人及主管领导签字，封面加盖单位印章。利用原施工图修改的竣工图，每页均应加盖"竣工图纸"字样的印章，并由编制人签字和签写日期。

2. 竣工资料数据处理

竣工资料应做到数据正确、完整、书写清晰，书写用黑色或蓝色墨水笔，不得用铅笔、圆珠笔或复写纸。竣工资料可以用复印件，但长途干线光缆工程，供建设单位存档的应为正本。竣工路由图纸应采用统一符号绘制。对于变更不大的地段，可按实际情况在原施工图上用红笔加以修改，变更较大地段应重新绘制。对于长途一级干线一般要求重新绘制。竣工资料可按统一格式装订成册，并提供光盘。

14.2.2 编制内容

竣工资料一般分成竣工文件、竣工图纸、竣工测试记录三部分，应按下列要求装订成三个部分。

1. 竣工文件部分

（1）竣工文件内容

工程说明；开工报告；主要工程量表；已安装设备明细表；隐蔽工程随工签证；重大质量事故报告；停、复工报告；设计、洽商变更；竣（完）工报告；交接书；验收证书；备考表。

（2）竣工文件格式

1）规模

若是单项工程，建设单位管辖段为编制单元。如一个工程跨越两省，由两个建设单位施工，则按省界划分，各自编制、装订。

2）格式

依据竣工档案标准。

2. 竣工测试记录部分

按照设计文件的测试指标的要求进行测试。测试项目、测试数量及测试时间都要满足要求。测试数据能真实地反映设备性能和系统性能以及施工工艺对光、电性能的影响。业主无特殊要求，竣工测试记录一般都要用计算机打印。

(1) 名称

名称为"光缆通信系统线路工程"竣工测试记录。

(2) 内容

中继段光缆配盘图；中继段线路光纤衰减统计表；光纤接头损耗测试记录；中继段光纤线路衰减测试记录；中继段光纤通道总衰减测试记录；中继段光纤偏振模色散系数测试记录；光缆线路对地绝缘测试记录；中继段光纤后向散射曲线。

以上内容是指一般光缆线路的全套测试记录。对于有铜导线的光缆线路，还应包括铜线直流电阻、绝缘电阻、铜线绝缘强度三项内容。

(3) 格式要求

1) 规模

按数字段或按施工分工自然段分别装册（段内若有多个中继段，应按 A→B 方向顺序分段合装）；也可按自然维护段分别装册（两个以上中继段要求同上）。

2) 格式

依照竣工档案标准。

3. 竣工图纸部分

一般可利用原有工程设计施工路由图纸改绘。其中，变更部位应用红笔修改，变更较大的应重新绘制。所有竣工图纸均应加盖"竣工图章"。竣工图章的基本内容应包括："竣工图"字样、施工单位、编制人、审核人、技术负责人、编制日期、监理单位、现场监理、总监或总监代表。

(1) 名称

"光通信系统线路工程"（_____至_____段）竣工路由图。

(2) 应包括的项目内容

原则同施工图纸内容，主要包括：光缆线路路由示意图；A端局（站）局内光缆路由及安装方式竣工图；B端局（站）局内光缆路由及安装方式竣工图；A端局出局管道光缆路由竣工图；B端局进局管道光缆路由竣工图；××——××中继段直埋（或架空或硅芯管）光缆线路竣工图；光缆穿越铁路、公路断面图（亦可直接画于上述路由图中）；光缆穿越河流的平面图、断面图。

(3) 格式要求

规模同竣工测试记录部分。格式原则上同施工路由图纸部分，要求有封面、目录及前述内容。装订顺序应按 A→B 方向，由 A 局至 B 局，按路由顺序排列。

14.3 工程验收

工程验收，包括随工验收、初步验收、竣工验收（对施工单位来说主要是前两项）。验收是对已经完成的施工项目质量检验的重要环节。验收工作是工程主管部门、设计、施工、工程质量监督机构、维护等单位共同完成的一个重要程序。

14.3.1 工程验收的依据

依据下列各工程验收文件：

① 《本地通信线路工程验收规范》。

② 《长途通信光缆线路工程验收规范》。

③ 经上级主管部门批准的可行性研究报告、初步设计或技术设计和施工图设计，包括补充文件。引进工程，可依据与外商签订的技术合同书。当工程建设中采用新技术、新设备、新材料、新工艺时，其竣工的依据还应按合同中的有关规定执行。

14.3.2 工程验收的办法

工程验收根据工程的规模、施工项目的特点，一般分为随工验收、初步验收和竣工验收。

1. 随工验收

随工验收又称随工检验。工程中有些施工项目在完成之后具有隐蔽的特征，随工验收应对工程中的这些隐蔽部分边施工边验收，在竣工验收时一般不再对隐蔽工程进行复查。随工代表随工时应做好详细记录，质量监督员对随工代表的签证有监督权。质量监督员对工程检查结果所形成的档案与随工记录应作为竣工资料的组成部分。

(1) 工程监理的作用

光缆线路工程具有线长、面广、技术新的特点，再加上人员、工作条件的限制，质监人员对工程监督检查，不可能面面俱到，工程质量的保证要依靠施工企业的质量保证体系及建设单位的随工代表，而质监人员只能对工程关键部位进行监督检查，因此，质监人员和工程监理的关系是相辅相成、紧密配合的。

工程监理由建设单位选派的有经验、责任心强的人员担任，其职责是对现场施工进行全面的检查，对所随工的段落的工程质量全面负责，因此，随工人员是工程质量的把关人员，必须对这些人员进行全方位的培训。

(2) 随工检验的内容

随工检验的内容，应为建设管理流程中的整个建筑安装过程，随工人员应参与从施工单位进场、开箱验货到竣工测试完成具备初验条件的全过程，以便配合工程管理人员监督，确保工程质量。

1) 架空光缆线路随工的主要内容

电杆正直，杆高配置，电杆埋深符合要求。杆距偏差不超过±30 cm，没有眉毛弯、S弯，个别电杆偏离线路中心线不超过梢径的1/3。杆路建筑稳固、安全可靠并按规定敷设。电杆与铁路、公路、输电线及其他建筑物的隔距、交越间距符合规定。杆号按规定编写，字迹清楚。避雷线按规定安装。

拉线程式，装设位置，出土方位正确，偏差在规定范围以内。双、四方拉线与线路中心线垂直或重合，不扭斜。拉线各部缠绕紧密，不跳股、不抽筋。拉线在杆上与吊线的最近距离不小于20~30 cm，距离比符合规定，埋深、角深合乎要求。

吊线安装在夹板上的位置正确。夹板离电杆顶的距离、吊线的垂度符合要求，偏差不超过规定。吊线的接续、终结，安装辅线装置符合规定。吊线坡度变化，与供电电力线和通信线路的交越符合规定。

2）直埋、管道光缆线路随工检验的主要内容

光缆敷设路由、埋深、余留，与其他建筑物的隔离符合要求。光缆接续、接头盒的安装符合规定。光缆终端的安装符合规范和设计的需要。光缆标石完整无缺，编号字迹清楚、准确。人（手）孔光缆、光缆接头盒塑料子管布放及其附件的安装符合要求。防蚀、防雷电、防强电、防鼠、防蚁等保护措施符合规定。

（3）隐蔽工程及其签证隐蔽工程

隐蔽工程主要是指施工完毕后，再进行检查就非常困难的部分。例如：光缆、电缆的沟深及沟底的处理；光纤的接续及接头的保护；金属护层对地绝缘；通信枢纽楼的基础及微波铁塔的基础等，都是随工检查的内容，凡是随工检查合格的，必须签证，作为施工验收的凭证，没有签证，不能验收。

对于隐蔽工程必须做到上道工序合格签证后才能进行下道工序。例如：缆沟深度及沟底处理后，才能放缆。因此，只有每道工序都能达到设计要求才能提高单项工程质量。

（4）质监员制订所管辖工程的质量监督计划

质监员参加施工图设计会审，了要解本工程全部设计内容、设计技术指标是否符合有关标准，设计的工程路由、站址、设备等是否合理；并掌握工程建设中的难工、险工、隐蔽工程及工程的薄弱环节，以便制订出该工程的监督计划。

（5）深入施工现场对重要部位进行监督

质监员要根据监督计划，集中力量抓好建设中的难工、险工、隐蔽工程以及可能影响工程质量、设备安全和使用寿命的那些薄弱环节。对不同的工程项目、不同的施工单位、供货厂家，不同的时期，其薄弱环节是不尽相同的，为此，这需要分析及经验的积累，重要的是要有一种判断能力。所以要求质监员不断地从实践中摸索出经验来，找出薄弱环节，以便更好地把住质量关。例如直埋光缆，有的厂家供应的光纤衰减系数不能达到要求；有的厂家供给的电源系统经常断电，不能倒换；有的施工单位在敷设光缆中，金属护套对地绝缘常达不到要求，有的接头衰减过大，有的厂家供给的监控系统经常失灵，有的工程传输系统出现大误码，有的过河光缆沟深达不到要求等，所以，质监员要深入施工现场，不断总结出不同工程的薄弱环节。

2. 初步验收

初步验收，简称为初验。一般大型工程，分别按单项工程进行，如光缆数字通信工程，分为线路和设备两个单项。光缆线路初验称线路初验，是对承建单位的线路部分施工质量进行全面系统的检查和评价，包括对工程设计质量的检查。对施工单位来说，初验合格表明工程正式竣工。所以在初验时，应严格检查工程质量，审查竣工资料，分析投资效益，对发现的问题提出处理意见，并交相关责任单位落实解决。按照初验报告要求上报初验检查的质量指标（应附初验测试数据，通常由维护部门测试提供）与评定意见及对施工中重大质量事故处理后的审查意见。

（1）初验条件

施工图设计中，工程量全部完成；隐蔽工程项目全部合格。中继段光电特性符合设计指标要求。竣工技术文件齐全，符合档案要求，并最迟于初验前一周送建设单位审验。

（2）初验时间

初验时间一般应在原定计划建设工期内进行。一般在完工后三个月内进行初验；干线光

缆工程，多数在冬季组织施工并在年底完工或基本完成（指光缆全部敷设完毕），次年三四月份进行初验。

(3) 初验准备

路面检查。由于环境条件复杂，尤其完工后，经过几个月的变化，长途光缆线路工程总有些需要整理、加工的部位以及施工中遗留或部分质量上有待进一步完善的地方。因此，一般由原工地代表、维护人员进行路面检查，并及时写出检查报告，送交施工单位，在初验前组织处理，使之达到规范、设计要求。

资料审查。施工单位应及时提交竣工文件，主管部门组织预审，如发现问题及时送施工单位处理，一般在资料收到后几天内组织初验。

(4) 初验组织及验收

由建设单位组织设计、施工、维护等单位参加。初验以会议形式，一般的方法是成立验收领导小组，验收领导小组负责验收会议的召开和验收工作的进行。成立验收小组后进行分项目验收：

安装工艺验收，按安装工艺项内容进行检查；对各项性能进行测试及评价；表中的抽查抽测比例是按一个中继段工程验收的要求确定的；对于长途干线工程，由于距离长，中继段较多，可对中继段、光纤均采取抽查抽测，比例视情况由验收领导小组商定；竣工资料验收，主要对施工单位提供的竣工技术文件进行全面的审查、评价；具体检查，由各组分别进行，施工单位应有熟悉工程情况的人员参与；写出检查意见，各组按检查结果写出书面意见；会议在各组介绍检查结果和讨论的基础上，对工程承建单位的施工质量，做出实事求是的质量等级（一般分优良、合格、不合格三个等级）评价。

(5) 工程交接

线路初验合格，标志着施工的正式结束，将由维护部门或施工单位在质量保证期内按维护规程进行日常维护。

材料移交量：对于光缆、连接材料等工程余料，应列出明细清单经建设方清点接收；这部分工作一般于初验前已办理完成。器材移交：包括施工单位代为检验、保管以及借用的测量仪表、机具及其他器材，应按设计配备数量和种类向产权单位进行移交。遗留问题处理：对初验中遗留的一般问题，按会议纪要的解决意见，由施工或维护单位协同解决；移交结束后将由有关部门办理交接手续，进入运行维护阶段。

3. 竣工验收

工程竣工验收是基本建设最后一个程序，是全面考核工程建设成果，检验工程设计和施工质量以及工程建设管理的重要环节。

(1) 竣工验收的条件

光缆线路、设备安装等主要配套单项工程初验合格，经规定时间的试运转（一般为六个月），各项技术性能符合规范、设计要求；生产、辅助生产、生活用建筑等设施按设计要求已完成；技术文件、技术档案、竣工资料齐全、完整；维护主要仪表、工具、车辆和维护备件，已按设计要求配齐；生产、维护、管理人员数量、素质能适应投产初期的需要；引进项目还应满足合同书有关规定；工程竣工决算和工程总决算的编制及经济分析等资料准备就绪。

(2) 竣工验收的主要程序

文件准备：根据工程性质、规模，会议上的报告均应由报告人写好，送验收组织部门审查打印；工程决算、竣工技术文件等都应准备好。

组织临时验收机构：大型工程成立验收委员会，下设工程技术组、财务组、档案组，工程技术组下设系统测试组、线路测试组。

大会审议、现场检查：审查、讨论竣工报告、初步决算、初验报告以及技术组的测试技术报告；沿线重点检查线路、设备的工艺和路面质量等。

讨论通过验收结论和竣工报告：报告主要内容包括工程概况；初验与试运转情况；竣工决算概况；工程技术档案整理情况；经济技术分析；投产准备工作情况；工程遗留问题的处理意见；对工程投产的初步意见；工程建设的经验、教训及对今后工作的建议。

颁发验收证书：将证书发给参加工程建设的主管部门、设计、施工、监理、维护等各个单位或部门。

第十五章

通信线路工程维护

教学内容

1. 通信线路维护
2. 光缆线路障碍

技能要求

会判断光缆线路故障

15.1 通信线路维护的内容

光缆通信线路是通信运营赖以生存、发展的物质技术基础,光缆通信线路运行的好坏直接影响通信运营的生存和发展,而光缆通信线路维护与管理是通信运营管理工作最重要的管理内容之一,只有通过加强对光缆通信线路的维护管理,使其充分发挥效能,不断改善光缆通信线路技术状态,才能延长光缆通信线路使用寿命,为通信运营获取最佳经济效益。

维护是指所有保持系统设备处于正常运行状态的活动。在实践中,通常将维护作为维持(保持完整无缺)、保护、监督、服务等多项行为的联合体,其目的是维持和恢复设备到可执行所需的基本功能状态。目前,江苏省采用通信公司代维的方式对线路进行维护。

通信网络维护是对现有通信网络资源进行维持保护,使其免于遭受破坏。网络维修就是对现有的通信网络资源进行维护、迁改、更新和改造。网络维护就是对现有的通信网络资源进行护理性维修。对通信网络维护的标准理解是:保持现有的网络运行状态,以及继续维持良好的运行条件。

光缆线路经施工并验收合格后,光缆线路就投入了通信运营过程中。由于光缆线路设施主要设置在室外或野外,环境开放,容易受外界自然环境和社会环境的影响,如经常放松设备维护,会加速其老化,缩短其使用寿命;或是由于外力施工的影响而导致光缆线路受到损伤。这些不良的影响都会干扰正常的通信。影响不严重时,会引起通信质量恶化,降低业务量,甚至出现突发事件,使通信中断。这样就会给人们正常的生产和生活带来影响,同时给国民经济造成不必要的损失。因此，如何防止线障的发生，或是在线障发生后，能及时地查清线障原因，尽早地修复线路，这就成了通信运营过程中的主要工作，即对光缆线路实施有效维护。

15.1.1 线路维护责任的划分和任务

光缆线路设备由缆线设备——各种敷设方式的通信光缆；管道设备——管道、人孔和手孔等；杆路设备——电杆、电杆的支持加固装置和保护装置，吊线和挂钩等；光交接设备——光配架线、光跳线、接头盒、交接箱、终端盒；附属设备——巡房、水线房及瞭望塔；标石、标志牌、宣传牌，光缆监测系统、维护管理系统、防雷设备，专用无线联络系统组成。

① 跨省的长途光缆线路维护段落的划分，以接近省界的接头标石、电杆或中继站为界。条件特殊的可以省界或以接近省界的地点为界。具体界限的划分由相关省电信运营商之间协商确定。一级长途光缆线路分界点的确定和变动，应报电信运营商集团备案。

② 光缆传输网机线维护界面的划分如下：一是光缆线路以进局或中继站的第一个连接器为界，连接器由机务部门维护，连接器以外由线路维护部门维护。二是对于已介入光缆线路自动监测系统的长途线路，以进局的第一个 ODF 架上的连接器为界，监测系统机架、光波分复用器和滤光器（含端子）及外部由线路维护部门维护，连接器及其以内部分由机务部门维护。三是无人中继房的安全和环境保护由资产所属单位或省电信运营商指定部门负责。

15.1.2 光缆线路维护技术管理措施及基本制度

为了提高通信质量，并且保证光缆线路的通畅，达到维护标准，维护人员应首先认真做好下列基础技术管理措施及基本制度。

1. 光缆线路维护技术管理措施

① 认真做好技术资料的整理。
② 严格制订光缆线路维护计划。
③ 维护人员的组织与培训。
④ 做好线路巡护工作并记录。
⑤ 定期进行光、电测量。
⑥ 及时检修与紧急修复。

光缆具有很大的传输容量，保证光缆线路长期稳定可靠是很重要的。在日常维护中，若发现任何异常情况或隐患，都应立即采取相应的措施排除隐患，做到及时处理。同时也要考虑光缆线路发生重大线障时，能够迅速修复光缆线路的方案研究、制定，应急训练和实施计划，以迅速完成从告警到修复的紧急任务。

2. 线路维护生产工作的基本制度

依据光缆线路维护生产工作特点，一般采取巡、修分开的维护方式；技术资料要有专人保管，保持线路资料完整、准确，并定期整理，为保障光缆线路运行畅通，必须加强光缆线路设备维护的质量监督管理工作，从中发现已经出现的、潜在的隐患问题及管理中的薄弱环节，提出改进措施，不断提高光缆线路设备维护水平。质量监督检查可采用多种方式，如自查、互查、联合检查及定期检查。

线路维护生产工作的基本制度规定：驻段员包线责任制度、修理线务员责任制度、设备技术资料管理、设备质量监督检查。

3. 光缆线路维护人员具备的技能

光缆线路维护是由大量的基层维护一线人员实施的，而这些基层维护人员的素质是线路维护的基础，所以线路维护人员的自身技能就显得尤为重要，加强维护人员的培训是光缆线路维护工作的一项重要内容。

光缆线路维护人员应具备光缆和架空杆路、管道、直埋等安装方式的施工和维护技能（光缆维护技能、杆路维护技能、通信管道维护技能、直埋光缆路由维护技能）。

15.1.3 维护内容、周期和重点工作

1. 维护工作内容及周期

光缆线路设备的维护工作分为"日常维护"和"技术维修"两大类。日常维护和技术维修均应根据维护要求的质量标准，按规定的周期进行，确保线路设备经常处于完好状态。

光缆线路维护工作是按季节规律进行组织和安排的，是周而复始的循环性期限维护工作。某项维护工作，每进行一次维护以后到下一次开始进行维护所经过的时间就叫维护周期。

日常维护和技术维护均应根据质量标准，按规定的周期进行，确保光缆线路设备处于完好状态。

2. 日常维护的重点工作

线路巡护是光缆线路日常维护中的一项重要工作，是预防线路发生障碍的重要措施，是维护人员的主要任务，也是日常维护的重点工作。巡护可分为车巡和步巡两种方式。

巡护的目的是了解沿线地形、地貌及变化情况，了解险情及交通情况，熟悉线路路由位置，检查光缆线路设备，查找问题和缺陷，消除线障隐患，以避免事故的发生。因此，要求维护人员必须按照规定要求定期巡护。大雨过后及其他特殊情况应增加巡线次数（当日全程）。必要时，可派人驻守主要线路区段，确保光缆线路安全。

日常维护由光缆包线员实施，必要时，可以派其他维护人员协助。步巡时必须沿线路路由徒步前进，不得绕行。沿路由边走边观察线路两侧的情况变化，对可能发生的情况要有预见性、敏感性，所有危害光缆线路设备的情况都要引起重视，巡查发现的问题应详细记录，及时汇报，然后分析研究，根据问题的性质，分清轻重缓急，及时加以解决。某些急需解决而维护员又能够解决的问题，必须立即处理。对危及光缆安全的作业，要讲明情况，立即制止。对于维护人员无力解决的问题，应及时向上级领导反映，不得拖延或不予处理。

巡护是预防线障发生的基础工作。各级光缆线路维护单位和维护人员都应明确巡护工作的具体内容和要求，建立巡护报告制度，及时发现问题并消除光缆线路安全隐患。

光缆线路由于敷设方式不同，可分为架空、直埋、管道和水底等几种类型，每种类型都有其不同的特点，其维护工作也同样是有所不同的。

日常维护的主要内容为光缆线路护线宣传、架空光缆的维护、直埋光缆的维修、管道光缆的维修和水底光缆的维修。

15.2 光缆线路障碍

15.2.1 光缆线路障碍的定义及种类

1. 光缆线路障碍的定义

由于光缆线路原因造成通信业务阻断叫作光缆线路障碍（不包括联络线、信号线和备用线）。

2. 光缆线路障碍的种类

重大障碍：由某种原因引起的严重通信业务障碍（由主管部门定义），如在执行重要通信任务期间发生全阻障碍。

全阻障碍：在用系统光纤全部阻断或同一光缆线路中备用系统的倒通时间超过 10 分钟的为全阻障碍。

一般障碍：影响面较小，未构成重大线障和全阻（线障）的其他线障称为一般线障。一般除以上两种障碍的其他障碍称为一般障碍。

逾限障碍：超过一般障碍所规定时限的为逾限障碍。

由于长途光缆线路原因造成传输质量不良、经业主同意继续使用的，不作为长途光缆线路障碍，但光缆线路部门应积极设法消除不良现象。

15.2.2 光缆线路障碍的原因

1. 障碍分析

现在根据国内外的资料对光缆线路障碍的情况进行分析，可以说国内光缆线路障碍的情况与国外的大致相同。目前对运行的光纤通信系统所发生的障碍进行了全面统计调查，并对此进行了分析，找出这些障碍发生的原因、处理方法等。根据光缆线路发生障碍的统计资料分析，光纤通信系统中使通信中断的主要原因是光缆障碍，它约占统计障碍的 2/3。而在光缆障碍中，由于挖掘原因引起的障碍约占一半以上。在由挖掘引起的障碍中又分事先未通知产权单位和已通知产权单位两种情况。未通知产权单位所造成的事故约占 40%；虽然事先已通知了产权单位，但由于对光缆的精确位置和对光缆位置的标记不清而造成的事故也占 40%。光缆障碍的产生原因与光缆的敷设方式有关，敷设形式主要有地下（直埋和管道）和架空两种。地下光缆不容易受到车辆、枪击和火灾的损坏，但受挖掘的影响很大。架空光缆线路不大受挖掘的影响，但受车辆、枪击和火灾的伤害严重。总体来说，地下光缆和架空光缆发生障碍的概率没有多大区别。如果能设法最大限度地减少挖掘引起的障碍，则地下光缆要比架空光缆安全。

2. 引起光缆线路障碍的主要原因

挖掘；技术操作错误；鼠害；车辆损伤；火灾；枪击；洪水；温度的影响；与电力线搭接破坏；雷击；盗割光缆。

15.2.3 光缆线路障碍点的定位

1. 光缆线路常见障碍现象及原因

光缆产生线障的原因很多，不同原因导致其线障的特点也不相同，只有抓住这些特点，才能迅速准确地判定线障所在，从而及时进行修复。光纤线障主要有两种形式，即光纤中断和损耗增大。

（1）光纤中断障碍

光纤中断障碍是指缆内光纤在某处发生部分断纤或全断，在光时域反射仪 OTDR 测得的后向散射信号曲线上，障碍点有一个菲涅尔反射峰。

（2）光纤衰减增大障碍

光纤衰减增大是指光缆接收端可以接收到光功率低于正常值，OTDR 仪上的后向散射信号曲线上有异常台阶或大损耗区（曲线局部变陡），轻则使通信质量下降，严重时则中断通信。

2. 光缆线路障碍的测试与查找步骤

一般情况下，机线障碍不难分清。确认为线路障碍后，在端站或传输站使用 OTDR 对线路进行测试，以确定线路障碍的性质和部位。

① 用 OTDR 测试出线障地点到测试端的纤长距离。

首先，在 ODF 架上将线障纤外线端活动连接器的插件从适配器中拔出，做清洁处理后插入 OTDR 的光输出口，观察线路的后向散射信号曲线。OTDR 的显示屏上通常显示如下四种情况之一。

显示屏上没有曲线，这说明光纤线障点在仪表的盲区内，包括局外光缆与局内软光缆的固定接头和活动连接器插件部分。这时可以串接一段（长度应大于 1 000 m）测试消盲光纤，并减小 OTDR 输出的光脉冲宽度以减小盲区范围，从而可以细致分辨出线障点的位置。

曲线远端位置与中继段总长明显不符，此时后向散射曲线的远端点即线障点。如该点在光缆接头点附近，应首先判定为接头处断纤。如线障点明显偏离接头处，应准确测试障碍点与测试端之间的距离，然后对照线路维护明细表等资料，判定障碍点在哪两个标石之间（或哪两个接头之间），距离最近的标石多远，再由现场观察光缆路由的外观予以证实。

后向散射曲线的中部无异常，但远端点又与中继段总长相符，在这种情况下，应注意观察远端点的波形，可能有如下三种情况之一出现，如远端出现强烈的菲涅尔反射峰，提示该处光纤端面与光纤轴垂直，该处应成为端点，不是断点。障碍点可能是终端活动连接器松脱或污染；如远端无反射峰，说明该处光纤端面为自然断纤面。最大的可能是户外光缆与局内软光缆的连接处出现断纤或活动连接器损坏；如远端出现较小的反射峰，呈现一个小突起，提示该处光纤出现裂缝，造成损耗很大。可打开终端盒或 ODF 架检查，剪断光纤插入匹配液中，观察曲线是否变化以确定故障点。

显示屏上曲线显示高衰耗点或高衰耗区高衰耗点一般与个别接头部位相对应。它与菲涅尔反射峰明显不同，该点前面的光纤仍然导通，高衰耗点的出现表明该处的接头损耗变大，可打开接头盒重新熔接。高衰耗区表现为某段曲线的斜率明显增大，提示该段光纤衰耗变大，如果必须修理只有将该段光缆更换掉。

② 查找光缆线路障碍点的具体位置。

当遇到自然灾害或外界施工等外力影响造成光缆线路阻断时，查修人员要根据测试人员提供的线障现象和大致障碍地段，沿光缆线路路由巡查，一般比较容易找到障碍地点。如非上述情况，巡查人员就不容易从路由上的异常现象找到障碍地点。这时，必须根据 OTDR 测出的障碍点到测试端的距离，与原始测试资料进行核对，查出障碍点是处于哪两个标石

（或哪两个接头）之间，通过必要的换算后，再精确丈量其间的地面距离，直至找到障碍点的具体位置。若有条件，可以进行双向测试，更有利于准确判断障碍点的具体位置。

3. 光缆线路障碍点的准确判定

光缆线路障碍，按障碍发生的现实情况可分为显见性障碍和隐蔽性障碍。显见性障碍查找比较容易，多数为外力影响所致。可用OTDR仪表测定出障碍点与局（站）间的距离和障碍性质，线路查修人员结合竣工资料及路由维护图，可确定障碍点的大体地理位置，沿线寻找光缆线路上是否有动土、建设施工，架空光缆线路是否有明显下垂或拉断、被盗、火灾，管道光缆线路是否在人孔内及管道上方有其他施工单位在施工过程中损伤光缆等。发现异常情况即可查找到障碍点发生的位置。

隐蔽性障碍查找比较困难，如光缆雷击、鼠害、枪击（架空）、管道塌陷等造成的光缆损伤及自然断纤。因这种障碍在光缆线路上不可能直观地巡查到异常情况，所以称隐蔽性障碍。如果盲目去查找这种障碍就可能造成不必要的财力和人力的浪费，如直埋光缆土方开挖量等，延长障碍时间。

(1) 障碍点的判断

光缆障碍点判断的准确与否关系到排障的速度和维护的费用。下面我们从部分系统阻断障碍、光缆全阻障碍、光纤衰耗增大造成的障碍、机房线路终端障碍四方面进行分析。

① 部分系统阻断障碍。如果障碍是某一系统障碍，在排除设备故障的前提下，精确调整OTDR仪表的折射率、脉宽和波长，使之与被测纤芯的参数相同，尽可能减少测试误差。将测出的距离信息与维护资料核对看障碍点是否在接头处。若通过OTDR曲线观察障碍点有明显的菲涅尔反射峰，与资料核对和某一接头距离相近，可初步判断为光纤接头盒内光纤障碍（盒内断裂多为小镜面性断裂，有较大的菲涅尔反射峰）。修复人员到现场后可先与机房人员配合进一步进行判断，然后进行处理。若障碍点与接头距离相差较大，则为缆内障碍。这类障碍隐蔽性较强，如果定位不准，盲目查找就可能造成不必要的人力和物力的浪费。如直埋光缆大量土方开挖等，延长障碍时间。可采用如下方式精确判定障碍点：

用OTDR仪表精确测试障碍点至邻近接头点的相对距离（纤长），由于光缆在设计时考虑其受力等因素，光纤在缆中留有一定的余长，所以OTDR测试的纤长不等于光缆皮长，必须将测试的纤长换算成光缆长度（皮长），再根据接头的位置与缆的关系以确定障碍点的位置，即可精确定位障碍点。

② 光缆全阻障碍。对于光缆线路全阻障碍，查找较为容易，一般为外力影响所致。可利用OTDR测出障碍点与局（站）间的距离，结合维护资料，确定障碍点的地理位置，指挥巡线人员沿光缆障碍点的地理区域路由查看是否有建设施工。

③ 光纤衰耗过大造成的障碍。用OTDR测试系统障碍纤芯，如果发现障碍是衰耗突变引起的，可基本判定障碍点位于某接头处，多是由于弯曲损耗造成的。盒内余留光纤盘留不当或热缩管脱落等形成小圈，使余纤的曲率半径过小。还有就是由于环境温度的变化使光缆中的纤膏流出时将光纤带出产生弯曲。热缩管固定不好引起热缩管盒内脱落还可能使线路的衰减随着外界的震动（如风舞震动等）引发变化等。

另外，接头盒进水也是造成接头处障碍的主要原因之一。打开接头盒后，可进一步进行判断，仔细查看障碍光纤有无损伤或盘小圈，若有小圈将其放大即可，否则进行重接处理。

④ 机房线路终端障碍。如果障碍发生在终端机房内，此时在障碍端测试，OTDR仪表

净化不出规整曲线，在对端测试可以发现障碍纤芯测试曲线正常。为精确定位，需要加一段能避开仪表盲区的光纤，一般长度不少于 500 m，先精确测出尾纤长度，再接入障碍光纤测试。

OTDR 在短距离测试状态下分辨率很高，可以比较准确地测出是跳纤还是终端盒内障碍。对于离终端较近的盒内障碍用可见光源进行辅助判断更为方便，距离的远近取决于光源的发射功率，有的光源可以达到 10 km。

（2）准确定位光缆线路障碍点的方法

在光纤通信系统中，通信中断的主要原因是光线路障碍，在处理光线路障碍定位时，首先要从故障的原因分析，在对障碍点进行测试时要尽量排除影响测试准确性的固有的及人为的因素。下面通过阐述影响光纤障碍定位准确性的因素及提高障碍定位的准确性的方法，以提高现场维护人员处理障碍的能力。

随着光缆线路的大量敷设和使用，光纤通信系统的可靠性和安全性越来越受到人们的关注。统计资料显示，光纤通信系统中通信中断的主要原因是光缆线路障碍，它约占障碍的 2/3 以上。由于我国幅员辽阔，地形地貌差异很大，对光缆线路可能造成的各种危险因素很多，这包括各种自然因素和人为破坏光缆线路损毁等。特别是近年随着国家经济迅速发展，全国各地的基础设施建设大量开工，对光缆线路的安全带来了极大威胁。引起光缆线路障碍的原因主要有挖掘、技术操作错误、火灾、射击、洪水、温度影响、雷击等，从以上的光缆线路障碍分析中可以得出由于光缆本身的质量问题和自然灾害引起的障碍占的比例较少，大部分障碍是属人为性质的损坏。

光传输系统故障处理中故障定位的一般思路为：先外部、后传输。也就是说，在线障定位时，先排除外部的可能因素，如光纤断裂、电源中断等，接着再考虑传输设备。因此如何精确地将障碍点定位就显得十分重要。

首先分析光缆线路的常见障碍现象及原因。

线路全部中断，光板出现 R－LOS 告警，可能原因有光缆受外力影响被挖断、炸断或拉断等；个别系统通信质量下降，出现误码告警，线路可能的原因有光缆在敷设和接续过程中，造成光纤的损伤使线路损耗时小时大；活动连接器未到位，或者出现轻微污染，或者其他原因造成适配时好时坏；光纤性能下降，其色散和损耗特性受环境因素影响产生波动；光纤受侧应力作用，全程衰耗增大；老化损害光缆；光缆接头盒进水；光纤在某些特殊点受压（如收容盘内压纤）等。

在确定线路障碍后，用 OTDR 对线路测试，以确定障碍的性质和部位，当遇到自然灾害或外界施工等外力影响造成光缆线路阻断时，查修人员根据测试人员提供的位置，一般比较容易找到，但如不是上述情况，就不容易从路由上的异常现象找到障碍地点。这时，必须根据 OTDR 测出的障碍点到测试点的距离，与原始测试资料进行核对，查出障碍点处于哪个区段，再通过必要的换算后，精确丈量其间的地面距离，直至找到障碍点的具体位置。但是往往事不如意，障碍点与测量计算的位置相差很大，这样既浪费人力物力，而且由于光缆线路障碍造成的影响或损失会更大。

（1）分析影响光缆线路障碍点准确定位的主要因素

OTDR 测试仪表存在的固有偏差。由 OTDR 的测试原理可知，它是按一定的周期向被测光纤发送光脉冲，再按一定的速率将来自光纤的背向散射信号抽样、量化、编码后，存储并显示出来。这样 OTDR 仪表本身由于抽样间隔而存在误差,这种固有偏差主要反映在距离分辨率上。OTDR 的距离分辨率正比于抽样频率。

测试仪表操作不当产生的误差。在光缆故障定位测试时,OTDR 仪表使用的正确性与障碍测试的准确性直接相关。例如:仪表参数设定和准确性、仪表量程范围的选择不当或光标设置不准等都将导致测试结果的误差。

设定仪表的折射率偏差产生的误差。不同厂家、不同类型的光纤其光纤折射率是不同的。因此使用 OTDR 测试光纤长度时,必须先进行仪表参数设定。折射率的设定就是其中一。当几段光缆的折射率不同时可采用分段设置的方法,以减少因折射率设置误差而造成的测试误差。

量程范围选择不当,OTDR 仪表测试距离分辨率为 1 m 时,它是指图形放大到水平刻度为 25 m/格时才能实现。仪表设计是以光标每移动 25 步为 1 满格。在这种情况下,光标每移动一步,即表示移动 1 m 的距离,所以读出分辨率为 1 m。如果水平刻度选择 2 km/每格,则光标每移动一步,距离就会偏移 80 m(即 2 000/25 m)。由此可见,测试时选择的量程范围越大,测试结果的偏差就越大。

脉冲宽度选择不当。在脉冲幅度相同的条件下,脉冲宽度越大,脉冲能量就越大,此时 OTDR 的动态范围也越大,相应盲区也就大。

平均化处理时间选择不当。OTDR 测试曲线是将每次输出脉冲后的反射信号采样,并把多次采样做平均处理以消除一些随机事件,平均化时间越长,噪声电平越接近最小值,动态范围就越大。平均化时间越长,测试精度越高,但达到一定程度时精度不再提高。为了提高测试速度,缩短整体测试时间,一般测试时间可在 0.5~3 min 内选择。

光标位置放置不当。光纤活动连接器、机械接头和光纤中的断裂都会引起损耗和反射,光纤末端的破裂端面由于末端端面的不规则性会产生各种菲涅尔反射峰或者不产生菲涅尔反射。如果光标设置不够准确,也会产生一定误差。

计算误差导致光缆线路障碍涉及的因素有很多,计算过程中的误差以及对结果的取舍与实际不符,都将引起较大的距离偏差。

(2)提高光缆线路故障定位准确性的方法

1)正确掌握仪表的使用方法

正确设置 OTDR 的参数。使用 OTDR 测试时,必须先进行仪表参数设定,其中最主要是设定测试光纤的折射率和测试波长。只有准确地设置了测试仪表的基本参数,才能为准确的测试创造条件。

选择适当的测试范围挡。对于不同的测试范围挡,OTDR 测试的距离分辨率是不同的,在测量光纤障碍点时,应选择大于被测距离而又最近的测试范围挡,这样才能充分利用仪表的本身精度。

2)应用仪表的放大功能应用

OTDR 的放大功能就可将光标准确置定在相应的拐点上,使用放大功能键可将图形放大到 25 m/格,这样便可得到分辨率小于 1 m 的比较准确的测试结果。

(3)建立准确、完整的原始资料

准确、完整的光缆线路资料是障碍测量、定位的基本依据。因此,必须重视线路资料的收集、整理、核对工作,建立起真实、可信、完整的线路资料。在光缆接续监测时,记录测试端至每个接头点位置的光纤累计长度及中继段光纤总衰减值，同时也将测试仪表型号、测试时折射率的设定值进行登记。准确记录各种光缆余留。详细记录每个接头坑、特殊地段、S形敷设、进室等处光缆盘留长度及接头盒、终端盒、ODF架等部位光纤盘留长度，以便在换算故障点路由长度时予以扣除。干线光缆应建立接头标石（杆号）/纤长对照表和标石（标号）/地面长度/纤长对照表。

（4）正确的换算

有了准确、完整的原始资料，便可将OTDR测出的故障光纤长度与原始资料对比，迅速查出故障点的位置。但是，要准确判断故障点位置，还必须把测试的光纤长度换算为测试端（或接头点）至故障点的地面长度。

（5）保持测试条件的一致性

障碍测试时应尽量保证测试仪表型号、操作方法及仪表参数设置等的一致性，使得测试结果有可比性。因此，每次测试仪表的型号、测试参数的设置都要做详细记录，以便于以后利用。

（6）灵活测试、综合分析

障碍点的测试要求操作人员一定要有清晰的思路和灵活的处理问题的方法。一般情况下，可在光缆线路两端进行双向故障测试，并结合原始资料，计算出线障点的位置。再将两个方向的测试和计算结果进行综合分析、比较，以使线障点的具体位置的判断更加准确。当线障点附近路由上没有明显特征、具体障碍点现场无法确定时，可采用在就近接头处测量等方法，可在初步测试的障碍点处开挖，端站测试仪表处于实时测量状态。

第十六章 安全生产技术

教学内容
安全生产内容
技能要求
有安全生产的意识

安全生产是指为预防生产过程中发生事故而采取的各种措施和活动。党和政府历来十分重视安全生产，并确定了"安全第一，预防为主，综合治理"的安全生产工作方针。从事光电线路作业的工作人员，必须高度重视安全作业，熟悉和掌握通信光、电缆线路的安全操作知识。我国目前的安全生产管理体制是企业负责，行业管理，国家监察，群众监督，劳动者遵章守纪。

16.1 影响安全生产的因素

光缆线路无论是市话中继还是长途干线，皆因沿途环境十分复杂，地形、车辆、其他管线等都会给线路施工和维护作业带来很多困难，因此，从事光缆线路作业的工作人员，必须高度重视安全作业，熟悉和掌握通信光缆线路的安全操作知识。

① 电信安全生产受客观外界因素的影响较大。

一方面来自社会环境的影响。由于电信通信是为党、政、军、民沟通服务的，城乡人民居住、生活、工作和学习的地方一般都有通信机构和通信设施。电信通信的施工、维护，涉及城市规划、市政建设、市政管理、园林绿化、供电供水、交通管理等诸多方面，如电力线、路灯线、广播线、自来水管道、污水管道、煤气管道、热力管道、地下电力电缆等与通信线路的交叉跨越，都会导致通信生产过程中人身伤亡事故的发生。另一方面是地理、气候等自然环境的影响。由于电信传输线路穿越各种地域、空间，使得线路施工和维护长期在露天作业，直接受到外界自然条件（如强烈阳光、风、雨、雪、雷、电）的影响，同时还经常在山区、丘陵、沙漠、沼泽、草原、高空、深坑、水下等环境下作业，这些都给电信生产的现场增加了不安全因素。

② 企业内部劳动保护管理工作比较复杂。

电信生产点多、面广、线长，内部分工繁杂细致，技术工种与业务工种交错并存，内勤与外勤环境条件差异很大，管理难易不一。例如内勤的管理、报表、统计、设计、测量等工种，人员相对集中，生产环境和作业条件优越，不安全因素少；而外勤工种（主要是线路施工和维护人员）长期流动、分散、独立作业，定位性差，难以集中统一管理和相互照顾、相互监督检查，不安全因素较多，这就在一定程度上增加了劳动保护管理工作的难度。

③ 触电、坠落、机械伤害事故发生频率较高。

由于电信通信生产机械化、自动化、电气化程度高，工人在生产中，空中作业或使用现代化的机械动力设备等，都具有速度快、电压高、频率高、动力大等特点，若稍有疏忽大意或违章操作，往往容易发生触电、坠落、机械伤害和中毒、窒息事故。实际上，触电、坠落连同车辆伤害事故已连续多年成为电信部门伤亡事故率最高的"三害"问题。

④ 预防有毒有害工作任务较重。

电信生产环节中经常接触到的油杆沥青、电缆人孔中产生的甲烷、乙烷、一氧化碳及硫化氢等有害气体，电力蓄电池中挥发的硫酸气体以及微波和移动通信设备产生的电磁辐射等，都具有一定的危害性。因此，在电信生产中预防有毒有害因素的危害，预防职业病，是电信劳动保护工作中的一项重要工作。

16.2 安全生产的内容

16.2.1 线路勘察与测量安全

在勘察测量施工时，应对路由经过的沿线环境进行详细调查，如有毒植物、毒蛇、血吸虫、猛兽和狩猎器具、陷阱等；在施工前要详细交底并采取相应预防措施。在路由复测中传递标杆，禁止抛掷，不得耍弄标杆，以免伤人。测量时，移动大标旗或指挥旗时，遇有火车和船只等行驶，须将旗放倒或收起。在雪地测量施工应戴有色防护镜，以免雪光刺伤眼睛。遇有雷雨、雾、雪天气时，应停止线路测量、施工，不能停工的作业，要采取防护措施。在测量时，凡遇到河流、深沟、陡坡等，要小心通过，不能盲目泅渡和贸然跳跃。在河流、深沟、陡坡地段布放吊线、光（电）缆、排流线要采取措施，统一指挥，防止发生作业人员因线缆张力拉兜坠落事故。

16.2.2 施工现场安全

1. 城镇及道路施工安全

在城镇及道路的下列地点作业时，必须设立明显的安全警示标志和标牌，白天用红色标志，晚间用红灯，根据需要设置防护围栏等设施和警戒人员，必要时请交通管理部门协管：

街巷拐角、道路转弯处、交叉路口；有碍行人或车辆通行处；在跨越道路架线、放缆需要车辆临时限行处；架空光（电）缆接头处及两侧；挖掘的坑、洞、沟处；已经揭开盖的人

(手)孔处;跨越十字路口或在直行道路中央施工区域两侧。

2. 交通安全

安全警示标志和防护设施应随工作地点的变动而转移,作业完毕应立即撤除。凡需要阻断道路通行时,应事先取得当地有关单位和部门批准,并请求配合。在铁路、桥梁或船只航行的河道附近施工时,应使用有关规定的标志,不得使用红旗和红灯等警示标志,以免引起误会造成事故。

施工作业区应防止一切非工作人员进入,严禁非作业人员接近和触碰下列工具与设施:揭开的人(手)孔井口、立杆吊架、立起的梯子和悬挂物。接续线缆的设备和材料、点燃的喷灯、照明灯、加热的焊锡、电热器具、有毒性的化工材料等。使用的绳索、滑车、紧线钳及其他料具。使用的各种机械设备和电气工器具。正在敷设或拆除的光(电)缆和电杆及附属设施等。在道路和街道上挖沟、坑、洞,除需设置安全设施和安全警示标志外,必要时应搭设临时便桥,并设专人负责疏导车辆和行人。

沿公路、高速公路作业应遵守交通安全,因工程建设需要占用、挖掘道路,或者跨越、穿越道路架设、增设管线设施,应当事先征得道路主管部门的同意;影响交通安全的,还应当征得公安机关交通管理部门的同意。应当在经批准的路段和时间内施工作业,并在距离施工作业地点来车方向(安全距离白天 50 m,夜间 80 m)提前设置施工标志、闪灯;施工现场围挡整齐,有专人维护交通,并按规定穿着反光背心。施工作业完毕,应当迅速清除道路上的障碍物,消除安全隐患,经道路主管部门和公安机关交通管理部门验收合格,符合通行要求后,方可恢复通行。机动车进入高速公路前驾驶员必须事先检查车辆的轮胎、燃料、润滑油、制动器、灯光装置、故障车警告标志牌、灭火器等装置,保证齐全有效。在高速公路上进行施工等作业时,作业单位应在距离作业地点的来车方向 1 000 m、500 m、300 m、100 m 处分别设置明显的警告标志牌,按国标规范高速公路施工标准设置 80 km/h、60 km/h、40 km/h 限速标志及三面 LED 导向箭头灯,并有专人维护交通。夜间作业人员必须穿着带有反光条的警示工作服,并在作业路段两端增设交通警戒人员。作业人员在作业范围以外行走时,应当避让正常行驶的车辆。

3. 机房作业

要按照机房管理要求严禁在机房内饮水、吸烟。按照指定地点设置材料区、工器具区、剩余料区。打膨胀螺栓孔、开凿墙洞应采取必要的防尘措施。机房设备扩容、改建工程项目需要动用正在运行设备缆线、模块、电源等设备时,须经机房值班人员或随工人员许可,并严格按照施工组织设计方案实施,本班施工结束后应检查动用设备运行是否正常,并及时清理现场。

4. 机械设施

在城镇和居民区施工使用发电机、空压机、吹缆机、电锤、电锯、破碎锤(炮)等有噪声污染扰民时,要采取防止和减轻噪声污染扰民措施,每日 22 时至次日 6 时禁止强噪声施工。需要夜间施工,应报请有关单位和部门同意或批准。

5. 交叉作业安全

施工现场有两个以上施工单位交叉作业时,要根据建设单位意见,签订《施工现场安全生产协议》,明确各方安全职责,对施工现场实行统一管理。

16.2.3 环境保护

施工作业应当按照规定采取预防扬尘、噪声、固体废物和废水等污染环境的有效措施。在城镇、居民区、道路两旁及人员稠密的地方开挖沟槽、杆洞、人井的土方应集中堆放，并采取覆盖措施；土方回填时要防止扬尘，必要时边洒水边回填。机房内施工打膨胀螺栓孔时，应制作防尘罩；开墙洞、地沟时，应做防尘隔离措施。施工现场垃圾包括包装箱（盒、纸）和塑料泡沫，应按指定地点堆放。严禁在施工现场焚烧施工垃圾。施工现场应按照国家标准《建筑施工厂界噪声限值》（GB—12523）制定降噪措施，夜间施工不得有强噪声，噪声扰民时应和建设单位一起到有关单位、部门提出申请，并做好周边居民和施工人员工作。施工现场、生活区应设置排水沟及沉淀池，不得将废水直接排入河流；食堂、盥洗室的下水管线应设置隔离网，并应与市政污水管线连接，保证排水畅通。现场存放的油料、油漆、化学溶剂等应设专门的库房，地面应进行防渗漏处理。废油漆、废机油应做回收处理或深层掩埋。施工现场的机械设备、车辆的尾气排放应符合国家环保排放标准。野外施工应注意植被和农作物的保护，不得随意践踏，开挖土方时，应尽量减少对植被和农作物的破坏。夜间施工应对施工照明器具种类严格控制，特别是在居民区内，应减少施工照明对居民的影响。

16.2.4 架空线路

1. 挖坑洞作业

在确定电杆和拉线坑洞的位置时，应避开煤气管、输水管、供热管、排污管、电力电缆、光（电）缆及其他通信线路等地下设施。在土质松软或流沙地质，打长方形或H杆洞有坍塌危险时要采取防护措施。

打石洞、土石方爆破注意事项。爆破要到当地公安部门办理手续。爆破必须由爆破专业部门进行，并对所有作业参与者进行爆破常识安全教育。打炮眼时，掌大锤的人一定要站在扶钢钎的人的左侧或右侧，严禁面对面操作；操作人员要用力均匀，注意节奏，禁止疲劳作业，以防发生意外。有条件可以采用机械动力工具打眼。装药严禁使用铁器，装置带雷管的药包要轻塞，不能重击，不能边打眼边装药。放炮前要明确规定警戒时间、范围和信号。人员及车辆必须躲避到安全地带后，方能起爆。用电雷管起爆，应设专用线路，起爆装置要由接线人员负责管理；用火雷管起爆，要使用燃烧速度相同的导火索。注意发现是否有哑炮。遇有哑炮，严禁掏挖或在原炮眼内重装炸药爆破，应指派熟悉爆破的人员按操作规范进行专门处理。哑炮未处理完，其他人员禁止进入该危险区。炮眼上方应盖以篱笆或树枝等物，防止起爆后石块飞起伤人损物。大、中型爆破，实施前应编制方案，报经上级管理部门批准。炸药、雷管要办理严格的领出退还手续，严密保管，严防被盗和藏匿。在市区内或者居民区及行人车辆繁华地带，禁止使用爆破方法。在建筑物、电力线、通信线以及其他设施附近，一般不得使用爆破法。

2. 立杆作业

严禁非作业人员进入施工现场。立杆前应认真观察地形及周围环境，根据所立电杆的粗细、长短和重量合理配备作业人员，明确分工，专人指挥。立杆用具必须齐全且牢固可靠；作业人员必须使用防护用品。人工运杆作业，电杆分屯点要设在不妨碍行人行车的位置；电杆堆放不宜过高，以防滚落。散开电杆应按顺序从高层向低层搬运，撬移杆时，下落方向禁止站人。从高处向低处移杆时用力不宜过猛，防止失控；使用"抱杆车"运杆，抱位要重心适中，防止向一头倾斜，推拉速度要均匀，转弯和下坡前要提前控制速度，防止失控发生冲撞事故，并注意行人、车辆与自身安全。使用"抱杆车"运杆，抱位要重心适中，防止向一头倾斜，推拉速度要均匀，转弯和下坡前要提前控制速度，防止失控发生冲撞事故，并注意行人、车辆与自身安全。在往水田、爬坡、上山搬运电杆要提前勘选路由，根据电杆重量和路险情况，备足牢靠用具和充足人员，要有专人观察指挥，防止抬杆人员脚踏深浅不一、陷入泥田、绊跌导致个别人不堪负荷而引起一系列危险反应发生事故。在无路可抬运的上山坡地段采用牵引方式时，绳索强度要足够牢靠，避免在石上摩擦发生断绳事故；要注意电杆的重心，避免侧倾；电杆下方向严禁站人，严防电杆坠落砸人事故发生。杆坑、马道必须符合规范标准，杆起上方无障碍物，地势应尽量平坦。

人工立杆应遵守：立杆前，应在杆梢适当的位置系好定位绳索。如作业区有砖头、石块等应预先清理。在杆根下落处坑洞内竖起挡杆板，使杆根抵住挡杆板，并由专人负责压控杆根。作业人员抬杆要步调一致，肩扛时使用同侧肩膀。杆立起至30°角时应使用杆叉（夹杠）、牵引绳；拉牵引绳用力要均匀，面对杆操作，保持平稳，严禁作业人员背向杆拉牵引绳；杆叉操作者两根用力要均衡，配合发挥杆叉支撑、夹拉作用，防止左右摇摆、前栽后仰倒杆，应使杆保持平稳。杆立起后应按要求迅速校正杆根杆梢位置角度，并及时回填土、夯实，夯实要用圆打、扁打专用工具。夯实后方能撤除杆叉及上杆摘除牵引绳。

使用吊车或立杆器立杆时，钢丝套应拴在电杆的适当位置，以防"打前沉"；吊车或立杆器位置应适当，并用绳索牵引方向，发现下沉或倾斜应暂停作业，调整后再继续作业；吊车臂下严禁站人；现场要有专人指挥；吊车操作人员必须是经过专门培训并取得"特殊工种操作证"的人员。

严禁在电力线路下（尤其是高压线路下）立杆作业，附近有电力线立杆应适当调移杆位；如果经测量计算存在吊线与高压输电线不够安全净距，要修改设计，必要时可改为地下通过。

在房屋附近进行立杆作业时，禁止非作业人员进入现场，立杆时防止触碰屋檐，以免砖、瓦、石块等下落伤人。

洞未回填夯实前，严禁上杆作业。

3. 拆换电杆和杆线作业

拆换电杆和杆线作业必须统一指挥，确保安全。拆除电杆，必须首先拆移杆上线条，再拆除拉线，最后才能拆除电杆。上杆拆除线缆和线担前，应先检查电杆根部是否牢固；如发现电杆腐朽存在断裂危险时，必须用临时拉线或杆叉支稳后方可上杆作业。拆除线缆时，必须自下而上、左右对称均衡松脱，并用绳索系牢慢慢放下，切勿将任何线条扣于身上，以免被线条拖跌；如发现电杆或杆路出现异常时，应立即下杆，采取措施后再恢复上杆作业。剪断吊线前，应将杆路上的吊线夹松开，防止张力过大引起倒杆。松脱剪断拆除，不得一次将一边的线缆全部松脱剪断。在拆除最后的线缆之前必须注意中间杆、终端杆本身有无变化。在路口和跨越电力线、公路、铁路、街道、河流等特殊地点时，应在本挡间实施采取绳索牵拉后方可剪断吊线，并设专人看守。拆除吊线时禁止抛甩，以免钢绞线卷缩伤人。线缆、钢线必须及时收盘，收线缆时，作业人员必须站在线缆盘侧，滚动线缆盘应用力均匀。不在原旧杆位更换电杆时，必须把新杆立好后，自新杆攀登上杆，并把新旧杆捆扎在一起，然后才能在旧杆上进行拆除移线和附属设备工作。更换电杆时，如利用旧杆挂设滑车，若吊立新杆，应先检查旧杆腐朽情况，必要时应设置临时拉线或支持物。放倒粗大旧杆时，应在新杆上挂设滑车。但如旧杆细小，亦可用绳索以一端系牢旧杆，另一端环绕新杆一整圈后，徐徐放松放倒；杆下禁止站人。使用吊车拔杆时，应先试拔，如有问题，应挖开检查有无横木或卡盘障碍，如有，应挖掘露出后再拔。作业范围内严禁非工作人员入场，起重臂下严禁站人。拆除作业必须检查场地环境，恢复路面，及时清理废线、铁件和挂钩等拆旧物品。

4. 安装和拆换拉线作业

新放拉线必须在布放吊线之前安装进行，拆除拉线前必须首先检查旧杆安全情况，按顺序拆除杆上原有的光（电）缆、吊线后进行。终端拉线用的钢绞线必须比吊线大一级，并保证拉距，地锚石与地锚杆要与钢绞线配套。地锚石埋深和地锚杆出土尺寸达到设计规范要求，严禁使用非配套的小于规定要求的小地锚或小地锚杆，严禁拉线坑不够深度或者将地锚杆锯短或弯盘。拉线坑必须在回填时夯实。更换拉线要将新拉线安装完毕，并在新拉线的拉力已将旧拉线张力松泄后再拆除旧拉线。在原拉线位或拉线位附近做新拉线时，要先制作临时拉线，防止挖新拉线坑时将原有拉线地锚挖出导致抗拉力不足使地锚移动发生倒杆事故。安装拉线应尽量避开有碍行人的地方，并安装拉线护套。以防止拉线拦兜行人、自行车等，防止机动车撞伤拉线造成倒杆等连锁反应事故发生。

5. 登高作业

从事登高作业的人员必须定期进行身体检查，患有心脏病、贫血、高血压、癫痫病、恐高症以及其他不适于高空作业的人员不得从事高空作业。登高作业人员必须持证上岗。上杆前必须认真检查杆根有无折断危险；如发现已折断、腐烂的不牢固的电杆，在未加固前，切勿攀登；电杆周围是沥青路面或因地面冻结无法检查杆根时，可用力推杆看其有无变化，同时应观察周围附近上空有无电力线、电力设备或其他影响上杆及杆上作业的障碍物等情况。上杆切忌穿硬底鞋，以防上杆打滑；上杆前仔细检查脚扣、安全带是否完好。上杆时应注意向上观察杆上安装物及树枝，防止头、肩部突然碰撞分线设备、接头盒、广告牌、吊线、电缆线担等物发生事故。到达杆上作业位置后，安全带应兜挂在距杆梢 50 cm 以下的位置。利用上杆钉上杆时，必须检查上杆钉装设是否牢固。如有断裂、脱出危险不准蹬踩。用上杆钉或脚扣上下杆时不准两人以上同时上下杆。利用上杆钉或脚扣在杆上作业时，必须使用安全带，并扣好安全带保险环方可开始作业。作业前应检测吊线是否带有强电。对杆上不明用途、性质的线条，一律视为电力线。杆上有人作业时，杆下不许站人；必要时在杆周围设置护栏。高处作业，所用材料应放置稳妥，所用工具应随手装入工具袋内，防止坠落伤人。上杆时除个人配备的工具外，不准携带笨重工具、材料。在杆上或建筑物上与地面上人员之间不得抛扔工具和材料，应用绳索传递。在杆下用紧线器拉紧全程吊线时，杆上不准有人，待紧妥后再上杆拧紧夹板、终结等作业。

使用吊板时应注意，吊板上的挂钩已磨损掉四分之一时就不能再使用，坐板及架应固定牢固。坐吊板时，必须辅扎安全带，并将安全带拢在吊线上。不许有两人以上同时在一档内坐吊板工作。在 2.0/7 以下的吊线上不准使用吊板（不包括 2.0/7）。在杆与墙壁之间或墙壁与墙壁之间的吊线上，不准使用吊板。坐吊板过吊线接头时，必须使用梯子，经过电杆时，必须使用脚扣或梯子，严禁爬抱而过。坐吊板时，人上身超过原吊线高度和下垂时下身低于原吊线高度，要防止碰触上下的电力线等障碍物，不可避免时改为使用梯子等方式，必须注意与电力线尤其是高压线的安全距离。坐吊板作业时，地面应有人进行滑动牵引或控制保护。有大风等危险情况时应停止使用吊板作业。在楼房上装机引线时，如窗外无走廊阳台，勿立或蹲在窗台上作业；如必须站在窗台上作业时，须扎绑安全带进行保护。遇上恶劣气候（如风力在六级以上）影响施工安全时，应停止高处作业；遇有雨雪天气，禁止上杆作业，雨后或冰霜上杆必须小心，以防滑下。上建筑物作业时，必须检查建筑物是否牢固，不牢固不许登踏。在房上作业时必须注意安全。在屋顶上行走时，瓦房走尖，平房走边，石棉瓦走钉，机制水泥瓦走脊，楼顶内走棱。要防止踏坏屋瓦发生坠落事故。在室内天花板上作业，必须用行灯，并注意天花板是否牢固可靠。升高或降低吊线时，必须使用紧线器，尤其在吊挡、顶挡杆操作必须稳妥牢靠，不许肩扛推拉，小对数电缆可以用梯子支撑，并注意周围电力线。接续架空电缆时，地下一定范围内禁止站人或行人。凡在吊线上作业时，不论是用坐板或竹梯，必须先检查吊线，可用绳索跨挂于吊线上，以人的重量加于绳上，先做试验，确保吊线在作业时不致中断，同时两端电杆不致倾斜倒杆，吊线卡担不致松脱时，方可进行作业。使用平台接续架空电缆时，必须仔细检查平台是否确实扣扎妥当，安全可靠。

6. 布放吊线及光（电）缆

布放无盘钢绞线必须使用放线盘，禁止无放线盘布放钢绞线，以防止产生背扣，紧线时崩断。人工布放钢绞线，在牵引前端应使用麻绳并保证麻绳干燥，防止钢绞线头反弹伤人或发生触电事故。布放钢绞线前，应对沿途跨越的供电线路、公路、铁路、街道、河流、树枝等调查统计，在布放时采取必要措施，安全通过，在树枝间穿过时，不要使树枝挡压、撑托钢绞线，保证吊线高度，防止崩弹现象发生。通过供电线路、公路、铁路、街道要注意计算保证设计规范高度，确定钢绞线在杆上固定位置。牵引通过公路、铁路、街道前必须进行警示警戒，防止钢绞线兜拦行人或行车。在跨越铁路地点作业前，必须调查该地点火车通过的时间及间隔，以确定安全作业时间。必要时请求有关单位或部门协助和配合。过路单挡作业安全措施：在有旧吊线的条件下，利用旧吊线多挂吊线滑轮的办法升高过公路、铁路、街道的钢绞线，以防止下垂拦挡行人及车辆；在新建杆路上跨越铁路、公路、街道时，采用单挡临时辅助吊线以挂高吊线防止下垂拦挡行人及车辆；在吊线紧好后用梯子拆除吊线滑轮和临时辅助吊线，同时注意警戒，保证安全。防止钢绞线在行进过程中兜磨建筑物，必要时采取垫物等措施。在牵引全程钢绞线余量时，用力及速度要均匀，采取措施防止钢绞线张力反弹，在杆间跳弹触及电力线。由有经验的作业人员收紧钢绞线，其他人员配合观察终端杆、角杆、拉线、中间杆及钢绞线情况。吊线垂度以达到规范垂度为宜，防止钢绞线张力超过允许范围引起钢绞线崩断及倒杆等一系列连锁事故发生。剪断钢绞线前，剪点两端先人工固定，剪断后缓松，防止钢绞线反弹伤人。向室内架设引入线时，须装妥引入支架后方可架设，并用力收紧，避免线条下垂妨碍交通。如跨过低压电力线之上，必须另有人用绝缘棒托住引入线，切勿搁在电力线上拖拉。在收紧拉线或吊线时，扳动紧线器以两人为限，操作时作业人员必须在紧线器后的左右侧。

在供电线及高压输电线附近作业注意事项。作业人员应了解供电线路的特点。高压输电线电杆较高，瓷瓶为针式绝缘子，为茶褐色，体积较大，高压架空线一般很少有分支线，并只有三根导线；低压输电线的瓷瓶为白色绝缘子，且体积较小，低压架空线一般由变压器低侧引出，分支或引向用户。导线为四根（380 V 三相加一根零线）或两根（220 V 火线加零线）。在电力线下或附近作业时，必须严防人员及设备与电力线接触，在高压线附近进行架线及做拉线等作业时,离开高压线最小空距应保证:35 kV 以下线路为 2.5 m;35 kV 以上线路为 4 m。在通信线路附近有其他线缆时,在没有辨明清楚该线缆使用性质前,一律按电力线处理,防止意外触电。在通过供电线路作业时,不得将供电线擅自剪断,应事先通知电力部门派人到现场停止送电,并经检查确实停电后,才能开始作业,但仍需佩戴绝缘手套、穿绝缘鞋及使用绝缘工具。在结束作业后方可恢复送电。停送电必须有专人值守,在开关处应悬挂停电标志,禁止擅自送电。在原有杆路作业,上杆前应用竹梯上去,用试电笔检查该电杆上附挂的线缆、电缆、吊线,确认没有带电后再上杆作业。如发现有电或作业中发现有电现象,应立即下杆,沿线检查与供电线路接触之处,并妥善处理。在三电(电灯、电车、电话)合用的水泥杆上作业时,必须注意电力线、电灯、接户线、电车馈电线、变压器及刀闸等电力设备保持一定的安全距离。如需在供电线(220 V、380 V)上方架线时,切不可用石头或工具等系于线的一端经供电线上面抛过,必须用"环系渡线法"牵引线条。其方法是在跨越两杆各装滑车一个,以干燥绳索做成环形(绳索距电力线至少 2 m),再将应挂线条缚于绳上,牵动绳环,将线条徐徐通过。在牵动线条时,切勿过松,避免下垂至触及电力线(应挂线条的杆档过大时,除将应挂线缚于绳环外,可在引渡时每隔相当距离用细绳在绳环上系一小绳圈,套入线条,以免线条下垂触碰电力线)。也可在跨越电力线处做安全保护架子,将电力线罩住,施工完毕后再拆除。作业中,放线车和吊线均应良好接地。如果是布放吊线,先跨越电力线的线条应做单挡临时辅助吊线,待吊线沿其通过并全程安装完毕后再稳妥拆除。遇有电力线在线杆顶上交越的特殊情况时,作业人员的头部不得超过杆顶。所用的工具与材料不得接触电力线及其附属设备。当通信线与电力线接触或电力线落在地上时,除指定专人采取措施排除事故外,其他人员必须立即停止一切有关作业,保护现场,禁止行人走入危险地带,不可用工具触动线条或电力线,并立即报告施工负责人设法解决。事故未排除前,不得恢复作业。在吊线周围 70 cm 以内有供电线(非高压线)时,不得使用吊板。在光(电)缆与电力电缆交叉平行埋设的地区进行施工时,必须反复核对位置,确定无误方可进行作业。采用机械挖沟必须保证距离,在接近电力线一定距离时,应采用人工开挖。

在有金属顶棚的建筑物上作业前,用试电笔检查确认无电方可作业,并接临时地线,作业完毕拆除。跨越高压电力线装拆线缆,必须事先与电力部门联系,停电后再进行作业,并设专人值守看闸刀。作业人员必须使用绝缘手套、绝缘鞋、绝缘工具。在高压线下穿线条时,应将线条采用绳索固定在线担上(不捆死),特别是在通信吊档放线或紧线时,防止线条跳起碰到高压线发生触电事故。在电力线下架设的吊线应及时按设计规定给予保护。

布放架空光(电)缆在通过电力线、铁路、公路、街道、树枝等特殊地段时,安全措施参照以上布放吊线相关内容要求。在跨越电力线、铁路、公路杆档挂光(电)缆挂钩和拆除吊线滑轮严禁使用吊线坐板方法。应采用梯子、绝缘棒推拉方法。光(电)缆在吊线挂钩前,一端应固定,另一端应将余量拽回,剪断前应先固定,防止剪断时因张力作用缆头脱落后杆间光(电)缆因重力作用溜跑而使吊线滑轮间余缆过多,垂度过大。在挂缆过程中,应注意杆间余缆的积累不宜过多,及时拽向一端并固定,防止余缆赶至跨越电力线、铁路、公路、街道等特殊杆档发生事故。

7. 过河飞线

在通航河流上架设飞线时,应在施工前先与航务管理部门进行联系,在施工地段内所有水上交通应暂时停驶,必要时登报公告,并请水上公安机关派专人至上下游配合施工,并以旗语、喇叭通知来往船只。架设过河飞线，宜在汛前水浅时施工；如在汛期内施工，须注意水位涨落或水流速度，避免发生危险。使用工具前，须详细检查与配置，注意绳、滑车、绞车等之粗细、大小、拉力、载重等是否满足需要、安全可靠。过河飞线应雇用轮船或汽艇作业，如无轮船或汽艇，为了不使线缆沉到河底，应雇用适当数量的木船。在水流湍急的河流架设飞线时，须配备救生设备。船上作业人员应站在线条张力的反侧，以免线缆收紧时被兜入水中。过冰封河流时，应试验冰的强度，保证作业安全。在改建过河飞线撤线时，应用大绳从线担上绕过，拴住紧线器尾巴，钳口夹住线条，杆下拉紧大绳，使终端松劲后再剪断，徐徐松绳使线条落地。雷雨、雾、雪、大风天气禁止过河飞线施工。

8. 桥梁体侧悬空作业

桥梁体侧施工首先应报交通管理部门批准，并按指定的位置进行打眼固定铁架、钢管、塑料管或光（电）缆；严禁擅自改变位置伤其桥体"钢筋"。桥梁体侧施工时，作业区周围必须设置安全警示标志，圈定作业区，并设专人看守，严禁非作业人员及车辆进入桥梁作业区。桥侧作业宜选用"特制随车作业平台"，以避免或减少拆装、人员上下，作业时轻松安全。如无"特制随车作业平台"，作业人员必须使用吊篮，吊篮各部件必须连接牢固；同时使用安全带。吊篮和安全带必须兜挂于牢靠处，并设专人监护；吊篮内的作业人员必须扣好安全带。工具及材料要装在工具袋内，用绳索吊上放下，严禁在吊篮内和桥上抛掷工具、材料。从桥上给桥侧传递大件材料（钢管）时，要有专人指挥，两点拴绳缓慢送下，待固定后再撤回绳索；防止材料倾斜滑落砸伤作业人员、吊篮、平台等。在桥侧钢管接力点拉送光（电）缆时，拉送幅度不宜过大，防止手随着线缆带入钢管。采用机械吊臂敷设线缆时，应先检查吊臂和作业人员使用的安全保护装置（吊挂椅、板、安全绳、安全带等）是否安全；作业人员在吊臂器中应系安全带，并与现场指挥人员采用对讲机联系。在水深浪急的桥侧作业，作业人员还应穿救生衣，桥上人员应穿道路施工专用服。作业车辆要设施工随时停车标志。

16.2.5 常见危险源

危险源是指可能导致伤害和疾病、财产损失、工作环境破坏或这几种情况组合的根源和状态。危险源类型按照《企业伤亡事故分类》GB 6441—80，划分为以下 16 类：物体打击、车辆伤亡、机械伤害、起重伤害、触电、淹溺、灼烫、火灾、高处坠落、坍塌、放炮、火药爆炸、化学性爆炸、物理性爆炸、中毒和窒息及其他伤害。

1. 线路工程施工常见危险源

1）路由复测

可能造成人体伤害的山路、河流、有毒植物、毒蛇、野兽等。

2）挖沟、洞

挖沟（通信管道沟、顶管）的爆破作业，可能造成塌方的松软土质，未设警示标志的沟坑；作业坑、打洞杆和拉线洞引起塌方造成的人身伤害，损坏直埋电力电缆，带电导线。

3）电杆工程

未立起的电杆，杆位附近的带强电的设施；新设、更换拉线的作业点附近带强电的设施，未加固好的绷紧的钢绞线；架设、接续架空光（电）缆的距离人体过近的强电导体，高处作业人员所使用的登高工具，坠落的重物；安装杆上设备可能断落的强电导体，高处的重物，高处作业人员所使用的登高工具；掉落在路上的吊线及光（电）缆。

4）管道和直埋工程

铺顶管的公路、铁路附近施工时行驶的车辆；敷设直埋光（电）缆可能使人体摔伤的山路及沟坎；清刷管道及铺放管道的落井的重物；敷设、接续管道光（电）缆的安全警示不清，井下废气，带强电导体，坠井重物，喷灯；市内车辆，重物（水泥管块）；高压空气。

5）敷设水底光（电）缆

敷设水底光缆有缺陷的潜水设备；安装局内光电缆；可能碰伤人体的物体。

6）埋设标石

重物（标石）的搬运。

7）电路割接

电路割接距离人体过近的带电导体，可能引起在用设备短路的导体。

8）安装终端设备及调测

重物（机架设备），距离人体过近的带强电导体；重物（仪表），带电导体。

9）特殊地区施工

特殊地区施工有高原、湿地沼泽和严寒地区等。

2. 通信工程常见的事故

触电、高处坠落、坍塌、物体打击、车辆交通事故、火灾、中毒、灼伤、通信阻断等。

第十七章 仪器与仪表

教学内容
1. 光时域反射仪的结构、原理
2. 光熔接机的结构、原理

技能要求
1. 掌握操作光时域反射仪
2. 掌握操作光纤熔接机

光缆线路施工和维护过程中要用到各种精密仪表，不但需要加强管理，更重要的是掌握正确的使用方法，使其在光缆线路施工、维护中发挥更大的效能。主要仪表如表 17-1 所示。本章介绍的仪表主要有光时域反射仪（OTDR）、光纤熔接机、光源、光功率计和光万用表。

表 17-1 主要仪表

序号	用途分类	典型仪表
1	光缆接续仪表	光纤熔接机
2	传输特性测试仪表	OTDR、光源、光功率计、光万用表、PMD 测试仪
3	电气特性测试仪表	高阻计、兆欧表
4	专用工具类仪表	光话机、光纤识别仪、红外光源
5	路由探测类仪表	光缆路由探测仪、光缆绝缘故障定位仪

17.1 光时域反射仪（OTDR）

17.1.1 OTDR 结构与原理

1. 光时域反射仪（OTDR）的工作原理

OTDR 的英文全称为 Optical Time Domain Reflectometer。OTDR 用到的光学理论主要

有瑞利散射（Rayleigh backscattering）和菲涅尔反射（Fresnel reflection），如图 17-1 所示。它被广泛应用于光缆线路的维护、施工之中，可进行光纤长度、光纤的传输衰减、接头衰减和故障定位等的测量。

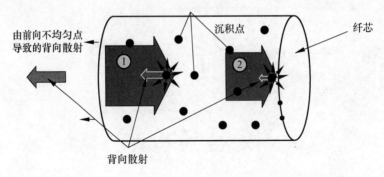

图 17-1　OTDR 散射

OTDR 测试是通过发射光脉冲到光纤内，然后在 OTDR 端口接收返回的信息来进行。当光脉冲在光纤内传输时，会由于光纤本身的性质，连接器，接合点，弯曲或其他类似的事件而产生散射、反射。其中一部分的散射和反射就会返回到 OTDR 中。返回的有用信息由 OTDR 的探测器来测量，它们就作为光纤内不同位置上的时间或曲线片段。依据从发射信号到返回信号所用的时间，再确定光在玻璃物质中的速度，就可以计算出距离。

注意：若光缆发生故障时，因设备还在发光，一般不要用 OTDR 测试，需要注意设备与 OTDR 发出的同样的光，有可能把设备或者 OTDR 毁坏，而要用光功率计测试。

（1）瑞利散射

当 OTDR 通过不均匀的沉积点时，它的一部分光功率会被散射到不同的方向上。向光源方向散射回来的部分叫作背向散射。由于散射损耗的原因，这一部分光脉冲强度会变得很弱，如图 17-1 所示，散射来自于沿着光纤纤芯分布的不均匀的沉积部分和杂质。

光纤在加热制造过程中，热骚动使原子产生压缩性的不均匀，造成材料密度不均匀，进一步造成折射率的不均匀。这种不均匀在冷却过程中固定下来，引起光的散射，称为瑞利散射。瑞利散射的能量大小与波长的四次方的倒数成正比。所以波长越短散射越强，波长越长散射越弱。

（2）菲涅尔反射

需要注意的是，能够产生后向瑞利散射的点遍布整段光纤，是一个连续的，而菲涅尔反射是离散的反射，它由光纤的个别点产生，能够产生反射的点大体包括光纤连接器（玻璃与空气的间隙）、阻断光纤的平滑镜截面、光纤的终点等。

如图 17-2 所示，仅仅发生于光纤的端面。光信号通过光纤的端面，类似于手电筒的光穿过玻璃窗，一部分光以入射时相同的角度反射回来。反射回来的光强可达入射光强度的 4%。

OTDR 类似于一个光雷达。它先对光纤发出一个测试激光脉冲，然后观察从光纤上各点返回（包括瑞利散射和菲涅尔反射）的激光的功率大小情况，这个过程重复地进行，然后将这些结果根据需要进行平均，并以轨迹图的形式显示出来，如图 17-3 所示，这个轨迹图就描述了整段光纤的情况。

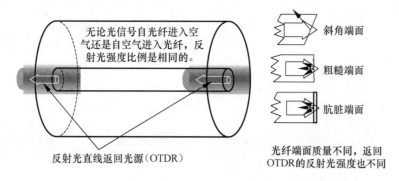

图 17-2 OTDR 反射

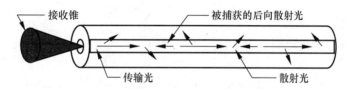

图 17-3 OTDR 的光在光纤传输

2．OTDR 的结构

光时域反射仪主要由激光器、探测器、控制系统、显示器、耦合器和分路器组成。如图 17-4、图 17-5 所示。

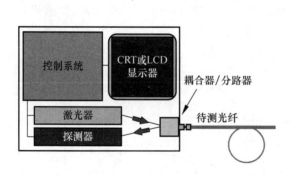

图 17-4 OTDR 的结构

图 17-5 OTDR

OTDR 先对光纤发出一个测试激光脉冲，然后观察从光纤上各点返回（包括瑞利散射和菲涅尔反射）激光的功率大小情况，这个过程重复地进行，然后将这些结果根据需要进行平均，并以轨迹图的形式显示出来，这个轨迹图就描述了整段光纤的情况。

OTDR 参数设置合理，OTDR 测试项目的精度越高。OTDR 主要参数设置如表 17-2 所示。

表 17-2 OTDR 参数设置一览

参数种类	设置参考值	关联测试结果
波长	一般常用 1 310 nm 或 1 550 nm，可根据要求选择	链路平均衰减长波长对光纤弯曲敏感
折射率	按已知设置，1 550 nm 可估设为 1.467 8，1 310 nm 可设为 1.467 0	影响测试长度精度
测试范围	按估测长度的 1.5 倍近似设置	窗口显示和分辨率

续表

参数种类	设置参考值	关联测试结果
脉宽	单盘100 ns，40 km以下推荐300 ns，50～80 km推荐500 ns，80 km以上推荐1 000 ns，可用反射峰的尖锐度来简单判断脉宽的设置合适情况，有时链路衰减过大可选用高一级脉宽	脉宽和动态范围成正比，和事件分辨率成反比
测量模式	一般设为平均，可观察曲线优化情况随时关闭激光器，或设定时间自动关闭	平均多用于分析，实时多用于监测瞬间状态变化
事件门限	非反射事件门限设为0dB或根据需要，反射门限根据需要	关系事件的统计显示

17.1.2 OTDR参数及曲线

1. OTDR的参数

（1）测试距离

确定从发射脉冲到接收到反射脉冲所用的时间，再确定光在光纤中的传播速度，就可以计算出距离：

$$d = (c \times t)/2(IOR) \tag{17-1}$$

其中，c为光在真空的速度；t为脉冲发射到接收的总体时间（双程）；IOR为光纤的折射率。

（2）脉冲宽度

脉冲宽度可以用时间表示，也可以用长度表示，很明显，在光功率大小恒定的情况下，脉冲宽度的大小直接影响着光的能量的大小，光脉冲越长光的能量就越大，传输距离越远。同时脉冲宽度的大小也直接影响着测试死区的大小（如图17-6所示），也就决定了两个可辨别事件之间的最短距离，即分辨率。显然，脉冲宽度越小，分辨率越高；脉冲宽度越大，分辨率越低。

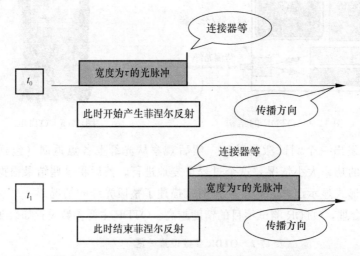

图17-6 脉冲

(3) 折射率

折射率就是待测光纤实际的折射率，这个数值由待测光纤的生产厂家提供，单模石英光纤的折射率在 1.4～1.6。越精确的折射率对提高测量距离的精度越有帮助。这个问题对配置光路由也有实际的指导意义。实际上，在配置光路由的时候应该选取折射率相同或相近的光纤进行配置，尽量减少不同折射率的光纤芯连接在一起形成一条非单一折射率的光路。

(4) 测试光波长

测试光波长指 OTDR 激光器发射的激光的波长，波长越短，瑞利散射的光功率就越强，在 OTDR 的接收段产生的轨迹图就越高，所以 1 310 nm 的脉冲产生的瑞利散射的轨迹图样就要比 1 550 nm 产生的图样要高。但是在长距离测试时，由于 1 310 nm 衰耗较大，激光器发出的激光脉冲在待测光纤的末端会变得很微弱，这样受噪声影响较大，形成的轨迹图就不理想，宜采用 1 550 nm 作为测试波长。在高波长区（1 500 nm 以上），瑞利散射会持续减少，但是一个红外线衰减（或吸收）就会产生，因此 1 550 nm 就是一个衰减最低的波长，因此适合长距离通信。所以在长距离测试的时候适合选取 1 550 nm 作为测试波长，而普通的短距离测试选取 1 310 nm 为宜，视具体情况而定。

(5) 平均值

为了在 OTDR 形成良好的显示图样，根据用户需要动态地或非动态地显示光纤状况而设定的参数。由于测试中受噪声的影响，光纤中某一点的瑞利散射功率是一个随机过程，要确定该点的一般情况，减少接收器固有的随机噪声的影响，需要求其在某一段测试时间的平均值。根据需要设定该值，如果要求实时掌握光纤的情况，那么就需要设定平均值时间为 0，而测量一条永久光路，则可以用无限时间。

(6) 动态范围

表示后向散射开始与噪声峰值间的功率损耗比。它决定了 OTDR 所能测得的最长光纤距离。如果 OTDR 的动态范围较小，而待测光纤具有较高的损耗，则远端可能会消失在噪声中。目前有两种定义动态范围的方法（如图 17-7 所示）：

① 峰值法：它测到噪声的峰值，当散射功率达到噪声峰值即认为不可见。

② $SNR=1$ 法：这里动态范围测到噪声的 rms 电平为止，对于同样性能的 OTDR 来讲，其指标高于峰值定义大约 2.0 dB。

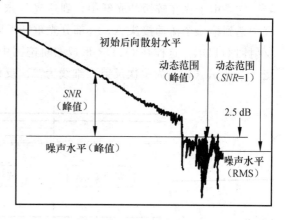

图 17-7　OTDR 动态范围

(7) 后向散射系数

如果连接的两条光纤的后向散射系数不同，就很有可能在 OTDR 上出现被测光纤是一个增益器的现象，这是由于连接点的后端散射系数大于前端散射系数，导致连接点后端反射回来的光功率反而高于前面反射回的光功率的缘故。遇到这种情况，建议大家用双向测试平均值的办法来对该光纤进行测量。

(8) 平均时间

由于后向散射光信号极其微弱，一般采用统计平均的方法来提高信噪比，平均时间越长,信噪比越高。例如,3 min 的获得将比 1 min 的获得提高 0.8 dB 的动态。但超过 10 min 的获取时间对信噪比的改善并不大。一般平均时间不超过 3 min。

(9) 死区

死区的产生是由于反射淹没散射并且使得接收器饱和引起,通常分为衰减死区和事件死区两种情况。

衰减死区:从反射点开始到接收点恢复到后向散射电平约 0.5 dB 范围内的这段距离。这是 OTDR 能够再次测试衰减和损耗的点。

事件死区:从 OTDR 接收到的反射点开始到 OTDR 恢复的最高反射点 1.5 dB 以下的这段距离,这里可以看到是否存在第二个反射点,但是不能测试衰减和损耗。如图 17-8 所示。

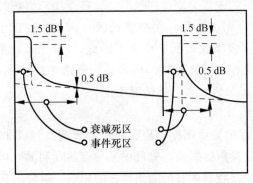

图 17-8 衰减死区

(10) 鬼影

它是由于光在较短的光纤中,到达光纤末端 B 产生反射,反射光功率仍然很强,在回程中遇到第一个活动接头 A,一部分光重新反射回 B,这部分光到达 B 点以后,在 B 点再次反射回 OTDR,这样在 OTDR 形成的轨迹图中会发现在噪声区域出现了一个反射现象。如图 17-9 所示(粗线为一次反射,细线为二次反射):

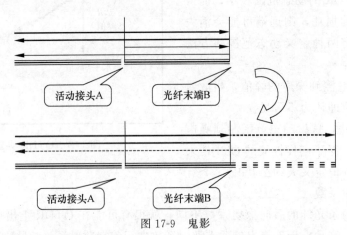

图 17-9 鬼影

2. OTDR 测试曲线

OTDR 横坐标是距离(长度 km),纵坐标是损耗(衰减 dB),OTDR 测试主要内容包括长度、衰减系数、平均损耗、总损耗、接头损耗、熔点损耗、任意两点的损耗及平均损耗、弯曲损耗、裂痕和故障点测试等。如图 17-10~图 17-12、表 17-3 所示。

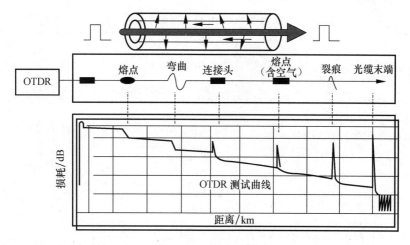

图 17-10　OTDR 曲线

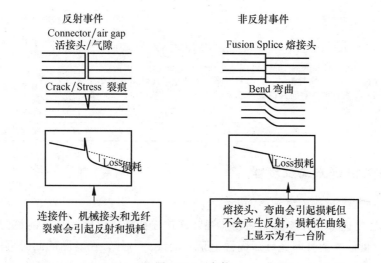

图 17-11　事件

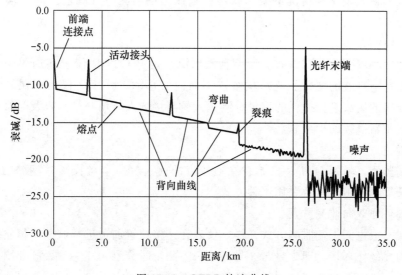

图 17-12　OTDR 轨迹曲线

表 17-3　OTDR 分析测试方法

分析内容	步骤及方法	注意事项
链路长度	将副标定在末端，局部放大，将光标移至反射峰突变起始根部，以屏幕显示两点间衰耗不为负值为准	以显示两点间衰耗不为负值为准
相对距离	两标分别定于起始事件和后一事件突变开始处根部，读出数值	可测试比较事件间距离
链路衰减	单盘或中间无事件点用 LSA 法（dB/km）；有事件点用两点法，两点间衰耗为 dB，两点间衰耗为 dB/km	定标应参考以上
非反射衰减	可在事件表中读出做参考，也可以用五点法准确测量。四个辅标的定点以前后两点中间无其他事件点为准	一般指固定连接衰耗
活动连接器衰减	一般用插损分析，手动可用两点法测试	
反射衰减（回损）	可在事件表中读出做参考，也可用三点法 A 标定在上升沿的 3/4（反射起始点与最高点之间距离）处，左边两点一点在根部，一点在平滑远点；另一点在 A 标右边上升沿顶部测量	用于对反射衰减有要求的链路测试
事件表	选择事件表显示即可	按需要设置门限
比较曲线	将当前曲线设为"空白"，再"试一条曲线或调出一条曲线即可"	多用于动态管理或现场判断非全阻障碍点
核对纤别	在 1 550 nm 波长实时测试，在待判链路中的某点对光纤做直径小于 30 mm 的微弯，曲线有明显的衰耗或反射变化，结束微弯可恢复，如此几次可判别	注意避免光纤损伤和保持联络及时
其他	纵向、横向平移曲线等	可观察起始端和直观打印

17.1.3　OTDR 测试方式及步骤

1. OTDR 仪监视和测量方式

采用 OTDR 仪进行光纤连接的现场监视和连接损耗测量评价，是目前最为有效的方式。这种方法直观、可信并能打印光纤后向散射信号曲线。另外，在监测的同时可以比较精确地测出由局内至各接头的光纤实际传输距离，这对今后维护中查找故障是十分必要的。

OTDR 仪监测根据工程情况的要求，可以采用远端监测、近端监测和远端环回监测等方式。

（1）远端监测方式

这是一种比较理想的监测方式。所谓远端监测，是将 OTDR 仪放在局内，被测光缆的全部光纤接上带连接器的尾纤。光纤接续点不断向前移动，OTDR 仪始终在局内做远端监视和对正在连接的接头进行损耗的测量，测量人员与接续人员用联络话机及时报出接头损耗值和发出是否重新接续的指令。

（2）近端监测方式

所谓近端监测，是指 OTDR 仪始终在连接点的前边（一个盘长），一般离熔接机 2 km 左右，目前长途干线施工多数采用这种方式。

（3）远端环回双向监测方式

这种方式一般也同近端监测方式一样，仪表在连接位置前边进行监测，但它的不同点是在始端将缆内光纤作环接，即 1 号与 2 号连接……测量时分别由 1 号、2 号纤测出接头的两个方向的损耗，当时算出其连接损耗，来确定是否需要重接。

这种监测方式，从理论上讲是科学的、合理的。目前由于光纤几何特性、光学参数等一致性较好，单向监测完全可以获得满意的效果。因此，一般可不采用远端环回双向监测方式。

2. OTDR 测试

(1) 光纤质量的简单判别

正常情况下，OTDR 测试的光线曲线主体（单盘或几盘光缆）斜率基本一致，若某一段斜率较大，则表明此段衰减较大；若曲线主体为不规则形状，斜率起伏较大，弯曲或呈弧状，则表明光纤质量严重劣化，不符合通信要求。

(2) 波长的选择和单双向测试

1 550 nm 波长测试距离更远，1 550 nm 比 1 310 nm 光纤对弯曲更敏感，1 550 nm 比 1 310 nm 单位长度衰减更小、1 310 nm 比 1 550 nm 测的熔接或连接器损耗更高。在实际的光缆维护工作中一般对两种波长都进行测试、比较。对于正增益现象和超过距离线路均须进行双向测试分析计算，才能获得良好的测试结论。

(3) 接头清洁

光纤活接头接入 OTDR 前，必须认真清洗，包括 OTDR 的输出接头和被测活接头，否则插入损耗太大、测量不可靠、曲线多噪声甚至使测量不能进行，它还可能损坏 OTDR。避免用酒精以外的其他清洗剂或折射率匹配液，因为它们可使光纤连接器内黏合剂溶解。

(4) 折射率与散射系数的校正

就光纤长度测量而言，折射系数每 0.01 的偏差会引起 7 m 之多的误差，对于较长的光线段，应采用光缆制造商提供的折射率值。

(5) 鬼影的识别与处理

在 OTDR 曲线上的尖峰有时是由于离入射端较近且强的反射引起的回音，这种尖峰被称为鬼影。

识别鬼影：曲线上鬼影处未引起明显损耗；沿曲线鬼影与始端的距离是强反射事件与始端距离的倍数，成对称状。消除鬼影：选择短脉冲宽度，在强反射前端（如 OTDR 输出端）中增加衰减。若引起鬼影的事件位于光纤终结，可"打小弯"以衰减反射回始端的光。

(6) 正增益现象处理

在 OTDR 曲线上可能会产生正增益的现象。正增益是由于在熔接点之后的光纤比熔接点之前的光纤产生更多的后向散光而形成的。事实上，光纤在这一熔接点上是熔接损耗的。常出现在不同模场直径或不同后向散射系数的光纤的熔接过程中，因此，需要在两个方向测量并对结果取平均作为该熔接损耗。在实际的光缆维护中，也可采用≤0.08 dB 即为合格的简单判断方法。

3. OTDR 测试步骤

① 打开 OTDR 电源。

② 连接光纤。使用酒精棉擦洗尾纤接头，连接好 OTDR 的法兰。

③ OTDR 参数设置。根据教师提供的数据（波长、折射率），设置 OTDR 的模式选择（模式）、波长、距离（先自动设置，根据距离设置）、脉冲、高分辨率和时间。

④ 启动。启动 OTDR 后，接头不能拔插，眼睛不能看光纤末端活接头。

⑤ 数据处理。根据不同的光缆，测试光缆长度、衰减系数、平均损耗、总损耗、任意

两点的损耗及衰减系数、活动接头损耗和熔点损耗等，记录测量数据并计算，为减少误差，要求双向测量。

⑥ 测试曲线的打印。将测试曲线打印出来，并对曲线进行数据分析，与自动测量进行比较。

17.2 光熔接机

国产光纤熔接机指的是进口品牌之外的、拥有自主知识产权的、中国本地企业生产的熔接机，目前，主要是以中国电子科技集团第四十一研究所的 AV 系列光纤熔接机为代表。国产光纤熔接机现在已经成为熔接机市场上的主力机型，它打破了进口品牌对中国光纤熔接机市场长达十余年的垄断，虽然在一些尖端技术方面还略有不足，但是因为强大的价格优势，所以国产光纤熔接机目前已经可以和进口品牌分庭抗礼了，市场占有率也在大幅度地攀升。

光纤熔接机产品很多，南京吉隆光纤通信股份有限公司的全自动、高性能 KL-300 系列型光纤熔接机很受用户欢迎。该机采用了高速图像处理技术和特殊的精密定位技术，可以使光纤熔接的全过程在 9 s 内自动完成。大屏幕 LCD 显示器使光纤熔接的各阶段一目了然。它外形小巧、重量轻，适合野外工作使用，而且操作简单，熔接速度快，熔接损耗小，特别适用于电信、广电、铁路、石化、电力、部队、公安等通信领域的光纤光缆工程和维护以及科研院所的教学与科研。

17.2.1 光纤熔接机结构

KL-300 系列熔接机是用芯径对准原理为熔接多种类型光纤而设计的，它外形小巧，重量很轻，很适合野外工作。而且操作简单，熔接速度快，熔接损耗小。

1. KL-300 结构

光纤熔接机主要由电源（蓄电池）、显示器、加热器、操作键盘、光纤熔接部件和转接接口等组成，如图 17-13 所示。主要有高清光学图像采集系统，透镜成像光纤对准系统和实时放电校正系统。

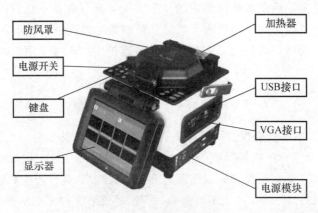

图 17-13 光纤熔接机

2. 适用范围

KL-300 熔接机可熔接单模和多模石英玻璃光纤。要求光纤外径 125 μm（标准），被覆层外径 0.2～1.5 mm；熔接机可使用光纤纤芯或包层对准方式，熔接损耗分 0.02 dB（同种单模光纤）和 0.01 dB（同种多模光纤）两种，熔接时间 9 s，加热时间 30～60 s（可设置）；熔接机供电有交流 100～240 V（电源适配器）和内置锂电池两种方式，25 W 功耗；外形尺寸为 150 mm(长)×150 mm(宽)×150 mm(高)，重量为 3.2 kg。

17.2.2 光纤熔接机工作原理

1. 光纤熔接机工作原理

光纤熔接机是结合了光学、电子技术和精密机械的高科技仪器设备。其原理是利用光学成像系统提取光纤图像在屏幕实时显示，并通过 CPU 对光纤图像进行计算分析给出相关数据和提示信息，然后控制光纤对准系统将两段光纤三维对准，两根电极棒释放瞬间高压（几千伏，不过是很短的瞬间），达到击穿空气的效果，击穿空气后会产生一个瞬间的电弧，电弧会产生高温，将已经对准的两条光纤的前端融化，由于光纤是二氧化硅材质，也就是通常说的玻璃（当然光纤的纯度高得多），很容易达到熔融状态，然后两条光纤稍微向前推进，于是两条光纤就粘在一起。获得低损耗、低反射、高机械强度以及长期稳定可靠的光纤熔接接头，最后给出精确损耗评估。

2. 熔接机按键说明（如表 17-4 所示）

表 17-4 熔接机按键说明

按键	待机状态	手动工作方式状态	自动工作方式状态	参数菜单状态
⏻	电源开关	电源开关	电源开关	电源开关
▲	增加显示器亮度	光纤向上运动	无效	参数量增加或移动光标
▼	降低显示器亮度	光纤向下运动	无效	参数量增加或移动光标
◀	无效	光纤向左运动	无效	参数量增加或移动光标/菜单界面切换
▶	打开帮助画面	光纤向右运动	无效	参数量增加或移动光标/菜单界面切换
菜单	进入熔接模式菜单	暂停时打开手动驱动电机功能	无效	选择→编辑熔接（加热）参数文件
↳	进入选择熔接参数文件菜单	进入选择参数文件菜单	无效	进入下一级菜单界面/修改量的确认
↰	无效	无效	无效	退出当前菜单画面
HEAT	加热器开关	加热器开关	加热器开关	加热器开关

续表

按键	待机状态	手动工作方式状态	自动工作方式状态	参数菜单状态
RESET	电机复位	电机复位	电机复位	无效
SET	开始熔接	继续推进/开始熔接	无效	无效
ABC	放电	放电	无效	无效
X/Y	切换 X/Y 显示画面	切换 X/Y 显示画面	切换 X/Y 显示画面	无效

17.2.3 熔接机使用

1. 连接电源

室内使用交流电工作，野外可使用蓄电池工作。采用交流供电时请务必使用 AC/DC 电源适配器供电。用户可以根据需要，选择熔接机内的锂电池组单独为熔接机供电。

如图 17-14 所示，充电时，充电工作指示灯（RED CHARGE）为红色；充电完毕，充电工作指示灯（GREEN FULL）变为绿色。关机状态下，充电时间最长 220 min，最短 40 min，因为熔接机内电池当前电量的高低决定充电时间的长短。在开机状态下充电时，充电时间较长。建议用户尽量在关机状态下对电池进行充电，因为这样会使充电时间缩短。

2. 开机和关机

开机：长按⏻键，待左操作面板上的 LED 指示灯由红色变为绿色后，松开⏻键。所有的马达回到初始位置的时候，熔接机会显示复位画面并自动识别当前电源模式。如图 17-15 所示。

图 17-14 交流供电

图 17-15 开机状态

关机：长按⏻键，待左操作面板上的 LED 指示灯由绿色变为红色后，松开⏻键，则熔接机关机。如图 17-16 所示。

显示器亮度的高低决定其耗电量的高低，当工作环境的外部采光不同时，为了方便对熔接机的操作，可以对显示器亮度进行调整，请在熔接机的"待机"操作界面里进行亮度调节。

3. 穿热缩管

按图 17-17 所示方式给光纤套装热缩管。

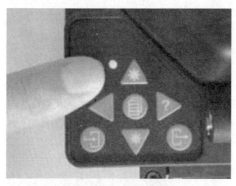

图 17-16　关机状态

图 17-17　光纤套装热缩管

4. 制备光纤端面

打开切割器的大、小压板，将装置刀片的滑块从后端推至面前的一端。

用剥纤钳剥除光纤被覆层，预留裸纤长度为 30～40 mm，用蘸酒精的脱脂棉或棉纸包住光纤，然后把裸纤擦干净。用脱脂棉或棉纸擦一次，不要用使用过的脱脂棉或棉纸去擦第二次（注意：请用纯度大于 99% 的酒精）。如图 17-18、图 17-19 所示。

5. 切割光纤

目测光纤被覆层边缘对准切割器标尺上的"16"刻度后，左手将光纤放入导向压槽内，要求裸光纤笔直地放在左、右橡胶垫上。右手分别合上小压板、大压板，然后推动切割器装置刀片的滑块至另一端，切断光纤。如图 17-20 所示。

图 17-18　剥纤（a）

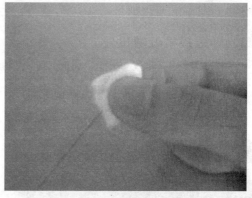

图 17-19　剥纤（b）

左手扶住切割器，右手打开大压板并取走光纤碎屑，放到收集废纤的固定容器中。用左手捏住光纤同时右手打开小压板，仔细移切好端面的光纤。

注意：整洁的光纤断面不要碰及它物。

6. 放置光纤

打开熔接机防风罩和左、右光纤压板。把切割端面良好的光纤水平地放置在左 V 形槽上，要求光纤的端面处于电极尖端和左 V 形槽边缘之间。如果光纤弯曲，放置光纤应使弯曲部分向上。为了保证光纤的熔接质量，请不要让光纤良好的端面碰及它物。

用手指捏住光纤，然后关闭左压板，压住光纤，确保光纤水平地放置在左 V 形槽的最底部。如图 17-21 所示。

注意：如果光纤放置不正确，请重新放置光纤；放置光纤时其端面不能触到 V 形槽。重复上面的步骤在右 V 形槽放置另一根光纤。关闭防风罩。

 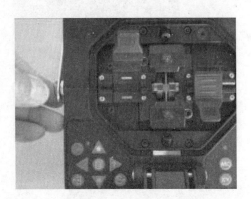

图 17-20　切割器的调整　　　　　图 17-21　放置光纤

7. 熔接及加热

固定显示器支架两端的铰链松动会使显示器角度无法定位，解决这个问题的办法是使用工具拧紧显示器两端铰链螺丝。

放置好光纤，选用自动模式，放好防风罩，熔接自动进行。根据显示屏观看熔接效果，熔接机自动给出熔接损耗值。

打开防风罩，一只手拿光纤，另一手抬起大压板，注意轻拿轻放，防止光纤断裂。打开加热器，熔接点在热缩管中间。先压左侧加热盖，在用手放右侧加热盖。按加热按钮，指示灯亮，1 分钟后，灯灭加热完成。

17.2.4　熔接机参数设置

在每个一级菜单下，按 ▲ 或 ▼ 键可以上下移动光标来选择将要进行操作的选项，并按 ↵ 键进入，依次按 ↵ 键即退至原操作界面。

"熔接模式菜单"包含与熔接操作密切相关的操作选项，它包含熔接操作过程中的重要参数和选项。本熔接机的熔接模式菜单包含以下选项：选择/编辑熔接模式、选择/编辑加热模式、放电校正、编辑熔接操作选项、存储菜单。如图 17-22 所示。

1. 熔接模式

在"熔接模式菜单"下按 ▲ ▼ 选择【选择/编辑熔接模式】，并按 ↵ 键进入，则"选择熔接参数文件"列表被显示。如图 17-23 所示。

本机熔接模式提供 Auto（自动）、Cali-

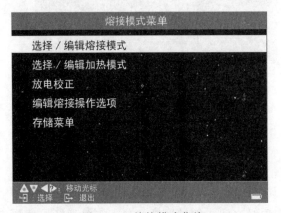

图 17-22　熔接模式菜单

brate（校准）、Normal（一般）、Special（特殊）四个选项，其中前三个为常用选项。对应不同光纤的熔接模式已被存储在数据库中。我们可以根据光纤类型的不同在数据库中选择相应的熔接方式，并复制到用户可以调用的熔接模式中。设置切割角度的极限值，当左右光纤中的任何一根的切割角度超过极限值时，屏幕上将显示一个超限报警的提示信息。当估算的熔接损耗超过设定的熔接损耗极限时，屏幕上将显示一个超限报警的提示信息。在 Auto/Calibrate 熔接模式下，放电强度被固定在 80 bits。在 Auto/Calibrate 熔接模式下，放电时间被固定不可修改。清洁放电是一个短时间的放电，用来清洁光纤表面的微小灰尘。改变此参数能改变清洁放电时间的长短。

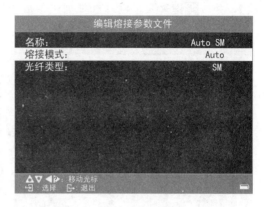

图 17-23　编辑熔接参数文件 1

"选择熔接参数文件"列表每项包含编号、文件名称、模式、光纤四个显示项。在"选择熔接参数文件"列表界面下，按▲▼选择光标至某编号熔接参数文件后，按 键，则进入"编辑熔接参数文件"菜单。如图 17-23 编辑熔接参数文件。

"编辑熔接参数文件"菜单下的第二个画面，如图 17-24 所示。

设置切割角度的极限值，当左右光纤中的任何一根的切割角度超过限定值时，屏幕上将显示一个提示超限的报警信息。如图 17-25 所示。当估算熔接损耗超过设定的熔接损耗限定值时，屏幕上将显示一个提示超限的报警信息。当两根光纤弯曲角度超过设定的弯曲角度极限时，屏幕上将显示一个提示超限的报警信息。

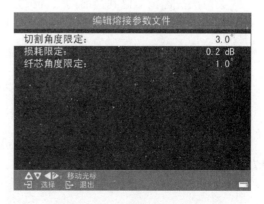

图 17-24　编辑熔接参数文件 2　　　　图 17-25　编辑熔接参数文件 3

清洁放电是一个短时间的放电，用来清洁光纤表面的微小灰尘。如图 17-26 所示。改变此参数能改变清洁放电时间的长短。光纤间隙设定用于设置在对准和预放电时,左右光纤端面的间距。熔接位置设定,把熔接场所的相对位置设置到电极的中央。不同类型的光纤有着不同的 MFD 值,我们可以通过把间距的位置移动到拥有较大 MFD 值的光纤一方来减小熔接损耗。

选择熔接损耗估算模式:"关闭""包层""精细估算"或者"纤芯"。当熔接的光纤为 SM 时一般选择"精细估算";当熔接的光纤为 MM 光纤时,应选择"包层"模式。

2. 加热模式

选择加热参数文件,在"熔接模式菜单"下按▲▼键,移动光标选择【选择/编辑加热模式】,并按 键进入,则"选择加热参数文件"列表被显示。如图 17-27 所示。

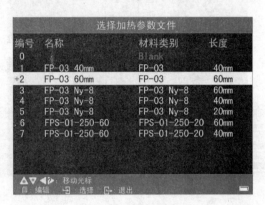

图 17-26　编辑熔接参数文件 4　　　　图 17-27　编辑加热参数文件

在"选择加热参数文件"列表界面下,用户按▲▼键移动光标选择"××"编号的加热参数文件,按 键,则进入"编辑加热参数文件"菜单。

按▲▼键移动光标选择待改选项。

按 键进入待改选项的"参数框",按▲▼键或◀▶键修改"参数框"里的参数或设置,连续两次按 键,则完成待选项进行参数的修改和设置编辑。

按 键退至"选择加热参数文件"界面下,光标选择"××"编号的加热参数文件,按 键,将"+"移动到该加热参数文件编号上,则这个加热参数文件被选择。

连续两次按 键即退到当前的【待机】操作界面状态下。熔接机当前将使用该"+"文件编号的加热参数文件(已编辑的)进行加热器工作。

17.3　其他光仪表

主要用于光纤通道总衰减的测试和一些光器件的功率、损耗值。图 17-28 是常用光源、光功率计的结构示意。

17.3.1　光源

1. 光源分类

光纤通信测量中使用的光源主要有稳定光源、白色光源(即宽谱线光源)和红外可见光源等三种。

2. 光源应用

稳定光源是测量光纤衰减、光纤连接损耗以及光器件的插入损耗等不可缺少的仪表。根据光源种类分为发光二极管 LED 式和激光二极管 LD 式两类。

白色光源是测量光纤、光器件等损耗波长特性用的最佳光源（如剪断法），通常卤钨灯作为发光器件。

可见光光源是测量简单的光纤近端断线障碍判断、微弯程度判断、光器件的损耗测量、端面检查、纤芯对准及数值孔径测量等，以氦—氖激光器作为发光器件。

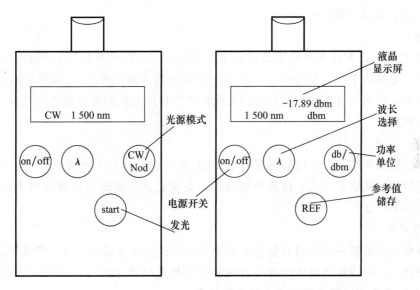

图 17-28 光源、光功率计面板前示意图

稳定光源的工作原理是发光器件加上功率、电压稳定控制电路等组成，发光二极管式稳定光源是采用温度补偿式稳定电路；激光二极管式稳定光源是采用自动温度控制（ATC）和自动功率控制（APC）电路。

17.3.2 光功率计

光功率计是用来测量光功率大小、线路损耗、系统富裕度及接收机灵敏度等的仪表，是光纤通信系统中最基本，也是最主要的入门测量仪表。

1. 光功率计分类

光功率计的种类可分为模拟显示性和数字显示型；根据可接收光功率大小不同，可分成高光平型（10～40 dBm）、中光平型（0～55 dBm）和低光平型（0～90 dBm）；按接收波长不同，可分为长波长型（1.0～1.7 μm）、短波长型（0.4～1.1 μm）和全波长型（0.7～1.6 μm）。

2. 光功率计结构

光功率计一般都由显示器和检测器两部分组成。如图 17-29 是一种典型的数字显示式光功率计的原理框图。

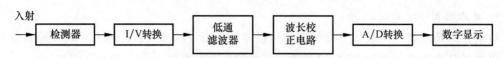

图 17-29 光功率计原理框图

3. 光源、光功率计测试链路损耗步骤

① 开机检查电源能量情况,并预热光源 5～10 分钟。

② 参数设置。

按需要设置光源如连续状态（CW）或调制状态（M）及频率、波长选择、功率单位（一般为 dBm），确认一致性。

③ 校表。

将两段（3M）已知标准尾纤用已知标准法兰盘连接,两端分别配套耦合入光源、功率计的连接口,记录功率值,连续耦合 3 次,作平均记为入射功率 P_1。如果需测试中继段光纤通道总衰减,即从光发送机光接口外到光收机光节口外之间的光纤通道总衰减。可以只用一段尾纤来测量。

④ 测量。

在需测链路的两端用上述已知尾纤通过 ODF 法兰盘耦合仪表和光缆终端,注意清擦连接部位,用简捷可靠联系方式,待读数稳定后,交流记录功率值为出射功率 P_2。链路衰减即为 $A(dB)=P_1-P_2$。

4. 注意事项

如果测量中出现某一链路与其他相同传输条件的链路功率相差过大,应重新清擦连接部位,仍出现相差,则应将链路光纤终端直接和仪表相连以排除法兰盘故障;如相差仍存在,就应用 OTDR 或其他仪器核实链路中的实际情况。

在测试光缆链路时最好是使用和网络设备相一致的光源进行测试。并且要注意待测光纤及连接器的型号匹配。

17.3.3 光万用表

光万用表是集成光功率检测模块和激光模块的多功能测试仪表。既可进行精确的光功率检测、存储及联机通信,又可提供高稳定激光光源。光万用表如图 17-30 所示。

1. 光万用表应功能

① 可以方便实现双向测试。

② 多功能选择。

③ 多种配套光耦合连接口。

近年来,光万用表已向集成化方向发展,其中有光源模块（可提供多波长稳定光源,包括 650 nm 红外可见光源）,光功率模块,光电话模块,有些还有光纤识别模块。

2. 光万用表的应用举例

(1) 光功率测

由于具有以上特点,可在两端通过一套仪表实现两套光源、

图 17-30 光万用表实物图

光功率计才能进行的双向测试。

(2) 红外可见光源

通过光泄漏可以实现光纤近端障碍点定位，活动连接器件质量判断，纤号识别（作微弯）。

(3) 光电话

可作为两点间临时通信方式，方便、节约、可靠。

(4) 光纤识别

通过使光纤发生微弯折射，来判别是否有光传输，进一步识别纤序，在光缆抢修、开天窗割接中可以实现选择性接续或断开。

17.3.4 直埋光缆故障探测仪表

直埋光缆对地绝缘故障是难以查定的，故障定位仪是解决这个难题的有力工具，既能对直埋光缆路进行定位，又能对光缆对地绝缘电阻为几个兆欧以内的故障进行定位。如图 17-31 所示。

如图 17-31 所示，是某种直埋光缆故障探测仪的外型，它由多频率信号源发射机和带 A 字形定位探测架的接收机组成。

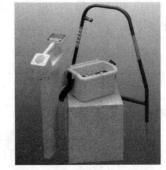

图 17-31　直埋光缆绝缘故障探测仪

1. 工作原理

发送机即信号发生器，当将信号发生器产生的直流高压脉冲送入被测光缆，通过绝缘不良点入地时，在入地点表面形成点电场，该点电场离故障点越近则场强越强。在探测架接收到的信号通过接收器取得障碍点前后的电位差，A 形架的两个探针标示颜色不同，例如当移动时绿色在前、红色在后时，如故障点在前方，则绿腿电位高，指针偏向绿区；若红腿侧的电位高，指针偏向红区，则表示已过障碍点，通过表头指针摆动的方向和变化，即可确定故障点所在。如果两个探针中间正好是故障点，则由于电位差为零，表针摆幅为零，指针在正中间位置，也可以通过声音的变化来判定。见图 17-32 信号变化示意。

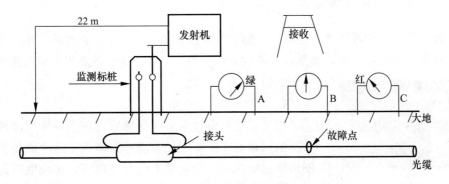

图 17-32　绝缘故障查找示意

2. 操作过程

① 将信号发生器"输出端"接在光缆金属护套监测缆端子上，信号发生器"接地端"

沿光缆线路路由的反方向接地。

② 选择合适的频率挡位。

③ 选择绝缘测量模式。

④ 打开"开关"放音。这时故障光缆上就有信号存在。

⑤ 将接收机电源打开。

⑥ 将接收机方式选择开关放于"故障"挡。

⑦ 将频率选择开关置于匹配挡位。

⑧ 将探测架插头插入连接插座。

⑨ 一手拿着接收机，一手拿着探测架，探测架绿腿在前，当沿光缆路由前进时，接收机能听到断续音频信号，走几步把探测架在光缆路由的地面上插一次，表针左右摆动无稳定状态，则说明无故障，继续前行。

⑩ 当逐渐接近故障点时表头摆幅逐渐加大，当表针由绿色区域突然转换成红色区域时表示已过故障点，再把探测架返回插一下，直到表针又指向绿色区域，这样往返数次直到探测架前后移动几厘米的距离，表头指针就从绿区偏向红区（或从红区偏向绿区），故障点就应在两探针正中间的地下。

3. 注意事项

① 接地线的放置应在尽量长一些。

② 某些铺塑料管的地方，容易造成假象，这时要仔细探测，反复比较，正确判断，才能减少挖点，提高工作效率。

③ 在雷雨多的地方，布放的排流线有一条的，也有两条的，这时接收器信号相对要有变化。由于排流线的存在，可以干扰测量的结果，表头指针有变化，这时要仔细比较、综合考虑，准确地判断故障点。

④ 当光缆很长时（3 km 以上），为了提高音频、信号强度，可以将对端接地，有利于查找故障点。

⑤ 当光缆线路路由上遇有盘留点时要注意，此时反映出的现象与故障点类似，就需要耐心细致地比较，在确认其他地方无故障点时再回到这里，将此处挖开查找。

17.3.5 光缆线路路由探测器

在直埋、管道光缆线路维护工作中，路由及埋深探测是一项十分重要的工作，无论是日常维护，还是一些技术维护，都要首先掌握光缆在地下位置。这时就要用光缆线路路由探测器。如图 17-33 所示。

图 17-33 光缆线路路由探测器实物图

1. 工作原理

当交变电流通过一直线导体时，在该导体周围便产生一个类似同轴的交流电磁场。将一线圈放于这个磁场中，在线圈内将感应产生一个同频率的交流电压，感应电压的大小决定于该线圈在磁场中的位置和方向。当磁力线方向与线圈轴向平行时，根据电磁感应原理，磁力线轴向穿过线圈，线圈感应的电压将最大（峰值）如图 17-34（a）所示；当线圈轴向与磁力线方向相垂直，无磁力线穿过线圈时,感应的电压最小(零值)如图 17-34(b)所示,由此可判断出线缆的位置。在实际工作中,由于比较直观、误差小,一般多采用零值法,峰值法可作对比用。

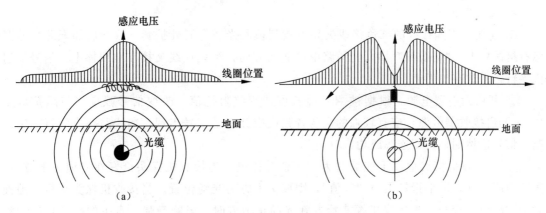

图 17-34 定位光缆位置接收信号分析
(a) 最大信号法(峰值法);(b) 最小信号法(零值法)

利用接收线圈的 45°法也可测出地下线缆的埋深(如图 17-35 所示):探头垂直地面时光缆位置产生的磁力线零点穿过线圈轴向,信号零值点即光缆位置,将探头和探杆(地面)成 45°角时,依据三角形的勾股定理,当移动至距位置点 $L=D$(埋深)使,又一磁力线零点穿过线圈轴向,信号出现零值点。

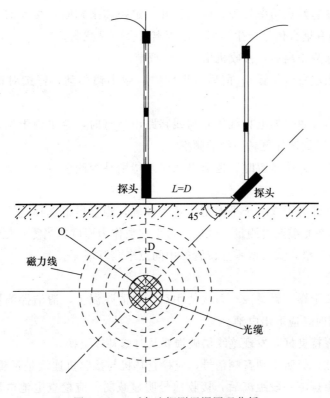

图 17-35 45°角法探测埋深原理分析

光缆线路路由探测器,由信号发射器和接收机两部分组成。信号发射器通过内部电路产生一定频率、功率的震荡信号，接收机通过线圈耦合信号处理以后转换成音频、指针或数字电平的形式来对比判断。

2. 操作步骤

① 连线：将连接线的红色接线夹妥善接到被测光缆金属外护套（或金属加强芯）监测标石接线柱上。"地线棒"插入光缆路由的侧面方向，黑色接线夹接在地线棒上。信号发射机平行路由放在地面上。

② 开启发射器电源，根据被测光缆长度，调整阻抗值，改变信号强度（与阻抗成正比），开启接收器电源，应有较强的震荡音频或指针电平信号出现，顺线路路由前行一定距离，信号依然明显，即连线成功。

③ 当接收机探头垂直于地面时为"零值"探测，当接收机探头恰好在光缆正上方时，声响急剧下降，电平指针指向"零值"，则探头下方为光缆位置。当接收机探头平行于地面时为"峰值"探测，当接收机探头恰好在光缆正上方时，声响最强、表头的指针指向"峰值"，则探头下方为光缆路由。

④ 测量光缆深度时，用45°法测定，先找出光缆位置并做上记号，将探头转到45°角的位置，再将探头与光缆路由走向成90°平移到光缆路由侧面，声音或数值最小时再做上记号，两点记号间的距离就是光缆的埋深。

3. 使用注意事项

① 连线时应确保连接线绝缘良好，连接点、接地点接触良好，并注意切勿接反。

② 一般由于在起始点功率较强，应该移开一定距离来判断连接和信号质量，在光缆路由的反侧近端也会有耦合信号产生，但一定距离后会明显减弱。

③ 经过一定探测距离后，接收机增益可以调节。

④ 探测时应在左右（位置）、前后（埋深时）做小幅移动，仔细对比找到信号的突变点，以减少误差。

⑤ 当有外部信号源（如电力线等）与线路路由平行时，会出现干扰。有些探测器会有不同频率的信号，尽量选择更高一级的频率。

⑥ 有同沟缆线或光缆盘留时，也会出现误差特别是探测埋深时。就要根据经验和资料或挖点来尽量排除。

⑦ 深度测定准确与否取决于平面定位是否准确，测量尽量选择直线段的中间，移动方向应垂直路由。可在光缆两边测量，选取两边平均数作为深度，当零点比较宽时，通过提高灵敏度可以使零点变窄，或可取零点位置的中间点来测算埋深。

4. 保养及维修

① 放置环境要干燥、无腐蚀。每次使用后，要清除泥土，清洁探测器；当信号发射器和接收机长期不用时，应取出电池。

② 连接线要保持良好，发现绝缘层破损要及时修补或更换。

③ 有指针变化，但听不到音频信号，应检查耳机与接收机连接是否插头完好。

④ 沿光缆路由探测一段距离后，接收信号明显减弱，应检查电池电压是否降低，或光缆中间是否跨越接头，光缆外护套是否有较大损伤点。

⑤ 由于使用多在野外，一人探测时，信号发射器应有专人看护或有稳妥锁固装置。

第四部分习题

一、填空题

1. 工程项目施工必须实行_____制度，接受交底的人员必须覆盖全体作业人员。
2. 在公路、高速公路、铁路、桥梁、通航的河道等特殊地段施工时必须设置有关部门规定的_____，必要时派专人警戒看守。
3. 从事_____作业的施工人员，必须正确使用安全带、安全帽。
4. 临时搭建的员工宿舍、办公室等设施严禁使用_____材料搭建临时设施。临时设施严禁靠近_____设施。
5. 严禁在有塌方、_____、_____危害的地方搭建住房或搭设帐篷。
6. 在江河、湖泊及水库等水面上作业时，必须携带必要的_____，作业人员必须穿好_____，听从统一指挥。
7. 驾驶员严禁_____驾驶、_____驾驶。严禁车辆客货混装或超员、超载。
8. 施工现场配备的消防器材必须完好无损且必须在_____内。
9. 在光（电）缆进线室、水线房、机房等处施工时，严禁_____。
10. 电缆等各种贯穿物穿越墙壁或楼板时，必须按要求用_____封堵洞口。
11. 机房失火时，严禁使用_____和_____灭火器灭火。
12. 伸缩梯伸缩长度严禁超过其规定值。在电力线、电力设备下方或危险范围内，严禁使用_____伸缩梯。
13. 配发的安全带必须符合国家标准，严禁用_____、_____等代替安全带（绳）。
14. 在易燃、易爆场所，必须使用_____用电工具。
15. 电焊时，必须穿电焊服装、戴电焊手套及电焊面罩，清除焊渣时必须戴_____。
16. 焊接带电的设备时必须先_____。焊接储存过易燃、易爆、有毒物质的容器或管道时，必须清洗干净，并将所有孔口打开。严禁在_____的容器或管道上施焊。
17. 严禁氧气瓶的瓶阀及其附件黏附油脂；手臂或手套上黏附油污后，严禁操作_____。
18. 施工车辆进入禁火区必须加装_____装置。
19. 严禁使用气压表指示不正常的氧气瓶。严禁氧气瓶内气体_____。
20. 氧气瓶必须_____存放和使用。
21. 乙炔瓶必须_____存放和使用。
22. 严禁使用_____、_____洗刷空气压缩机曲轴箱、滤清器或空气通路的零部件。
23. 严禁_____、_____储气罐。
24. 作业人员必须远离发电机排出的_____。
25. 严禁发电机的排气口直对_____物品。
26. 严禁在发电机周围_____或_____。
27. 严禁在_____环境下使用发电机。
28. 潜水泵必须装设_____和_____装置。

29. 检修或清洗搅拌机时,必须先切断_____,并把料斗固定好。进入滚筒内检查、清洗,必须设专人监护。

30. 使用砂轮切割机时,严禁在砂轮切割片_____面磨削。

31. 严禁用挖掘机_____器材。

32. 推土机在行驶和作业过程中严禁_____人。停车或坡道上熄火时,必须将刀铲_____。

33. 吊装物件时,严禁有人在_____停留或走动,严禁在_____站人,严禁用人在吊装物上配重、找平衡。

34. 严禁用吊车拖拉物件或车辆。严禁用吊车_____凝结在地面或设备上的物件。

35. 易燃、易爆的化学危险品和压缩可燃气体容器等必须按其性质_____放置并保持_____距离。

36. 易燃、易爆物必须远离_____和_____。

37. 严禁将_____存放在职工宿舍或办公室内。

38. 废弃的易燃、易爆化学危险物料必须按照相关部门的有关规定及时_____。

39. 在供电线路附近架空作业时,作业人员必须戴_____、绝缘手套,穿_____和使用绝缘工具。

40. 在原有杆路上作业,必须先用_____检查该电杆上附挂的线缆、吊线,确认没有带电后再作业。

41. 在高压线附近架空作业时,离开高压线最小距离必须保证:35 kV以下为_____m,35 kV以上为_____m。

42. 严禁在电力线路_____(尤其是高压线路下)立杆作业。

43. 在原拉线位置或附近安装新拉线时,必须先制作_____。

44. 使用脚扣登杆作业前应检查脚扣是否完好,严禁用_____或_____替代脚扣带。

45. 拆除吊线前,必须将杆路上的_____松开。拆除时,如遇角杆,操作人员必须站在电杆转向角的_____面。

46. 在吊线上布放光(电)缆作业前,必须检查_____,确保在作业时,吊线不致断裂,电杆不致倾斜,吊线卡担不致松脱。

47. 在跨越铁路、公路杆档安装光(电)缆挂钩和拆除吊线滑轮时严禁使用_____。

48. 在墙壁上及室内钻孔时,如遇与近距离电力线平行或穿越,必须先_____后_____。

49. 收紧墙壁光(电)缆吊线时,必须有专人扶梯且轻收慢紧,严禁_____而导致梯子侧滑摔落。

50. 跨越街巷、居民区院内通道地段时,严禁使用_____方式在墙壁间的吊线上作业。

51. 在桥梁侧体施工必须得到相关管理部门批准,并按指定的位置安装铁架、钢管、塑料管或光(电)缆。严禁擅自改变安装位置损伤桥体_____。

52. 上下人孔时必须使用_____。严禁把梯子搭在人孔内的线缆上。严禁踩踏_____或_____。

53. 进入地下室、管道人孔前，必须进行_____，确认无易燃、易爆、有毒、有害气体并通风后方可进入。

54. 在地下室、人孔作业时，必须保证地下室或人孔通风良好，必须进行气体监测，发现易燃、易爆或有毒、有害气体时，人员必须迅速撤离，严禁_____、_____，并立即采取有效措施，排除隐患。

55. 严禁将易燃、易爆物品带入地下室或人孔，严禁在地下室吸烟、生火取暖、点燃喷灯，地下室、人孔照明必须采用_____灯具。

56. 清刷管孔时，严禁_____或背对正在清刷的管孔；严禁用眼看、手伸进管孔内摸或_____穿管器到来的距离。

57. 在液压动力机附近，严禁使用_____的液体、气体。

58. 严禁在非气流敷设专用管内_____。

59. 施工人员和其他相关人员进入高速公路施工现场时，必须穿戴专用的_____。

60. 对地下管线进行开挖验证时，严禁损坏_____。

61. 严禁使用_____直接钎插探测地下输电线和光缆。

62. 在地下输电线路的地面或在高压输电线下测量时，严禁用_____标杆、塔尺。

63. 严禁_____、雾天、_____天气在高压输电线下作业。

64. 人工开挖土方或路面时，相邻作业人员间必须保持_____m以上间隔。严禁施工人员在沟坑内或隧道中_____。

65. 采用顶管预埋钢管或定向钻孔时，在顶管或定向钻孔前必须将顶管区域内其他地下设施的_____调查清楚，制定方案，保持安全距离，严禁盲目顶管或定向钻孔施工。

66. 严禁擅自_____运行设备电源开关。

67. 使用机房原有电源插座时必须核实_____容量。

68. 涉电作业必须使用_____良好的工具，并由专业人员操作。

69. 设备加电时，必须_____逐级加电，逐级测量。

70. 插拔机盘、模块时必须佩戴接地良好的_____。

71. 以塔基为圆心、塔高的_____倍为半径的范围，为施工区，应进行圈围，未经现场指挥人员同意，严禁非施工人员进入施工区。

72. 以塔基为圆心，塔高的20%为半径的范围为_____，在起吊和塔上有人作业时，严禁任何人进入施工禁区。

73. 经医生检查身体有病不适宜上塔的人员，严禁上塔作业。严禁_____上塔作业。

74. 各工序工作人员必须使用相应的劳动防护用品，严禁穿_____鞋、硬底鞋或_____上塔作业。

75. 塔上作业时，必须将安全带固定在铁塔的_____上。

76. 在地面起吊物体时，必须在物体稍离地面时对_____、_____、吊装固定方式等再做一次详细的安全检查。

二、判断题

1. 梯子上不得二人同时作业。（   ）
2. 通信工程施工现场须设立信号标志，白天用红旗，晚上用红灯。（   ）
3. 通信线路附近的其他线条，没有辨清性质前一律按电力线处理。（   ）

4. 房上作业行走时要遵循：瓦房走尖、平房走边、石棉瓦房走钉、机制水泥瓦房走脊、楼顶内走梭。（ ）

5. 如触电人呼吸、脉搏停止，仍然要对其进行人工呼吸救护。（ ）

6. 出入人孔时，必须使用梯子，严禁随意蹬踩电缆或电缆托架、托板等附属设备。（ ）

7. 梯子靠在吊线上，其顶端至少要高出吊线 30 cm（有挂钩的除外），不能大于梯子的 1/4。梯子上端拴牢，以防梯子滑动、摔倒。（ ）

8. 光从真空射入任何媒质时，入射角都大于折射角。（ ）

参 考 答 案

第一部分习题参考答案

一、填空题

1. 节点、传输链路、终端设备、传输系统、转接交换系统、业务网、信令网、同步网、电信管理网

2. 对绞式、星绞式、架空、管道、直埋、水底电缆

3. R、L、C、G、特性阻抗 Z_c、传输常数 γ

4. 芯线、芯线绝缘、缆芯扎带、包带层、对绞、星绞、对绞式、星绞式

5. 100、1‰、6 对、10 对、基本单位、子单位、50 对超单位、100 对超单位、普通色谱、全色谱

6. 白、红、黑、黄、紫、a、蓝、橘、绿、棕、灰、b、25

7. 顺时针、A、B、红、局方、绿、用户

8. 蓝、橘、绿、棕、灰、白、红、黑、黄、紫、玫瑰（粉红）、天蓝

9. $3×10^8$ m/s   10. 纤芯、包层、涂覆层   11. 光纤、加强件、绷带、外护层

二、判断题

1. √   2. √   3. √   4. √   5. √   6. ×

三、选择题

1. ABCD   2. C   3. ABCD   4. B

四、简答题

1. 从市话交换局的总配线架纵列起，经过电缆进线室、管道（或电缆通道）、交接设备、引上电缆、分线设备、引入线或经过楼内暗配线至用户话机的线路。

2. ① HYA—2400×2×0.4 表示：铜芯、实芯聚烯烃绝缘、涂塑铝带黏结屏蔽护套，容量 2 400 对、对绞式、线径 0.4 mm 市内通信电缆。

② 第 12 个超单位，超单位扎带颜色为红色；第 45 个基本单位，基本单位扎带颜色为紫/蓝；线对颜色为黑/蓝

③ 有 6 对备用线

线序	1	2	3	4	5	6
色谱（a/b 线）	白/红	白/黑	白/黄	白/紫	红/黑	红/黄

④ 模块 96 个，扣式接线子 12 个

第二部分习题参考答案

一、填空题

1. 人孔、手孔、管路，120～150 m，隧道、管道、渠道，高大于宽，但高度不宜超过

宽度的一倍，正方形、人字坡、一字坡、斜坡度，36 m、先下后上、先两侧后中央。 2. 等径杆 3. 2%、4% 4. 多局制 5. 放坡（一侧）的宽度 6. 上部拉线、地锚拉线 7. 另缠法、加板法、U形抱箍法 8. 60 cm、30 cm 9. 10～15 10. 防雷、防静电、接地 11. 直击雷、感应雷、球形雷 12. 泄漏、中和、屏蔽 13. 50 cm 14. 1

15. 集中牵引、分散牵引、中间辅助牵引

二、判断题

1. × 2. × 3. √ 4. √ 5. √ 6. × 7. √ 8. × 9. √ 10. √

三、选择题

1. A 2. A 3. B 4. A 5. C 6. B

四、简答题

1. 常用吊线的形式大致分为三种 7/2.2、7/2.6、7/3.0 的镀锌钢纹线。

2. 合理选用管孔有利于穿放电缆和维护工作，选用管孔时总的原则是按先下后上、先两边后中央的顺序安排使用，大多数电缆和长途电缆一般应敷设在靠下和靠侧壁的管孔，管孔必须对应使用。

3. 中间杆，直线杆路中的电杆。角杆杆路转角处的电杆。终端杆杆路终端处的电杆（包括分线杆）。

第三部分习题参考答案

一、填空题

1. 由远到近、从小到大，扣式接线子，模块式接线子，1.5

2. 扣身、扣帽、"U"形卡接片、压接钳、300、底板、主板、盖板、金黄色、乳白色、局方、用户、接线架、压接器

3. 电缆配线、直接配线、复接配线、自由配线、交接配线

4. 日常巡查、障碍查修、定期维修、障碍抢修、防雷击、防强电、防腐蚀

5. 交接箱 6. 障碍性质诊断、障碍测距、障碍定点 7. 短接 8. 倍率盘数值

9. 1 km。 10. 白绿、绿、白橘、蓝、白橘、橘、棕；白橘、橘、白绿、蓝、白蓝、绿、白棕、棕 11. −10 12. 15、20 13. OTDR 14. 人工敷设法、机动车牵引法 15. 2 km 16. 中继段；A端至B端 17. 2

18. FC 19. 10 20. 100 21. 距离 22. 1 310 nm、1 550 nm 23. OLT（光线路终端）；ONU（光网络单元） 24. 光线路终端（OLT）；光分配网（ODN） 25. 广播；TDMA（时分多址复用） 26. 1 490nm；1 310 nm 27. 直通线；交叉线

二、判断题

1. √ 2. √ 3. √ 4. √ 5. √ 6. √ 7. √ 8. √ 9. √ 10. √

三、选择题

1. D 2. C 3. A 4. A 5. C 6. C 7. A 8. C 9. D 10. D

四、简答题

1. HJKT 市话通信电缆用填充式、扣式接线子；HJM 市话通信电缆用模块式接线子。

2. (1) $-24\text{ dBm} - 20 \times 0.5\text{ dB} = -34\text{ dBm}$；(2) 能（$-34\text{ dBm} > -40\text{ dBm}$）。

3. (1) 混线：同一线对的芯线与绝缘层脱离为自混，与其相邻线对间失去绝缘层相碰

为它混。

(2) 地气：电缆线失去绝缘层碰触屏蔽层。

(3) 断线：电缆芯线一根或数根断开。

(4) 绝缘不良：绝缘物受到水和潮气侵袭，绝缘电阻下降，电流外溢。

(5) 串、杂音：在一对芯线上听到另外用户通话声音为串音，受话器试听听到"嗡嗡"或"咯咯"的声音为杂音。

第四部分习题参考答案

一、填空题

1．安全技术交底 2．警示标志 3．高处 4．易燃；电力 5．山洪；泥石流 6．救生用具；救生衣 7．酒后；无证 8 有效期 9．烟火 10．防火封堵材料 11．水；泡沫 12．金属 13．一般绳索；电线 14．防爆式 15．防护眼镜 16．断电；带压力 17．氧气瓶 18．排气管防火 19．用尽 20．直立 21．直立 22．汽油；煤油 23．暴晒、烧烤 24．热废气 25．易燃 26．吸烟；使用明火 27．密闭 28．保护接地；漏电保护 29．电源 30．侧 31．运输 32．上下；落地 33．吊臂下；吊具上或被吊物上 34．吊拉 35．分类；安全 36．火源；高温 37．危险品 38．清除 39．安全帽；绝缘鞋 40．试电笔 41．2.5；4 42．正下方 43．临时拉线 44．电话线；其他绳索 45．吊线夹板；背 46．吊线强度 47．吊板 48．停电；作业 49．突然用力 50．吊线坐板 51．主钢筋 52．梯子；线缆；线缆托架 53．气体检测 54．开关电器；动用明火 55．防爆 56．面对；耳听判断 57．可燃性 58．吹缆 59．交通警示服装 60．管线 61．金属杆 62．金属 63．雨天；雷电 64．2；休息 65．具体位置 66．关断 67．电源 68．绝缘 69．自上而下 70．防静电手环 71．1.05 72．施工禁区 73．酒后 74．拖；赤脚 75．主体结构 76．钢丝绳；吊钩

二、判断题

1．√ 2．× 3．√ 4．√ 5．√ 6．√ 7．√ 8．√

参 考 文 献

[1] 叶柏林. 通信线路实训教程 [M]. 北京：人民邮电出版社，2006.
[2] 张宝富，赵继勇，周华. 光缆网工程设计与管理 [M]. 北京：国防工业出版社，2009.
[3] 刘强，段景汉. 通信光缆线路工程与维护 [M]. 西安：西安电子科技大学出版社，2003.
[4] 陈昌海. 通信电缆线路 [M]. 北京：人民邮电出版社，2005.
[5] 孙青华. 光缆电缆线务工程 [M]. 北京：人民邮电出版社，2011.
[6] 李立高. 通信光缆工程 [M]. 北京：人民邮电出版社，2009.
[7] 赵梓森. 光纤通信工程 [M]. 北京：人民邮电出版社，1994.
[8] 张引发，王宏科，邓小鹏. 光缆线路工程设计、施工与维护（第 2 版）[M]. 北京：电子工业出版社，2007.
[9] 信息产业部通信行业职业技能鉴定指导中心. 线务员. 2000.
[10] 信息产业部电信传输研究所. 通信技术标准汇编（通信电缆卷）YD—T322—1996.
[11] [美] Joseph C. Palais. 光纤通信（第 5 版）[M]. 北京：电子工业出版社，2006.
[12] 罗建标，陈岳武. 通信线路工程设计、施工与维护 [M]. 北京：人民邮电出版社，2012.
[13] 中华人民共和国工业和信息化部. 中华人民共和国通信行业标准 YD5102—2009. 通信线路工程设计规范. 2009.
[14] 中华人民共和国工业和信息化部. 中华人民共和国通信行业标准 YD5201－2011. 通信建设工程安全生产操作规范. 2011.
[15] 通信线路施工与运行维护专项技术培训讲义.
[16] 中国联通《线务员》教材. 2012.

线务工程工单

班 级：_____
学 号：_____
姓 名：_____
教 师：_____

工单 1-1 通信工程认识

任务名称	通信工程认识	学 时	
班 级		组 别	
项目成员			
任务描述	以通信网络、结构和传输介质认识为任务,采用行动导向法按照咨询、决策、计划、实施、检查、评估的过程完成对通信工程的认识。		
任务目标	能识别长途、FTHH通信网络、结构和传输介质; 能通过团队合作识别电缆工程、光缆工程网络、设备、仪器仪表及耗材。		
任务过程	咨 询	教材、课程资源库(云平台)、网络	
	决 策		
	计 划		
	实 施	1. 如果使用固定电话通信,从北京到上海的通信信号经过的设备有哪些? 画出固定电话系统框图,标明设备名称、线缆类型、业务类型、机柜类型及传输方向等信息。 2. 光端机和交换机的输入线及输出线有哪些?传输什么信号?两种设备的更替和技术发展有哪些变化? 3. 实施。	

续表

任务过程	检查	施工或现场照片及检查						
	评估	考评项目		组内贡献（组长）0～120%				教师考核
		综合素质考核（20）	6S管理（10）					
			团队合作（10）					
		实操考核（80）（个人分值＝教师考核×组内贡献）	仪器仪表使用（20）					
			方案设计（20）					
			实施过程（20）					
			任务质量（20）					
			附加分（0～5）					

项目组长签名		业主（教师）签名	
日期		日期	

2

工单 1-2 通信工程基础建设

任务名称	通信工程基础建设（管道、杆路）	学　时	
班　级		组　别	
项目成员			
任务描述	以管道工程和杆路工程基础建设为任务，分组参观线务工程实训基地或通信工程线路，采用行动导向法按照咨询、决策、计划、实施、检查、评估的过程了解工程基础施工过程及其功能。分组制作 PPT 并汇报。		
任务目标	能掌握管道工程、杆路工程施工过程（步骤）； 能通过团队合作识别管道工程、杆路工程的组成及功能。		
任务过程	咨　询	教材、课程资源库（云平台）、网络		
	决　策			
	计　划			
	实　施	1. 管道工程 1）组成及功能 2）施工过程（步骤） 2. 杆路工程 1）组成及功能 2）施工过程（步骤）		

续表

任务过程	检查	1. 工程基础建设课件及汇报						
		2. 施工或现场照片						
	评估	考评项目		组内贡献（组长）0～120%				教师考核
		综合素质考核（20）	6S管理（10）					
			团队合作（10）					
		实操考核（80）（个人分值＝教师考核×组内贡献）	仪器仪表使用（20）					
			方案设计（20）					
			实施过程（20）					
			任务质量（20）					
			附加分（0～5）					

项目组长签名		业主（教师）签名		
日期		日期		

工单 2-1 电缆识别

任务名称		电缆识别	学 时	
班 级			组 别	
项目成员				
任务描述		以识别电缆HYA100＊2＊0.4和HYA20＊2＊0.4为任务，分组采用行动导向法按照咨询、决策、计划、实施、检查、评估的过程务完成电缆识别。		
任务目标		能掌握电缆结构、分类、型号、色谱和端别的原理； 能通过团队合作识别电缆型号、开拨电缆、编序。		
任务过程	咨 询	教材、课程资源库（云平台）、网络		
	决 策			
	计 划			
	实 施	1. 根据电缆的厂家说明书、电缆盘标记或电缆外护层上的白色印记识别，写在实训报告上，并说明其含义（例如型号、容量、长度、时间等内容） 2. 电缆开拨及线缆编序（施工或现场照片放在任务检查里面） 3. 判断电缆端别（描述方法、画出判断电缆的界面） 　　　　　A端　　　　　　　　B端		

续表

任务过程	检查	1. 假定由100对超单位绞制成 2 400×2×0.4 对缆芯的全塑市内通信电缆,说明1111 对线在哪个超单位和基本单位,基本扎带、超单位扎带和线对颜色分别是什么?备用线对有多少?备用线对的色谱分别是什么?电缆实际容量是多少? 2. 施工或现场照片							
	评估	考评项目		组内贡献（组长）0～120％					教师考核
		综合素质考核（20）	6S管理（10）						
			团队合作（10）						
		实操考核（80） （个人分值＝教师考核×组内贡献）	仪器仪表使用（20）						
			方案设计（20）						
			实施过程（20）						
			任务质量（20）						
			附加分（0～5）						

项目组长签名		业主（教师）签名	
日期		日期	

工单 2-2 架空电缆敷设

任务名称	架空电缆敷设		学 时	
班 级			组 别	
项目成员				
任务描述	以架空杆路电缆敷设为任务，分组采用行动导向法按照咨询、决策、计划、实施、检查、评估的过程完成架空电缆敷设。			
任务目标	能掌握通信线路架空敷设的方法； 能通过团队合作完成电缆架空敷设。			
任务过程	咨 询	教材、课程资源库（云平台）、网络		
	决 策			
	计 划			
	实 施	1. 通信架空工程全套施工流程 2. 架空电缆布放的全套施工流程		

续表

任务过程	检查	1. 架空杆路施工与敷设标准及规范							
^	^	2. 施工或现场照片							
^	评估	考评项目		组内贡献（组长）0～120%					教师考核
^	^	^	^						
^	^	综合素质考核（20）	6S管理（10）						
^	^	^	团队合作（10）						
^	^	实操考核（80）（个人分值＝教师考核×组内贡献）	仪器仪表使用（20）						
^	^	^	方案设计（20）						
^	^	^	实施过程（20）						
^	^	^	任务质量（20）						
^	^	^	附加分（0～5）						

项目组长签名		业主（教师）签名	
日期		日期	

工单 2-3　电缆扣式接续及分线盒制作

任务名称	电缆扣式接续及分线盒制作	学　时	
班　级		组　别	
项目成员			
任务描述	以 20 对电缆接续和分线盒为任务，分组采用行动导向法按照咨询、决策、计划、实施、检查、评估的过程完成电缆接续。		
任务目标	能掌握电缆接续和分线盒制作方法； 能通过团队合作完成电缆扣式接续和分线盒制作。		
任务过程	咨　询	教材、课程资源库（云平台）、网络	
	决　策		
	计　划		
	实　施	1. 电缆接续 2. 分线盒制作 3. 封装	

续表

任务过程	检 查	1. 万用表测试							
^	^	2. 施工或现场照片							
^	评 估	考评项目		组内贡献（组长）0~120%						教师考核
^	^	综合素质考核（20）	6S管理（10）							
^	^	^	团队合作（10）							
^	^	实操考核（80）（个人分值＝教师考核×组内贡献）	仪器仪表使用（20）							
^	^	^	方案设计（20）							
^	^	^	实施过程（20）							
^	^	^	任务质量（20）							
^	^	^	附加分（0~5）							
项目组长签名			业主（教师）签名						
日期			日期						

工单 2-4 电缆模块接续

任务名称		电缆模块接续		学　时	
班　级				组　别	
项目成员					
任务描述		以大对数电缆（300 对以上，可以以 100 对电缆代替）模块接续为任务，分组采用行动导向法按照咨询、决策、计划、实施、检查、评估的过程完成电缆模块接续。			
任务目标		能掌握电缆模块接续方法； 能通过团队合作完成电缆模块接续。			
任务过程	咨　询	教材、课程资源库（云平台）、网络			
	决　策				
	计　划				
	实　施	1. 电缆模块接续 2. 封装			

续表

任务过程	检查	1. 万用表测试 2. 施工或现场照片							
	评估	考评项目		组内贡献（组长）0~120%					教师考核
		综合素质考核（20）	6S管理（10）						
			团队合作（10）						
		实操考核（80）（个人分值＝教师考核×组内贡献）	仪器仪表使用（20）						
			方案设计（20）						
			实施过程（20）						
			任务质量（20）						
			附加分（0~5）						

项目组长签名			业主（教师）签名		
日期			日期		

工单 2-5 电缆 MDF（卡接与成端）

任务名称	电缆 MDF（卡接与成端）	学　时	
班　级		组　别	
项目成员			
任务描述	以电缆卡接与成端为任务，分组采用行动导向法按照咨询、决策、计划、实施、检查、评估的过程完成电缆卡接与成端。		
任务目标	能掌握电缆卡接与成端方法，掌握 MDF 结构； 能通过团队合作完成电缆卡接与成端。		
任务过程	咨　询	教材、课程资源库（云平台）、网络	
	决　策		
	计　划		
	实　施	1. 内线模块 2. 外线模块 3. 跳线卡接	

续表

				组内贡献（组长）0~120%					教师考核
任务过程	检 查	1. 万用表测试							
		2. 施工或现场照片							
	评 估	考评项目							
		综合素质考核（20）	6S管理（10）						
			团队合作（10）						
		实操考核（80）（个人分值＝教师考核×组内贡献）	仪器仪表使用（20）						
			方案设计（20）						
			实施过程（20）						
			任务质量（20）						
			附加分（0~5）						
项目组长签名				业主（教师）签名					
日期				日期					

工单 2-6 电缆工程

任务名称		电缆工程	学 时	
班 级			组 别	
项目成员				
任务描述		以电缆工程（用户电话安装）为任务，分组采用行动导向法按照咨询、决策、计划、实施、检查、评估的过程完成电缆工程（敷设、接续、成端、测试）。		
任务目标		能掌握电缆工程框图及各项任务； 能通过团队合作完成电缆工程施工。		
任务过程	咨 询	教材、课程资源库（云平台）、网络		
	决 策			
	计 划			
	实 施	1. 交接箱配置 2. 电缆接续、MDF、分线盒 3. 跳线卡接		

续表

任务过程	检查	1. 万用表测试						
		2. 施工或现场照片						
	评估	考评项目		组内贡献（组长）0~120%				教师考核
		综合素质考核（20）	6S管理（10）					
			团队合作（10）					
		实操考核（80）（个人分值＝教师考核×组内贡献）	仪器仪表使用（20）					
			方案设计（20）					
			实施过程（20）					
			任务质量（20）					
			附加分（0~5）					

项目组长签名		业主（教师）签名		
日期		日期		

工单 3-1 光缆识别

任务名称		光缆识别	学　时	
班　级			组　别	
项目成员				
任务描述		以识别光缆 GYTS 48B 和 GYTS 12B 为任务，分组采用行动导向法按照咨询、决策、计划、实施、检查、评估的过程完成光缆识别。		
任务目标		能掌握光缆结构、分类、型号、色谱和端别的原理； 能通过团队合作识别光缆型号、开拨电缆、编序。		
任务过程	咨　询	教材、课程资源库（云平台）、网络		
	决　策			
	计　划			
	实　施	1. 根据光缆的厂家说明书、光缆盘标记或光缆外护层上的白色印记识别，写在实训报告上，并说明其含义（例如型号、容量、长度、时间等内容） 2. 光缆开拨及线缆编序（施工或现场照片放在任务检查里面） 3. 判断光缆端别（描述方法、画出判断光缆的界面） 　　　　○A端　　　　　　○B端		

续表

任务过程	检查	1. 表格												
		光纤线序	1	2	3	4	5	6	7	8	9	10	11	12
		束管序号												
		束管颜色												
		束管内光纤线序												
		光纤颜色												
		2. 施工或现场照片												
	评估	考评项目			组内贡献（组长）0～120%					教师考核				
		综合素质考核（20）	6S管理（10）											
			团队合作（10）											
		实操考核（80）（个人分值＝教师考核×组内贡献）	仪器仪表使用（20）											
			方案设计（20）											
			实施过程（20）											
			任务质量（20）											
			附加分（0～5）											

项目组长签名		业主（教师）签名	
日期		日期	

工单 3-2　管道光缆敷设

任务名称		管道光缆敷设	学　时	
班　级			组　别	
项目成员				
任务描述		以管道光缆敷设为任务，分组采用行动导向法按照咨询、决策、计划、实施、检查、评估的过程完成管道光缆敷设。		
任务目标		能掌握通信线路管道敷设的方法； 能通过团队合作完成管道光缆敷设。		
任务过程	咨　询	教材、课程资源库（云平台）、网络		
	决　策			
	计　划			
	实　施	1. 通信管道工程全套施工流程 2. 管道电缆布放的全套施工流程		

续表

任务过程	检查	1. 架空杆路施工与敷设标准及规范							
		2. 施工或现场照片							
	评估	考评项目		组内贡献（组长）0～120%					教师考核
		综合素质考核（20）	6S管理（10）						
			团队合作（10）						
		实操考核（80）（个人分值＝教师考核×组内贡献）	仪器仪表使用（20）						
			方案设计（20）						
			实施过程（20）						
			任务质量（20）						
			附加分（0～5）						

项目组长签名		业主（教师）签名	
日期		日期	

工单 3-3　光纤接续

任务名称		光纤接续	学　时	
班　级			组　别	
项目成员				
任务描述		以光纤接续（个人2芯环接和团队链接）为任务，分组采用行动导向法按照咨询、决策、计划、实施、检查、评估的过程完成光纤接续。		
任务目标		能掌握光纤熔接机的结构及原理、光纤接续方法； 能通过团队合作完成光纤接续个人2芯环接和团队链接。		
任务过程	咨　询	教材、课程资源库（云平台）、网络		
	决　策			
	计　划			
	实　施	1. 个人2芯环接（2单芯成环或2芯成环） 2. 团队链接与测试尾纤接续		

续表

任务过程	检查	1.接续测试							
		2.施工或现场照片							
	评估	考评项目		组内贡献（组长）0～120%					教师考核
		综合素质考核(20)	6S管理（10）						
			团队合作（10）						
		实操考核（80）（个人分值＝教师考核×组内贡献）	仪器仪表使用（20）						
			方案设计（20）						
			实施过程（20）						
			任务质量（20）						
			附加分（0～5）						

项目组长签名		业主（教师）签名	
日期		日期	

工单 3-4　光缆接头盒制作

任务名称		光缆接头盒制作	学　时	
班　级			组　别	
项目成员				
任务描述		以 12 芯光缆接头盒制作为任务，分组采用行动导向法按照咨询、决策、计划、实施、检查、评估的过程完成光缆接头盒制作。		
任务目标		能掌握光缆接头盒制作方法； 能通过团队合作完成 12 芯光缆接头盒制作及封装。		
任务过程	咨　询	教材、课程资源库（云平台）、网络		
	决　策			
	计　划			
	实　施	1. 12 芯光缆接头盒制作 2. 封装		

续表

任务过程	检查	1. 接续测试					
		上收容盘			下收容盘		
		序号	光纤颜色	熔接损耗	序号	光纤颜色	熔接损耗
		1			7		
		2			8		
		3			9		
		4			10		
		5			11		
		6			12		
		2. 施工或现场照片					
	评估	考评项目		组内贡献（组长）0～120%			教师考核
		综合素质考核（20）	6S管理（10）				
			团队合作（10）				
		实操考核（80）（个人分值＝教师考核×组内贡献）	仪器仪表使用（20）				
			方案设计（20）				
			实施过程（20）				
			任务质量（20）				
			附加分（0～5）				
项目组长签名				业主（教师）签名			
日期				日期			

工单 3-5　光缆 ODF 成端

任务名称		光缆 ODF 成端	学　时	
班　级			组　别	
项目成员				
任务描述		以 12 芯光缆 ODF 成端为任务，分组采用行动导向法按照咨询、决策、计划、实施、检查、评估的过程完成光缆 ODF 成端。		
任务目标		能掌握光缆 ODF 成端方法； 能通过团队合作完成 12 芯光缆 ODF 成端及封装。		
任务过程	咨　询	教材、课程资源库（云平台）、网络		
	决　策			
	计　划			
	实　施	1. 12 芯光缆 ODF 成端 2. 封装		

续表

		1. 接续测试												
任务过程	检查	熔接路由标记												
		盘号		1	2	3	4	5	6	7	8	9	10	11	12
		A	色谱												
			束管												
			路由												
		B	色谱												
			束管												
			路由												
		C	色谱												
			束管												
			路由												
		D	色谱												
			束管												
			路由												
		注意：去向表格可根据光纤线序合并。													
		2. 施工或现场照片													

	考评项目		组内贡献（组长）0~120%				教师考核
评估	综合素质考核（20）	6S管理（10）					
		团队合作（10）					
	实操考核（80）（个人分值=教师考核×组内贡献）	仪器仪表使用（20）					
		方案设计（20）					
		实施过程（20）					
		任务质量（20）					
		附加分（0~5）					

项目组长签名		业主（教师）签名	
日期		日期	

工单 3-6 带状光缆接续

任务名称		带状光缆接续	学 时	
班　　级			组　　别	
项目成员				
任务描述		以12芯带状光缆接续为任务，分组采用行动导向法按照咨询、决策、计划、实施、检查、评估的过程完成带状光缆接续。		
任务目标		能掌握带状光缆接续方法； 能通过团队合作完成12芯带状光缆接续及封装。		
任务过程	咨　询	教材、课程资源库（云平台）、网络		
	决　策			
	计　划			
	实　施	1. 12芯带状光缆接续 2. 封装		

续表

任务过程	检查	1. 接续测试					
		2. 施工或现场照片					
	评估	考评项目		组内贡献（组长）0～120%			教师考核
		综合素质考核（20）	6S管理（10）				
			团队合作（10）				
		实操考核（80）(个人分值＝教师考核×组内贡献)	仪器仪表使用（20）				
			方案设计（20）				
			实施过程（20）				
			任务质量（20）				
			附加分（0～5）				
项目组长签名			业主（教师）签名				
日期			日期				

工单 3-7 光缆线路测试（OTDR）

任务名称	光缆线路测试（OTDR）		学　时	
班　级			组　别	
项目成员				
任务描述	以 OTDR 光缆线路测试为任务，分组采用行动导向法按照咨询、决策、计划、实施、检查、评估的过程完成光缆线路测试。			
任务目标	能掌握光缆线路测试结构、原理； 能通过团队合作完成光缆线路测试并分析数据。			
任务过程	咨　询	教材、课程资源库（云平台）、网络		
	决　策			
	计　划			
	实　施	1. 光缆线路测试 2. 数据分析		

续表

任务过程	检 查	1. 核对							
		2. 施工或现场照片							
	评 估	考评项目		组内贡献（组长）0～120%					教师考核
		综合素质考核（20）	6S管理（10）						
			团队合作（10）						
		实操考核（80）（个人分值＝教师考核×组内贡献）	仪器仪表使用（20）						
			方案设计（20）						
			实施过程（20）						
			任务质量（20）						
			附加分（0～5）						

项目组长签名		业主（教师）签名		
日期		日期		

工单 3-8 光缆工程

任务名称		光缆工程	学 时	
班 级			组 别	
项目成员				
任务描述		以光缆工程为任务，分组采用行动导向法按照咨询、决策、计划、实施、检查、评估的过程完成光缆工程施工及测试。		
任务目标		能掌握光缆工程框图及任务； 能通过团队合作完成 FTTH 光缆工程施工。		
任务过程	咨 询	教材、课程资源库（云平台）、网络		
	决 策			
	计 划			
	实 施	1. 光交接箱制作 2. 光缆接续、光缆 ODF 成端、光缆分线盒制作 3. 光纤跳线		

续表

任务过程	检 查	1. 测试验收					
^	^	2. 施工或现场照片					
^	评 估	考评项目		组内贡献（组长）0~120%			教师考核
^	^	^					
^	^	综合素质考核（20）	6S管理（10）				
^	^	^	团队合作（10）				
^	^	实操考核（80）（个人分值＝教师考核×组内贡献）	仪器仪表使用（20）				
^	^	^	方案设计（20）				
^	^	^	实施过程（20）				
^	^	^	任务质量（20）				
^	^	^	附加分（0~5）				
项目组长签名			业主（教师）签名				
日期			日期				